心理声学：
事实与模型（第3版）

［德］胡戈·法斯特

［德］埃伯哈德·茨维克尔 著

陈克安 译

西北工业大学出版社

西安

First published in English under the title
Psychoacoustics: Facts and Models (3rd Ed.)
by Hugo Fastl and Eberhard Zwicker
Copyright@ Springer - Verlag Berlin Heidelberg, 2007
This edition has been translated and published under licence from
Springer - Verlag GmbH, part of Springer Nature.

合同登记号:25 - 2022 - 037

图书在版编目(CIP)数据

心理声学:事实与模型:第3版/(德)胡戈·法斯特,(德)埃伯哈德·茨维克尔著;陈克安译. —西安:西北工业大学出版社,2022.4

书名原文:Psychoacoustics—Facts and Models(Third Edition)

ISBN 978 - 7 - 5612 - 8062 - 1

Ⅰ.①心… Ⅱ.①胡… ②埃… ③陈… Ⅲ.①听觉-心理学 Ⅳ.①B842.2

中国版本图书馆 CIP 数据核字(2022)第 034826 号

XINLI SHENGXUE:SHISI YU MOXING(DI - 3 BAN)
心理声学:事实与模型(第3版)

责任编辑:王梦妮	策划编辑:杨 军
责任校对:胡莉巾	装帧设计:李 飞

出版发行:西北工业大学出版社
通信地址:西安市友谊西路 127 号　　邮编:710072
电　　话:(029)88491757,88493844
网　　址:www.nwpup.com
印 刷 者:西安五星印刷有限公司
开　　本:787 mm×1092 mm　　1/16
印　　张:20.875
字　　数:548 千字
版　　次:2021 年 12 月第 1 版　　2021 年 12 月第 1 次印刷
定　　价:128.00 元

如有印装问题请与出版社联系调换

译者序

《心理声学:事实与模型》(Psychoacoustics—Facts and Models)英文版由德国声学家胡戈·法斯特(Hugo Fastl)和埃伯哈德·茨维克尔(Eberhard Zwicker)合作完成,自1990年第1版面世以来备受关注,被称为心理声学领域的"圣经",也是心理声学这门分支学科的奠基之作。本书作者先后在1999年和2007年出版了该书的第2版和第3版,对原版进行了修订和扩展,本书中文版基于第3版翻译而成。

埃伯哈德·茨维克尔出生于德国斯图加特,在蒂宾根大学攻读物理学,并在斯图加特工业大学攻读电气工程,于1952年获得博士学位。他在1956年成为斯图加特工业大学研究员,1967年开始担任慕尼黑工业大学电声研究所所长。除了在德国大学工作外,他还应邀担任哈佛大学、加州大学洛杉矶分校等众多知名大学和贝尔实验室的客座教授,并由美国物理研究所选拔参加了访问科学家计划,应邀访问了欧洲、美洲和亚洲的许多国家,在世界上享有盛誉。茨维克尔教授获得了众多奖项。他在1956年获得电信协会(Telecommunications Society)奖,1982年当选音频工程协会的荣誉会员,1987年获得美国声学学会银质奖章,成为获得该学会银质奖章的第一位欧洲研究者。1988年,他获得德意志联邦共和国联邦勋章。除了是一名出色的科学家,他还是一名出色的导师,在斯图加特工业大学和慕尼黑工业大学的实验室里,他培养了一批科学家和工程师,这些科学家和工程师在声学和心理声学的基础研究和应用领域也取得了傲人的成绩。

胡戈·法斯特是德国慕尼黑工业大学教授,著名心理声学专家,出生于1944年4月。1981年,法斯特在慕尼黑工业大学获得博士学位,研究内容为心理声学及其在音频通信、噪声控制、听力学以及音乐等领域的应用。他曾担任日本大阪大学客座教授,美国声学学会会员、信息技术学会(Information Technology Society,ITS)"听觉声学"委员会负责人,德国声学学会[Deutschen Gesellschaft für Akustik(或者German Acoustical Society),DEGA]董事会成员和主管,获日本科学促进会(Japan Society for the Promotion of Science,JSPS)研究奖、英国声学研究所瑞利奖在内的多项听觉研究奖项。

译者及所在的西北工业大学"声场感知与隐身技术"科研创新团队自1992年开始进行听觉感知效应与机理、产品声品质评价、建模与应用,基于听觉感知的声目标自动识别,声景观效应及建模等方向的研究,并于 2008 年至今一直开设"心理声学"研究生课程,在多年的教学和科研中不断发现和体会到该书的巨大价值和科学魅力,深感心理声学"圣经"这一赞誉的确名不虚传。在国内,"心理声学"是一门发展历史相对较短的新兴学科,其内容涉及多个领域,名词术语尚未完全统一,部分内容艰涩难懂,为此译者在教学和科研中不断积累资料,最终完成了本书的翻译,希望能对国内同行及相关研究与应用有所助益。在翻译过程中,个别图因要遵循中文书籍出版规范,笔者增加了图题。

本书的翻译工作持续了 10 余年。在翻译初期,译者指导的研究生们及选修西北工业大学研究生课程"心理声学"的同学们提供了很大帮助,他们是李豪、李晗、梁雍、朱岩、王珏、杨立学、代海、殷贞强、刘延善、魏政、邓云云、赵焕绮、段恒鑫、吕宁、尹秋阳、郭昌浩、郭晋晋、郑鹏轩、纳子涵、王笑梅,在此表示衷心感谢。

特别感谢海德声科公司对本书出版的鼎力支持。海德声科是 HEAD acoustics GmbH 的在华子公司,凭借其在声学领域的专业性和相关软、硬件研发的先驱地位,在声学测量、NVH(噪声、振动与舒适性)、语音与环境声品质建模、分析和优化领域广受赞誉,其在听觉感知技术及设备方面的业务与本书内容可谓相得益彰。

此外,尽管在翻译中译者倾尽全力,慎之又慎,十易其稿,但疏漏之处在所难免,欢迎广大读者批评指正,有机会再版时一并修改。

陈克安

2021 年 10 月于西北工业大学

中文版序

非常感谢西北工业大学陈克安教授承担了将《心理声学:事实与模型》(第3版)翻译成中文的艰巨任务。

本书起源于慕尼黑心理声学学院,从工程学角度描述了听觉系统的特点。该学院的创始人——已故的埃伯哈德·茨维克尔(Eberhard Zwicker)教授在20世纪50年代就开始了他的研究,他认为对声音的评价不应仅仅是基于物理测量的,而且应该是基于心理声学实验中获得的感知。

沿着这些思路,听觉感知中一些重要特性的事实,如掩蔽、临界带、最小可觉差(JND)、音调和响度等,被收集起来并以德语撰写成专著 *Das Ohr als Nachrichtenempfänger*(Hirzel, Stuttgart 1967)。该书后来陆续被翻译成法文版 *Psychoacoustique. L'oreille, recepteur d'information*(Masson, Paris 1981)和英文版 *The Ear as a Communication Receiver*(Acoustical Society of America, 1999)。

上述这些书的内容主要集中在基础研究上,但《心理声学:事实与模型》这本书包含了"新"的听觉感受,如尖锐度、波动强度、粗糙度、主观时程或音调强度。此外,还提出了其他模型,特别是在第3版中给出了实际应用中的许多提示。

自2007年《心理声学:事实与模型》(第3版)出版以来,慕尼黑心理声学学院继续进行着心理声学基础和应用的研究,例如:在声音呈现领域进行了波场或双耳合成的研究;扩展了响度模型并已在ISO 532-1中被标准化;对助听器和人工耳蜗的性能进行了全面研究,并对音乐声学和室内声学中涉及心理声学的方面进行了评估。

在声音评价领域,我们研究了直升机声、复印机声、家用电器声甚至是鼾声。当然还有大量研究涉及汽车声。这里出现了一个悖论:多年来,我们的任务是降低汽车噪声。然而,鉴于全球变暖,如今电动汽车或混合动力汽车在政策上受到推动。现在的任务恰好相反:在低速下,例如在行人区,这些车辆声有可能太轻,必须发出额外的声音以避免事故的发生。我们关于"临界距离"的概念有望实现这一目标。

在某种程度上扩展了"经典"心理声学的领域,我们还研究了声源信息是如何影响声音评级的。为此,我们开发了一个程序,在该程序中,对于具有相同响度-时间函数的声音,可以模糊关于声源的信息。另一个研究方向是视听互动:例如,如果除了列车经过的声音外,还显示了列车的图像,则红色列车会被感知为比绿色列车的声音更大——尽管两者的声压级完全相同!

关于《心理声学:事实与模型》(第3版)出版后的一些发展概况,请参阅标题为《心理声学基础与应用》的论文(参见 https://mediatum.ub.tum.de/doc/1189653/796211.pdf)。更多相关出版物的详细信息,请参阅 https://mediatum.ub.tum.de/? query = fastl&id = 670442&sortfield0 = －year&sortfield1 = 。

《心理声学:事实与模型》一书广受好评,已成为心理声学领域的基石。它曾被翻译成日文,据传也被翻译成了俄文。但这些译著还都没有正式出版。令我高兴的是,西北工业大学出版社将出版该书的中文版。

我希望中文版的《心理声学:事实与模型》在中国也能促进心理声学领域的研究和教学,并激发其实际应用。

胡戈·法斯特

2021 年 10 月

于慕尼黑

第 3 版序

与第 2 版《心理声学:事实与模型》(*Psychoacoustics－Facts and Models*)一样,在第 3 版中首先也向我的导师埃伯哈德·茨维克尔教授致敬。

由于本书涉及心理声学,所以人们认为不仅应该阅读心理声学数据,而且应该进行聆听。因此,本书准备了许多声样本,现在可以从随附的 CD 中获得(注:原书附带的 CD 可在网站上下载)。该 CD 可以用作传统的音频 CD,样本也可以以.wav 文件提供,另外增加了关于认知效果以及听力仪器定位的新章节。

在有关噪声测量、噪声产生、响度以及音乐声学方面的特定部分进行了显著扩展,并附带声样本。此外,大多数章节中都更新了参考文献。

我们非常感谢 Springer-Verlag 出版社的鼓励和合作,尤其是 Thorsten Schneider 博士及其团队。特别感谢 Markus Fruhmann 博士和 Daniel Menzel 为准备 CD 的声样本提供的支持。Florian Volk 在完成 CD 的过程中提供了大力支持,并进行了编辑工作。

胡戈·法斯特
2006 年 8 月
于慕尼黑

第 2 版序

本书第 1 版问世后不久,伟大的心理声学教授埃伯哈德·茨维克尔意外去世,震惊了科学界。第 2 版《心理声学:事实与模型》旨在向我的导师埃伯哈德·茨维克尔教授致敬,他既是一位杰出的科学家,又是一位敬业的老师。

本书的基本概念并无改变,但在大多数章节中都增加了新的结果和参考文献,特别是第 5 章的音调和音调强度、第 10 章的波动强度、第 11 章的粗糙度以及第 16 章的应用实例。此外,少许印刷错误已得到纠正,一些较旧的材料也已更新,但在本质上仍保持了原作的风格。非常感谢 Springer-Verlag 出版社,尤其是 Helmut Lotsch 博士的鼓励以及耐心的合作。另外感谢协助编写第 2 版的许多学生和同事,特别是 Wolfgang Schmid 和 Thomas Filippou。

胡戈·法斯特
1999 年 1 月
于慕尼黑

第1版序

声音交流是人类社会生存的基本前提之一。在这方面,我们的声信号接收器(即人耳听觉系统)的特性起着主导作用。听觉系统接收信息的能力不仅取决于声音和主观印象之间的定性关系,还取决于听觉刺激与听觉感受之间的定量关系。随着新的数字音频技术的出现,作为声信息接收器的听觉系统科学,即心理声学科学,已经变得更加重要。在经济、可行的项目中规划和实现未来的声通信系统时,必须考虑到人耳听觉系统的特点:该领域的每一项技术改进都需要通过聆听和关联聆听结果来判断成本。

从1952年到1967年,斯图加特电信研究所的听力研究小组为听觉刺激和听觉的量化相关性(即心理声学)做出了重要贡献。自1967年以来,慕尼黑工业大学电声研究所在该领域不断取得进展,即通过获取实验数据和以可理解的方式模拟所测事实的模型来研究声刺激与听觉感觉之间的相关性。本书以两种方式总结了上述研究小组的成果。首先,许多最初以德语撰写的论文的内容都以英语提供。其次,结合已知的心理声学事实和模型产生的数据,给出一个完整的图像和更深入的理解。尽管文献中有更多相关的论文,但参考文献仅限于上述两个研究小组发表的论文。

本书主要适用对象为心理声学、听力学、听觉生理学、生物物理学、音频工程、音乐声学、噪声控制、声学工程、耳鼻喉科医学、通信和语音科学等领域的研究科学家、开发工程师和研究生,以及这些学科的高年级本科生。本书的一个特点是,结合了心理声学的事实、描述性模型和案例为解决读者的问题提供了提示。

本书前3章介绍了实验中使用的刺激和方法,基本听觉事实以及听觉系统中的信息处理,强调内耳内主动处理的重要作用,以了解我们听觉系统的频率选择性和非线性行为。第4章讨论了频率分辨率和时间分辨率,包括掩蔽、基音、临界带和兴奋,以及声音参数的显著变化。第5章描述了不同类型的音调。接下来的6章讨论了响度、尖锐度、波动强度、粗糙度、主观时程和节奏等基本感知参量。接下来的2章涉及人耳自身的非线性畸变和双耳听觉,重点放在两个研究小组已涵盖的主题上。最后1章提供了一些应用实例,对于那些致力于寻找实际解决方案的人来说,这些实例是特别有意义的。

出于教学方面的原因,正文没有被参考文献打断。在本书末尾,引用斯图加特和慕尼黑集团出版的相关文献,以及在最后一章中给出涉及各种应用的文献。书中出现的方程式被称为"量值方程式",不仅包含符号,也包括变量的单位。这将有助于避免错误,因为可以检查计算数量的单位。有些图包含的信息比讨论所需的信息更多,更多的信息将在后文中讨论。

我们要感谢 Springer-Verlag 出版社的帮助和耐心合作。另外我们感谢为本书做出贡献的许多个人,特别是 Angelika Kabierske 女士绘制了图,Barbi Ertel 女士进行了文字编辑,Frances Harris 博士、Tilmann Zwicker 博士和 Gerhard Krump 博士负责阅读草稿,Bruce Henning 博士则进行了许多卓有成效的讨论和建议。

埃伯哈德·茨维克尔
胡戈·法斯特
1990 年 6 月
于慕尼黑

目　　录

第 1 章	刺激与步骤	1
1.1	声音的时域与频域特性	1
1.2	由扬声器及耳机播放的声音	4
1.3	方法与步骤	6
1.4	刺激、感觉与数据平均	8
第 2 章	听觉区	11
第 3 章	听力系统中的信息处理	15
3.1	外周系统中声音的预处理	15
3.2	神经系统中的信息处理	38
第 4 章	掩蔽	40
4.1	噪声掩蔽纯音	40
4.2	有调音对纯音的掩蔽	44
4.3	心理声学调谐曲线	48
4.4	时间效应	51
4.5	掩蔽"相加"	67
4.6	掩蔽模型	69
第 5 章	音调与音调强度	72
5.1	纯音音调	72
5.2	谱音调模型	75
5.3	复音音调	77
5.4	虚拟音调模型	80
5.5	噪声音调	81
5.6	声学后象[茨维克尔音(Zwicker Tone)]	84
5.7	音调强度	88

— Ⅰ —

第 6 章 临界带与兴奋 ································· 99

6.1 确定临界带宽的方法 ···························· 99
6.2 临界带率尺度 ································ 104
6.3 临界带级和兴奋级 ···························· 109
6.4 兴奋级与临界带率和时间的关系 ·················· 113

第 7 章 最小可觉声音变化 ······························ 115

7.1 最小可觉幅度变化 ···························· 115
7.2 最小可觉频率变化 ···························· 119
7.3 最小可觉相位差 ······························ 123
7.4 部分掩蔽对最小可觉改变的影响 ················ 126
7.5 最小可觉改变模型 ···························· 127

第 8 章 响度 ·· 133

8.1 响度级 ···································· 133
8.2 响度函数 ·································· 134
8.3 谱效应 ···································· 136
8.4 谱部分掩蔽响度 ···························· 140
8.5 时间效应 ·································· 141
8.6 时域部分掩蔽响度 ···························· 143
8.7 响度模型 ·································· 144

第 9 章 尖锐度和感知愉悦度 ···························· 156

9.1 影响尖锐度的因素 ···························· 156
9.2 尖锐度模型 ································ 157
9.3 感知愉悦度的影响因素 ························ 159
9.4 感知愉悦度模型 ······························ 160

第 10 章 波动强度 ···································· 161

10.1 波动强度的影响因素 ·························· 161
10.2 波动强度模型 ······························ 165

第 11 章 粗糙度 ······································ 168

11.1 粗糙度的影响因素 ···························· 168
11.2 粗糙度模型 ································ 171

第 12 章 主观时程 ···································· 173

12.1 主观时程的影响因素 ·························· 173

12.2　主观时程模型 ………………………………………………………………… 175

第13章　节奏 …………………………………………………………………………… 177
　　13.1　影响节奏的因素 …………………………………………………………… 177
　　13.2　节奏模型 …………………………………………………………………… 179

第14章　耳朵自身的非线性畸变 ………………………………………………… 181
　　14.1　偶次畸变 …………………………………………………………………… 182
　　14.2　奇次畸变 …………………………………………………………………… 184
　　14.3　非线性畸变模型 …………………………………………………………… 187

第15章　双耳听觉 ……………………………………………………………………… 192
　　15.1　最小可觉双耳延迟 ………………………………………………………… 192
　　15.2　双耳掩蔽声级差 …………………………………………………………… 193
　　15.3　偏侧性 ……………………………………………………………………… 202
　　15.4　定位 ………………………………………………………………………… 203
　　15.5　双耳响度 …………………………………………………………………… 204

第16章　应用实例 ……………………………………………………………………… 207
　　16.1　噪声控制 …………………………………………………………………… 207
　　16.2　在听力学中的应用 ………………………………………………………… 221
　　16.3　助听器 ……………………………………………………………………… 239
　　16.4　广播和通信系统 …………………………………………………………… 240
　　16.5　语音识别 …………………………………………………………………… 241
　　16.6　音乐声学 …………………………………………………………………… 242
　　16.7　室内声学 …………………………………………………………………… 244

音轨说明：心理声学演示 ……………………………………………………………… 247

参考文献 ………………………………………………………………………………… 260

第1章　刺激与步骤

本章简要回顾声音时间特性与频率特性之间的一些基本关系，描述扬声器及耳机中由电信号到声音的转换。进一步地，涉及部分心理物理学方法与步骤。最后，讨论刺激与听觉感知的一般关系，以及心理声学中原始数据的处理方法。

1.1　声音的时域与频域特性

心理声学中常用的声音的某些时间与频谱如图 1.1 所示。声音很容易用时变声压 $p(t)$ 来描述。与大气压的振幅相比，由声源引起的声压的时间变化其实是相当小的。声压的单位为 Pa。在心理声学中，与人相关的是从 10^{-5} Pa(绝对阈值)到 10^2 Pa(痛阈)之间的声压值。通常使用声压级 L 来处理范围如此之广的声音变化。声压和声压级的关系由下式给出：

$$L = 20\log(p/p_0) \tag{1.1}$$

其中，声压的参考值 p_0 被标准化为 $p_0 = 20\mu$Pa。

在心理声学中，除了声压和声压级外，声强 I 和声强级也有关系。对平面行波而言，声压级和声强级的关系如下：

$$L = 20\log(p/p_0) = 10\log(I/I_0) \tag{1.2}$$

其中，参考值 I_0 定义为 $I_0 = 10^{-12}$ W/m^2。

实际上，涉及噪声时，人们不直接使用声强，最好是用它的密度，也就是 1Hz 带宽内的声强。人们也用"噪声功率密度"(尽管并不十分正确)来表示。声强密度的对数叫作声强密度级，通常简化为密度级 l。白噪声的密度级与频率无关，对它来说，l 和 L 的关系如下：

$$L = l + 10\log\Delta f \tag{1.3}$$

其中，Δf 代表公式中用 Hz 度量的声音带宽。

图 1.1 中的"1kHz 纯音"显示了连续正弦振荡声压 p 的时间函数，其最大值间的时程为 1ms，刚好对应频域中 1kHz 处的一根谱线。

图 1.1 中的"拍"最容易在频域中得到解释，它展示了振幅相同的 2 个纯音的组合。对应的时间函数清楚地显示了时间包络的强烈变化。

图 1.1 中的"AM 纯音(调幅音)"给出了 2kHz 正弦调幅音的时间函数与频谱。时间函数显示了包络随调制频率变化的正弦振荡。对应的频谱说明，AM 纯音可用三条线描述。2kHz 处中心线与其下边线或上边线的声级差 ΔL 与调制度 m 的关系如下：

$$\Delta L = 20\log(m/2) \tag{1.4}$$

图 1.1 中显示的 6ms 包络起伏的周期对应于调制频率 167Hz，在频域中它代表中心线(称为载波)与其下边线或上边线的频率差。

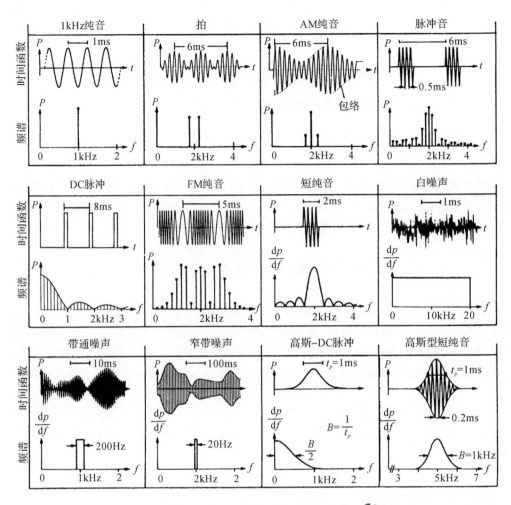

图 1.1　心理声学中常用刺激的时间函数和频谱　　音轨 4

在图 1.1 中,"脉冲音(Tone Pulse)"显示了纯音的时间函数和频谱,该纯音在有规律的时段内被矩形门限选通。纯音频率为 2kHz,门限时程为 6ms。在频域内,谱线间隔对应的门限频率为 167Hz。

图 1.1 中的"DC 脉冲(DC Pulse)"展示了类似的情形。然而,此时在有规律的时段内被选通的是直流电压而不是纯音。DC 脉冲时程为 1ms,DC 脉冲的间距为 8ms。对应的频谱显示谱线间距为 8ms 的倒数,也就是 125Hz。与 1/1ms、2/1ms、3/1ms 等对应的频率处,谱线振幅明显地表示其为最小值。

产生离散或线谱的最后一个例子是"FM 纯音(调频音)"。2kHz 纯音的频率被正弦调制到 1kHz 和 3kHz 之间,调制频率为 200Hz。对应的振幅谱以 2kHz 为轴对称,其包络为贝塞尔函数。调频指数为频率偏差与调制频率之比,如果它小的话,那么贝塞尔谱的多数谱线将消失,最后的频谱与 AM 纯音的频谱(1 条中心线、2 条边线)相似。然而,与 AM 纯音相比,小调制指数 FM 纯音边线的相位偏移了 90°。

图 1.1 中,"短纯音 Tone Burst"是一系列具有连续谱而非线谱声音的第 1 个例子。该函数给出了时程为 2ms 的单个 2kHz 短纯音。相应的频谱显示在 2kHz 处有一个最大值,极小

值间隔为 500Hz。因此，单个短纯音的频谱与脉冲音或 DC 脉冲的频谱具有可比性。尽管脉冲音和 DC 脉冲形成的是线谱，但短纯音形成的是连续谱。

白噪声是形成连续谱的一个重要例子。在心理声学中，现实中的各种原因将白噪声带宽通常限制在 20Hz～20kHz。如图 1.1 中"白噪声"显示的那样，在整个 0～20kHz 范围内，谱密度与频率无关。应该指出，这对长时序列也是成立的，但白噪声的短时谱可能部分地与频率有关。白噪声的时间函数显示其振幅为高斯分布。

白噪声带宽受滤波器限制就形成了带通噪声。图 1.1 中，"带通噪声"给出了带通噪声时间函数的一个典型例子，该噪声的中心频率为 1kHz、带宽 Δf 为 200Hz。展示的时间函数是单次发声，没有周期性地重复出现。由于采用的是白噪声，所以带通噪声的特性与特定时刻有关，其振幅仅以特定的概率形式给出，概率函数为高斯分布。带通噪声的时间函数大致可认为是 1kHz 纯音，其振幅（和相位）被随机调制。平均说来，每 1s 内包络极大值的个数 n 可由下式近似给出：

$$n = 0.64\Delta f \tag{1.5}$$

于是，带宽为 Δf 的带通噪声的"等效"调制频率近似为

$$f_{\text{mod}}^* = 0.64\Delta f \tag{1.6}$$

带宽为 200Hz 的带通噪声意味着极大值发生的平均时隙约为 8ms。图 1.1 中"带通噪声"的时间函数表明这种近似是有效的。

图 1.1 中，"窄带噪声"显示出在带通噪声中讨论过的相同特征。然而，此时的带宽仅为 20Hz，包络起伏非常缓慢，包络极大值的平均时隙增加到 80ms。时间函数的变化表明，窄带噪声大致可以看作是振幅随机调制的 1kHz 纯音。

图 1.1 中，"高斯- DC 脉冲"显示了具有高斯型包络的 DC 脉冲的时间函数和频谱。高斯型代表了时间包络变化速度与相应的谱带宽之间的一种折中，对高斯型来说，带宽与时程之积最小。在该例中，选择时程 $t_p = 1\text{ms}$，于是在曲线下方，高斯型- DC 脉冲与矩形状时间函数的最大声压相同，那么它们的面积就一样。此种情况下，刚好在声压最大值一半之下测量时程，这正好是最大声压时的 0.456 倍。在本例中，频域中相应带宽约为 500Hz。

图 1.1 中的"高斯型短纯音（Gaussian-Shaped Tone Burst）"给出了一类选通音（Gated Tone）的时间函数和频谱。由于时间包络的坡度相对陡峭，并且谱分布相对较窄，故在心理声学中被优先使用。图 1.1 给出的例子为单个高斯型脉冲音。如果脉冲以 1Hz 的速率重复，那么其谱包络就保持不变，然而会产生间隔为 1Hz 的线谱。

如上所述，由于高斯噪声的振幅随高斯分布而变化，故对噪声信号来说，我们不能给出其最大振幅。这就意味着当声压超出给定值时，只能用概率来表示。在图 1.2 中，这种概率是实际声压的函数，并被其长期均方根（RMS）值归一化。RMS 值之上的实际声压概率随实际声压与 RMS 值之比而下降。如果被削峰的噪声信号为时程的 1%，那么就可无畸变地传输振幅为 RMS 值 2.6 倍的声压。对心理声学实验来说，由于削峰仅仅允许在 0.1% 时程内，故必须进行更严格的限制。于是，必须保证无畸变地传输超出 RMS 值 3.4 倍的声压。对实际应用来说，这就意味着采用噪声信号时，为了避免噪声信号的严重畸变，与纯音相比，声级计的读数必须降低 10dB。

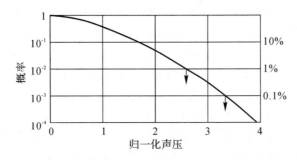

图 1.2　高斯噪声的声压超过给定声压的概率,并相对于其 RMS 值进行归一化

1.2　由扬声器及耳机播放的声音

在心理声学实验中,电振荡到声波的转换通常由扬声器或耳机实现。在这两种情况下,传感器引起的频率响应和非线性畸变极其重要。图 1.3 给出了箱体的频率响应,该箱体有 3 个扬声器:低频和中频电动扬声器,以及压电高频号筒扬声器。在消声室中测量时,这种组合的频率响应(L_1 - f 曲线)是平坦的,在 35Hz～16kHz 频率范围内的变化为 ±2dB。二次畸变物(Distortion Product)L_2(频率为 $2f$)和三次畸变物 L_3(频率为 $3f$)的频率响应如图 1.3 所示,然而其声级为零的位置向上偏移了 20dB。对心理声学应用来说,只容许畸变因子为 0.1% 或更小(对应的声级差为 60dB)。考虑到 L_1 的平均声级为 85dB,以及 L_2 和 L_3 声级偏移为零,这或许意味着相应的畸变分量声级在使用的尺度上不会超过 45dB。绘制图 1.3 中的结果清楚地显示,在整个频率范围内,很少能使畸变因子低于 0.1%。然而,在 150Hz 以上,畸变因子平均约为 0.3%,这对扬声器发声来说已经是相对好的了。

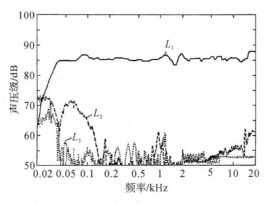

图 1.3　消声室内扬声箱体的频率响应 L_1 以及向上移动了 20dB 后的二次(L_2)和三次(L_3)畸变物的响应

如果不是在消声室,而是在"普通的"房间中(如客厅),从扬声器中发出的声音就会显现出额外的复杂性了。房间的频率特性叠加在扬声器的频率特性上。图 1.4 给出了这样一个例子。图 1.4(a)中的虚线代表在消声室中测得的扬声器频率特性,实线代表实际房间中同一扬声器的频率特性。从图 1.4(a)给出的数据来看,房间的共振会实质性地改变该组合体的频率响应。图 1.4(b)给出了在扩展的频率尺度上扬声器+房间的部分频率响应。该图显示出在频率响应中有非常尖锐的窄凹陷。如果纯音频率仅仅在这种凹陷处稍微变化一点,那么小的

频率变化就会转换为大的振幅变化,于是这将导致明显的可以听得见的响度差异。

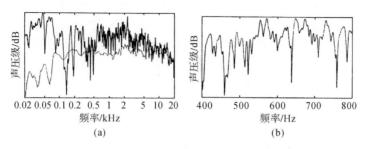

图1.4 房间的频率特性叠加在扬声器频率特性上的实例
(a)普通房间(实线)和消声室(虚线)中扬声器的频率响应;(b)以放大的频率比例显示了普通房间中的响应

如果声音由耳机播放,那么就可克服大部分问题。其中的一个好处是,通常,在感兴趣的频率范围内,心理声学中使用的耳机的非线性畸变很小(小于0.1‰或－60dB)。由于目前的耦合器会引起误导结果,所以耳机的频率响应必须用真耳测量。分别用扬声器和耳机播放声音,然后通过主观评价进行声音的响度比较,这样在消声室中测量耳机的频率响应。该方法的确切细节已在DIN45619T.1中描述。用真耳测量时,由于心理声学中常用的耳机频率响应具有带通特性,所以必须开发均衡器。耳机和均衡器的组合给出了自由场等效频率响应,它在±2dB范围内是平坦的,如图1.5所示。这些衰减特性也展示了各个耳机的自由场等效频率响应[图1.5(a)为DT48,图1.5(b)为TDH39]。此外,给出了用有源和无源器件实现均衡器的电路图。如果均衡器输入为1V,则均衡器+耳机的组合的自由场等效声压级为80dB。如果使用没有均衡器的耳机,必须记住它们的作用就像带通滤波器,将改变播放的声音。这意味着其音色(Tone Colour)和响度会发生很大的变化,特别是对宽带声。

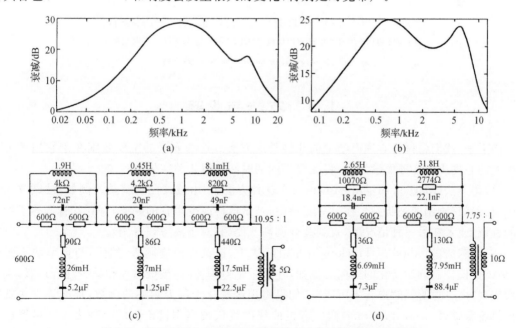

图1.5 用于DT48和TDH39耳机的自由场均衡器的衰减特性
(a)耳机DT 48的频率-衰减图;(b)耳机TDH39的频率-衰减图;
(c)耳机DT 48无源LCR网络;(d)耳机TDH 39的无源LCR网络;

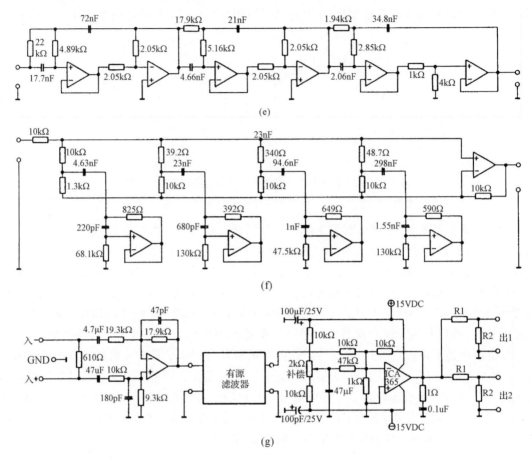

续图 1.5 用于 DT48 和 TDH39 耳机的自由场均衡器的衰减特性
(e)耳机 DT48 的有源电路;(f)耳机 TDH 39 的有源电路;(g)有源均衡器输入端 1V 对应声压级 80dB 的网络　音轨 5

1.3 方法与步骤

接下来,我们将讨论心理声学中的几种常用方法。这些方法的主要差别在于它们是为不同类型的心理声学任务而设计的,将花费不同的时间获得相关结果。

(1)调节法(Method of Adjustment):在这种方法中,由被试控制刺激。例如,被试改变纯音声级直到它刚刚能被听到。在另一实验中,被试或许改变声音的频率,直到其音调等于参考音的音调,或者在另一种情况下,直到其音调高八度(相对于参考音音调)。

(2)跟踪法(Method of Tracking):在跟踪法中,被试也控制刺激,然而,与调节法不同的是,被试仅仅控制刺激变化的方向。例如,在测量绝对阈值时,被试增加和减少纯音声级,直到顺次实现"声音可听"和"声音不可听"。如果将声级变化绘制为频率的函数,那么该方法就称为贝凯希跟踪(Békésy Tracking)法。弯折曲线的均值被当作讨论值的一种表示。尽管这种平均方法在传统上是通过肉眼完成的,但跟踪法也可通过计算机来实现,它将反向数据存储起来,自动计算适当的均值。

(3) 量值估计(Magnitude Estimation)法：在这种方法中，赋予刺激对应于某些维度上感知量值的数字。例如，可以赋予刺激序列与感知响度相对应的数字。从数值比可以推导出响度比。此外，有时提出一个称为参考声(Anchor Sound)的标准是有用的。此时，给出一对刺激，将每对刺激的第1个保持不变。赋予这个标准声或参考声一个数字化的值(比如100)代表其响度。与该值相比，就可确定第2个声音的响度。例如，如果第2个声音比第1个声音响3倍，那么被试对其打分的数字就为300(音轨6)。除了量值估计法外，也可采用量值产出(Magnitude Production)法。此时，被试给出数字的比值，然后让被试调整第2个刺激使心理声学量值(如响度)的比值与主试给出的数字比值相对应。

目前讨论的所有心理声学方法有一个共同的特点，就是最后的阈值或比值可从单次测试中得出。在前文所描述的两种方法中一种被试通过控制刺激主动地参与任务。有时，这种主动性可能会引起偏差，就像在响度比较的例子中那样。此时，对两次测量结果做平均，一个随声音"A"变化，另一个随声音"B"变化，这得到了有趣的结果。

以下方法中，通常可通过心理测定函数(Psychometric Function)从被试的反应中得到有趣的结果。

(1) 是-否法(Yes-No Procedure)：在此方法中，被试必须决定信号存在与否。信号有无只存在于一个时段内。这意味着该方法是"一时段-二选一强迫选择法"(One Interval-Two Alternative Force-Choice Procedure)，因为被试不允许回答"我不知道是否有信号"，而必须回答"是"或"否"。

(2) 二时段强迫选择法(Two-Interval Forced Choice Procedure)：在该方法中，给被试2个时段，被试必须决定信号是发生在第一时段，还是发生在第二时段。有时候可能使用3个或4个时段，被试的任务是决定相对于某些量(如响度或音调)声音有差异的时段。利用这些方法持续给出反馈。这意味着每次测试后，被试被告知了正确答案，通常由灯光表示包含信号的时段。

(3) 自适应法(Adaptive Procedure)：在传统的强迫选择法中，由主试选择将要给出的刺激，然而，在自适应法中一次测试给出的刺激取决于前面测试中被试的回答。这些方法也叫"升-降"法("Up-Down"Procedure)。例如，在自适应法中，如果是测量绝对阈值，那么就降低声压直至认为被试再也听不到声音，然后增加声压直至被试能清楚地听到刺激，之后它被再次降低。步长随反向测试的次数增加而减小。当达到预先设定的小步长时，就可以通过平均最后几次反向过程的最终步长的一半来精确计算某个值。这意味着自适应法与跟踪法有某些相似性，因为它们无须直接使用心理测定函数就能得到最后的值。

(4) 刺激对的比较(Comparison of Stimulus Pairs)：如果要评估在不同刺激维度上变化的影响，那么就可以使用刺激对比较法。在该方法中，一对刺激AB在一个维度上(比如响度)有差别，但是接下来的一对刺激CD在另一维度上(比如音调)有差别。被试的任务就是判断第1对刺激AB的感知差比第2对刺激CD的感知差大或小。从这类实验来看，可以推导出不同刺激维度上的变化等式(Equality of Variations)(音轨7)。

在心理声学实验中获得的结果一般依赖于所用的方法。一般说来，如果可以在几种选择之间做比较，那么通常可以增强被试的灵敏度。至于不同方法的测量时间和效率，直接得到估值的方法，如调节法、跟踪法或量值估计法，其效率是非常高的。然而，如果采用需要心理测定函数(如"是-否")的方法和多选一强迫选择法，那么就需要多次测试，因而需要更多时间得到稳定的结果。至于自适应方法,得到具有心理声学意义结果的时间主要取决于完成算法的细节。人们发现,需要在最终步长和必需的测试次数之间取折中。因为小步长带来的高精度需要很多次测试。

1.4 刺激、感觉与数据平均

本节评估物理刺激与这些刺激导致的听感之间的关系,比较刺激步长与感觉步长,讲述阈值、比值及感觉等式等概念,提出能够处理感觉尺度及其变换与相同刺激尺度之间非线性关系的数据平均法。

心理声学中最重要的物理尺度就是声压的时间函数。可以通过物理手段描述刺激,如声压级、频率、时程等等。这些物理尺度与心理物理学尺度(如响度、音调和主观时程,它们被称为听感)有关联。然而,应该注意到,纯音音调不仅取决于其频率,而且在某种程度上也取决于其声级。而且,听感音调主要与刺激的频率有关。只有当物理量的值处于听觉器官相关范围内时,物理刺激才会引发听觉。例如,20Hz以下的频率和20kHz以上的频率,不管其刺激尺度是多少,它们都不会引起听觉。就像我们用几种不同的物理特性描述刺激一样,我们可以分别考虑几种听感。例如,我们可以描述"高音调的纯音比低音调的纯音更响"。这意味着我们可以分别处理"响度"这种听感和"音调"这种听感。心理声学的主要目的在于获得与刺激尺度(Stimulus Magnitude)类似的感觉尺度(Sensation Magnitude)。例如,我们可描述,1kHz、20MPa的声压在听感中的响度为4sone。单位"宋(sone)"用于听感响度,就像单位"帕(Pa)"用于声压一样。重要的是,不要将如"Pa""dB"这样的刺激尺度与"sone"这样的感觉尺度混淆起来。

可以用等式或图形来描述刺激的物理尺度与相关听感尺度的关系。图1.6给出一个例子,其中横轴为刺激尺度,纵轴为感觉尺度,尽管刺激与感觉之间的关系可以展示在连续曲线上,但我们应该认识到刺激尺度上的微小差异(比如,从 A_0 到 A_1)也许不会引起感觉尺度上的变化。这是因为从 B_0 到 B_1 的变化也许在步长 ΔB_s 的范围内,而只有比 ΔB_s 大的步长才会引起足以听到的感觉差。因此,在图1.6中,ΔB_s 可能代表导致听觉尺度差的刺激尺度的最小变化。刺激尺度从 A_0 增加到 A_1,其变化能清楚地反映在听觉尺度的变化上,这是因为感觉尺度上的相应变化在感觉的最小步长 ΔB_s 之上。刺激步长 ΔA_s 引起听觉差 ΔB_s,这是典型的心理声学任务,被称为"差阈(Difference Threshold)"或仅仅为"阈值(Threshold)"。

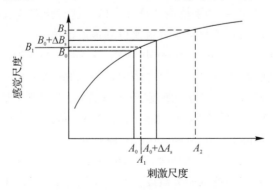

图1.6 感觉尺度与刺激尺度的实例

阈值的一个极端例子是绝对阈值,也就是刚刚听得见的纯音声级。在所有时间下阈值并不固定,有时与环境有关。因此,某种刺激强度引起刚刚听得见的感觉只能以概率的形式给出。其原因在图 1.7 中得以说明。在垂直方向上刺激尺度和感觉尺度增加,然而,阈值以下的刺激并不引起感觉。图 1.7(b)给出了不同刺激尺度引起的感觉的概率。通常常规阈值的概率为 0.5。这意味着在 50％的测试中"阈值"刺激引起感觉,而在另外 50％的测试中,"阈值"刺激不引起感觉。因此,被试要确定一个阈值是很容易的。

对被试来讲,一些更复杂的任务是给声音赋予等效值。在图 1.8 中通过一个例子解释了这些任务。比较声音 2 与声音 1 的响度。考虑到感觉尺度,显然只有声音 1 和声音 2 的标记位于同一高度才能得到相同的响度。右图显示了声音 2 相应的刺激尺度,用概率来讲被试的反应是"声音 2 更响"。尽管等效任务的分布比"阈值"分布更微弱,但被试报告说他们在寻找等效点方面没有碰到困难。

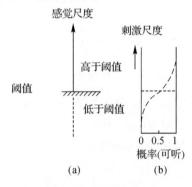

图 1.7　阈值的确定

以 50％的概率可以听到对应感觉或
感觉增量的刺激尺度(或刺激增量)

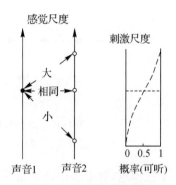

图 1.8　确定等效值

以 50％的概率,刺激量值对应的
感觉比对比的感觉量值更大

对被试而言,更复杂的任务是产生感觉比(Ratio of Sensation)。图 1.9 给出了感觉的感知量值减半的例子。声音 1 和声音 2 的感觉尺度以竖箭头表示。声音 1 的感觉尺度为起始点,与此相对改变声音 2 使之产生声音 1 一半的感觉量值。图 1.9(b)给出了以概率表示的刺激尺度,此时被试感觉声音 2 产生了声音 1 一半的感觉尺度。再一次,概率 0.5 被定义为比值的一半。

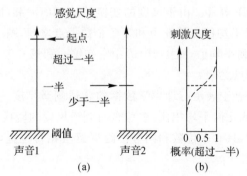

图 1.9　"一半"感觉比的确定

以 50％的概率,刺激尺度相应的感觉(如响度)听起来是比较感觉的一半

由于不同测试中同一人的结果(个体内差异,Intr - individual Difference)以及不同被试的结果(个体间差异,Inter - individual Difference)变化得非常厉害,所以希望先完成几轮同类型的实验,然后进行数据平均。这意味着一次实验后得到的大量数据点必须计算其平均值。刺激尺度测度间(例如,声级、声压或声强之间)的平均方法中,单位的选择起了非常重要的作用。图 1.10 给出针对 8 个被试的绝对阈值的例子。在图 1.10(a)中,沿相对声强 I/I_0 标尺以点的形式给出个体阈值。对这 8 个数据点,通过箭头表示其算术平均、几何平均和中位数。

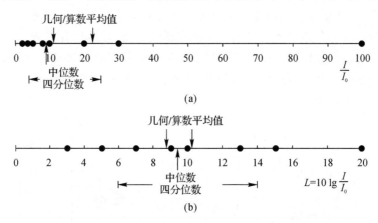

图 1.10 沿线性振幅相对强度 I/I_0[图(a)]或对数振幅声级 L[图(b)]的尺度绘制 8 个平均阈值数据的实例

对 n 个数据点,算术平均计算如下:

$$\frac{x_1 + x_2 + x_3 + \cdots + x_n}{n} \tag{1.7}$$

几何平均为

$$\sqrt[n]{x_1 x_2 x_3 \cdots x_n} \tag{1.8}$$

中位数仅仅将数据点分为 2 个相等的部分,也就是 $n/2$ 个数据点在中位数的左边,$n/2$ 个数据点在中位数的右边。四分位数在包括所有数据点的 50% 处,它意味着 25% 的数据在四分位数左边,25% 的数据在右边。

当声强比 I/I_0 转换为声级 L 以后就有了图 1.10(b)。例如,相对强度 100 对应声级 20dB,相对强度 2 对应 3dB,等等。由于尺度的变换,图 1.10(a)和(b)中点的位置大不相同。

在图 1.10(a)中,算术平均值在第 6 个和第 7 个数据点之间,图 1.10(b)中,它在第 5 和第 6 个数据点之间。至于几何平均值,图 1.10(a)中它在第 5 和第 6 个数据点之间,而图 1.10(b)中它在第 3 和第 4 个数据点之间。

人们事先并不确定适合于展示心理声学数据的合适刺激尺度。因此,期望使用中位数得到平均,因为与算术平均或几何平均相比,中位数对刺激尺度的转换是稳定的。

在不同尺度上布放时,只有中位数和四分位距保留其相对位置,而算术平均,甚至几何平均也不能保留其相对位置。

第 2 章 听 觉 区

本章讲述听觉区(Hearing Area)和听阈(Threshold In Quiet)。

听觉区是一个可以展示可听声的平面。在正常形式中,听觉区以频率(对数尺度)为横坐标,以声压级(单位:dB,线性尺度)为纵坐标。这意味着使用了 2 个对数标度,这是因为声压级与声压的对数有关。临界带率(Critical - Band Rate)也可用作横坐标。该尺度比频率更符合人们听力系统的特征。

人类听觉区的正常显示如图 2.1 所示。在右边,纵坐标尺度上,声强的单位是 W/m^2(瓦特每平方米),声压的单位为 Pa(帕斯卡)。给出了自由场条件下相对于 2×10^{-5} Pa 的声压级。声强级是相对于 10^{-12} W/m^2 的。声强约 10^{15} 或声压约 $10^{7.5}$ 的度量范围对应纵坐标尺度上涵盖的声压级范围为 150dB。关于横坐标,我们必须认识到我们的听觉器官产生的纯音感觉,其频率从 20Hz 到 20kHz,跨度为 10^3。实际听觉区代表了该范围,它位于听阈(低声压级的极限)和痛阈(高声压级的极限)之间。这些阈值在图 2.1 中分别用实线和虚线给出。这些限值适用于稳定状态下时程超过 100ms 的纯音。

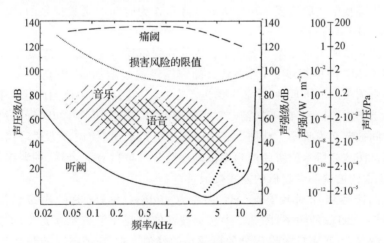

图 2.1 听觉区

即听阈与痛阈之间的区域。同时给出了音乐和语音涵盖的区域,以及损害风险的限值。纵坐标尺度不仅用声压级表示,还用声强和声压表示。听阈中虚线部分来自经常听吵闹音乐的被试

如果将语音分解成谱成分,通常它占据的区域也在听觉区里表现出来。在图 2.1 中,语音涵盖的范围是从左上角到右下角,从大约 100Hz 开始到大约 7kHz 结束。这些声级只适用于"正常演讲",比如在一个小报告厅里发表的演讲。如图 2.1 所示,在听觉区中音乐成分的分布

范围更宽。它从大约40Hz的低频开始到大约10kHz结束。考虑到弱音和强音,音乐的动态范围从声压级低于20dB开始到超过95dB。为展示音乐和语音的谱分布特性,我们不讨论极端和罕见的情况。但是,可以看到这2个区域都远高于听阈,第2.1节将对此作更详细的解释。

另一个高声级的边界是损害风险的限值(见图2.1中的细虚线),它在日常生活中非常重要。在非常低的频率下,该限值的声压级相当高,但在1~5kHz范围内声压级会下降到大约90dB。此限值适用于"普通人",也就是说有些被试可能比较敏感。因此,如果声压级达到细虚线所示声压级以下5dB左右,工厂就必须提供降噪设备(如耳塞)。此限值适用于每周5个工作日、每个工作日持续8h的声音。如果暴露时间变短,则声强将以同样的方式增加,但需减少时程。这就意味着,人耳在其最敏感的频率范围内每天只能接触50min、100dB的声音,或5min、110dB的声音。这种暴露很容易碰到,如通过耳机播放很响的音乐,因此,使用耳机听高音量的音乐时必须小心。听力系统对声音的过度暴露最初会产生暂时性的阈值偏移。在暴露过多后,这种暂时性的阈值偏移会导致永久性的偏移,也就是听力损失。在这种情况下,听阈不再正常,而是向更高的声压级移动且永远无法恢复。

听阈表示刚刚听得到的纯音声压级与频率的关系。此阈值可以很容易地由有经验或无经验的被试测量。对单个被试来说,听阈的再现性是很高的,通常在±3dB范围内。

在听觉区中阈值的频率依赖性可以通过贝凯希追踪法来精确、快速地测量。在这种方法中,被试利用开关来改变声压级的增减方向,见1.3节。与此同时,频率从低到高缓慢变化,反之亦然,被试通过开关按以下规则的升降来改变纯音声压级:一旦声音清晰可听,就利用开关降低纯音声压级,使之变得听不见。当纯音变得绝对听不清时,开关反向,使声压级增加,朝向可听。此过程穿整个实验流程。声压级的升降是作为时间的函数记录的,因为频率缓慢变化,所以也表示为频率的函数。

用这种方式获得的记录如图2.2所示。从低频到高频的整个录音持续约15min。声压级变化必须有小于2dB的精细步长,否则就会随声压级逐步增加,在中高声级下听到咔嗒声。为了显示这种听阈跟踪的再现性,图2.2给出了在0.3~8kHz频率范围内的2个跟踪过程,一个在频率上向上扫描,另一个向下扫描。"之"字形的扫描范围可达12dB,即大约±6dB。该锯齿形曲线的中间被定义为听阈。从图2.2的图例中可以看出,使用该方法可以准确地确定单个被试的听阈。图2.2所示的听阈的频率依赖性与某一被试有关,但这种频率依赖性是典型的,许多听力正常的被试都以类似的方式被记录过。

低频听阈的声压级相对较高,50Hz时约为40dB。200Hz时的声级已经下降到大约15dB。对于0.5~2kHz的频率,图2.2中显示被试的听阈几乎与频率无关,但这种效应相对罕见。在许多情况下,听阈显示出部分偏离或小的峰值。在2~5kHz的频率范围内,几乎每个听力正常的被试都有一个非常敏感的范围,在此范围内的声压级非常小,可以低于0dB。当频率大于5kHz时,听阈显示出峰值和谷值,这些峰和谷不仅单独变化,而且每个被试也不一样。在许多情况下,只要频率不高于12kHz,阈值就保持在0~15dB之间。对于更高的频率,听阈将迅速增加,在16~18kHz时达到极限,超过此限值,即使在高声级时也不会有感觉。这一限值与被试年龄有关:年龄在20~25岁时,如果被试没有接触过会导致听力损伤的声音,此限值位于16~18kHz之间。

如上所述，每个被试都表现出对听阈的个体频率依赖性。从许多被试个体的听阈测量中可计算出平均听阈。图 2.3 中的实线为 100 名听力正常被试听力的听阈中位数。除了 50% 的曲线，还给出了包括 10% 和 90% 被试的个体听阈。低于 90% 曲线的阈值通常被认为是正常的。在中频区，90% 曲线和 10% 曲线的差异很小。在低频侧和高频侧这种差异增加。注意，在讨论这一差异时，在 3～8kHz 范围内，90% 曲线并不遵循 50% 曲线的规律，而是在 50% 曲线减小的范围内增加。可能有一小部分年轻人在 4kHz 左右已经表现出了轻微的听力损失。这一结果表明，如果暴露在超过损害风险限值的噪声中，听力系统在 3～8kHz 范围内最容易受损。图 2.1 中的虚线显示了听阈的这种影响。它来源于一群经常通过耳机听大声音乐的学生，表明他们在 3～12kHz 范围内的听阈中位数。

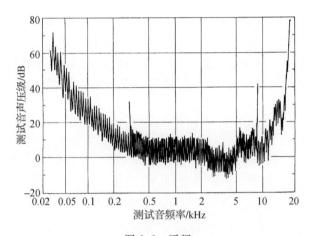

图 2.2 听阈

即测试音最小可觉声级与频率的关系，使用贝凯希跟踪法记录。
注意：在 0.3～8kHz 间该阈值被测量了两次

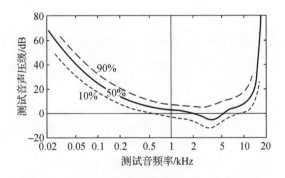

图 2.3 听阈的统计数据：50%，90% 和 10% 听
阈值与频率的关系，适用于 20 至 25 岁的被试

图 2.3 用细线标出了 0dB 声压级和 1kHz 频率。这两条直线的交点与听阈在 1kHz、50% 曲线之间的差异表明，在该频率处其值达到 3dB，而不是有时假设的 0dB。后者约在 2kHz 和 5kHz 处达到。在这 2 个频率之间，50% 的被试可以听到具有负值的声压级。

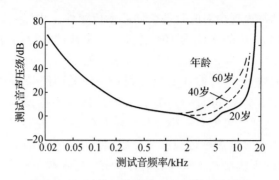

图 2.4　听阈与频率的关系（以年龄为参数）

随着年龄的增长,听觉灵敏度降低,尤其是在高频段。如图 2.4 所示,60 岁时,10kHz 处的听阈将偏移到大约 30dB。在这个年龄 5kHz 处的听阈可能增加 15dB,而当频率低于 2kHz 时,听阈几乎和 20 岁的人一样敏感。然而,我们必须认识到,这只适用于那些在日常生活中没有暴露在高噪声声级下的被试。40 岁时,听阈的变化大约是 60 岁时的 1/2。

第3章　听力系统中的信息处理

本章讲述外周系统中声音的预处理和神经系统中的信息处理。

3.1　外周系统中声音的预处理

人类听力系统中刺激处理的两个完全不同的区域可以被区分出来。在振荡保持其原有特性的外周区域进行预处理。然而,这些外周预处理结构是非线性的。外周结构将预处理后的振荡传递给感觉细胞,感觉细胞有神经末梢,它将机械/电刺激编码为电动作电位。在那里,听力系统的第2个区域开始进行神经加工,最终导致听觉感受。在所有脊椎动物的听力器官中都可以看到听力系统分成两部分的情况。值得注意的是,与其他一些作者不同,我们假设第一个突触是听力系统外周部分的末端。有时,特别是在医学上,人们认为外周神经包括第八神经。

3.1.1　头和外耳

通常假定声场是自由的平面行波声场。任何大的物体(如被试的头部)都会扭曲这个声场。可以在自由声场中测量被试头部和全身的影响,它由自由场中一个小传声器测出的声级(没有被试)和在被试耳道中测出的声级(被试的头部中心位于自由场中传声器所处位置)之差来表示。考虑到这一差异,可以清楚地看出,被试的身体,特别是肩部及头部、外耳和耳道,对鼓膜前方的声级有影响。当频率低于1 500 Hz时,通过遮挡和反射,肩和头对声级的影响最为显著。

实际上,我们通常所说的耳是指如图3.1所示的外耳、中耳和内耳。外耳的功能是收集声能,并通过外耳道将声能传输到鼓膜。外耳道有两个优点:首先,它保护耳膜和中耳不被破坏,其次它使内耳位置非常接近大脑,这样就缩短了神经的长度,使动作电位在神经中的传播时间缩短。

外耳道对听力器官的频率响应有很大影响。它的作用就像一个2cm左右长的开口管道,此长度接近频率为4kHz时对应波长的1/4。正是外耳道对我们的听力器官在这个频率范围内的高灵敏度起了作用,从而听阈在4kHz附近会下降。然而,这种高灵敏度也是4kHz附近区域极易受到破坏的原因。

3.1.2　中耳

影响外耳的声音由空气质点的振动造成。内耳含有包围感觉细胞的液体。为使这些细胞兴奋,有必要在液体中产生振荡。空气质点的振动力小,但位移大,必须转化为类似盐水那样运动力大但位移小的流体。为了避免由于反射造成巨大的能量损失,中耳必须进行转换以匹配两种流体(即外面的空气和里面的水)的阻抗。阻抗匹配可以在有变压器的电气系统中得以实现。在机械系统中,可以使用"杠杆",这正是中耳的任务(见图3.1)。这种轻而坚固的漏斗形鼓膜(耳膜)作为压力接收器可以在很宽的频段内工作。它牢牢地附着在锤(锤骨)的长臂上。鼓膜的运动通过被称为锤骨、砧骨和镫骨(锤、砧和镫)的中耳听小骨传递到镫(镫骨)的踏板上,镫骨由非常坚硬的骨头制成(见图3.1)。镫骨的踏板,连同一层被称为卵圆窗的环状膜,形成内耳的入口。除了由锤骨和砧骨臂的不同长度产生的2倍左右的杠杆比外,中耳还会根据大鼓膜面积与小踏板面积的比率产生一种转换。该比率约为15。通过杠杆比和面积比,在1kHz左右的中频范围内,人耳各阻抗之间几乎形成了完美的匹配。

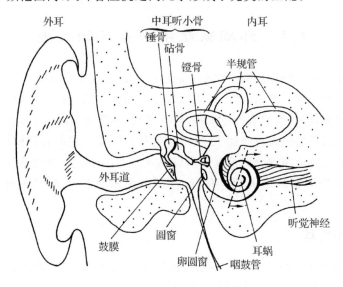

图3.1 外耳、中耳和内耳示意图

通常情况下,带有转换成分的中耳空间是由一边的鼓膜和另一边的耳咽管与周围环境分隔开的。然而,咽鼓管连接上喉区,在吞咽时短暂打开。外部影响(如爬山、使用电梯、飞行或潜水)可以极大地增加或减少压力,从而改变耳膜的闭合位置。因此,中耳听小骨传递特性的工作点也发生了变化,导致听力灵敏度降低——这是在飞机上经常会遇到的一种经历。吞咽可以恢复正常听力,因为在咽鼓管短暂打开的过程中,中耳气压可以与环境气压得到平衡。

3.1.3 内耳

内耳(耳蜗)形似蜗牛,嵌在极其坚硬的颞骨中(见图3.2)。耳蜗内充满了两种不同的液体,由3个通道或阶组成,从蜗底到蜗顶一起运行。镫骨踏板与前庭阶内的液体直接接触。由于中阶与前庭阶之间仅由非常薄而轻的赖斯纳氏膜(Reissner's Membrane)隔开,所以从流体力学的角度来看,这2个通道也可以看作是一个单元。振荡通过液体传到基底膜。这层膜将中阶和鼓阶分开,并支持含有感觉细胞的柯蒂氏器。由于液体和周围的骨骼在本质上是不可压缩的,所以由镫骨运动至卵圆窗的液体必须被平衡。通过基底膜在圆窗处取得平衡,它封闭了蜗底处的鼓阶。在极低频率处,这种平衡是通过蜗顶的鼓阶和前庭阶之间的连接来实现的。

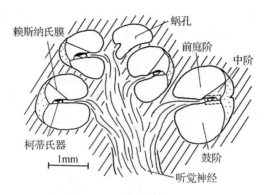

图 3.2 内耳横截面示意图

前庭阶和鼓阶有淋巴液,即外淋巴液。与其他体液相似,外淋巴的钠含量高。它直接与脑腔内的脑脊液接触。前庭阶的液体(内淋巴)与前庭系统的空间接触,钾含量很高。前庭阶周围细胞的紧密膜连接减少了钾离子从前庭阶中的扩散损失。任何损失都会迅速被离子交换泵所取代,这种泵具有高能量需求,存在于血管纹细胞的细胞膜上,血管纹是耳蜗外壁的一组特殊细胞。血管纹内的离子交换在前庭阶中产生相对于外淋巴的 80mV 正电位。

基底膜将中阶和鼓阶分开,其底部狭窄,但还是比顶端约宽 3 倍。耳蜗盘旋两周半,基底膜长度约为 32mm。所有哺乳动物的内耳结构基本上都是一样的。

位于基底膜上的柯蒂氏器的功能是将内耳的机械振荡转化为可被神经系统处理的信号。柯蒂氏器包含各种支持细胞和非常重要的感觉细胞或毛细胞(见图 3.3)。毛细胞分布为柯蒂氏器内侧的一排内毛细胞,以及靠近柯蒂氏器中部的三排外毛细胞。在这两种毛细胞之间,最突出的支持细胞(柱状细胞)形成了内部通道。盖膜覆盖部分柯蒂氏器,并附在前庭阶内侧的螺旋缘上。有趣的是,盖膜不含细胞,完全由两种高度水合的原纤维组成。在外毛细胞外,盖膜紧贴柯蒂氏器细胞,它从中阶分离出一个亚盖层空间。解剖结果显示,内毛细胞的纤毛与盖膜不相连或相连较弱。

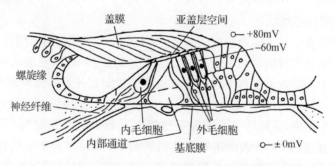

图 3.3 柯蒂氏器及其周围组织示意图

从图 3.4 中可以看出,内、外毛细胞的结构是不同的。外毛细胞更薄,呈柱状,不像内毛细胞,它没有被支持细胞紧紧包围。两种毛细胞的超微结构有明显的规律性差异。此外,通向大脑的内毛细胞的传入突触似乎具有化学突触的常规特征,而外毛细胞的传入突触则是非典型的。结构上的差异表明内、外毛细胞的功能不同。事实上,90% 以上的传入纤维(A)与内毛细胞有突触接触,而每根纤维通常只与一个内毛细胞有突触接触。每个内毛细胞与多达 20 个传入纤维相连。其余的传入纤维(5%～8%)为外毛细胞提供扩张的神经支配。然而,外毛细胞受到来自大脑的传出纤维的强烈支配。尽管传出纤维(E)的数量只有大约500个,但其末梢在大小和数量上支配着外毛细胞的突触区。向内毛细胞移动的传出纤维不与细胞产生突触接触,而只与从细胞发出的传入纤维产生突触接触。内毛细胞本身很少接收传出末梢。虽然这两种毛细胞的功能及其神经支配尚不清楚,但结合其他事实可以认为假定外毛细胞的功能仅限于柯蒂氏器似乎是合理的。虽然这2个系统之间没有直接的神经联系,但外毛细胞似乎对内毛细胞有很大的影响。这些影响将在后文详述。

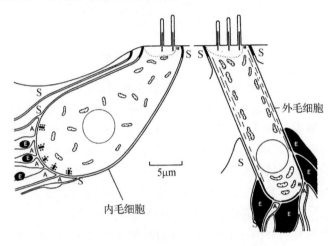

图3.4　内毛细胞和外毛细胞示意图
注意:文中叙述的突触排列的差异

1.线性无源系统

诺贝尔奖获得者乔治·冯·贝凯希(Georg von Békésy)对内耳振动进行了实验研究。他将中阶视为一个整体运动的系统。根据该假设,基底膜和赖斯纳氏膜的位移相同,即在某一位置它们的体积位移相同。在这些限制范围内,对于高输入声级或非活体实验对象,基底膜的位移可以描述为一个线性系统。

贝凯希的想法证实了冯·亥姆霍兹(von Helmholtz)关于低频引起蜗孔附近基底膜振荡、高频引起卵圆窗附近基底膜振荡的观点。与以前设想的驻波不同,行波的存在是贝凯希的一个新的重要发现。基底膜垂直位移引起的行波在卵圆窗附近开始时振幅较小,增长缓慢,在某一位置达到最大后,在蜗孔方向迅速衰减。图3.5(b)显示了3种频率下无有源反馈时的基底膜振速。在这张示意图中,耳蜗的2.5周绕行被展开并延展到总长度为32mm。图中显示了频率为400Hz的2条曲线,实线表示达到最大值的瞬间,虚线表示1/4周期之前的瞬间。这样,行波特性变得明显,没有出现像驻波那样的节点或波腹。对这3个频率,振荡包络用虚线表示。朝向蜗孔方向,从卵圆窗开始振幅逐渐增大直至达到最大值,超过该最大值后,振幅迅速减小。注意,不同刺激频率根据其最大值所处不同区域而表现出明显的分离。如图3.5(a)所示,假设400Hz、1 600Hz和6 400Hz这3个纯音同时呈现并一起传到卵圆窗[见图3.5(b)],在内耳处发生分离。因此,内耳执行着频率分离的重要任务,即不同频率的能量被转移到基底膜的不同位置并集中在那里。基底膜上的位置分离,被称为部位原理(Place Principle)。每种声音都会引起基底膜不同区域的振动。

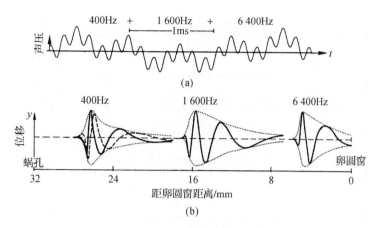

图 3.5 频率转换到基底膜部位的示意图

在(a)中,3 个同时出现的不同频率声音(用复合时间函数表示)产生了行波
(b),该行波在对应于特征频率的 3 个不同位置处达到最大

针对卵圆窗处呈现的 1kHz 短纯音,对其分析展示了内耳的频率选择性以及频率-部位转换。此外,图 3.6(a)可能有助于明确内耳的频率分辨率。一系列频率响应形状不对称的带通滤波器将频率范围细分为许多部分。这些滤波器的中心频率与耳蜗部位有关,在图 3.6(b)中以展开的形式表示。图 3.6 显示了与 4kHz 中心频率相关的卵圆窗附近的响应。在该带通滤波器中,1kHz 短纯音产生一个短声,然后是振幅很小的 1kHz 振荡。为了看起来方便,该振幅在图中被放大了 4 倍。时间函数开始和结束时的短声源于宽带瞬态,它在接通或关闭 1kHz 短纯音的瞬间产生 4kHz 范围的能量。第 2 个通带(中心频率为 1.9kHz)对应于耳蜗中更靠近蜗孔的位置。1kHz 振荡变大了很多,但短纯音在开始和结束时仍然可以看到中心频率为 1.9kHz 的短声。在这一行中,振幅被放大了 2 倍。振荡的振幅在中心频率为 1.0kHz 时最大。因为带通滤波器的中心频率和短纯音频率重合,所以 1kHz 振动的振幅上升和衰减都非常平稳。在耳蜗中,越是靠近蜗孔的地方,1kHz 短纯音所产生的振动幅度就越小。这些位置对应的是中心频率分别为 0.6kHz 和 0.3kHz 的带通滤波器。由于行波在达到最大值后很快消失,故在中心频率为 0.3kHz 时 1kHz 振荡是看不见的,但在 2 个较低的带通滤波器中,短纯音开始和结束时的两次短声变得更加突出,其频谱对应于各自滤波器的中心频率。

这些响应的另一个效应也很明显:卵圆窗信号与基底膜响应之间的延迟时间随基底膜沿线距离的增加而增加,换句话说就是,随带通滤波器中心频率的降低而增加。这意味着,高音或声音的高频成分在靠近卵圆窗的耳蜗入口处产生振荡,延迟时间很小。低音或声音的低频成分向蜗孔传播很远,延迟时间较长。向蜗孔方向的延迟增加,在大约 1.5kHz 时达到 1.5ms,在接近耳蜗末端时上升到 5ms。图 3.6 非常清楚地说明了发生在内耳中的两种效应被当作一个线性系统:一方面是频率分辨率,另一方面是用延迟时间说明的时间效应。

图 3.6(a)所示滤波器反映了一种通常与生理研究相关的情况,在这些情况下,更容易保持观测位置不变并观察频率变化的影响。通过一些近似,这些条件可在特殊的心理声学测量中得到满足,如心理声学调谐曲线。通过这种方式发现的频率相关性被称为听力系统的频率分辨能力。

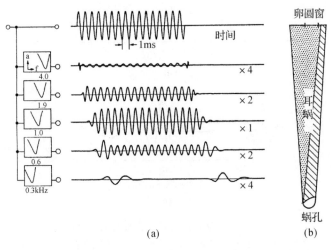

图 3.6　短纯音(其时间函数绘制在最上面)引起的基底膜
上的 5 个不同位置处的反应(绘制在下面的 5 个函数中)
注意:每一行上不同的振幅尺度和不同位置的振幅,以及向蜗孔
递增的延迟。图(b)说明了 5 个不同位置处的频率选择特性

基底膜的位移是不同听觉层级的第 1 个阶段。对于恒定的刺激振幅(纯音声级保持 80dB 不变),距蜗孔 4mm、11mm、20mm 和 29mm 等 4 个位置处的位移显示在图 3.7(a)中,它是对数尺度上频率的函数。时间的一阶导数(即速度)通常被假定为是驱动内毛细胞的有效刺激,如图 3.7(b)所示。假设系统是线性的,可以从图 3.7(b)构造出调谐曲线。调谐曲线显示,在特定位置处产生恒定响应幅度所需振幅是刺激频率的函数。在 4 个位置处产生恒定峰值速度 10^{-6}m/s 所需声级与频率的关系如图 3.7(c)所示。不用与蜗孔的距离来表示,而是用某个位置的特征频率(Characteristic Frequency,CF)来表示,这是最容易引起兴奋的频率。用这种方法得到的曲线称为调谐曲线。图 3.7(d)中用"+"号表示的特殊下降只在低声级下发生,是下一节要讨论的活动过程的结果,它导致了更明显的频率选择性。

2. 带反馈的非线性有源系统

基底膜的位移非常小。正常谈话的声音在空气中引起的声压约为 20MPa 或声级约为 60dB。基底膜的相关位移振幅范围为 0.1nm,此大小相当于原子的直径。然而,我们仍然可以听到那些声压为正常谈话声 1/1 000 的声音。听力系统必须使用非常特殊的方式才能形成如此非凡的灵敏度。

这两种感觉细胞之间的差异暗示了它们的特殊结构和特殊用途。图 3.8 给出了另一个关于低声级特殊处理方式的提示,图 3.8 用简化形式显示了毛细胞在 2 种声级下的调谐曲线。在图 3.8 中,在毛细胞中产生某种感受器电位所需声级是其频率的函数。与较高电压(10mV)相关的虚线形状与图 3.7(c)所示的数据(实线)类似:随着频率的增加,所需电压逐渐降低,直到超过特征频率,所需电压急剧增加。较低电压(2mV)下的调谐曲线形状不同。所示调谐曲线已经向上移动了 17dB 以使 2 条曲线在低频下匹配,以便于比较。对于 2mV 的情况(实线),特征频率附近的灵敏度比线性外推的预期值要大得多。调谐曲线的电压依赖性表明,在低电压下强大非线性引起的额外增益高达 30dB。仔细测量基底膜位移,结果表明在这种位移模式中发现了类似效应。这些数据源于动物。考虑到其他与外周位置有关的效应,如三次差音或耳声发射(分别见第 14 章和第 3.1.4 节,两者在人耳中都观察到了),必须假定我们的外周听力系统以某种非线性有源反馈方式运作。

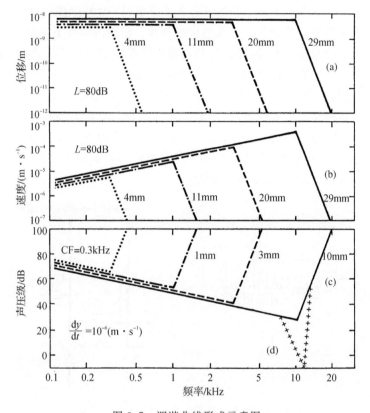

图 3.7 调谐曲线形成示意图

频率分别为 0.3kHz、1kHz、3kHz 和 10kHz 的 4 个不同纯音的特征位置分别距蜗孔 4mm、11mm、20mm 和 29mm。假定这些纯音声级为 80dB。位移 y 如图(a)所示,速度 dy/dt 如图(b)所示。图(c)中给出在 4 个位置处产生恒定速度 dy/dt 所需声级,它是频率的函数。这样的曲线称为调谐曲线,但是不同研究中标准可能会有所不同(在本研究中速度为 10^{-6} m/s)。第 3.1.5 节中讨论的非线性效应增加了特征频率区中弱刺激的灵敏度,因此最终形成了 CF=12kHz 下的调谐曲线("+"标示)

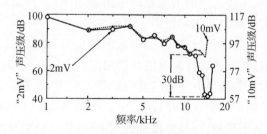

图 3.8 毛细胞调谐曲线

产生某种直流受体电位所需纯音声级(圆圈表示 2mV;点表示 10mV)与频率的关系。10mV 曲线向下平移 17dB,这 2 条曲线在低频时会重叠。数据来自 Russel, I. J. 和 Sellick, P. M.;H. Physiol 284, 261(1978)并重新绘制。

目前尚不清楚这种系统运作的细节。然而,从以下功能行为有可能推断出其基本结构。在较高声级的作用下,内毛细胞直接受感觉细胞纤毛和盖膜之间产生的剪切力的刺激,以响应基底膜的局部振速。对这些高声级,外毛细胞并不重要,因为大位移驱动它们达到饱和。然而,在低声级下,内毛细胞只受到非常轻微的直接刺激。活跃的内外毛细胞之间的相互作用被认为与听觉外周大的动态范围有关,同时在基底膜线性流体力学系统相关的选择性外,它与低声级引发的更尖锐的频率选择性有关。相互作用被有效地认为是快速时变的,其特性类似交流成分。此外,它还具有强烈的非线性,具有近似对称饱和的传输特性。

图 3.9 给出了这些概念。左侧是内、外毛细胞以及它们沿基底膜长度方向相互影响的示意图。在右侧,以简化的形式描述了柯蒂氏器功能上相互依赖的一小部分。图中箭头表示影响的方向,它们说明了一种假设,即外毛细胞对内毛细胞的影响很大。然后,包含在刺激中的信息被传递到传入神经纤维,它止于内毛细胞。

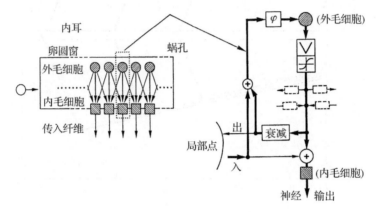

图 3.9　外毛细胞影响内毛细胞的主要结构

这种结构沿柯蒂氏器保持不变。如左图中点所包围的区域所示,右图该构件外毛细胞(OHC)和内部毛细胞(IHC)之间的函数关系。注意:只有内毛细胞有神经输出

在一个给定的位置,已有刺激既影响内毛细胞,也通过汇合点和移相器影响敏感的外毛细胞。后者作为具有饱和特性的放大器,可用具有近似理想对称断点的传递函数来近似,对应的声级约为 30dB。虽然这一过程是以电的方式模拟的,但外毛细胞对内毛细胞的影响实际上可能是机械的、机电的、电的、生化的,或上述全部或任何一个。单个内毛细胞可能受到周围许多外毛细胞的影响(这种影响由输入和输出端处的电阻器表示)。然而,在高声级下,放大器(外毛细胞)是饱和的,大幅度的刺激几乎只作用于内毛细胞。

这个功能性方案的一个重要部分是,外毛细胞的输出可以影响其输入。这种反馈系统非常敏感,而且有自振荡的趋势。接近自振荡的反馈回路具有适当的相位特性,它极大地增强了外毛细胞本已很大的刺激。如果没有反馈的横向扩展,将会引起极高的频率选择性响应。反馈的横向扩展产生类似带通的频率选择性现象,但仍保持第 3.1.5 节中讨论的非常高的灵敏度。因此,与完全无源的基底膜相比,只要没有达到饱和,低声级刺激的频率选择性就会增强。非线性有源系统对基底膜的运动给予反馈,从而也引起畸变物行波(见第 3.1.5 节和第 14 章)。此外,这种有源反馈系统振荡的趋势为讨论 4 种耳声发射奠定了基础(见下 3.2 节)。

3.1.4 耳声发射

耳声发射是在听力系统内部产生但能在空气中被测量到的声波振荡。本节将详细讨论这种发射,因为它们越来越频繁地被用作测量人类听力系统外周部分所产生效应的有效工具。耳声发射几乎完全是在封闭的耳道中测量的。这些发射的声级非常小,而且大部分远低于听阈,因此必须使用非常灵敏的传声器。自发耳声发射(Spontaneous Otoacoustic Emission)是指在不受听力系统刺激的情况下可以测量到的耳声发射。诱发耳声发射(Evoked Emission)是听力系统对刺激的反应。为了测量这种发射,不仅需要在探头上安装灵敏的传声器,还需要在探头上安装小型声音发射器。尽管观测到的发射集中在 800Hz~2kHz 范围内,但传声器和发射器都具有宽频响应(在 500Hz~4kHz 之间)。图 3.10 显示了听力系统外周和单独安装探头的示意图。对于使用低频信号的特殊测量(见图 3.24),可以在耳机(DT 48)中产生声音,通过软管送入封闭的耳道,并由附加的低频传声器监控。

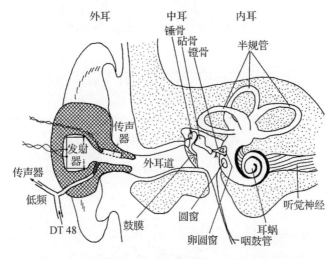

图 3.10 外周听力系统和探头(用于测量耳声发射、抑制和掩蔽周期模式)示意图

耳声发射有 4 种。如上所述,自发耳声发射(Spontaneous Otoacoustic Emission, SOAE)是在没有任何声音刺激的情况下产生的。在封闭耳道中对耳朵进行连续的声音刺激时,可以测量同时诱发耳声发射(Simultaneously Evoked Otoacoustic Emission, SEOAE)。延迟诱发耳声发射(Delayed Evoked Otoacoustic Emission, DEOAE)是对短周期脉冲声的响应,这些声音可能是宽带的短声,也可能是带有高斯型包络的窄带短纯音。延迟与短纯音频率有关,在延迟之后测量耳声发射,它是对刺激的响应。由于 DEOAE 是由短纯音诱发序列产生的,可用时间同步平均技术提高这些发射非常小的信噪比。

人们对这 3 类发射的特性进行了广泛研究。在封闭的耳道中,用 2 个原始声刺激并搜索"耳产生的"畸变物,由此产生畸变物耳声发射(Distortion Product Otoacoustic Emissions, DPOAE),必须在更多的被试中测量才能概括出它们的依赖关系。这里只讨论一些初步结果。

1. 自发耳声发射(SOAE)

在安静环境下,在典型被试封闭耳道内进行测量,其声音的频率分析如图 3.11 所示。声级被绘制成频率的函数,分辨率为几赫兹。超过 50% 的正常听力被试的耳朵表现出一种(通常是几种)SOAE。如果进行声学上的放大和重放,发射显示出窄带特性并具有音质。这些发射的声级通常在-20~-5dB之间,很少超过0dB。图3.12显示了50名正常听力被试的自发发射声级与频率的关系。对某个显示了若干发射的被试,发射以④标记。使用非常灵敏的传声器搜索单个被试产生的发射次数,结果表明发射次数并不随分辨率的增加而增加,相反,相邻发射之间的频率间隔似乎不会降低到某一特定值以下。仔细分析许多被试相邻发射的频率间隔,结果表明该间隔随频率的增大而增加。将相邻发射的最可能频率间隔转化为临界带率(见第6.2节),可以得出一个相对严格的规则:两次发射之间的间隔很可能是0.4Bark,与频率无关。单位"Bark"相当于第6.2节所述的一个临界带的宽度。

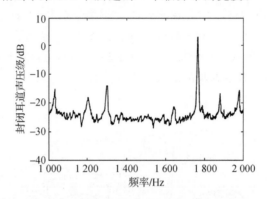

图3.11 封闭外耳道中灵敏传声器采集到的声压频率分析实例

注意:听阈约为0dB 🔘 音轨8

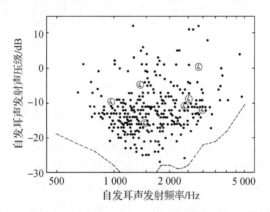

图3.12 自发耳声发射(SOAE)声级与其频率的关系

数据源于大约50名听力正常被试的100只耳朵。符号④表示属于同一只耳。虚线表示以5Hz带宽测量的噪声下限

有些SOAE在声级上不是很稳定。在周末之前出现的发射在周末之后就可能出现不了,反之亦然。即使在同一天,自发发射的声级也会有明显的不同。然而,自发发射的频率是非常稳定的。尽管发射消失了,但它们几乎以相同频率再次出现。频率的变化小于1%,在大多数情况下只有千分之几。发射量大的似乎比发射量小的更稳定。

自发发射会受到附加音或平稳气压变化的影响。在产生发射的耳朵上添加的声音可以降低SOAE的振幅。在这种情况下,有可能将发射声压降低50%且SOAE的频率变化很小。

附加音对降低自发发射的声级(如 6dB)是有必要的,绘制附加音(抑制音)声级与抑制音频率的关系就可以形成一条抑制-调谐曲线。对于相对较大的 SOAE,图 3.13 中的曲线给出了说明。该曲线与第 3.1.3 节中讨论的神经生理调谐曲线非常相似,它表征了较低声级下听力系统的频率选择性。

为了测量抑制音对自发发射影响的时间历程,必须扩大分析系统的带宽,因此,只能使用声级大于 0dB 的发射,否则信噪比不够。发射的时间过程作为对抑制音的启动和偏移的反应,如图 3.14 所示。图 3.14(a)为抑制音的时间历程,图 3.14(b)为自发发射的声压,两者都是时间的函数。自发发射反应不是立即开始,而是在一定的时间延迟 T_d 和一定的时间常数 τ(约 15ms,虚线)下进行的。

也可用低频音周期性地改变自发发射的声级。这些声音的周期相对于时间常数必须很长,以便获得较大的效果。应该指出的是,在讨论自发发射时,正常听力在所讨论的频率范围内听力损失不超过 20dB,这似乎是必须满足的条件。这意味着,在自发发射发生的频率范围内,产生自发发射是听力良好的明显暗示。然而,不存在发射并不是听力异常的标志,因为只有 50% 的正常听力被试表现出自发发射。此外,我们的经验表明,只要发射声级小于 20dB,耳鸣就与自发发射无关,很少有人超过这个值。

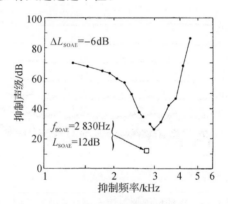

图 3.13 抑制-调谐曲线

即产生一定程度的自发耳声发射声级(本研究中为 6dB)所需的抑制音声级,
它是其频率的函数。正方形表示自发发射的声级和频率

2. 同时诱发耳声发射(SEOAE)

将不同声级以电信号的形式输入探针发射器,然后测量探针传声器的频率响应,此时最容易识别出 SEOAE。图 3.15 中最上面的曲线显示了 52dB 声级下的响应。它几乎是一条直线,表示整个探头(包括发射器、传声器和耳腔,不含活跃的内耳)的频率响应。将输入声级降低 12dB 得到一条标记为 40dB 的曲线,正如预期的那样,它向下移动了 12dB。将输入声级再降低 10dB,产生的频率响应不再是直线,这条线发生了非常小但一致的变化,在输入声级为 20dB 和 10dB 时变大。即使对 0dB 和 −10dB 那样小的输入声级(此时设备和被试的内部噪声逐渐对响应产生影响),波峰和波谷清晰可见且频率相同。线性系统不会表现出这种对声级的依赖性。然而,耳朵的反应依赖于声级,声压或声压级的微小变化是 SEOAE 的迹象。如图 3.16 所示,这类 SEOAE 不仅影响声压,而且影响作为频率函数的相位。高声级时相位和振幅响应几乎是直的(虚线),低声级时相位响应表现出沿直线的变化(实线)。相位响应与声压

变化对应。具体来说，2条声压曲线向上的交点与相位响应中的一个峰值对应。

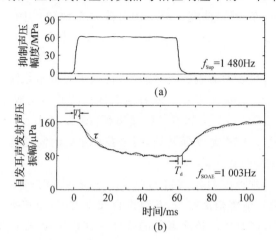

图 3.14 抑制音时间效应以及声压-时间关系(a)对大自发耳声发射声压振幅(b)的影响
指数衰减和15ms上升时间与SOAE特性匹配，它由虚线表示

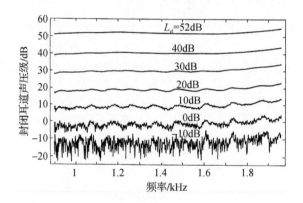

图 3.15 探针传声器对馈入探针发射器不同声级
并在被试封闭耳道中拾取的响应，其为频率的函数

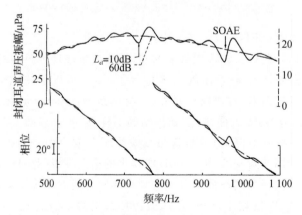

图 3.16 在被试封闭耳道中拾取的小型探针发射器产生的声压振幅
（上图）和相位（下图），发射声级分别为10dB(实线)和60dB(虚线)

在大约90%的耳中都发现了SEOAE。如果驱动信号高于SOAE声级10~20dB,SOAE就转化为SEOAE。在这些声级上,自发发射与短纯音同步。然而,在低声级刺激下,自发发射仍然保持在自己的频率上,与诱发音不同步。

利用特殊仪器和数据处理可以测量SEOAE的抑制调谐曲线和时间效应。结果表明,和已讨论过的自发发射的反应类似。这种相似性暗示自发发射和同时诱发发射可能是由同一原因产生的。

3. 延迟诱发耳声发射(DEOAE)

DEOAE是听力系统对短脉冲声的反应。重复频率为20~50Hz比较合适,它对应的分析时间为50~20ms。在这段时间内,大部分延迟发射达到了最大限值。DEOAE的时间函数和声级依赖性都很重要。图3.17展示了一个典型示例。图3.17(b)显示了在封闭耳道中测量的声压-时间函数,其增益保持不变。参数为感觉声级,也就是诱发产生DEOAE的脉冲序列听阈以上的声级。由于发射声级比诱发脉冲声级小得多,后者太大而无法在正常的图上显示。如果增益保持不变,情况尤其如此,如图3.17(b)所示。这意味着尽管诱发声级发生了变化,但仍使用相同的纵坐标尺度。在这种情况下,很明显,当感觉声级从-6dB增加到+24dB时,发射振幅增加。超过这一点,发射振幅就达到饱和。为了验证高声级不会产生不必要的畸变,使用相对恒定的振幅尺度[见图3.17(a)]而不是绝对恒定尺度[见图3.17(b)]是很方便的。很明显,在这种由不同感觉声级引起的时间功能显示中,在低声级下相对振幅相等。这意味着,当诱发脉冲感觉声级大约小于18dB时,延迟诱发发射的表现是线性的。对于较大的感觉声级,相对振幅下降,这意味着如图3.17所示的绝对振幅保持大致不变。在图3.17(a)中,当感觉声级超过18dB时,发射的时间函数的振幅发生剧烈变化,而在相同条件下,衰减的诱发脉冲的时间函数与声级无关。因此,诱发脉冲的时间函数可以通过发射系统正确传递。

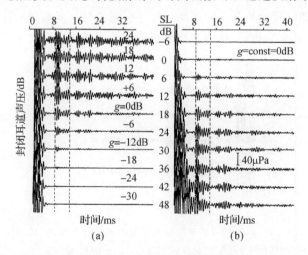

图3.17 (a)(b)不同声级(以感觉声级SL表示)的高斯型短纯音产生的延迟诱发耳声发射的声压与时间的关系曲线之间的差异为6dB

在图(a)中,放大器增益以与感觉声级增加相同的方式减小。这导致了刺激声级与时间无关。在图(b)中,增益保持不变,从而导致刺激时间函数的幅度增大。数据来自于图3.15相同的被试

利用某一时窗内发出声压的等效均方根值计算延时诱发发射声级。该时窗如图3.17中的2条垂直虚线所示。许多发射比时窗持续的时间长得多,而另一些则由紧凑的时间函数组成,可以描述为具有一定的延迟。

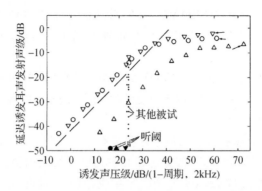

图 3.18 3 名不同被试的延迟耳声发射声级与 2kHz、1 个周期短声声级的依赖关系
实心符表示 3 名被试的听阈。点符号代表了另外 21 名被试的数据，诱发声级为 25dB(SPL)

单个时窗包括发射的主要声压，在此时窗内的计算声级与诱发短声（此时为 2kHz 纯音的 1 个振荡）感觉声级的关系绘制在图 3.18 中。低声级下，DEOAE 声级与诱发声级之间的关系近似于 45°虚线，这表示线性增长。大于听阈 10～20dB 时，发射声级越来越饱和，变得与声级无关。不同被试和同一被试的不同发射使得 DEOAE 声级之间的差异极大。最大声音只比诱发声低 5~10dB。

可以通过叠加单个周期引起的发射来展示延迟发射的线性特性。4 个周期的诱发声代表 1 个短纯音，可以认为这是由 4 个连续呈现的刺激产生的，每个刺激的时程为 1 个周期。诱发发射可以认为是以同样方式产生的。由 4 个周期诱发短声引起发射的时间函数可以与 4 个单次发射（由 4 个周期诱发脉冲产生）叠加所构造的时间函数进行比较。这种构造的结果如图 3.19 所示，其中第 1 个和第 4 个单次振荡的发射显示在上面 2 条曲线中。计算 4 个单次发射的响应，将得到的叠加时间函数与 4 个周期短纯音引起的时间函数进行比较。图 3.19 中最下面的 2 个时间函数几乎完全相同，这清楚地表明低振幅下延迟诱发发射进行的是线性叠加。

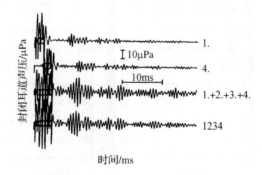

图 3.19 1.5kHz 纯音的单次振荡引起的延迟耳声发射的时间函数
感觉声级为 8dB（"1"和"4"）曲线"4"比曲线"1"延迟了 3 个周期。曲线"1"和曲线"4"以及 2 条曲线之间的数字相加给出时间函数（用曲线"1＋2＋3＋4"表示）。在最下方曲线中给出了 4 个周期刺激引起的发射"1234"。注意后两个时间函数之间的一致性良好

发射的延迟时间与其频率有关。结果表明，发射频率越高，延迟时间越短。图 3.20 显示了这一关系，这表明对于 500Hz 左右的低频，测量的延迟时间约为 20ms，而高频成分发射引起的延迟要短得多，在 4kHz 时约为 4ms。然而，应当指出的是，许多发射显示的时间函数并不集中在一个狭窄的时窗内。经常出现具有部分时间调制功能的长时发射，有些甚至在延迟

80ms 后也没有完全衰减。对于这种长时发射,图 3.20 所示的延迟时间遵循此规律(如发射时间函数中的第一个值,通常也是最大值)。如果诱发音由高斯包络短纯音组成,那么其有效频率成分就被限制在一个小的范围内,延迟发射也是如此。

当没有诱发短声时,分析延迟发射的周期性重复时间函数可以测量存储的延迟发射谱。图 3.21 显示了诱发脉冲的 4 种感觉声级的频谱。这 4 种谱非常清楚地表明谱能量不是连续分布的,而是表现出非常明显的极大值,其中大部分发射能量集中在这些极大值中。这种效果几乎与诱发脉冲的感觉声级无关。

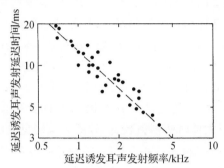

图 3.20 延迟诱发耳声发射延迟时间与其频率的关系
虚线近似 0.4Bark 的倒数值,用频率间距 Δf 表示

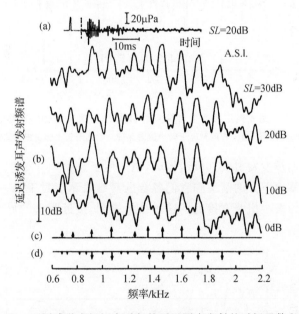

图 3.21 不同感觉声级短声引起的延迟耳声发射的时间函数和频谱
(a)时间函数;(b)频谱;(c)中的箭头表示频谱中的极大值;(d)中的箭头表示相同
被试听阈与频率依赖性中的极小值

有各种各样的方法来影响延迟诱发发射及其抑制音的振幅。最令人印象深刻的影响是抑制低频音的延迟诱发发射,其周期与诱发短纯音的重复频率对应。延迟发射的抑制与诱发短纯音的可听性非常接近。这一结果表明,听阈和掩蔽阈值与不同类型的发射密切相关,下一节将描述这些关系。

4. 发射和听阈的关系

上述3种发射似乎是由同一来源引起的,这可以从几种效应中推断。这些效应之一是相邻自发发射之间或延迟发射频谱构成中相邻极大值之间的最小频率间距相同,约为0.4Bark,即略小于临界带的一半。在这种情况下,可能会意识到延迟诱发发射的延迟时间倒数值几乎与线性电路中预期的0.4Bark值相同。此外,同一天一个已消失的自发发射被测量为一个相对强的同时诱发发射。进一步地,自发发射也可测量为同时诱发发射,这一效应也表明3种发射的来源也许相同。

一种令人印象深刻的效应(它引起的结论相同)是,发射谱构成与听阈(频率的函数)精细结构之间的密切关系。当非常仔细地测量"听阈"时,不是用连续变化的频率,而是用点与点之间频率间隔仅为2Hz或3Hz的逐点测量,许多被试表现出明显的极大值和极小值。同样的被试通常也会显示出许多大的发射。图3.22显示了同一被试的听阈,其延迟诱发发射谱如图3.21所示。听阈极小值(图3.22中的箭头)复制在图3.21(d)中的相应频率处。听阈中显著的极小值[见图3.21(d)]显示出与延迟诱发发射谱构成的极大值[见图3.21(c)]完全相关。这意味着,诱发发射谱取得极大值时听阈值较低,即听力系统更灵敏。

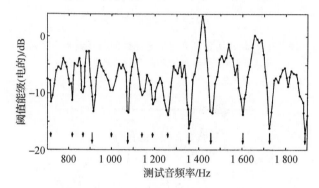

图3.22 产生诱发但不会产生自发发射的被试,其听阈处的传感器电压水平
箭头表示极小值,箭头长度对应于极小值的深度。相同箭头也标在图3.21(d)中

这不仅适用于延迟诱发发射及其频谱构成,也适用于自发耳声发射。图3.23给出了一个例子。自发发射的频率由下方的箭头和它们各自的声级表示。对于同一被试,发射频率与听阈中频率依赖关系中的极小值非常接近。这一结果表明,接近听阈的低声级处的听力与3种耳声发射的相关性很强。

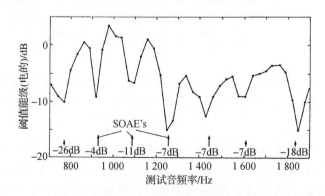

图3.23 产生多个自发发射的被试在听阈处的传感器电压水平
频率由箭头指示,其下方给出声级

至于听阈附近听力与发射之间的关系,另一个令人印象深刻的例子可在低频高斯型压缩和扩张脉冲声抑制诱发发射时找到。这种抑制音的时间函数由图 3.24(c)中的实线表示。诱发短纯音[见图 3.24(b)]以 20dB 的感觉声级呈现。图 3.24(d)利用箭头朝上的时间刻度显示了诱发发射的时间函数。每个时间函数的水平位置对应低频掩蔽音周期内发出诱发短纯音的时刻。发射的时间函数显然取决于抑制音周期内诱发短声出现的时间。在与抑制音最大扩张时刻对应的时间处,发射完全消失。最大扩张和最大压缩之间的时间函数基本保持不变。在压缩脉冲附近,发射再次减少,但没有最大扩张时那么多。

图 3.24(e)总结了总体特性,图中显示了延迟诱发发射声压在图 3.24(d)标记的时窗内的 RMS 值,它是抑制音周期内诱发发射呈现时间的函数。在抑制音的压缩极大值处,发射的均方根值显示有 3 个极小值。此外,通过压缩和扩张脉冲交替测量了短纯音引起的掩蔽效应。为了进行直接比较,在阈值测量中使用了相同短纯音作为诱发音。在这种情况下,抑制音被称为掩蔽音,在其周期内短纯音阈值也作为其位置的函数来测量。得到的掩蔽-周期模式如图 3.24(a)所示。它显示了存在掩蔽音时刚刚听得见的测试短纯音声级与掩蔽音周期内呈现时间的关系。图 3.24(a)给出的掩蔽-周期模式是图 3.24(e)中抑制-周期模式的近乎完美的镜像。这一结果表明,阈值附近的听力与延迟诱发发射的抑制有密切关系:听不到诱发短纯音时诱发发射消失。

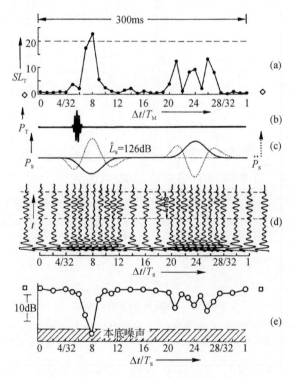

图 3.24　听阈附近听力与发射之间的关系

(a)中的阈值源于(b)中的短纯音序列被(c)中的一系列交替的高斯型 DC 压力脉冲掩蔽。(d)中呈现了由短纯音引起的延迟耳声发射的时间函数,对应于不同时间的诱发短纯音在抑制音(c)内的呈现时间。发射的平均 RMS 值在(e)中表示为在掩蔽期间内呈现诱发短纯音的时间的函数。请注意(a)和(e)中概述的曲线为镜像对应。(a)中的菱形和(e)中的正方形分别对应没有掩蔽音和抑制音时产生的数据

5. 畸变物发射[见图3.17(a)(b)]

当频率为f_1和f_2的2个原始音播放到耳朵时,也会听到音调与频率f_2-f_1和$2f_1-f_2$相关的附加音(见第14章)。可以通过施加相应频率与正确声级和相位的声音抵消这种可听畸变物。这种基于心理听觉感知的抵消被称为听觉抵消(Hearing Cancellation)。利用完全客观的方法和仪器可在封闭外耳道中通过一个灵敏传声器测量畸变物发射。线性设置和非常低的本底噪声是获得相关数据所必需的。该方法还可以通过添加声级和相位被调整过的相应频率的声音来抵消,形成的差音被客观测量,以此补偿到无法检测到的低值。

图3.25显示了在该频率处的畸变物示例[$2f_1-f_2=(2×1\,620-1\,851)Hz=1\,389$Hz]及其抵消。探头置于无源腔内而不是外耳道中,测得的2个原始音显示在最下面的曲线中。结果表明,在1\,389Hz处无法测到畸变物,在这里本底噪声比1\,620Hz的原始音低85dB以上。将探头置于听力正常被试的外耳道中,最上面的曲线清楚地显示出存在1\,389Hz畸变物发射音。中间显示了一个扫频曲线,调节附加的第3个声音(1\,389Hz)的声级和相位来抵消发射音,这样发射声级就降到本底噪声之下。这种抵消所需声级和相位被采集起来并被绘制成不同参数的函数。

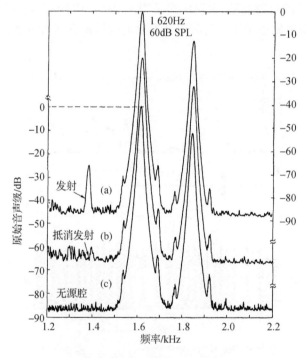

图3.25 不同频率下的畸变物

原始音感觉声级SL$_1$=60dB,SL$_2$=50dB;频率f_1=1\,620Hz,f_2=1\,851Hz,$(2f_1-f_2)$=1\,389Hz。上述原始音的扫频频谱,(a)来自听觉正常被试的外耳道中,(b)用于抵消的发射音,(c)探头放在小无源腔中

图3.26给出了一个典型例子,在该例中,保持1\,620Hz下原始音(Lower Primary)的感觉声级SL$_1$恒定,其参数为50dB、60dB和70dB,而抵消所需的感觉声级与直接测量的感觉声级相等,将其绘制为上原始音(Upper Primary)感觉声级SL$_2$的函数,上原始音频率为1\,800Hz和1\,944Hz[见图3.26(a)(b)]。畸变物发射音的声级非常小,介于接近本底噪声的-20dB和+15dB之间。考虑到非线性的一般特性,对声级SL$_2$的依赖性是不寻常的。个体差异很大。迄今获得的为数不多的数据不能就畸变物发射特性作一般性的说明。然而,这表明$(2f_1-f_2)$

畸变物的声级和相位发生了急剧变化,它是频率恒定的原始音声级的函数,正如第 14 章将要讨论的那样,抵消发射所需声级比抵消听力所需声级要小 30~50dB。

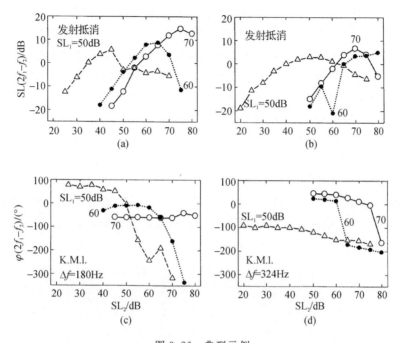

图 3.26 典型示例

$f_1 = 1\,620\text{Hz}, f_2 = 1\,800\text{Hz}$ 和 $1\,944\text{Hz}$ 时的畸变物发射的抵消音声级 $\text{SL}_{(2f_1-f_2)}$ 和相位 $\varphi_{(2f_1-f_2)}$,即 $2f_1-f_2 = 1\,440\text{Hz}$ 和 $1\,296\text{Hz}$ 或 $\Delta f = 180\text{Hz}$ 和 324Hz 分别作为感觉声级 SL_2 的函数,其中 SL_1 为参数(被试 K.M.1.)

3.1.5 非线性预处理系统模型

外周预处理模型必须考虑到第 3.1.3 节中提到的所有 3 种特征:活跃性、横向耦合下的反馈和非线性。该模型模拟了内耳的机械和电活动,不仅解释了频率的选择性,还有抑制和同时掩蔽、三次差音生成、3 种耳声发射以及抑制和掩蔽周期模式的影响。该模型的基本结构简单,但由于非线性,其功能特性不易理解。

这种模型分为线性网络和非线性网络两种。为了理解这两种网络之间的相互作用并寻找对计算机模型有用的相关近似,这种模型首先在硬件模拟中实现。尽管这样的实现限制了使用大量构件的可能性,也限制了精确创建所需的非线性类型,但在这样一个系统中了解大量信息处理的好处大于精度不高的不足。在模型中不考虑外耳和中耳且假定它们不产生非线性效应。因此,它们被看作线性电路,其频率和相位响应可以很容易地在模型的输入端添加。然而,内耳流体力学和外毛细胞特性的作用至关重要并对频率-部位转换负责。用一维模型近似复杂的流体力学系统是粗略但有效的。这体现了一个重要事实,即将连续流体介质继续划分为硬件模型构件必然会造成不连续。为了将这些人为偏差与真实情况区分开来,限制每毫米长柯蒂氏器上的构件数量在 8 个左右,这对应于每个临界带上有 10 个构件。

图 3.27(a)所示的框图显示了基底膜位移的电路结构,通常等效于内耳流体力学网络。然而,该网络被转换到双端口网络中[见图 3.27(b)]以便使用电压而不是电流进行研究。假设盖膜

阻尼大到足以将其影响整合到相似单元中，那么就可忽略它产生共振的可能性。该模型假定外毛细胞仅为非线性放大器，其输出强烈地影响内毛细胞的输入，并反馈到基底膜（不仅在同一位置，而且在 2 个方向上的相邻位置）振动中。为了解释这种横向扩展，在相邻两侧的 2 个构件中增加额外的反馈，第一个构件降低了直接反馈有效性的一半，第 2 个构件降低了 1/4。这样就包含了横向机械耦合或电耦合以及二维近似的附加特征，但模型的基本结构仍然很简单。

以这种方式预处理刺激所包含的信息，仅通过内毛细胞就转移到更高层级的中枢中。外毛细胞的放大特性是非线性的，几乎是对称饱和的。当声级大于 10dB 时，放大器的放大特性变得越来越饱和。在模型中用二极管网络近似这种特性。在模型中内毛细胞起次要作用。事实上，内毛细胞的输入是模型的输出，在这种情况下，预处理结束于振荡到发放率的转换中。最后，假设模型沿基底膜的所有构件的基本结构都相同。

可在参考文献中寻找硬件模型中网络的细节。然而，在图 3.27(c) 中可以清楚地看到模拟外毛细胞效应的非线性反馈回路（见图 3.9），包括一个线性放大器和一个非线性对称饱和器件，其输出通过一个大电阻反馈到"BM 振动"点，这也是放大器的输入。这也说明了通过更大的电阻向相邻构件的横向对称耦合现象。

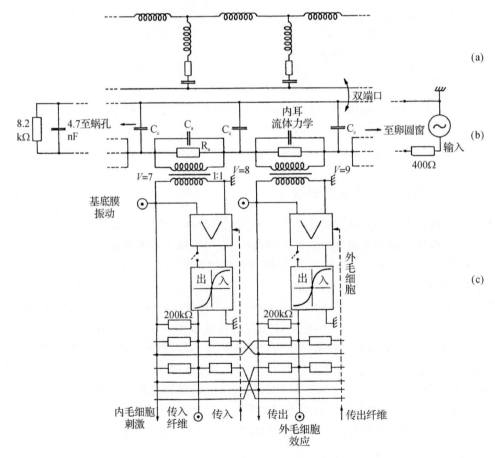

图 3.27 用长度 130μm（对应 0.1Bark）的构件实现硬件模型的框图
(a) 显示了通常用于表示基底膜速度的内耳流体力学的等效电路；(b) 显示了 (a) 的双端口电路，在卵圆窗处有驱动阻抗，在蜗孔处有负载阻抗；模型的 (c) 部分说明了每个部分的附加非线性反馈电路，它们代表了外毛细胞的功能

可用两种方法来说明这种模型的特性：特定位置的频率响应或特定频率的位置响应。由于测量方便，通常使用特定位置的频率响应。测量结果可以直接与神经生理和心理声学调谐曲线进行比较。

这种模型的一个重要特性是其频率响应的声级依赖性。图 3.28 显示的例子针对的是 3 个构件，其频率分别为 8.5Bark、11.5Bark 和 14.5Bark，即基底膜上与蜗孔距离为 11.4mm、15.4mm 和 19.4mm，对应的特征频率分别大约为 1kHz、1.6kHz 和 2.5kHz。特征频率定义为低输入声级下频率响应达到其局部最大值的频率。高输入声级下峰值向低频侧移动。正如预期的那样，频率响应的一般特性具有低通形状。低频斜坡较缓，高频斜坡较陡。低声级下，频率响应的峰值比高声级下大得多，并且由于模型单元的不规则性而显示出几个极大值。在 10~20dB 以下时，响应形状几乎与声级无关。这同样适用于 90dB 以上的声级。这意味着模型在非常低和非常高的声级上都是准线性的。另一种影响是将输入声级 L_{ip}（参数）与能级 L_{BM}（左坐标）峰值联系起来的函数的非线性。动态范围的压缩或许可用 14.5Bark[即特征频率(CF)大约为 2.5kHz]处的数据来量化。输入声级之差为 100dB（参数）时，能级 L_{BM} 仅上升 57dB。这被认为是在 CF 附近且低输入声级时增量高达 43dB。

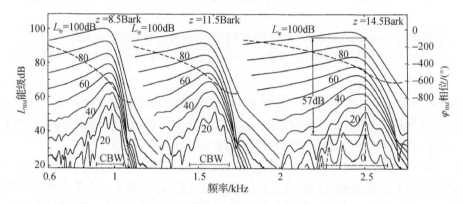

图3.28 输入声级为 60dB 时，基底膜（BM）振动输出的能级响应（左纵坐标）和相位响应（右纵坐标）与频率的关系

振动位于 8.5Bark、11.5Bark、14.5Bark 处，对应的 CF 为 1kHz、1.6kHz、2.5kHz。参数为输入声级，即驱动电压源在卵圆窗前 400Ω 电阻处的声级。水平虚线条表示临界带宽

图 3.28 中 3 个数据集中的虚线表示中等输入声级（60dB）下获得的相位响应。相位滞后随频率的增加而增加，在 8.5Bark、11.5Bark 和 14.5 Bark 位置处对应的特征频率下，相位滞后分别大约为 700°、600°和 500°。相位响应的一般特性与声级无关，但在声级极大值对应的位置处，当输入声级较低时，相位滞后逐级增加。

在这种情况下，有趣的是，在听阈极小值之间或相邻自发发射之间的最可能的频率间距，与在 CF 附近使相位偏移 180°所需的频率间距密切相关。图 3.28 在 1kHz、1.6kHz 和 2.5kHz 处的数据分别为 70Hz、110Hz 和 160Hz。这些间距与模型测量的 SEOAE 数据一致，与相应的大约 19ms、9ms 和 6ms DEOAE 延迟时间的倒数一致。

图 3.29 给出了输入声级为 60dB 时模型的能级响应（它是位置的函数，而位置与特定频率对应）和相应的相位-位置响应。当频率为 1 580Hz 时，给出了 5 种不同声级下的能级响应。尽管峰值相对较宽（这表明低输入声级下反馈产生了类似带通的调谐特性），但高输入声级下

的上斜坡(Upper Slope)平缓,而低输入声级下的响应陡。图 3.29 中的虚线显示了 60dB 时的相位响应。波越朝蜗孔方向传播,即朝向较低的临界带率传播,相位滞后就越明显。在相位滞后稳定之前,其累积量超过 1 000°。

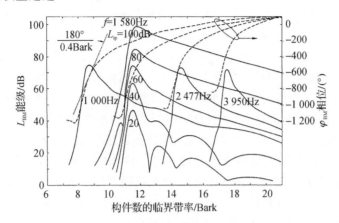

图 3.29　能级响应(左纵坐标)和相位响应(右纵坐标)与构件数量(以临界带率表示)的关系

频率为 1 580Hz 时,输入声级 L_{ip} 为参数(其余的 L_{ip} = 60dB)。低输入声级下,输入频率为 1 000Hz、1 580Hz、2 477Hz 和 3 950Hz(对应 8.5Bark、11.5Bark、14.5Bark 和 17.5Bark),此时产生最大 BM 能级

当输入声级大于 70dB 时,沿模型长度方向的相位滞后随声级的变化不大。然而,对于较低的声级,与能级响应相比,相位响应有波动,这表示叠加了驻波。因此,与高声级相比,在中等和低声级下,低临界带率下相位响应的滞后可能会超过 360°。

可以在模型中创建所有 3 种耳声发射。加大反馈回路的增益会引起振荡,形成等效自发发射。添加形成抑制-调谐曲线的声音可以抑制自发发射,这在第 3.1.4 节中针对人类被试进行了描述。这同样适用于同时诱发发射,低声级时图 3.28 所示频率响应的波动表明了它们的存在。在模型中也可模拟抑制-周期模式以及延迟诱发发射具有的后刺激抑制效应。

硬件模型的缺点在于每个临界带的分辨率仅为 10 个构件,这可用计算机模型加以减少。在计算机模型中可大大增加构件数量,只是计算时间限制了它。图 3.30 给出了作用于频域但忽略横向反馈耦合的计算机模型的基本结构。每个构件由流体力学复杂单元($\underline{Y}_{cv}$)组成,附加单元($\underline{Z}_{nlv}$)再现了非线性和反馈。时域解可用基于波参数滤波策略的计算机模型得到。这种模型足够灵活,也可模拟横向反馈耦合。特别是当单元沿临界带率不规则分布时,计算机模型的结果与模拟模型的结果高度一致。这对产生发射是必需的,但在单元均匀分布的计算机模型中看不到。

在波参数计算机模型中产生同时诱发发射的例子如图 3.31(a)所示。引入的两种不规则性使发射得以产生,发射频率范围类似于在被试封闭耳道中采集强发射时的频率范围,如图 3.31(b)所示。在模拟模型中得到的类似数据如图 3.31(c)所示。相应的延迟诱发发射如图 3.32 中的 3 幅图所示。图 3.31 和图 3.32 的对比表明了前面提到的相邻极值的频率差 Δf 与延迟时间 t_d 间的关系($\Delta f = 1/t_d$)。

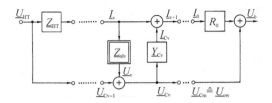

图 3.30　在频域中的计算机模型信号流程图

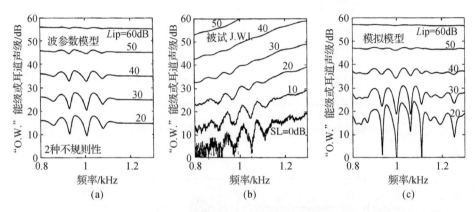

图 3.31　同时诱发发射

即在引入两种不规则性的波参数模型中计算低输入声级下的能级-频率响应(a),引入的不规则性在 8.5Bark 附近,对应于 1kHz。(b)中数据是在被试封闭耳道中测量的,(c)中数据源于模拟模型

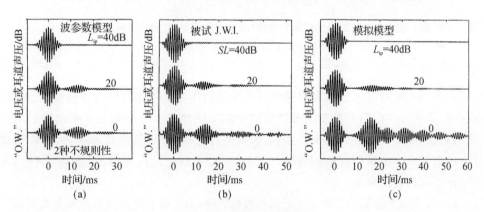

图 3.32　延迟诱发发射

即低输入声级下的声压-时间响应,由具有两种不规则性的波参数模型计算[见图(a)],数据在被试封闭耳道中测量[见图(b)],并从模拟模型中提取[见图(c)]。与图 3.31 中列出的数据相对应

用模拟模型也可以说明由多个构件产生的延迟发射。这种模型的优点是,与基底膜速度等值的电压可以像与卵圆窗振速等值的电压一样容易获得。图 3.33(a)显示了低声级(30dB)下在几个构件处采集的电压的时间函数。图 3.33(b)显示了输入声级为 70dB 时的函数。由此可以清楚地看出,作为对诱发短纯音的响应,延迟发射不是源于基底膜的早期反应。相反,基底膜某些部分的衰减振荡是造成延迟发射长时延迟的原因。分别检查每个构件的贡献可以更清楚地看到这种效果。在延迟早期,贡献会相互抵消。就与 DEOAE 对应的延迟而言,贡献的时间函数几乎同相,叠加在一起便引起延迟发射。图 3.33(b)表明,尽管基底膜明显存在较

大的振荡,但在高输入声级下模型并未显示具有延迟发射。

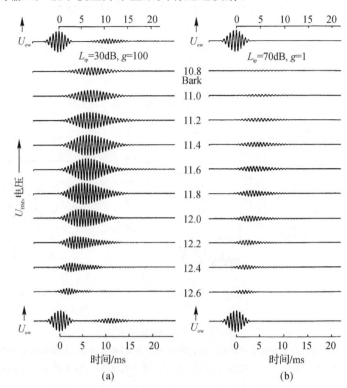

图 3.33 模拟模型中的卵圆窗速度等效电压(最上面和最下面)和基底膜速度等效电压(10.8~12.6 Bark 对应的位置)

它是输入声压为 30dB[见图(a)]和 70dB[见图(b)]的 1.5kHz 高斯型短纯音的响应。增益 g 随声级的增加而减少

在硬件模型中还可展示低频音对抑制延迟发射的作用。仔细研究硬件模型在这种情况下的表现说明,非常大的低频分量驱动反馈回路中的非线性进入饱和状态。于是反馈增益大大降低,衰减更快,因此发射大大减少。此外,该模型对在掩蔽-周期模式和抑制-周期模式测量中的表现给出了一个简单但有效的解释,抑制音时间函数的二阶导数[见图 3.24(c)]可以被假定为是掩蔽和抑制的来源。

在人类身上测量的数据和在模型中记录的数据表明:①耳蜗的作用方式与模型类似;②3 种发射来源相同;③在某种程度上,耳蜗流体力学的相位响应决定了相邻自发发射之间,以及诱发发射或阈值极值之间的频率间距;④诱发延迟发射的长时延迟源于基底膜上不同位置的众多衰减,这些衰减在诱发刺激后相互抵消,但随后叠加在一起形成延迟发射;⑤高声级、低频音产生的抑制-周期模式的双峰形状反映了反馈回路近乎对称的饱和非线性,它是模型中外毛细胞功能的近似。

3.2 神经系统中的信息处理

从人的内耳到大脑的整个信息流要经过大约 30 000 个传入听觉神经纤维。这些纤维在自发活动和频率响应范围上都有所不同。耳蜗外周出现的频率分布保存在这些纤维中,也就是说,纤维的特征频率由支配内毛细胞的部分基底膜决定。根据大脑所有中枢的位置,以及神经纤维倾向于维持彼此间的空间关系,就形成了一种频率响应的系统性安排,被称为音频组构(Tonotopic Organization)。在外周神经预处理过程中已发现的效应也存在于神经纤维中。例如,在低声级时,包含几个频率的刺激会刺激几个单独的神经纤维。然而,在较高声级下,纤维的选择性较低,这意味着一个单音会刺激许多不同位置的纤维。假定毛细胞的动态范围(也就是纤维的动态范围)在 40~60dB 之间。尽管有这些限制,我们的感知强度仍然超过 100dB,这是受 2 个因素的影响:首先,外周预处理产生动态压缩,其次,在较高强度下不同神经纤维根据其灵敏度受到刺激。在低频时,纤维根据基底膜运动的瞬时相位作出反应。在 3.5kHz 以上的高频率下,相位的同步性消失。

为了获得声源在空间中的位置信息,即使在大脑的低级中枢区也有必要利用双耳进行重要的信息交换。比较双耳强度、相位和时程可以提取有关声源位置的信息。图 3.34 为从柯蒂氏器内毛细胞进入大脑以及在大脑内的传入神经通路的高度简化示意图。虽然不包括来自大脑另一侧(对侧)的传入纤维和传出纤维,图虽然高度简化,却很复杂。听力系统的中枢层级越高,细胞构造和细胞反应就越复杂。在更高的神经层级上,感觉细胞似乎变得更加专门化。有些细胞对双耳延迟有反应,有些细胞对两耳之间的细微差别有反应,有些细胞对调频音有反应,还有一些细胞对幅度变化有反应。我们对整个系统的认识可以简化和总结如下:首先,在低级中枢中听觉神经系统的两侧存在大量的信息交换,这样就可在早期分析声音的位置信息,同时更准确地确定时间信息;其次,刺激的许多成分被单独分析,尽管只有部分脑细胞是专门化的,而其他脑细胞则是通用的。高级中枢上的反应增加了细胞反应的复杂性,这可归结为不同成分的组合。这样,大脑在低级中枢中分析相对简单的信号(如时间差),而在复杂、多模态反应区分析复杂的刺激。然而,我们应该认识到,我们对信息处理的理解,尤其是对大脑高级中枢的理解,仍然是不完整的。从这个角度来看,心理声学描述了最低层级(刺激)和可能的最高层级(感觉)之间的关系,这仍然是评估听力系统的一种有吸引力的方法。

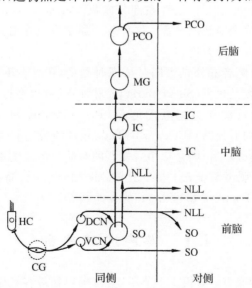

图 3.34 大脑中柯蒂氏器内毛细胞传入(上行)神经连接的高度简化示意图
HC—毛细胞;CG—耳蜗(螺旋)神经节;DCN—蜗背侧核;VCN—蜗腹侧核;SO—上橄榄核;NLL—外侧丘系核;IC—下丘;MG—内侧膝状体;PCO—初级皮层

第 4 章 掩 蔽

本章介绍噪声或其他声音对纯音的掩蔽,也讨论掩蔽中的心理声学调谐曲线和时间效应,描述与脉冲阈(Pulsation Threshold)有关的效应,最后建立掩蔽模型。

掩蔽在日常生活中起着非常重要的作用。例如,我们在一条安静的街道上谈话,较小的语音功率就能使说话者相互理解,但是,如果此时有辆大货车驶过,我们的谈话就会受到严重干扰;如果继续保持之前的语音功率,对方将无法听到我们的声音。有两种方法可以克服这种掩蔽现象。我们可以等卡车驶过后再继续谈话,也可以提高音量以发出更大的语音功率和响度,这样对方就可以听到了。大多数音乐中都有类似效应。如果其中一种乐器发出高声级,而另一种保持低声级,那么该乐器的声音就可能被另一种乐器的声音所掩蔽。如果声音大的乐器暂时停下来,那么微弱的声音就会再次显现出来。这些是同时掩蔽(Simultaneous Masking)的典型示例。为了定量测量掩蔽效应,通常要确定掩蔽阈(Masked Threshold)。掩蔽阈是指存在掩蔽音的情况下测试音刚好被听到时的声压级,测试音通常为正弦音。除极少数特殊情况外,在几乎所有情况下,掩蔽阈始终位于听阈之上。当掩蔽音和测试音的频率差别很大时,它与听阈相同。

如果掩蔽音稳定地增加,则会在可听的未掩蔽测试音与完全掩蔽的测试音之间发生连续过渡。这意味着除了完全掩蔽之外,还存在部分掩蔽(Partial Masking)现象。部分掩蔽会降低测试音的响度,但不会完全掩蔽测试音。这种效应通常发生在对话中。由于部分掩蔽与响度的降低有关,因此在第 8 章中讨论。

掩蔽效应不仅可在掩蔽音和测试音同时呈现时测量,还可在不同时呈现的情况下测量。后一种情况下,测试音必须是短声(Short Burst)或脉冲声,可以在掩蔽音刺激发出之前出现。这些条件下产生的掩蔽效应称为刺激前掩蔽(Pre-Stimulus Masking),简称"超前掩蔽(Premasking)"[也使用"向后掩蔽(Backward Masking)"的表述]。该效应不是很强,但是如果测试音出现在掩蔽音消失之后,则会有相当强烈的影响。由于测试音是在掩蔽音停止后出现的,所以此该效应称为刺激后掩蔽(Post-Stimulus Masking),简称"滞后掩蔽(Postmasking)"[也使用"前向掩蔽(Forward Masking)"的表述]。

4.1 噪声掩蔽纯音

心理声学中常见各种噪声。如第 1.1 节所述,白噪声是最容易用物理术语定义的宽带噪声。白噪声的谱密度与频率无关,既无音调,也无节奏。听觉研究中,白噪声的频率范围限制在 20Hz~20kHz 频段内。除白噪声外,还有诸如粉红噪声之类的噪声,其高频部分会衰减。本节讨论的另一种重要的宽带噪声称为均匀掩蔽噪声(Uniform Masking Noise)。在谱密度中,噪声对频率的强烈依赖会导致形成窄带噪声以及低通噪声或高通噪声。如果要在此类噪声的斜坡上寻求掩蔽效应,则必须注意产生随频率变化的噪声衰减斜坡,该斜坡至少要与听力系统的频率选择性一样陡。

4.1.1 宽带噪声掩蔽纯音

白噪声被定义为具有与频率无关的谱密度。图 4.1 显示了几种不同密度级白噪声存在的情况下阈值随测试音频率变化的情况。

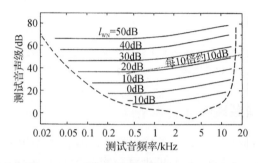

图 4.1 刚好被给定密度级 l_{WN} 的白噪声掩蔽的测试音声级与测试音频率的关系

虚线表示听阈　　音轨 9

听阈如第 2 章所述,用虚线表示。尽管白噪声的谱密度与频率无关,但用实线表示的掩蔽阈仅在低频处才是平的。高于约 500Hz 时,掩蔽阈随频率的增加而升高。这种斜率的增加对应于每 10 倍约 10dB(如点线所示)。在低频处,掩蔽阈大约比给定的密度级高 17dB。因此,代表谱密度值 l_{WN} 的数字表明,即使密度级为负也会发生掩蔽。将密度级增加 10dB 会将掩蔽阈向上移动相同的 10dB。这种有趣的结果表现了宽带噪声产生掩蔽的线性现象。在非常低和非常高的频率下,掩蔽阈与听阈相同。有趣的是,在测量宽带噪声的掩蔽阈时,听阈频率依赖性中强烈的个体差异几乎完全消失了,这种效应依据的是人耳的频率选择性,代表了掩蔽音和测试音在同一频带内。

对于某些测量,需要一种在整个可听范围内与频率无关的掩蔽阈。这样的掩蔽曲线可以由密度级与频率有关的特殊噪声产生。这种噪声代表了白噪声掩蔽阈频率依赖性的镜像。图 4.2(a)显示了网络的衰减量,该网络必须与白噪声发生器串联才能产生这种均匀的掩蔽噪声。产生的这种噪声称为均匀掩蔽噪声,因为它会得到一种与频率无关的掩蔽阈,如图 4.2(b)所示。在这种情况下,将参数指定为减去网络衰减量的白噪声密度级。由于该衰减量在小于约 500Hz 时为零,所以在低频侧图 4.2 中给出的掩蔽阈与图 4.1 中的相同。

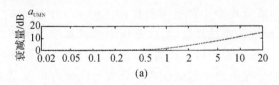

图 4.2 刚好被给定密度级的均匀掩蔽噪声掩蔽的测试音声级与测试音频率的关系

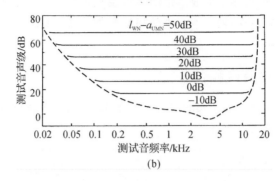

(b)

续图 4.2　刚好被给定密度级的均匀掩蔽噪声掩蔽的测试音声级与测试音频率的关系

图(a)中的曲线(点线)显示了利用白噪声产生均匀掩蔽噪声所需衰减量

4.1.2　窄带噪声掩蔽纯音

此处的窄带噪声是指带宽等于或小于临界带宽的噪声。如第 6 章所述,临界带宽低于或高于 500Hz 时分别为 100Hz 和 $0.2f$。提供窄带噪声的总声级数据比其密度级数据更有意义。一旦知道了带宽,利用第 1.1 节给出的公式就很容易将密度级转换为总声级。图 4.3 给出了被临界带宽带噪声(中心频率为 0.25kHz、1kHz 和 4kHz)掩蔽的纯音阈值。每个掩蔽噪声的声级为 60dB,相应带宽分别为 100Hz、160Hz 和 700Hz。为了超过听力系统的频率选择性,每个滤波器中心频率之上和之下的噪声斜坡都非常陡(大于 200dB/倍频程)。在图 4.3 的轴上,1kHz 窄带噪声掩蔽阈的频率依赖性与 4kHz 窄带噪声的非常像。但是,250Hz 窄带噪声掩蔽阈的频率依赖性似乎变宽了。第 2 个效应也很明显:对于中心频率较高的掩蔽音,掩蔽阈的最大值表现出变低的趋势,尽管在所有中心频率下窄带掩蔽音的平均声级为 60dB。在图 4.3 中,水平虚线表示测试音声级为 60dB,掩蔽阈最大值与其差值在中心频率为 250Hz 时为 2dB,1kHz 时为 3dB,4kHz 时为 5dB。掩蔽阈从低频处增加,其上升非常陡峭,在达到最大值之后会较为平缓地减少。每倍频程增加约 100dB。陡峭的上升说明需要非常陡峭的滤波器,否则将测量滤波器的频率响应而不是听力系统的频率响应。

图 4.4 显示了掩蔽阈对中心频率为 1kHz 噪声声级的依赖性。在达到最大掩蔽之前,所有掩蔽阈均表现出从低频到高频陡峭上升的趋势。这种上升的斜率似乎与噪声掩蔽音声级无关,且最大值始终低于掩蔽噪声声级 3dB。超过最大值后,对于中低掩蔽声级,掩蔽阈会迅速下降到较低声级。然而,随着掩蔽音声级的增加,高频侧的斜坡越来越平缓。因此,掩蔽阈的频率依赖性与声级有关或是非线性的。掩蔽阈上斜坡随掩蔽音声级的非线性上升是一种有趣的现象,它在掩蔽和其他听觉现象中都有重要作用。图 4.4 中所示的 80dB 和 100dB 掩蔽音声级的下降来自听力系统中的非线性效应,这会使测试音和窄带噪声之间相互作用而产生可以听见的不同噪声。随着测试音声级的提高,被试会通过听其他任何附加音而达到阈值。在这种情况下,听到的是差异噪声而不是测试音。只有当测试音声级增加到虚线指示的值时才能听见后者。

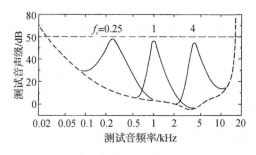

图 4.3　刚好被临界带宽带噪声所掩蔽的测试音声级

该噪声的声级为 60dB，中心频率为 0.25kHz、1kHz 和 4kHz。虚线仍为听阈

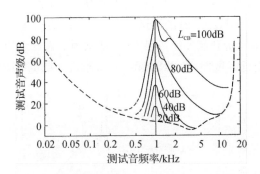

图 4.4　刚好被中心频率为 1kHz 且具有不同声级的临界带宽
带噪声掩蔽的测试音声级与测试音频率的关系　音轨 10

4.1.3　低通或高通噪声掩蔽纯音

图 4.5 显示了由截止频率分别为 1.1kHz 和 0.9kHz 的陡峭低通滤波器（实线）或陡峭高通滤波器（点线）限制的白噪声掩蔽纯音的情况。就像对白噪声一样，其参数为密度级。与图 4.4 给出的窄带噪声掩蔽形式一样，其掩蔽阈在截止频率处降低，但并不按噪声衰减的陡峭程度降低。在低通噪声截止频率以下，掩蔽阈与使用白噪声作为掩蔽音时的阈值相同。对大于高通噪声截止频率的测试音频率也是如此。在那里，掩蔽阈随测试音频率每 10 倍增加约 10dB。这说明，带限噪声在斜坡上产生的掩蔽可以通过在截止频率处落入临界带内的掩蔽音声级来近似。窄带掩蔽音中发现的斜坡再次出现在由低通噪声（实线）和高通噪声（点线）引起的掩蔽阈中。该结果表明，窄带噪声引起的掩蔽阈（见图 4.3 和图 4.4）在描述不同谱形状噪声掩蔽音的掩蔽效应中起重要作用。

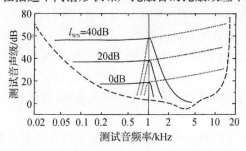

图 4.5　刚好被不同密度级的低通噪声（实线）和高通噪声（点线）所掩蔽的测试音声级与测试音频率的关系

高通和低通噪声的截止频率分别为 0.9kHz 和 1.1kHz

4.2 有调音对纯音的掩蔽

本节讨论纯音和有调复音(Tonal Complexes)对纯音的掩蔽。

4.2.1 纯音掩蔽纯音

虽然纯音掩蔽纯音的刺激很简单,但这种掩蔽实验存在许多困难,特别是掩蔽音声级为中等和较高时更是如此。图4.6显示了在被1kHz、80dB掩蔽音掩蔽时测试音阈值与其频率的关系。与前面各节中的测量一样,测试音的出现使被试产生了除稳态掩蔽音感觉以外的其他感觉(即察觉到其他东西),因而做出反应。一个非常明显的现象是,当测试音频率在1kHz掩蔽音附近时,被试可以听到拍音。例如,990Hz、60dB的测试音产生10Hz的拍音。这种拍音是与稳态掩蔽音不同的声音,尽管反应标准与听到额外纯音很不同,被试因而做出反应。在500Hz~10kHz的频率范围内,除了在1kHz附近区域外,在2kHz和3kHz附近区域也可听到拍音。

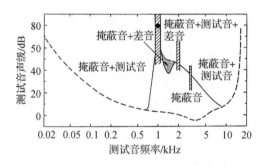

图4.6 刚好被掩蔽音(1kHz,80dB)掩蔽的测试音声级与测试音频率的关系
不同区域有不同的感觉,例如,阴影区代表拍音区

除了拍音问题,对没有经验的被试来说还出现了另一个问题。当测试音频率接近1.4kHz时,对声级相对较低(40dB)的测试音,被试表示还听到了其他声音。对这些结果的仔细检查和与有经验的被试的讨论表明,没有经验的被试听不到这种频率和声级的测试音,但听到了大约600Hz的差音(Difference Tone)。此种差音源于听力系统的非线性畸变,其阈值不是我们正在研究的测试音阈值。只有在声级大约为50dB以上时才能检测到测试音及其音调。只有有经验的被试才能区分出差音阈值和测试音阈值。

为了解释这种复杂情况,图4.6所示平面上的不同区域都标有被试听到的声音的标志。当测试音声级低于听阈(虚线)时只能听到掩蔽音。在700Hz以下,将测试音声级提高到听阈以上,可以得到一个可听掩蔽音和测试音区域。在700Hz~9kHz频率范围内,1kHz、80dB掩蔽音形成一个只能听到掩蔽音的区域(尽管测试音的听阈要低得多)。可听拍音区用阴影标记。只能听到掩蔽音和差音而不是测试音的区域用斑点标记。当频率介于1kHz和2kHz之间时,高于测试音掩蔽阈处也能听到差音。这些结果表明,测量有调掩蔽音掩蔽下的阈值比测量噪声掩蔽下的阈值更难。

尽管如此,利用训练有素的被试和一些特殊设备可以降低差音的可听性,从而测量或至少估计出被有调掩蔽音掩蔽的测试音阈值。拍音无法避免,但有一个数据点可以测量,在该数据点上测试音频率与掩蔽音频率相同。此时,测试音和掩蔽音的相位差为90°。图4.7给出了通过此方法测试纯音掩蔽纯音的许多被试的平均结果。相对于使用噪声掩蔽音获得的测量值,此类测量值的个体差异更大。与图 4.4 所示结果相比,图 4.7 中的数据表明,一方面,随着掩蔽音声级的降低,低频侧的斜坡明显没有那么陡。另一方面,随着掩蔽音声级的增加,高频侧的斜坡变得平缓。掩蔽纯音附近的显著最大值出现的频率与窄带噪声掩蔽音的显著最大值出现的频率相似。然而,有调掩蔽音掩蔽阈的峰值降低了。

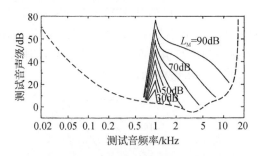

图 4.7 被不同声级的 1kHz 纯音掩蔽的测试音声级与测试音频率的关系

只能估计 1kHz 附近的曲线形状

低声级下高频斜坡和低频斜坡的不同表现引起了某种意想不到的效应。在低声级下,掩蔽向低频侧的扩展比向高频侧的扩展更大。在高声级下,这种行为则相反,高频侧比低频侧的掩蔽扩展更大。尽管根据窄带掩蔽音的结果,高声级下的掩蔽效应已被知晓,但低声级下的效应则相当出乎意料。在所有频率下都发现了这种效应,对于这些频率,能够区分不同的低频斜坡和高频斜坡。图 4.8 详细说明了研究结果。纵坐标为测试音感觉声级,即阈上声级,用实线表示。虚线显示了相同的数据,不过上横坐标是 1kHz 镜像的频率反转。这种一致性说明掩蔽特性随声级的增加而反转。当掩蔽音声级为 20dB 时,掩蔽更多地向低频侧扩展,当掩蔽音声级为 40dB 时掩蔽几乎是对称的,当掩蔽音声级为 60dB 时高频侧的掩蔽扩展更多。

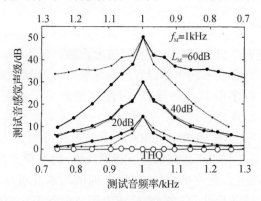

图 4.8 被不同声级的 1kHz 纯音掩蔽的测试音感觉声级(实线)与
测试音频率的关系

此种情况下,听阈为 0dB,是一条水平线。虚线与实线的数据相同,但上横坐标中频率尺度为 1kHz 的镜像反转。这种一致性使得随着掩蔽音声级的增加,可以容易地看到掩蔽特性的反转

像图 4.4 展示的那样,掩蔽的高频扩展强烈地依赖于掩蔽音声级。交换图 4.7 和图 4.8 的横坐标和参数可以更清楚地说明这种效应。以测试音声级为纵坐标、测试音频率为参数、掩

蔽音声级为横坐标,其结果如图 4.9 所示。此时,掩蔽音声级和测试音声级的相同增量将形成一条 45°的线,这条线仅与 1kHz 测试音(与掩蔽音的相位差为 90°)的数据(虚线)近似。但是这种情况下的增量在整个掩蔽音声级范围内会小一些。未能准确形成 45°的线被称为韦伯定律的未遂(the near-miss of Weber's law),而韦伯定律描述了纯音声级增加引起的可听性。测试音频率越高,上升曲线的坡度越偏离 45°。图 4.9 中的实线表示测试音频率大于掩蔽音频率。在听阈及低掩蔽音声级下曲线平直,但随着测试音频率的增加,曲线的上升变得越来越陡。6kHz 测试音的曲线斜率高达 3 而不是 1。因此,测试音阈值声级的增量是掩蔽音声级增量的 3 倍。图 4.9 中给出的数据为平均值。单个被试的数据有时给出的斜率会高达 6。这意味着掩蔽音声级每增加 1dB,测试音掩蔽阈的增加将高达 6dB。

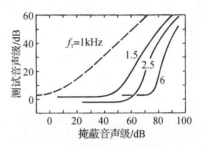

图 4.9 被 1kHz 掩蔽音掩蔽的测试音声级与
掩蔽音声级的关系(其中测试音频率为参数)

如果选择合适的刻度,图 4.7~图 4.9 所示的结果也适用于其他掩蔽音频率。这里显示的效应与窄带噪声掩蔽音相同,除了掩蔽音频率低于 500Hz 的情况外(掩蔽阈作为测试音频率的函数似乎更宽),可将图 4.4、图 4.7 和图 4.8 中的全部曲线水平移动,直至在掩蔽音频率处出现最大值,这样或许可以预测曲线的形状。

4.2.2 复音掩蔽纯音

自然界中很少出现纯音。只有部分鸟鸣和长笛发出的声音才被认为是纯音。许多音乐中的器乐声包括基音和众多谐音。不同乐器的音色差异取决于其谐波频谱。长笛主要产生单一成分(基音),而小号产生许多谐波性的泛音,因此它比长笛具有更多、更广的掩蔽效应。图 4.10 显示了纯音的阈值,该纯音被一个基频为 200Hz 以及 9 次高次谐波组成的复音所掩蔽,复音成分的振幅相同,但相位随机。图中每个泛音声级分别为 40dB 和 60dB 的掩蔽阈。在对数坐标下,各频率分量之间的距离在低频下相对较大,但在第 9 次和第 10 次谐波之间变得非常小。相应地,随着测试音频率的增加,谐波之间的凹陷变得越来越小。在 1.5~2kHz 频率范围内很难区分极大值和极小值。在最后一个谐波的频率(本例中为 2kHz)之上,掩蔽复音声级更高时,在更高频率上掩蔽阈变得更平坦。当频率大于最高频率分量 1~2 个倍频程时,掩蔽阈接近听阈。在音乐中会同时使用许多由大量谐波组成的复音。这意味着可以假设相应的掩蔽效应形成的形状类似于图 4.10 中的形状。然而,由于线的密度更高,线之间的极小值变得更小。

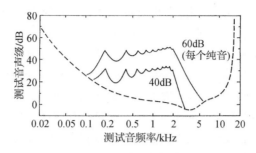

图 4.10　被 200Hz、10 次谐波掩蔽的测试音声级与测试音频率的关系
大小相等的单次谐波的声级为参数

注意,谱分量的非随机相位条件会形成声音的时域包络,它可以描述为一种脉冲。因此,掩蔽的时间效应可能成为决定掩蔽阈的关键因素。这类效应将在第 4.4 节讨论。

窄带噪声掩蔽音和有调掩蔽音产生的掩蔽模式在相同声级和相同(中心)频率下仍然存在差异,突出的差异表现在低频侧坡度的声级依赖性上。用个数相对较少的等幅纯音来近似噪声是可行的,这些纯音的频率在"噪声"带宽内随机分布。因此,用更多的纯音来测量掩蔽效应,并将其与窄带噪声引起的掩蔽效应加以比较也许是合理的。图 4.11 给出中心频率为 2kHz(左)、总声级为 70dB 的一个例子。该频率处的临界带宽约为 330Hz。临界带宽带噪声的近似从 2kHz 的一个纯音开始,到 1 910Hz 和 2 100Hz,或 1 840Hz 和 2 170Hz 的 2 个纯音,以 1 840Hz、1 915Hz、2 000Hz、2 080Hz 和 2 170Hz 的 5 个纯音结束(右)。低频侧的掩蔽如图 4.11 所示。同样,测试音声级表现为频率(上刻度)或临界带率(下刻度)的函数由纯音或纯音组合产生的掩蔽效应由实线连接的空心符表示。

图 4.11 所示的数据清楚地表明,用单个掩蔽音近似窄带噪声掩蔽音是不恰当的。2 个纯音引起的掩蔽效应相对接近窄带噪声引起的掩蔽效应,但前提是选择 2 个纯音之间的距离时要使纯音频率与窄带噪声的上下限频率相近。然而,两条掩蔽曲线之间的差异仍然高达 7dB。将窄带噪声近似为 5 个纯音时,所形成的掩蔽曲线几乎相同,残差在测量精度范围内。

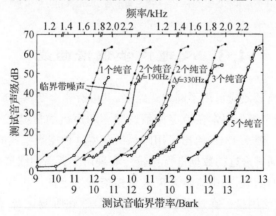

图 4.11　刚好被 2kHz 临界带内多个纯音掩蔽的测试音声级与测试音频率(上刻度)和临界带率(下刻度)的关系
掩蔽音总声级保持 70dB 不变。虚线表示以临界带宽带噪声为掩蔽音时的测量数据。将这些数据与不同个数的纯音(实线和符号)产生的数据进行比较。用于逼近窄带噪声的纯音越多,相应曲线的一致性就越好。注意每组曲线对应的横坐标刻度的移动　　音轨 11

5个纯音引起的掩蔽与窄带噪声相同,但是单个纯音引起的掩蔽曲线斜率要大得多,因此用5个纯音构成的复音可能会找到形成这种差异的原因。利用在第14章中详细解释的特殊方法可以估计由5纯音复音引起的不同纯音的声级。奇数阶不同纯音的作用最重要。图4.12显示了通过主观测量估计出的所有不同纯音的声级。3阶、5阶、7阶和9阶的不同纯音用不同符号表示。5阶复合音的频率用竖线表示。5阶复合音掩蔽的纯音阈值用实线给出。将不同纯音的频率和声级与掩蔽阈进行比较,结果表明1 300~1 700 Hz频率范围内的掩蔽阈是由引起掩蔽的不同纯音造成的。因此,无论是用窄带噪声还是纯音为掩蔽音,都可以假定人耳的频率选择性保持不变。然而,在窄带噪声作为掩蔽音的情况下,内部产生的非线性分量,无论是不同纯音还是不同噪声都将物理刺激改变为更宽的内部刺激,从而在掩蔽音的低频侧引起更多的掩蔽。在高频侧,这种效应似乎没有发挥作用,因为掩蔽已向更高频率方向扩展得更多。因此,可以假定,以纯音为掩蔽音测量的频率选择性虽然与声级有关,但是最大的。窄带噪声引起的掩蔽效应在低频侧的选择性较低,但由于畸变物的出现(此情况下是连续谱),它几乎与声级无关。

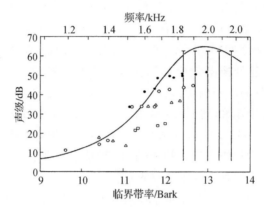

图 4.12 掩蔽模式和差音

实线表示测试音刚好被5个纯音掩蔽后的声级与频率(上刻度)或临界带率(下刻度)的关系,其中每个纯音的SPL为63dB,在2kHz附近(用5条竖线表示)。不同符号表示估计的奇数阶(n阶)纯音的声级和频率,其中$n=3$用点表示,$n=5$用空心圆表示,$n=7$用三角形表示,$n=9$用方格表示

4.3 心理声学调谐曲线

有调音对有调音的掩蔽效应可用不同方式绘制,其中有4个变量,分别是测试音的频率和声级,以及掩蔽音的频率和声级。通常在给定掩蔽音频率和声级的情况下将测试音的阈值声级绘制为测试音频率的函数。图4.13(a)给出了用跟踪法获得这种掩蔽模式的示例及听阈,它可以与图4.7中给出的已经详细讨论过的数据进行比较。心理声学调谐曲线遵循不同模式。掩蔽音声级被绘制成掩蔽音频率的函数,其中掩蔽音声级是指掩蔽给定低声级和频率的测试音所需的声级,这种曲线也可用跟踪法测量。在这种情况下,被试虽然在听测试音,但会改变掩蔽音声级以使测试音先听得见然后听不见。图4.13(b)显示的结果表示相对于图4.13(a)的经典掩蔽曲线的倒转曲线,称为调谐曲线。如图4.13(b)所示,调谐曲线通常有两个特点:低频斜坡比高频斜坡平缓,而最小值处的掩蔽音频率要比用星号表示的测试音频率高一点。

参数和纵坐标的互换会改变掩蔽曲线的特性,其中最著名的是经典掩蔽曲线,它们显示了被纯音掩蔽的测试音的最小可听声级(Just-Audible Level)与测试音频率的关系,其中掩蔽音声级为参数。如图4.3所示,这些曲线取决于掩蔽音频率。将临界带率而不是对数频率尺度作为横坐标就可避免对掩蔽音频率的依赖。临界带率将在第6.2节中详细讨论,但这里将利用它在标准化经典掩蔽模式方面的优势;将横坐标从测试音频率转换为临界带率差 Δz(掩蔽音频率的临界带率 z_M 和测试音频率的临界带率 z_T 之间的差值)。这种模式的平均数据绘制在图4.14中(假定测试音的听阈已被调整为0dB)。如图4.15所示,将这组经典掩蔽模式转换成一组类似于图4.9所示的数据。这些数据可以看作刚好被掩蔽音掩蔽的测试音声级,也可以看作声级为 L_T 的测试音刚好被掩蔽所需的掩蔽音声级。临界带率差 Δz 为参数。图4.15再次确认了上述掩蔽的典型特征。当掩蔽音声级为35~40dB时,以空心圆标记参数 Δz 为正的曲线与相应的负值曲线的交点。这意味着对这些掩蔽音声级,掩蔽曲线的形状是对称的。当掩蔽音声级大于40dB时,负 Δz 会导致更大的测试音声级(相对正 Δz 所产生的声级而言)。例如, $\Delta z = -2 \text{Bark}$, 60dB 掩蔽音声级引起的测试音声级为 27dB,而 +2Bark 为8dB。当掩蔽音声级低于40dB时,条件则相反,低频侧的掩蔽扩展比高频侧的要多。可以用图4.15中的一组数据构建经典的掩蔽模式及心理声学调谐曲线。

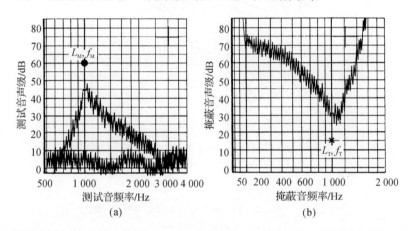

图4.13 利用跟踪法连续测量的听阈与测试音频率的关系[见图(a)]与心理声学调谐曲线[见图(b)]
当被图(a)中圆点表示的有调掩蔽音掩蔽时,测试音声级随频率变化的关系如图(a)所示。在图(b)中,掩蔽音声级为纵坐标,而掩蔽音频率为横坐标测试音声级及其频率保持不变,其值用星号标示

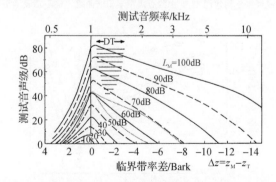

图4.14 归一化的经典掩蔽模式:刚好被掩蔽音(声级已被标注)掩蔽的测试音声级
横坐标为测试音频率(上刻度)或掩蔽音和测试音之间的临界带率差(下刻度)。两条细点线表示60dB掩蔽音声级下2个被试与平均值的极端偏差。阴影区表示差音(Difference Tones,DT)可以被听到并且干扰测量的范围

将测试音声级固定在相对较小的值上且保持不变,就很容易从图 4.15 中得到心理声学调谐曲线。尽管与神经生理调谐曲线对应的心理声学调谐曲线的测试音声级不应超过 20dB,但有一整套可用的调谐曲线是有意义的。图 4.16 显示了这样一组归一化的心理声学调谐曲线,即以临界带率差 Δz 为横坐标。测试音声级为 L_T(参数)、频率为 f_T(用 z_T 表示),将刚好掩蔽该测试音的掩蔽音声级绘制为掩蔽音频率 f_M 的函数,其中频率用临界带率差 $\Delta z = z_M - z_T$(掩蔽音临界带率与测试音临界带率之间的差值)表示。如图 4.13(b)所示,这种调谐曲线可以由经验丰富的被试用贝凯希追踪法直接测量得到。图 4.16 中的所有曲线都是不对称的,当测试音声级较高时不对称性更大。在低频下,对较大的负 Δz 值,调谐曲线似乎是平行的,对正 Δz 值也是如此。但是,测试音声级较小时调谐曲线显示对于较低的掩蔽音声级有明显凹陷,测试音声级越低,这种凹陷就越深。比较图 4.14 和图 4.16 可以清楚地看出,简单交换坐标和参数就可以将一幅图转换成另一幅图,此时经典掩蔽曲线和心理声学调谐曲线代表的数据相同。

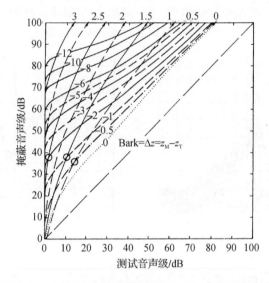

图 4.15 经典的掩蔽模式转换后的心理声学调谐曲线

与图 4.14 中的数据相同,掩蔽音声级为纵坐标,测试音声级为横坐标 Δz 为参数,Δz 为掩蔽音临界带率 z_M 与测试音临界带率 z_T 之差这样的一组曲线可用于构建图 4.16 中的心理声学调谐曲线。空心圆表示正负参数值 Δz 彼此交叉的点

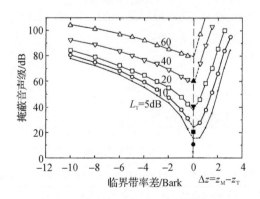

图 4.16 归一化心理声学调谐曲线

即掩蔽音声级与掩蔽音频率的关系,前者是刚好掩蔽所指示声级(参数)的测试音所需要的,后者用掩蔽音和测试音之间的临界带率差表示实心符表示用于获得相应调谐曲线的测试音声级

4.4 时间效应

前几节描述了稳态条件下长时测试音和掩蔽音之间的掩蔽。然而,音乐或语音中的信息传递意味着声音有很强的时间结构。强音之后跟着弱音,反之亦然。在语音中,通常元音部分最强,而辅音相对较弱。爆破辅音就是一个典型的例子,它通常被前面的一个强元音所掩蔽。出现这种现象不仅是因为接收语音的房间中的混响,还与自由场条件下听力系统的时域掩蔽效应相关。

为了定量测量这些效应,我们播放时程受限的掩蔽音,用短纯音或短脉冲测试掩蔽效应。此外,对短时信号进行相对于掩蔽音的时移,如图 4.17 所示,图中 200ms 掩蔽音掩蔽一个时程尽可能短的短纯音(相对掩蔽音而言,其时程可忽略)。在这种情况下,使用两种不同的时间刻度是有利的:第一个时间刻度 Δt 指相对于掩蔽音起点的时间(可能是正值和负值)。第二个时间刻度是指相对于掩蔽音终点的时间。这个时间通常被称为延迟时间,用 t_d 表示。不用测试短纯音声级,而是用高于该声音阈值的声级作为纵坐标更方便。该声级被称为感觉声级。相对于掩蔽音刺激的呈现时间,可以区分出 3 个不同的掩蔽时间区。超前掩蔽出现在掩蔽音呈现之前的那段时间。这段时间内的 Δt 为负值。超前掩蔽后紧跟着的是同时掩蔽,此时掩蔽音和测试音同时出现,此时 Δt 为正值。掩蔽音结束后,在刺激之后形成的掩蔽通常称为滞后掩蔽。在延迟时间 t_d 为正的时间刻度内,掩蔽音实际上并不存在,但它仍引起掩蔽效应。

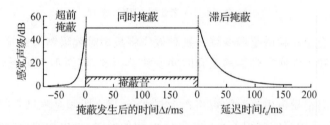

图 4.17 说明和表征发生超前掩蔽、同时掩蔽和滞后掩蔽区域的示意图
注意:滞后掩蔽、超前掩蔽和同时掩蔽使用的时间起点不同

滞后掩蔽效应在一定程度上对应的掩蔽效应的衰减是可预期的。但是,超前掩蔽具有不可预见性,因为它出现在掩蔽音发声之前的一段时间。当然,这并不意味着听力系统能够听到未来的声音。相反,如果一个人意识到每种感觉(包括超前掩蔽)不是瞬间存在的,而是需要一段感知建立时间,那么这种效应就是可以理解的。如果我们假设强掩蔽音的建立时间快而弱测试音的建立时间慢,那么就可以理解为什么存在超前掩蔽了。可以测量超前掩蔽的时间相对较短,仅持续约 20ms。另外,滞后掩蔽可持续超过 100ms,在延迟大约 200ms 后结束。因此,滞后掩蔽效应是主要的非同时时域掩蔽效应。

4.4.1 同时掩蔽

听阈和掩蔽阈都依赖于测试音时程。为了讨论非同时掩蔽中的时间效应,必须知道这些依赖性,因为这种测量需要使用非常短的测试音。它们具有两种依赖性:一种是阈值对单个测试音时程的依赖性,另一种是对重复短测试音重复率的依赖性。图 4.18 说明了正弦测试短声的第一种依赖性,其中虚线表示听阈,实线表示被声级为 40dB 和 60dB 的均匀掩蔽噪声掩蔽的短声阈值。对听阈和掩蔽阈来说,这两种对时程和重复率的依赖性一致。对时程的依赖性表明,时程超过200ms的长时测试音,其阈值保持恒定。时程小于200ms时,听阈和掩蔽阈随时程的减小而增加,时程减小为原来的1/10两者增加10dB。可以通过假设听力系统整合200ms内的声强描述这种特性。此种效应的频率依赖性由不同的听阈曲线表示。对于均匀掩蔽噪声,掩蔽阈与频率无关(见图4.2),对可听范围内的所有频率,这两条实线都存在。与重复率的依赖性也展现了类似效应,即假设听力系统整合了200ms内的声强。200ms间隔对应的重复频率为5Hz。因此,当重复率小于5Hz时,阈值与重复率无关,但当重复率较大时,阈值会降低,直到最终达到稳态条件。这种情况会在重复频率为200Hz的5ms短声中出现。

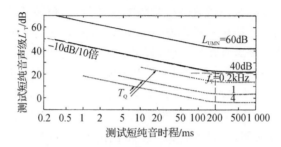

图4.18 最小可听以及被给定声级均匀掩蔽噪声掩蔽下的测试短纯音声级 L_T^* 与安静条件下短声时程的关系

前者为3个测试音频率下的点线 T_Q,后者为实线。注意,声级 L_T^* 是测试短纯音被提取后的连续声级,细虚线表示渐近线　音轨12

减小短声时程会使其频谱范围变宽。这种效应将最短时程限制为使频谱宽度对应于临界带宽度。高斯上升和下降使窄带谱的上升时间变快。因此,高斯型短声通常被用来测量时间效应。

如果将从均匀兴奋噪声中提取的短声作为测试音,那么听阈是测试音时程的函数,它决于时程,其方式类似于短声的时程关系(见图4.19中的点线)。由均匀掩蔽噪声掩蔽的脉冲噪声的阈值显示了不同的依赖性(见图4.19中的实线)。从长时程来看,接近稳态条件时,与短声测量中的增长相比,随着时程的减少,掩蔽阈的增长更缓慢。

从以下事实中可以了解掩蔽阈和听阈依赖性之间的差异:只有在较小的频率范围内(即听力系统最敏感的范围内)才能有效测量听阈。这意味着,宽带噪声的听阈实际上是用频率约为3kHz的窄带测试音测量的。因此,宽带噪声听阈与窄带噪声听阈相似,其中窄带噪声的中心频率接近听力系统最敏感频率范围。位于最敏感频率范围之外的噪声成分似乎被忽略了。

对重复率的依赖性表现出与讨论过的上述声音相似的特性。重复率(最高约10Hz)极小时掩蔽阈保持不变。重复率更大时掩蔽阈再次降低,直至达到稳定状态。

在同时掩蔽的范围内,掩蔽音出现后不久就会存在附加效应。图4.20显示了用于这种实验的时间结构。5kHz高频测试音用于形成测试短纯音。掩蔽脉冲是从白噪声中获得的,与测试短纯音时程相比其时程更长。对于声能密度级为20dB的掩蔽音,掩蔽阈如图4.20所示,它是测试短纯音时程的函数。如果测试短纯音在掩蔽音200ms后出现,那么阈值与时程的依赖性与掩蔽音的稳态条件无关。当Δt的值非常小(如2ms)时,短时掩蔽阈与期望值偏差巨大:它在2ms时上升到10dB。这种增量只能在时程小于约10ms内测量。

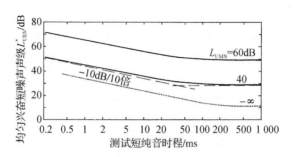

图 4.19 当均匀兴奋短噪声被给定声级的均匀连续
掩蔽噪声掩蔽时其声级与短噪声时程的关系
点线表示听阈,虚线表示渐近线

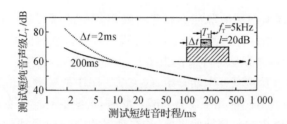

图 4.20 密度级 20dB 的白噪声掩蔽音发声后,发声时程为 2ms(点线)或
200ms(实线)的测试短纯音声级与 5kHz 测试短纯音时程的关系
注意:短时程处(超调效应)2 个延迟时间之间的差异

这种效应有时被称为超调效应,也取决于掩蔽音和测试音的谱特性。如果这 2 个声音的频谱相似,那么这种效应就会消失。图 4.21 给出了 2 个不同带宽掩蔽音的例子。首先,掩蔽音为图 4.20 中所用的白噪声,结果用虚线表示。其次,实线给出了中心频率为 5kHz 并具有临界带宽的掩蔽音的结果。掩蔽音与 2ms 测试声起始之间的延迟时间 Δt 为横坐标。Δt 很小时宽带掩蔽音的超调效应最大。Δt 较长时它会减少,并在约 200ms 后完全消失。窄带掩蔽音不会出现超调效应。用宽带噪声测量的效应可能达到 10dB,当 T_T 更短时甚至会更大。然而,应该指出的是,其个体差异相当大,有时达到 10dB 左右。

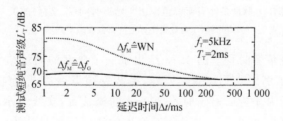

图 4.21 超调效应
即时程为 2ms 的 5kHz 测试短纯音声级与延迟时间的关系。5kHz 掩蔽
音的密度级为 25dB,只有一个临界带宽度(实线)或宽带白噪声(点线)

4.4.2 超前掩蔽

图 4.17 显示了出现超前掩蔽的时间区。超前掩蔽主要利用单个脉冲掩蔽音来测量,只有受过训练的被试才能获得可重复的结果。即使对这些被试来说,结果的再现性也比同时掩蔽或滞后掩蔽更差。

到目前为止,还不能最终确定超前掩蔽是否与掩蔽音时程有关。超前掩蔽对掩蔽音声级的依赖性可用如下方式来描述:在任何情况下,超前掩蔽持续约 20ms。这意味着 Δt 达到 -20ms 前阈值保持不变。此后,阈值上升,达到接近同时掩蔽中掩蔽音发声时的声级。超前掩蔽的作用相对次要,因为这种效应只持续 20ms,常被忽略。不过,第 4.4.4 节将结合时域掩蔽模型对超前掩蔽和滞后掩蔽同时进行讨论。

4.4.3 滞后掩蔽

时程仅为 20μs 的高斯型压缩脉冲具有与白噪声对应的谱形状。它类似于狄拉克脉冲。因此,使用这种简要的高斯脉冲为测试音,可以在没有频谱影响的情况下测量由白噪声引起的滞后掩蔽。用声级表示的高斯脉冲峰值作为图 4.22 的纵坐标,它显示了滞后掩蔽中达到阈值所需声级与延迟时间 t_d(从掩蔽音末端开始)的关系。图中的参数为白噪声掩蔽音的总声级。实线显示,掩蔽音结束后的前 5s 几乎没有衰减。此时,这些值对应于在同时掩蔽中的测量值。延迟约 5ms 后,滞后掩蔽中的阈值开始降低,并在延迟约 200ms 后达到听阈。图 4.22 中的虚线表示时间常数为 10ms 的指数衰减。虚线和实线的对比表明,滞后掩蔽效应不能用指数衰减来描述。

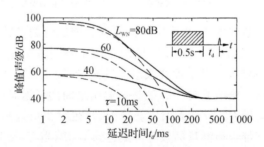

图 4.22 滞后掩蔽:给定声级白噪声掩蔽音消失后,20μs 高斯压力脉冲最小可听峰值声级与延迟时间(横坐标)的关系
虚线表示对数横坐标上的指数衰减形式

滞后掩蔽取决于掩蔽音时程。图 4.23 给出了一个典型的测量结果,测量中使用时程为 5ms、2kHz 的脉冲音,本例中为测试音。同样,掩蔽音结束后测试短纯音发声的时间为横坐标。测试短纯音声级为纵坐标。对于时程 200ms 的掩蔽音,实线表示的滞后掩蔽与图 4.22 中显示的相似。与此完全不同的是,掩蔽短声产生的滞后掩蔽只持续 5ms,如图 4.23 中的虚线所示。此种情况下,最初的衰减要陡得多。这意味着滞后掩蔽强烈依赖于掩蔽音时程,因此这是一种高度非线性的效应。

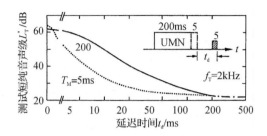

图 4.23 滞后掩蔽取决于掩蔽音时程:在掩蔽音消失 200ms 和 5ms 后,最小可听测试短纯音声级与其延迟时间的关系

均匀掩蔽噪声声级为 60dB;2kHz 测试音时程为 5ms。注意,这种情况下的延迟时间是指掩蔽音结束到测试音结束之间的时间

4.4.4 时域掩蔽模式

时域掩蔽模式来自具有明显时间包络结构的掩蔽音。调幅音或噪声、调频音或窄带噪声的包络起伏代表了形成时变时域掩蔽模式的声音的典型示例。

同时掩蔽、滞后掩蔽和超前掩蔽构成了时域掩蔽模式的 3 个部分。所有这三种掩蔽效应都取决于掩蔽音频谱。对宽带噪声掩蔽音而言,掩蔽效应的频率选择性作用较小。对于窄带掩蔽音,频率选择性占主导地位。在掩蔽模式的上斜坡和下斜坡处,掩蔽阈远低于窄带噪声掩蔽音频率范围内的掩蔽阈。在所有频率下时域模式的形式基本相同。图 4.24 显示了 1kHz 掩蔽音形成的时域掩蔽模式,该掩蔽音使用高斯上升-下降时间为 2ms 调制的方波。调制频率为 10Hz,因此将 100ms 的时间细分为 50ms 的掩蔽音和 50ms 的静默期。图中选择的时间刻度使时间"零"对应于掩蔽音发声时间的中点。于是,静默期位于每幅图的中间。左图上方的插图说明了这种条件。以频率 f_T 在 3ms 测试短纯音的感觉声级为纵坐标。测试音频率在该图的 3 幅图上变化,掩蔽音声级为参数。当测试音频率为 0.8kHz 和 1kHz 时,代表时域掩蔽模式的实线形状极其相似,只是移动了 2 个掩蔽音之间的声级差。但是,对右图中指示的 1.6kHz 测试音频率,2 个时域掩蔽模式之间的间距(尤其是在静默期内)更大。这对应于第 4.2.1 节中讨论的掩蔽斜坡的非线性声级依赖性。所有时域掩蔽模式都表明超前掩蔽的上升相对陡峭,而滞后掩蔽的衰减则相对缓慢。但是,滞后掩蔽衰减比图 4.22 预期的要短得多。可以从图 4.23 中的现象中理解这种差异。滞后掩蔽取决于掩蔽音时程。对于图 4.24 中显示的时域掩蔽模式,其掩蔽音时程仅为 50ms,即比图 4.23 的 200ms 短得多,因此滞后掩蔽的衰减更加陡峭。

图 4.25 显示了均匀掩蔽噪声的时域掩蔽模式,以 5Hz(实线,下横坐标)或 100Hz(虚线,上横坐标)进行矩形调制。

对于低调制频率(5Hz),听力系统可以很好地分辨出均匀掩蔽噪声中的时隙,时域掩蔽模式中的最大值和最小值之差 ΔL 达到 30dB。另外,在较高调制频率(100Hz)下,由于滞后掩蔽效应声级差 ΔL 显著减小。适当简化后,可以说掩蔽音中短时隙被滞后掩蔽效应"连接"。

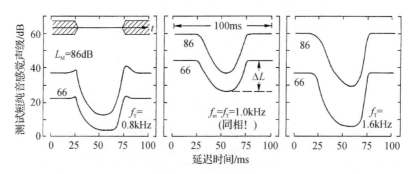

图 4.24　由 10Hz 方波调幅的 1kHz 纯音
引起的时域掩蔽模式

将给定频率的 3ms 测试短纯音的感觉声级绘制
为延迟时间的函数,它是 100ms 掩蔽周期
(对应 10Hz)的一部分。1kHz 掩蔽音的声级
为参数,每幅图对应不同的测试音频率 f_T

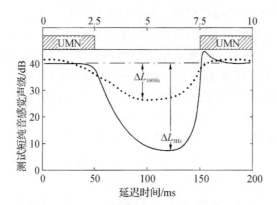

图 4.25　均匀掩蔽噪声形成的时域掩蔽模式
用 5Hz 或 100Hz 的调制频率对方波进行调制
在 3kHz 测试音频率下持续 3ms 的测试音脉冲

频域上的周期性调频声以类似调幅声的方式形成时域掩蔽模式。一个典型的例子是正弦调频的有调掩蔽音。在这种情况下,调频期间必须使用特定时间呈现的测试短纯音来测量阈值,必须选择的测试短纯音频率至少要覆盖整个频率偏差范围。待改变的参数是调制周期内测试短纯音的时间位置、测试短纯音的频率、调制频率和掩蔽音声级。待测值始终是测试短纯音的最小可听声级。

在图 4.26 的例子中,1 500Hz 掩蔽音被正弦调频(±700Hz)给出了调频音瞬时频率(在调制周期内是时间位置的函数,分 8 段)与测试短纯音频率之间的关系(水平虚线),还标示了测试音频率的相应临界带率。调制周期从最高瞬时频率(2 200Hz)开始,在周期的中间频率最小,并在周期的 2/8 和 6/8 时刻越过中心频率 1 500Hz。最下面显示了调制频率为 8Hz(对应的周期为 125ms)时 1 200Hz(对应 2/8 周期位置)测试短纯音的时间函数。

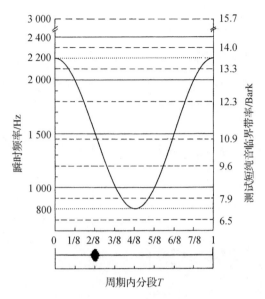

图 4.26　正弦(±700Hz)调频的 1.5kHz 纯音的瞬时频率与时间的关系
以掩蔽周期的 1/8 为单位。水平虚线表示用于测量掩蔽阈的测试短纯音频率(左刻度)和
临界带率(右边度)。下图表示 2T/8 时间位置处 1 200Hz、5ms 的测试短纯音

图 4.27(a)显示了 8 个不同测试音频率下由声压级 50dB、1 500Hz 调频音形成的时域掩蔽模式。8 幅图中每幅图的参数为调制频率。关键在最下边的右图。数据清楚地表明,耳朵能够跟随调频音(调制频率不大于 8Hz 左右)引起的掩蔽效应的时间过程。当调制频率更高时,模式会丢失其结构。在最高调制频率(128Hz)下,曲线几乎完全平坦。对更高声压级(70dB)的调频掩蔽音[见图 4.27(b)],情况也是如此。当测试音频率为 700Hz、掩蔽音为 50dB 或 70dB 时,掩蔽模式显示周期内仅有一个峰值,它是由低于掩蔽音最低瞬时频率的掩蔽斜坡产生的。当频率为 900Hz 时,时域掩蔽模式的峰值更宽,这是因为在较短时间距离内调频掩蔽音频率两次达到测试音频率(见图 4.26)。当测试音频率为 1 200Hz 和 1 450Hz 时,该模式在较低调制频率上显示出 2 个峰值,这表明在调制周期内掩蔽音瞬时频率两次超过测试短纯音频率。图 4.27 显示了较高频率测试音的相应效应。也可以看出,正如预期的那样,与低声级掩蔽相比高声级掩蔽比会向更高频率方向扩展。

在某些应用条件下,将这些数据绘制为测试短纯音频率或其临界带率的函数可能会很有趣。图 4.28 重新绘制了由 70dB 调频掩蔽音产生的掩蔽模式,针对 2 个调制频率,即 0.5Hz(上图)和 8Hz(下图)。参数为掩蔽音周期内测试短纯音的位置。左侧两幅图表示掩蔽音极端位置上[位置"0"(2 200Hz)和位置"4"(800Hz)]发生时的掩蔽阈。右侧两幅图表示在时间位置"2"和"6"达到的调频过零(即 1 500Hz 点)的数据。极值("0"和"4")下的模式显示了预期值。对于 0.5Hz 调制频率下的过零值("2"和"6")也是如此。但是,更仔细地检查表明,滞后掩蔽影响了这些数据,因此对于更低的临界带率,曲线"2"在曲线"6"下方,对于更高的临界带率,情况则相反。如果超前掩蔽和滞后掩蔽特性类似,则两条曲线"2"和"6"应相同。因为滞后掩蔽时程比超前掩蔽时程要长得多,所以可以预料到这些差异。当调制频率为 8Hz 时,这种影响变得更加明显。这导致在较低临界带率下,由"2"和"6"表示的位置的掩蔽阈几乎相差 20dB。由于掩蔽模式的上斜坡相对平坦,所以在较高临界带率下差异并不大。

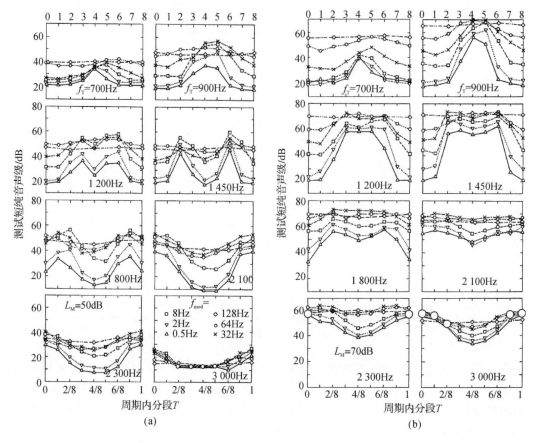

图 4.27 时域掩蔽模式

即在掩蔽周期 1/8 时间(FM 纯音 1.5kHz±700Hz)内,最小可听测试短纯音声级与其在间隔内时间位置的关系。给定测试音频率的每幅图中的参数用图(a)右下角图中不同符号所表示的调制频率来表示。图(a)中为 50dB,图(b)的掩蔽音声级为 70dB

对于许多依赖于时间效应的感觉,掩蔽周期内的掩蔽差异发挥了重要作用。图 4.29 显示了频率偏差极值和过零位置作为调制频率函数时的掩蔽阈。上排图的掩蔽声级为 70dB,下排图的声级为 50dB。3 个频率分别对应较低值(900Hz)、略高于中心频率的值(2 100Hz),以及高于最高极限频率 2 200Hz 的值(3 000Hz)。每幅图中最低和最高曲线之间的差表示在掩蔽音每个周期内掩蔽的声级差。高调制频率下这种差显然会减小。调制频率 128Hz 对应的周期约为 8ms。在这种情况下,测试短纯音时程 5ms 已大于周期的一半。这意味着高调制频率下的阈值差可能已通过这种不充分的关系变小。在掩蔽音中心频率 8kHz(偏差±2kHz)处进行了附加测量。在这种情况下,时程仅为 1ms 的测试短纯音仍具有临界带宽内的谱宽度。因此,可以进行调制频率高达 512Hz 的测量。这样的数据表明,在该周期内调制频率 250Hz 形成的最大和最小掩蔽之间的差异很小,约 1dB 或更小。使用该结果以及图 4.27 给出的数据可以说明,一个周期内阈值之间的最大差异 ΔL_{max} 是调制频率的函数(掩蔽级为 70dB 和 50dB),如图 4.30 所示。该图表明,在调制频率约 8Hz 范围内听力系统都可以很好地跟随调制。如果调制频率更高,ΔL_{max} 减小并在大约 250Hz 时为零。

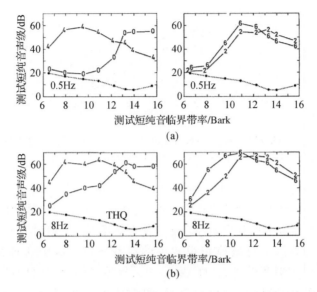

图 4.28 最小可听测试短纯音声级与其临界带率的关系

参数为测试短纯音时间位置(在掩蔽周期的 1/8 处给出)。对于 1.5kHz，±700Hz 的 FM 掩蔽音的调制频率，图(a)为 0.5Hz，图(b)为 8Hz。听阈(THQ)用点线表示

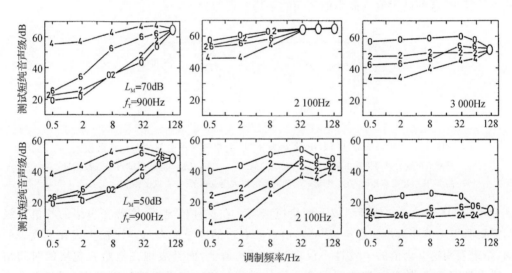

图 4.29 最小可听测试短纯音声级与 1.5kHz，±700Hz 调频掩蔽音调制频率的关系

参数为测试短纯音的时间位置(在掩蔽音周期 1/8 处给出)。每幅图标示了测试短纯音的频率。
上排图中的掩蔽音声级为 70dB，下排图中的为 50dB

所有这些数据可总结如下：利用第 6.4 节给出的提示可以直接将稳态掩蔽模式转换为相应的兴奋-临界带率关系，如果频率缓慢变化(调制频率不超过约 8Hz)，可以估算出调频音的掩蔽级与临界带率和时间关系。随着调制频率的增加，已经在幅度调制中测量过的效应也会发生在调频掩蔽音上。这是因为超前掩蔽(时间常数较小)和滞后掩蔽(时间常数较大)会影响掩蔽模式，其影响导致调制频率大于 250Hz 时时域掩蔽模式扁平化。在该调频区，声音就像稳态声，即时域掩蔽模式消失。

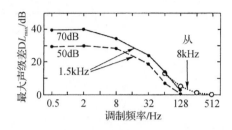

图 4.30 在 1.5kHz,±700Hz FM 掩蔽音(声级为 50dB 和 70dB)范围内的最小可听测试音声级的最大差异
虚线部分来自于 8kHz,±2kHz FM 掩蔽音引起的数据

许多引起掩蔽的声音不会显示出任何周期性,对于噪声掩蔽音尤其如此。为了测量由这种噪声引起的掩蔽,必须产生几秒长的特殊噪声,它来自重复的随机脉冲序列。如果这种噪声的时程大于几秒,则被试听不见其周期性。在这种人造噪声的一段时间内,使用某时刻出现的测试短纯音可以测量类似于时域掩蔽模式中的掩蔽效应。对于这种掩蔽音的长时部分(200ms),图 4.31 显示了时程为 2ms 的 3kHz 测试短纯音阈值与时间的关系。在这种情况下,掩蔽音是中心频率为 4kHz、带宽仅为 32Hz 的重复噪声,时长为 2s。图 4.31 中的实线显示了声压包络的对数与时间的关系。在左侧纵坐标上该值表示为窄带噪声掩蔽音的峰值声级。由于掩蔽噪声带宽为 32Hz,掩蔽音包络的最大值和最小值清晰可见。由第 1 章中的相关公式可计算出,这些最大值或最小值之间的平均时程约为 50ms。

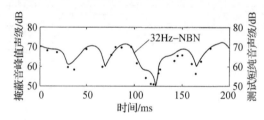

图 4.31 中心频率为 4kHz、带宽为 32Hz 的窄带噪声引起的时域掩蔽模式
其峰值声级的时间历程由实线表示(左纵坐标刻度)。2ms 长的 3kHz 测试短纯音被重复的 2s 长窄带噪声掩蔽,在某个延迟时间测量的声级用点表示(在右纵坐标上)

利用 3kHz 短纯音在低频斜坡上测量掩蔽阈。在这种情况下,掩蔽音包络的峰值声级几乎与需要听得见的测试短纯音声级一致,由点和右边的纵坐标表示。比较实线和点代表的掩蔽阈,结果表明这 2 个值的一致性不仅表现在平均值上,而且表现在掩蔽音包络的时间结构上。噪声带宽越窄,掩蔽就越能跟随掩蔽音的时间包络。如果噪声频带较宽,则包络变化很快,因此滞后掩蔽会填满大多数波谷。图 4.31 清楚地表明,掩蔽不仅服从周期性变化,而且服从统计变化。

4.4.5 掩蔽-周期模式

为了测量掩蔽-周期模式,掩蔽音是掩蔽音自身声压的时间函数,而不是时域掩蔽模式中时间包络的函数。在掩蔽-周期模式中,测量短的高频测试短纯音触发序列的最小可听感觉声级或声压级作为其在整个掩蔽周期内时隙的函数。对于频率非常低的掩蔽音,需要使用特殊的、单独调节的探头以及特殊的传声器来测量时域掩蔽模式(见图 3.10)。掩蔽-周期模式似乎是基于神经生理学测量的周期直方图的心理声学等效物。根据被试的不同,可以测量高达 200～500Hz 内的低频掩蔽音的此类模式。测试短纯音的频率可以选择在几百赫兹到几千赫兹之间,但是测试短纯音时程必须比掩蔽音周期短。当低频掩蔽音不再掩蔽测试音时达到测试音频率的上限。

掩蔽音和测试信号的谱分布以及时间函数可以说明边界条件。图 4.32(a) 给出了声级为 90dB 的 100Hz 正弦掩蔽音引起的掩蔽的谱分布。粗点线表示发生掩蔽的频率范围。虚线表示听阈。细点线表示一系列中心频率为 2.5kHz、时程为 1ms、高斯上升/下降时间为 0.5ms (重复率与掩蔽音频率相同)的测试短纯音的谱分布。从曲线中可以清楚地看出,仅在掩蔽音产生掩蔽效应的那个频率范围内可以测量出掩蔽-周期模式。在图 4.32(b) 中可以清楚地看到第二个边界条件,它给出了掩蔽音和测试信号的时间函数。测试信号必须比掩蔽音周期短,即比掩蔽音周期的 1/8 短。

在掩蔽音和测试音形成的掩蔽-周期模式[见图 4.32(c)]中,掩蔽音声级为参数。低于 75dB 的 100Hz 掩蔽音不会引起掩蔽。对于 85dB,在掩蔽音扩张的那部分时间内,掩蔽更大。最大扩张值作为时间刻度的参考($\Delta t = 0$)。注意,在模式中间的最大压缩区,掩蔽阈甚至低于图 4.32(c) 右坐标箭头标示的听阈值。大量被试都证实了这种意想不到的效应。如果掩蔽音声级为 95dB,掩蔽-周期模式将偏移到更高的测试短纯音声级。在 105dB 下,掩蔽-周期模式偏移得更高,在掩蔽周期内会显示出 2 个峰值。

图 4.33 给出了有关掩蔽-周期模式的更多数据。图 4.33(a)(c) 绘制了两组频率为 20Hz、周期为 50ms 的掩蔽音数据。测试音频率为 700Hz[见图 4.33(a)(b)]和 2 800Hz[见图 4.33(c)(b)]。两组曲线的时间特性非常相似。扩张最大时图中的阈值总可达到最大。压缩最大时,有时阈值接近第二极大值,虽然这第二个极大值只出现在更高的掩蔽音声级处。在掩蔽时间函数过零点附近,在 2 个极大值之间可观察到 2 个清晰的极小值。因为使用 350Hz 和 1 400Hz 的测试音频率可以为该 20Hz 掩蔽音获得相似数据,由此可以推断,耳蜗管的同相振动是从 350Hz 的特征频率(CF)位置开始,一直到蜗底结束。对于 200Hz 掩蔽音,该结论不是很明显,其掩蔽-周期模式显示在图 4.33(b)(a) 中。因为频率 200Hz 对应周期为 5ms,所以测试音脉冲时程必须非常短。为了得到短声脉冲,1 400Hz 的测试音频率已经有点低了,其谱宽小于相应的临界带。在这些条件下,相移的发生取决于测试音频率[比较图 4.33(b) 和右下图 4.33(d)]和掩蔽音声级(参数)。所有数据都清楚地表明了掩蔽-周期模式的时间函数与掩蔽音时间函数之间的密切关系。

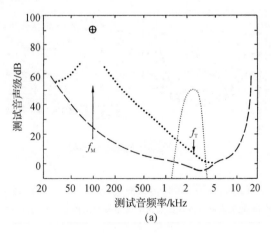

(a)

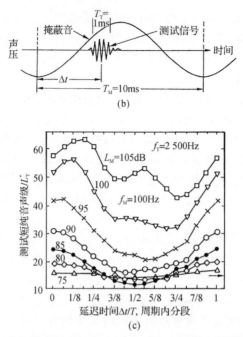

图 4.32 产生低频掩蔽-周期模式[图(c)]的一般频谱[图(a)]和时间[图(b)]条件

在(a)中，100Hz、90dB 掩蔽音引起的掩蔽效应的谱分布显示为听阈（虚线）以上的点线。细点线表示测试信号的谱分布，测试信号为时程 1ms 的 2.5kHz 短纯音和 0.5ms 的高斯上升/下降时间系列；重复频率也是 100Hz。时间条件在(b)中表示为 10ms。脉冲的延迟时间 t 与掩蔽音的最大扩张瞬间有关。在掩蔽音周期内周期性地出现一个测试短纯音。(c)中的掩蔽-周期模式显示了需要掩蔽的测试短纯音的声级，它用延迟时间与掩蔽声的周期比值为横坐标，掩蔽音声级为参数

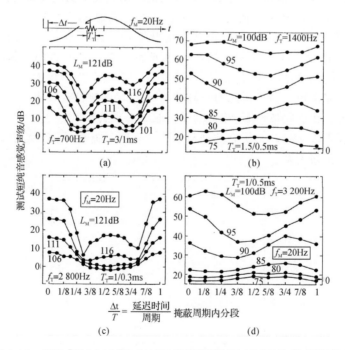

图 4.33 20Hz[图(a)(c)]和 200Hz 掩蔽音[图(b)(d)]的掩蔽-周期模式

即测试短纯音感觉声级与其延迟时间与周期的比值的关系 每幅图都显示了测试音频率、测试短纯音时程和上升时间。掩蔽级为参数

为了更深入地了解这种关系,已使用具有非正弦时间函数的超低频掩蔽音获得掩蔽-周期模式,该掩蔽音为符号交替的高斯脉冲,以及它们的一次积分和二次积分。图4.34给出了这些掩蔽音的时间函数以及对应的掩蔽-周期模式。为了在掩蔽音周期内某处产生至少20dB的掩蔽,需要的掩蔽音声级较大。对于两次积分的高斯脉冲[见图4.34(a)],尽管使用的掩蔽音声级高达140dB,但在该周期的上半段几乎没有发生掩蔽,而在后半段(扩张)出现了非常明显的极大值。实际上,极大值与掩蔽音时间函数的极小值(即扩张峰值)一致。

对于掩蔽音峰值声级为131dB的积分高斯脉冲,即使在这些位置上不出现掩蔽音时间函数的极值,测得的数据[见图4.34(b)]也显示有2个不同的峰值。交替的高斯掩蔽音本身[见图4.34(c)]形成的掩蔽-周期模式在前半部分达到极大值,同时掩蔽音的时间函数达到其负极大值。在掩蔽-周期模式的后半部分产生了另外3个极大值,其中中间的极大值对应掩蔽音时间函数达到最大正值的那一刻。然而,对于与其相邻的2个极大值,掩蔽音时间函数中没有对应的极大值。这3个数据集表明,掩蔽-周期模式的时间依赖性并不总是与掩蔽音的时间函数直接相关。但是,显而易见的是,当周期性低频掩蔽音掩蔽短纯音时,所形成的掩蔽-周期模式中掩蔽音时间函数二阶导数的正值似乎起主导作用。注意,在图3.24所示的抑制-周期模式中,同样的效应也很明显。

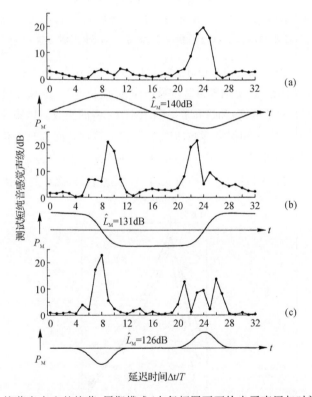

图4.34 掩蔽音产生的掩蔽-周期模式(在每幅图下面给出了声压与时间的函数)

每个掩蔽音的周期为300ms,(b)中掩蔽音的时间函数是一阶导数,(c)中掩蔽音的时间函数是(a)中掩蔽音的二阶导数。1.4kHz测试短纯音的时程为2ms、上升/下降时间为0.5ms,其听阈之上的声级表示为延迟时间的函数,其中延迟时间用掩蔽音周期1/32的段数表示

4.4.6 脉冲阈值

如果2个声音交替出现,尽管事实上一个声音是周期性间隔出现的,但我们也许会感到它

是连续的。这种刺激的时间模式如图 4.35 所示。图中,实线表示"掩蔽音"的时间包络,虚线表示测试音的时间包络。"掩蔽音"时程为 T_M,"掩蔽音"与测试音之间的差值为 t_g,测试音时程为 T_T,在各自最大幅值的 70% 处测量。在 10%~90% 之间测量高斯型选通信号的上升和下降时间 T_{rG}。以合理的声级呈现"掩蔽音"和测试音序列时可以感知到 2 个脉冲序列。然而,如果测试音声级下降到一个特定值,那么测试音开始听起来是连续的,不再被听为脉冲音。测试音声级的这个特定值被称为脉冲阈值。应该提到的是,如果测试音声级进一步降低,测试音将继续作为一个连续的声音被听到,直到它达到绝对阈值并消失为止。在脉冲阈值技术中,"掩蔽音"并不是真正掩蔽测试音,而是产生一种连续性现象。因此,在本节中,为了表明这一效应,头一个声音总是标有引号,表示"掩蔽音"。

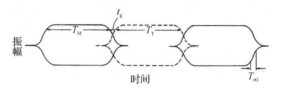

图 4.35 脉冲阈值测量的刺激模式

显示掩蔽音(实线)和测试音(虚线)的时间包络;掩蔽时程 T_M、测试音时程 T_T、掩蔽音与测试音时隙 t_g、高斯型选通信号 T_{rG} 的上升时间　　音轨 13 和音轨 14

第 4.1.2 节描述过用掩蔽确定掩蔽模式,这里以一种类似方式,利用脉冲阈值技术产生脉冲模式。图 4.36 中展示的例子用 2kHz 临界带宽带噪声作为"掩蔽音"产生脉冲模式。脉冲模式下的测试音声级 L_T 是测试音频率(上刻度)和临界带率(下刻度)二者的函数。尽管"掩蔽音"与测试音时隙 t_g 以及高斯型选通信号的上升时间保持不变,但"掩蔽音"和测试音时程是变化的。在图 4.36 中,三角形代表"掩蔽音"和测试音时程 $T_M=T_T=30\text{ms}$ 的脉冲模式,圆圈代表 $T_M=T_T=110\text{ms}$,方块代表 $T_M=T_T=300\text{ms}$(8 名被试的中位数)。在所有实验中,"掩蔽音"声级始终保持在 70dB。

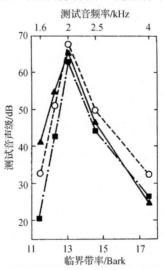

图 4.36 中心频率为 2kHz 的临界带宽带噪声掩蔽音的脉冲模式

掩蔽音声级 $L_M=70\text{dB}$;掩蔽音和测试音时隙 $t_g=5\text{ms}$;高斯型选通信号的上升/下降时间 $T_{rG}=10\text{ms}$;掩蔽音时程 T_M 和测试音时程 $T_T=30\text{ms}$(三角形)、110ms(空心圆)和 300ms(正方形)

图 4.36 表明,脉冲模式的形状大致依赖"掩蔽音"和测试音时程的选择。特别是,脉冲模式下斜坡陡度随"掩蔽音"和测试音时程的减小而有所降低。因此,我们试图开发一种"最佳"刺激模式来测量脉冲阈值。参数取决于图 4.37 中显示的结果,其中图 4.37(a)(b)显示了中心频率为 2kHz(13Bark)的窄带噪声的结果,图 4.37(c)(d)显示了 2kHz 纯音的结果。掩蔽模式用空心三角形和实线表示,脉冲模式用实心三角形和虚线表示。

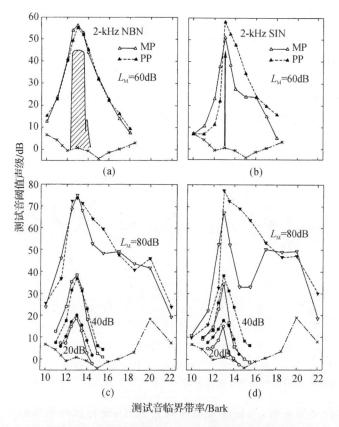

图 4.37　比较以下掩蔽音产生的掩蔽模式和脉冲模式

左侧图:13Bark(2kHz)处的临界带宽带噪声;右侧图:13Bark 纯音(a)临界带宽带噪声,声级 60dB;阴影区表示临界带宽带噪声的谱分布;(b)纯音声压级 60dB,箭头表示掩蔽音的谱位置;(c)临界带宽带噪声;(d)声压级 20dB、40dB 和 80dB 的纯音
空心三角形和实线为掩蔽模式,实心三角形和虚线为脉冲模式,十字和点虚线为听阈

对被试来说,虽然测量窄带噪声的掩蔽模式是一项简单任务,但纯音掩蔽模式被额外的效应所混淆,如拍音、粗糙度和组合音调(见第 4.2.1 节)。因此采用了以下对策:对声压级 60dB 的 2kHz 临界带宽带噪声,同时确定掩蔽模式和脉冲模式。改变脉冲阈值测量(见图 4.35)中刺激模式的时间特征直到所产生的脉冲模式与相应的掩蔽模式尽可能接近。图 4.37(a)显示,对如下刺激模式:"掩蔽音"时程 $T_M=100$ms,测试音时程 $T_T=100$ms,"掩蔽音"与测试音时隙 $t_g=5$ms,高斯型选通信号 $T_{rG}=10$ms,掩蔽模式和脉冲模式非常接近(平均偏差小于 1dB)。这种"最佳"刺激模式可用于本章中所有关于脉冲的进一步实验。比较图 4.37 中的实线和虚线可以发现,不止声压级 60dB,而且 20dB、40dB 和 80dB 窄带噪声的掩蔽模式和脉冲模式都极其相似。只有当声压级为 80dB 时,掩蔽模式的上斜坡才显示出不存在于脉冲阈值模式中的非线性效应(见第 4.2.1 节)。

对纯音掩蔽音,图4.37的右侧图可以比较掩蔽模式和脉冲模式。与噪声掩蔽音获得的数据[见图4.37(a)]形成对比,图4.37(b)中绘制的数据表示,即使在窄带噪声的掩蔽模式和脉冲模式几乎一致的情形下,掩蔽模式和脉冲模式之间的巨大差异也是如此。图4.37还显示,对20dB和40dB,特别是对80dB,掩蔽模式和脉冲模式之间也有很大差异。然而,就像纯音掩蔽模式那样,脉冲模式也显示了"倾斜":对于低掩蔽音声级,该模式的下斜坡比上斜坡平缓;对于高掩蔽音声级,下斜坡更陡。

比较图4.37(a)(b)中的数据可以发现,纯音掩蔽模式比窄带噪声掩蔽模式的下斜坡更陡,脉冲模式尤其如此。进行了一项实验以判断这种效应是否也发生在不同于2kHz频率时。图4.38给出了0.4kHz、1kHz、2kHz和4kHz掩蔽音的脉冲模式。三角形和实线代表临界带宽带"掩蔽音"的脉冲模式,圆圈和虚线代表纯音"掩蔽音"的脉冲模式。用虚线连接的方块表示8个观察者的听阈中位数。对于临界带宽带的噪声和纯音,其声压级均为70dB。

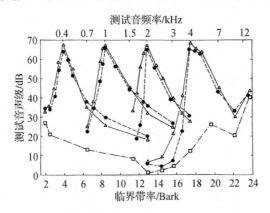

图4.38 临界带宽带噪声与纯音脉冲模式的比较

掩蔽音声级 L_M=70dB。掩蔽音频率 f_M=0.4kHz、1kHz、2kHz和4kHz;三角形和实线:临界宽带掩蔽音;圆圈和虚线:纯音掩蔽音;正方形和短画线、虚线:8个被试的听阈平均值

图4.38展示的结果表明,与临界带宽带噪声相比,纯音脉冲模式的下斜坡不同于2kHz掩蔽音,与4kHz掩蔽音也稍有不同。在0.4kHz和1kHz处,临界带宽带"掩蔽音"和纯音"掩蔽音"的脉冲模式相似。这也同样适用于2kHz和4kHz掩蔽模式的上斜坡。总的说来,图4.38显示的掩蔽模式极大地组合了图4.3显示的临界带宽带噪声掩蔽模式。然而,只有用于测量脉冲阈值的时间序列包括 $T_M=T_T$=100ms 和 t_g=5ms,这种相似性才成立。

4.4.7 谱掩蔽和时域掩蔽的混合

在许多复杂掩蔽音情况下同时出现了谱效应和时间效应。对此我们不可能详细讨论,因为有许多变化的参数。3个例子或许能表明存在的副作用,并显示听力系统可能在复杂的掩蔽实验中拾取什么。

掩蔽基础,即掩蔽音和测试音所产生的兴奋级与临界带率,以及与时间模式之间的(谱和时间)比率,最终要对测试音是否被听到起作用总是相同的。

调频纯音掩蔽音的声压级不变。然而,在临界带尺度及其扩展(对应频率偏差),以及时间速度(对应调制频率)上,其兴奋级模式上下移动。如果使用长时声音作为测试音,则在测试音临界带率处,调制周期内产生的掩蔽音最小兴奋级决定了阈值。用与调制频率对应的速率重复发出短测试短纯音时,掩蔽音调频(Frequency Modulation,FM)和 FM 周期内发出短声之间的时间关系起其他作用,如图 4.26 所示。

FM 的这种效应似乎是合理的。然而,也可以通过确定复杂掩蔽音中大量谐和纯音分量的相位并遵循特殊规则产生类似 FM 的声音。不改变泛音声级而随机改变相位直到满足这种特殊条件,这也许被认为是揭示我们耳朵相位敏感度的一种策略。实际上,这种相位变化是通过听力系统的频率和时间辨别能力来分辨的。

可以通过大量相位随机的低声级纯音成分模拟高斯噪声。在用作掩蔽音时,这种近似必须谨慎,因为在成分太少和/或非任意相位条件下会产生非高斯振幅分布。这同样适用于"统计"选择的"0"和"1"序列形成的噪声。由于窄带内的振幅分布不同,时间和频谱模式也不同,这些噪声往往形成与高斯噪声不同的掩蔽效应。这种模式对兴奋级-临界带率和时间模式都很重要,这是掩蔽的基础。

4.5 掩蔽"相加"

我们已在第 4.1 节和第 4.2 节中描述了某些定义明确的掩蔽音的掩蔽效应。在许多情况下,不仅有一个掩蔽音(例如较低频率的正弦纯音),而且有第二个掩蔽音(例如,它可能是一个以 1kHz 为中心频率的窄带噪声)。在低频时,掩蔽将由低频掩蔽音定义。对于 1kHz 左右的频率,掩蔽由窄带噪声定义。然而,在某一区域,低频纯音引起的掩蔽效应和窄带噪声引起的掩蔽效应分别发生时会产生相同的阈值偏移。在上述情况下,这或许出现在 800Hz 附近。掩蔽"相加"可以表述成这样一个问题:两种噪声掩蔽的阈值与一种声音单独掩蔽的阈值相同吗?还是增加了 3dB(声强相加)或 6dB(声压相加)?抑或是增加了其他值?利用同时掩蔽获得的测量结果可以比较清楚地加以总结。基于非同时掩蔽的类似测量(如滞后掩蔽)得到的结果不能随便推广。如果涉及时间参数,似乎带宽在许多其他变量中起着重要作用。

4.5.1 同时掩蔽"相加"

为了表征其中一个掩蔽音产生的阈值,我们用一个数字作为指标:掩蔽阈由测试音在某一频率的声级来表示(L_1 或 L_2),添加第二个掩蔽音所产生的掩蔽阈增量以增量值 ΔL_T 表示。其中最重要的变量之一是掩蔽音产生的 2 个阈值(L_1 和 L_2)之间的差值 $\Delta L_{T(1-2)}$。当每个掩蔽音产生的掩蔽阈相同时,则每个掩蔽音产生的掩蔽阈之间的差为 0,可以预期此时的阈值增量 ΔL_T 最大。如果一个掩蔽音产生的阈值比另一个掩蔽音产生的阈值大得多,那么 2 个掩蔽音共同产生的掩蔽效应很可能由产生较大掩蔽效应的那个掩蔽音主导。

图 4.39 显示了有 2 个掩蔽音时掩蔽效应相对于只有一个掩蔽音时的增量 ΔL_T,它是 2 个掩蔽音分别产生的掩蔽阈声级差的函数。给出了两条曲线,其中虚线对应比听阈高 5~15dB 的掩蔽阈;实线对应比听阈高 15dB 的掩蔽阈。当 $\Delta L_{T(1-2)} = 0$ 时,很明显两种情况下都有期望的最大值。然而,所达到的最大 ΔL_T 值远大于 3dB,非常接近于 6dB 的 2 倍。当 $\Delta L_{T(1-2)} = 0$ 时,测量值通常远高于阈值 12dB。$\Delta L_{T(1-2)}$ 曲线向负方向或正方向递减的斜率比预期的要小。即使每个掩蔽音产生的掩蔽阈之间的差值达到 10dB,掩蔽阈增量仍然达到 6~8dB。图 4.39(a)中的数据适用于在兴奋斜坡处确定的掩蔽阈。这意味着掩蔽阈不是由掩蔽音的临界带级(即主兴奋)决定的,而是由兴奋的(上或下)斜坡决定的。如果在确定为主兴奋的频率范

围内(本例在窄带掩蔽音中心频率1kHz附近)进行测量,当2个掩蔽音产生的掩蔽相同时,掩蔽阈增量仅为3dB[见图4.39(b)]。这意味着,在这种情况下这些掩蔽音的掩蔽相加似乎与其强度的相加密切相关。

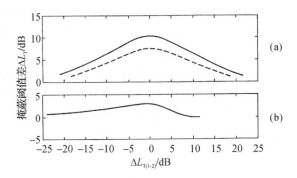

图4.39 由2个掩蔽音(105Hz纯音和1kHz临界带宽带噪声)或由产生较大掩蔽的掩蔽音共同掩蔽的测试音掩蔽阈之差ΔL_T(它被显示为由2个掩蔽音单独产生的掩蔽阈之差$L_{T(1-2)}$的函数)

(a)适用于掩蔽模式(上或下)斜坡产生的数据(实线:高于听阈15dB的掩蔽阈的平均曲线,虚线:高于听阈5~15dB)。(b)适用于在噪声掩蔽的临界带内产生的数据

除了使用2个掩蔽音进行测量外,还使用多达4个附加掩蔽音进行了其他测量。在这种情况下,最有效的是4个掩蔽音中的每一个都产生相同的掩蔽阈(至少高于听阈20dB)。当4个掩蔽音同时呈现时,与强度相加产生的6dB相比,可以得到的掩蔽阈增量高达21dB。这些效应再次清楚地表明,掩蔽"相加"遵循的规则并不等同于强度相加,但或许可以描述为特性响度相加。

4.5.2 滞后掩蔽"相加"

如前所述,滞后掩蔽依赖于掩蔽音时程。使用窄带掩蔽音时,滞后掩蔽也依赖于带宽。因此,除了2个掩蔽音的声级之外,还有许多变量会影响掩蔽音"1"和掩蔽音"2"所产生的效应的相加。我们讨论一个产生较大效应的例子。2个掩蔽音都相对较长(约500ms),测试音时程为20ms、高斯型、上升时间为2ms。掩蔽音结束和测试音结束之间的延迟时间保持46ms不变。中心频率为2.8kHz的窄带噪声被用作掩蔽音M1。测试短纯音的频率与掩蔽音M1的中心频率相同。掩蔽音M2是3.22kHz的正弦音[见图4.40(a)]或宽带噪声[见图4.40(b)]。

图中的插图显示了谱分布。在这两种情况下,掩蔽阈作为掩蔽音M1带宽的函数被绘制出来。曲线表示8名被试产生的16个数据点的中位数。左边箭头表示仅由掩蔽音M2引起的滞后掩蔽阈值。这两幅图中最左边的数据点属于正弦掩蔽音M1。从该掩蔽音到带宽为30Hz的窄带掩蔽音,仅掩蔽音M1就会增加掩蔽阈约12dB。带宽大于100Hz时掩蔽阈下降,直到变为660Hz以上时的恒定值。如果2个掩蔽音同时呈现,则滞后掩蔽阈几乎与掩蔽音M1的带宽无关。添加第二个掩蔽音M2时会引起滞后掩蔽阈的大幅下降。这与同时掩蔽的数据完全相反。添加2个用于滞后掩蔽的掩蔽音后,掩蔽阈的减小在很大程度上取决于所选择的参数。

图4.40的例子中,效应最明显。数据表明,这一惊人效应可能取决于掩蔽音M1的时间

结构,当窄带宽度小于600Hz时其时间模式十分明显。因此,描述这些结果的模型必须基于2个掩蔽音的频谱和时间特征,以便将窄带掩蔽音M1引起的清晰可听的波动考虑在内。当添加的第2个掩蔽音M2为纯音或白噪声时,波动会显著降低。因此,除了谱效应之外还引入了一种显著的时间效应,这导致声音波动感的降低,最终导致滞后掩蔽阈降低13~24dB。后一种效应强烈依赖于掩蔽音带宽。M1为窄带噪声时的影响大,而M1为宽带噪声时几乎没有影响。

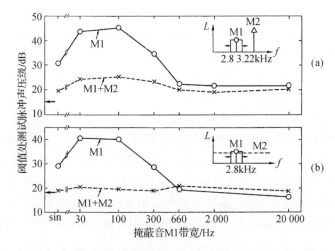

图4.40 掩蔽音M1(带通噪声)中心频率与测试短纯音频率相同,其滞后掩蔽阈与掩蔽音带宽的关系

实线表示掩蔽音M1单独产生的掩蔽阈,虚线表示2个掩蔽音M1和M2同时产生的掩蔽阈。箭头表示仅由掩蔽音M2产生的滞后掩蔽阈。掩蔽音M1的中心频率为2.8kHz,临界带声级为40dB。掩蔽音M2为3.22kHz纯音,图(a)的声级为60dB,图(b)中宽带噪声带宽为20kHz,声压级60dB

4.6 掩蔽模型

掩蔽效应不仅可以分为不同的时间区(如同时掩蔽和非同时掩蔽),也可以用心理声学或耳蜗预处理模型来描述,至少对同时掩蔽是如此。它也与最小可觉变化有相当密切的联系。一个例子可以说明这一点:如果一个信号发生器发出的白噪声为掩蔽音,另一个发生器发出的白噪声为待掩蔽的测试音,这样就获得2个不相干的声音。可以将这个声音序列理解为矩形调幅的白噪声。如果这两种声音源自相同的噪声发生器(即为相干波),那么这种效应可能更接近于我们所说的调制。在这种情况下,矩形调幅音序列的等价性开始变得明显起来。因此,如第7.5.1节所述,合适的掩蔽模型与合适的最小可觉变化模型关系密切。先阅读第6~8章可能会对阅读以下两节有帮助。

4.6.1 同时掩蔽的心理声学模型

时程大于200ms的最小可觉声音变化模型(见第7.5.1节)假定:可以听到临界带率尺度任何位置处兴奋级增量超过1dB时引起的变化。因为掩蔽与兴奋密切相关(见第6章),上述

假设必须包括稳定状态下的掩蔽效应,例如,长时宽带噪声可以掩蔽纯音。由于频率的选择性,必须考虑听力系统早期阶段产生的小带宽引起的噪声波动。例如,低频处的临界带宽只有100Hz,而在接近10kHz的高频,带宽超过2kHz。因此,高频噪声会形成稳定条件,而低频噪声会引起强烈的时间调制,这将阻碍被试听到在掩蔽过程中使用的中断测试音。

当白噪声为掩蔽音而正弦音为测试音时,一个例子可以说明该模型的使用。白噪声为宽带噪声,它仅产生主兴奋。高频时的临界带宽很大,噪声波动并不明显。因此,数阈值因子为1dB,最小可觉强度的相对增量为0.25,相应的掩蔽指数为 -6dB。假设测试音频率为9kHz,则相应的临界带宽为2 000Hz。由于主兴奋级与临界带声级相同,掩蔽阈可以用方程 $L_T = L_G + a_V = l_{WN} + 10\log\Delta f + a_V$ 计算。对于上述例子及掩蔽音声强谱密度级 $l_{WN} = 30$dB,可以计算出阈值处的测试音声级为: $L_T = (30 + 10\log 2\ 000 - 6)$dB $= (30 + 33 - 6)$dB $= 57$dB。该值与图4.1所示的数据吻合良好。

在低频区也可进行类似计算。此时,掩蔽指数只有 -2dB,最小可觉相对强度增量为0.65,高频处对数值的增量为1dB,而低频处的增量变为2dB多一点。例如,对于一个频率为300Hz的测试音,其临界带宽为100Hz,这使得掩蔽阈处的测试音声级为 $L_T = (30 + 20 - 2)$dB $= 48$dB。该值与实测数据吻合较好。这样的一致性并不奇怪,因为兴奋级和临界带率模式都是由掩蔽阈模式产生的,而掩蔽模型从相反的方向使用此关系。

有时不用声级增量,而用相对特性响度增量,也很有趣(见第8章)。利用式(8.7)将兴奋转换为特性响度。此时1dB的对数值增量对应高频段的相对增量为 $\frac{\Delta N'}{N'} = 0.06$(见8.2节)以及低频段的相对增量为0.13。这样的关系不仅可用于稳态条件下的同时掩蔽,也可以用于滞后掩蔽效应。

接近听阈时,掩蔽阈不仅依赖于掩蔽音声级,而且依赖于听阈声级。在这种情况下,必须添加掩蔽噪声和与听阈有关的内部噪声。在这种假设下,更低声级的宽带噪声所掩蔽的声音阈值将从掩蔽阈非常平滑地变为听阈。如果用内部噪声作为掩蔽音,同样可以从该模型中得到听阈。

同时掩蔽依赖于测试音时程,在这种情形下,时程小于200ms时强度和时程的乘积是恒定的。而对于更大时程,阈值与其无关。该效应也可描述为由特征值为200ms的时间常数进行的强度加权。

在使用窄带噪声或有调音而不是宽带噪声作为掩蔽音时,也可产生斜坡兴奋。因为斜坡兴奋是基于窄带声产生的掩蔽模式,所以以上事实应用更广泛。掩蔽模型基于兴奋-临界带率关系,显而易见,该模型能够完美地描述稳态条件下的谱掩蔽。

4.6.2 非同时掩蔽的心理声学模型

在非同时掩蔽中,滞后掩蔽效应占主导地位,相比之下,超前掩蔽的作用相对不那么重要。图4.22和图4.23展示了滞后掩蔽效应。图4.23还清晰地概括出滞后掩蔽取决于掩蔽音时程这个令人惊讶的结果。该效应在特性响度-临界带率和时间模式(在第8.7.1节详细描述)中更容易被建模。如果依赖于时程的滞后掩蔽衰减转换成兴奋-时间模式,也就是被进一步转换成特性响度-时间模式,那么就可以用2个时间常数模拟这种衰减。一个在短掩蔽音情况下非常迅速和有效,另一个则表现得更慢,其掩蔽音被认为是时程超过100ms。这种特性可以用一个相对简单的网络来模拟,它包含2个电阻、2个电容器和1个二极管。其输入来自瞬时直接兴奋引起的特性响度,即涉及临界带内的声级。式(8.7)给出了从兴奋级到特性响度的传递函数。当快速切换掩蔽音的开和关时,几乎为矩形的输入-时间函数被转换成特性响度-时间函数,它与绘制在特性响度纵坐标刻度上的滞后掩蔽完全对应。假设在任意时刻掩蔽阈都能达到特性响度的相对增量 $\left(\dfrac{\Delta N'}{N'} > 0.06\right)$,使用这样一个模型就能得到滞后掩蔽阈。这意味着特性响度超过6%的常规衰减引起的偏离是听得见的。用这种方法可近似滞后掩蔽效应。

4.6.3 耳蜗主动反馈模型中描述的掩蔽

人工耳蜗预处理模型可以通过抑制效应描述同时掩蔽。第3.1.5节讨论的非线性主动反馈回路尚未进入最后阶段。然而,它可作为一种近似,以后也许可以用更可靠的数据加以完善。

这表明,信号通过第一个神经突触被转换到神经信息之前,在耳蜗外周过程中就出现了同时掩蔽。然而,人们发现非同时掩蔽不能在耳蜗外周过程中测量。出于这个原因,利用耳蜗模型只能描述同时掩蔽。

图3.27显示了外周非线性主动预处理模型。它清晰地揭示出大掩蔽音驱动反馈回路中的非线性传递函数进入饱和状态。这样,随着声级的增加,反馈回路会越来越自动地进行关闭,使得在有关位置处的特征频率及其附近的增益下降。此外,加入第二个声音(即测试音)时会产生抑制作用。该测试音出现在掩蔽音振幅确定的反馈回路中。考虑到为了听见测试音,测试音特征部位及其附近的兴奋级必须有某种增量,掩蔽曲线可以在模拟模型中测量或在计算机模型中计算。图4.41显示了利用模拟模型进行此类测量的结果。当临界带率尺度上任意位置处产生1dB的增量时,所用准则就是要达到的阈值。同时不断调整这些参数,以使它们密切地对应纯音掩蔽纯音涉及的声级范围。

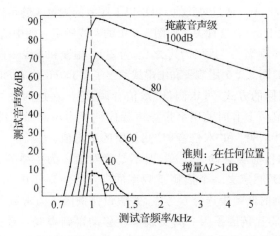

图 4.41　利用非线性主动反馈模型获得的掩蔽模式:基底膜任何
位置产生1dB兴奋增量所需测试音声级与测试音频率的关系
参数为1kHz掩蔽音的声级

第5章　音调与音调强度

本章描述纯音、复音和带宽噪声的音调,构建谱音调(Spectral Pitch)和虚拟音调(Virtual Pitch)模型。此外,还对若干声音的音调强度进行估计。

5.1　纯音音调

5.1.1　比率音调

可以通过不同方法测量纯音音调,一种可能的方法是让被试听频率为 f_1 的纯音,然后调整第2个纯音的频率 $f_{1/2}$,使其音调为第1个纯音音调的一半。例如,如果声音1为频率为440Hz的纯音,声音2是频率可变的纯音,让被试交替听声音1和声音2,然后调整声音2使其音调为声音1的一半,被调整后的声音2的频率均值为220Hz。这意味着在低频下,音调感减半对应的频率比为2:1。对于在音乐上受过训练的被试来说特别希望得到低频的这种结果。然而,在高频下会有意想不到的情况发生。如果 f_1 为8kHz,被试感受到的"半音调(Half Pitch)"感觉不是频率4kHz,而是大约频率1300Hz。虽然存在较大的个体差异,但通过许多实验可证实平均值为1300Hz。通过对其他1kHz以上频率的测量实验可以观察到:对于"半音调"感,相应的频率比必然大于2:1。这种关系如图5.1中的实线所示。图中的上横坐标表示 f_1,左纵坐标表示 $f_{1/2}$。虚线表示频率 f_1 与频率 $f_{1/2}$ 之比,为2:1。虚线和实线一直重合直到约1kHz,频率较高时出现明显偏差。图5.1中用箭头和细虚线给出了1300Hz代表8kHz"半音调"的例子。依照与确定"半音调"感相同的方式,可以测量"双倍音调"感。在这两种类型的实验中经常使用恒定刺激法。此外,在高频下有时使用窄带噪声替代纯音为声刺激。图5.1中的实线表示了适当互换坐标情况下"半音调"和"双倍音调"测量值的平均值。

通过感受减半和加倍的实验确定比率,但不是绝对值。为了得到音调的绝对值,需要对"比率音调(Ratio Pitch)"感定义一个依赖于频率的参考点。对于图5.1中给出的结果,建议在频率 f_1 和 $f_{1/2}$ 成比例的低频段选择参考点,并假设比例因子为常数1。因此,在图5.1中小于500Hz 的频率区内,将比例因子为2的实线向左移动得到虚线。选择125Hz为参考频率,并在图5.1中用"+"标记。图5.1中的虚线表示低频时的频率值与比率音调值相同。由于以这种方式确定的比率音调与我们的旋律感有关,将其单位确定为"美(mel)"。因此,125Hz 纯音的比率音调为125mel,调音标准(440Hz)显示,比率音调与其数值几乎相同。然而,高频时频率值和比率音调值的差异很大。如图5.1中的点线所示,频率为8kHz时对应的比率音调为2100mel,而1300Hz对时应的比率音调为1050mel。因此实验发现,8kHz比较音的半音调为1300Hz纯音,这反映在比率音调数值中,因为1050mel是2100mel的1/2。

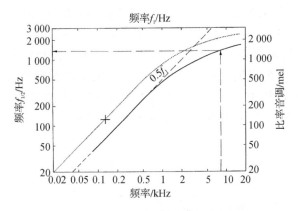

图 5.1　频率与比率音调

频率 f_1 与产生半音调感的频率 $f_{1/2}$（实线）之间的关系。比率音调与频率的关系（点线）。
"＋"符：参考 125Hz＝125mel。带箭头的短划线表示 1 300Hz 对应于 8kHz 的"半"音调

图 5.2 展示了比率音调和频率的线性尺度关系。在频率低于约 500Hz 的范围内，从靠近原点的曲线开始，频率和比率音调比例的急剧增加十分明显。在更高频率下，曲线越来越弯曲，频率接近 16kHz 时比率音调只有 2 400mel。将图 5.2 所示的比率音调与频率的相关性与图 6.9 和图 7.9 中显示的相关性加以比较，可以看出 3 条曲线的相似性极大。第 7 章会详细讨论这一重要的相关性。

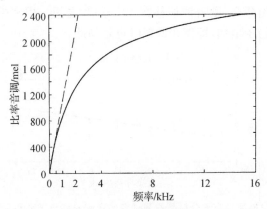

图 5.2　比率音调与频率的关系
横坐标和纵坐标都是线性的

5.1.2　音调偏移

纯音音调不仅取决于频率，也与其他参数有关，如声压级等。通过对比不同声压级的纯音音调可以定量评估这一影响。将声压级为 L、频率为 f_L 的纯音与声压级为 40dB、频率为 f_{40dB} 的纯音音调进行匹配就可测量其音调。

如果以 80dB 和 40dB 的声压级交替呈现 200Hz 纯音，声压级大的纯音产生的音调比声压级小的纯音产生的音调要低。然而，如果用 6kHz 的纯音进行相同实验，则结果相反，声压级为 80dB 的 6kHz 纯音产生的音调比声压级为 40dB 的 6kHz 纯音产生的音调高。因此，单凭频率不足以描述纯音音调，因为音调感在一定程度上依赖于声压级（尽管与频率相比这种影响要小得多）。

纯音音调与声压级的关系如图 5.3 所示,其中音调偏移 v 是声压级的函数(以 40dB 为标准)。如图 5.3 所示,用声压级为 40dB 的纯音与另一声压级 L 的纯音产生相同的音调,它们的频率差即为所计算的音调偏移。图 5.3 中给出了多名被试和多次重复实验获得的音调偏移的平均值,单个个体的音调偏移与图 5.3 中给出的平均数据的偏差很大。图 5.3 所示的结果表明,当声压级增加 40dB 时,纯音音调偏移平均不超过 3%。在许多情况下可以忽略这种相对很小的影响。然而,如果要非常精确地知道某个纯音的音调,则必须给出频率和声压级。

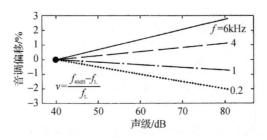

图 5.3　4 个测试频率(音轨 15)下纯音音调偏移与声压级的关系

呈现引起部分掩蔽的附加声也会引起纯音的音调偏移。图 5.4 显示了宽带噪声掩蔽音引起的音调偏移,将其作为声压级为 50dB 纯音的频率和临界带率的函数。如果声压级为 60dB 的均匀掩蔽噪声为部分掩蔽音,则音调偏移在 1%～3% 之间。用宽带声进行部分掩蔽,随频率的增加纯音音调偏移趋于增加,即使在低频时也是如此。

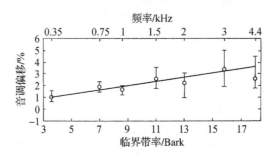

图 5.4　被均匀掩蔽噪声部分掩蔽的测试音的音调偏移与频率和临界带率的关系
掩蔽音总声级为 60dB,测试音声级为 50dB

用窄带声作部分掩蔽可以获得更大的音调偏移。在图 5.5 中,被低频纯音部分掩蔽的纯音音调偏移是部分掩蔽音和测试音之间声级差的函数。在所有情况下,呈现的部分掩蔽音都比测试音低 1 个倍频程,即测试音和部分掩蔽音的频率比为 2∶1。保持未掩蔽测试音的响度级为 50phon。

图 5.5 给出的结果显示,由于部分掩蔽音比测试音高 1 倍,在约 300Hz 的低频处音调偏移高达 8%,而在 1～4kHz 的高频处音调偏移仅为 1%。对于被 3kHz 纯音或窄带噪声部分掩蔽的 4kHz 测试音,音调偏移高达约 6%。

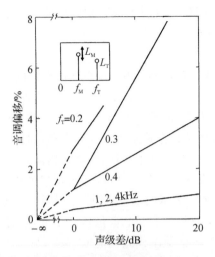

图 5.5　较低频率纯音引起的纯音音调偏移与纯音之间声级差的关系

参数为测试音频率　音轨 16

图 5.6 给出了部分掩蔽音比测试音高 1 倍时的纯音音调偏移。由于这种倍频比,此时的音调偏移为负,低频(100 Hz)比中频(500 Hz)更明显。

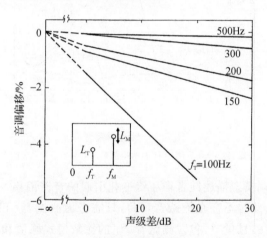

图 5.6　由较高频率纯音引起的纯音音调偏移与纯音之间声级差的关系

参数为测试音频率

经过简化,可以提出以下规则:低于测试音频率的声音引起的部分掩蔽,其音调偏移为正,而高于测试音频率的声音引起的部分掩蔽,其音调偏移为负。根据相应的兴奋模式,纯音音调会偏离部分掩蔽音的谱斜率。

5.2　谱音调模型

可以根据纯音的掩蔽模式建立其谱音调模型。如第 5.1 节所述,纯音音调不仅取决于其频率,而且在一定程度上取决于其声压级和部分掩蔽音的存在。"纯音音调"感可用声压级为 40 dB 纯音的频率(一个物理值)来描述,它引起的音调与所讨论的纯音相同。此值叫作"频率音调(Frequency Pitch)"，记作 H_F。纯音的总音调偏移量 v 分为 2 个分量：与声压级有关的音调 v_L，以及与部分掩蔽有关的第二个分量 v_M，于是

$$v = v_L + v_M \tag{5.1}$$

纯音的频率音调 H_F 的单位为 pu(pitch unit)，它可根据以下公式计算：

$$H_F = f_T(1+v) \tag{5.2}$$

其中，f_T 是声音的频率，单位为 Hz。式(5.2)表明，知道了相应的音调偏移就能很容易获得纯音的频率音调。因此，在下文中会根据掩蔽模式计算音调偏移。

图 5.7 解释了纯音谱音调模型的基本特征，它表示掩蔽音 M 和测试音 T 的掩蔽模式，其中必须计算谱音调。此外，用虚线表示听阈 THQ。可以根据相应的掩蔽模式使用 3 个量来描述测试音的谱音调。用 ΔMPTM 表示第 1 个量"1"，代表测试音临界带率处测试音(T)掩蔽模式和掩蔽音(M)掩蔽模式之间的差。第 2 个量包括 2 个分量：分量"2a"表示在低于测试音临界带率 1Bark 区域中掩蔽音引起的掩蔽模式的陡度 s_{MPM}；另一个分量"2b"表示在低于测试音临界带率 1Bark 区域中听阈的陡度。用 ΔMTHQ 表示第 3 个量"3"，表示测试音临界带率处掩蔽音的掩蔽模式与在该临界带率下听阈之间的差。

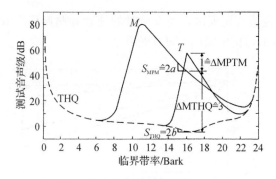

图 5.7 谱音调模型

测试音(T)、掩蔽音(M)和听阈(THQ)的掩蔽模式。1、2a、2b 和 3 的含义见正文

第 1 个例子用谱音调模型描述纯音声压级变化引起的音调偏移。这种情况下图 5.7 所示的模型被大大简化，因为此时不存在掩蔽音(M)，只需考虑测试音(T)的掩蔽模式。因此，在这种情况下，量"3"不存在，且量"1"包含测试音(T)的掩蔽模式峰值和临界带率下听阈之间的整个区域。此外，在这种特殊情况下只需考虑量"2b"。因此，可以根据掩蔽模式高度(绝对阈值之上)和绝对阈值陡度(在小于测试音临界带率为 1Bark 的区域中)计算由其声级引起的纯音音调偏移。相应的公式如下：

$$v_L = 3 \times 10^{-4} \Delta MPTM(e^{0.33 s_{THQ}} - 1.75) \tag{5.3}$$

其中，根据式(5.1)可知，v_L 是由声级引起的音调偏移。由部分掩蔽音引起的纯音音调偏移的计算有些复杂，因为还必须考虑量"3"。可用 3 个因子和 1 个附加常数的乘积来计算音调偏移 v_M 的值，每个因子与图 5.7 中标示为"1""2"和"3"的 3 个量中的一个相关。

结果由以下公式描述：

$$v_M = 1.6 \times 10^{-3} \times g_1 g_2 g_3 \tag{5.4}$$

函数 g_1 描述纯音音调偏移对两种声音(即测试音和测试音临界带率处的掩蔽音)掩蔽模式差异的依赖关系，相应的公式为

$$g_1 = -0.033\Delta\text{MPTM} + 1.37 \tag{5.5}$$

第 2 个函数 g_2 取决于掩蔽音掩蔽模式的陡度和听阈陡度,两者都位于测试音临界带率之下的一个临界带区域内。相应的公式如下:

$$g_2 = 9e^{-0.15(\Delta_s+12)} - e^{-0.15(\Delta_s+24)} + 0.4, \Delta_s = (s_{\text{MPH}} - s_{\text{THQ}}) \tag{5.6}$$

第 3 个函数 g_3 表示掩蔽音掩蔽模式和测试音临界带率下听阈之间的差异。将 3 种不同声级范围加以区分,可以很容易地对其进行描述:

$$g_3 = \begin{cases} 0 & \Delta\text{MTHQ} < 15\text{dB} \text{ 或 } \Delta\text{MTHQ} > 70\text{dB} \\ 0.2\Delta\text{MTHQ} - 3 & 15\text{dB} \leqslant \Delta\text{MTHQ} \leqslant 60\text{dB} \\ -0.9\Delta\text{MTHQ}63 & 60\text{dB} < \Delta\text{MTHQ} \leqslant 70\text{dB} \end{cases} \tag{5.7}$$

虽然图 5.7 所示的模型可以定性地阐明谱音调模型背后的"原理",但通过尽可能多地拟合文献中的数据优化了上述公式中给出的量化实现。

5.3 复音音调

复音可以认为是几个纯音的总和。如果纯音频率是公共基数或基频(Fundamental Frequency)的整数倍,那么由此形成的复音称为谐和复音(Harmonic Complex Tone)。尽管复音包含几个纯音,但日常生活中复音出现得比纯音更频繁。例如,人类语音中的元音或许多乐器发出的声音都是谐和复音。

复音音调可以通过与纯音进行音调匹配来评估。虽然复音包含许多纯音,但它们通常不会形成许多音调,而是形成一个单独的或是一个突出的音调。基本上,复音音调接近于谐和复音各成分之间的频率差,即基频。然而,仔细研究会发现实际结果与这一规则有轻微但系统性的偏差。作为一个例子,图 5.8 给出了音调匹配的纯音和谐和复音基频之间的相对频率差与对应基频的关系。从基频开始,复音包含的所有谐波,在 500Hz 以下幅度相等,更高频率时进行 -3dB/倍频程的谱加权。谐和复音的总声级为 50dB,匹配音声级通常为 60dB,但频率低于 100Hz 时为 70dB。图 5.8 所示的结果表明,基频低于 1kHz 时,相对频率差随基频的降低而反向增加。例如,60Hz 时的差异几乎达到 -3%,即频率为 58.2Hz 的纯音与基频为 60Hz 的谐和复音的音调相同。基频为 400Hz 时,相对频率差大约为 -1%,即 396Hz 的纯音与基频为 400Hz 的谐和复音的音调相同。频率大于 1kHz 时,纯音频率与相同音调的复音的基频相等。

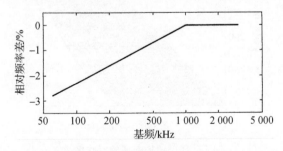

图 5.8 复音基频和相同音调的纯音基频之间的相对频率差与基频的关系
复音总声级为 50dB,纯音为 60dB

谐和复音的音调与声压级有关。图 5.9 给出了基频为 200Hz 时复音的音调偏移与其声级的关系。随着复音声级的增加，音调偏移逐渐反向增大。图 5.3 描述了低频纯音的类似特性。这表明复音音调是基于其较低成分的谱音调。这一结果与图 5.8 所示的数据一致，图 5.8 所示数据表明纯音频率低于相同音调的复音基频。图 5.6 所示数据的一种解释是，复音的基频被二次谐波移向低频。

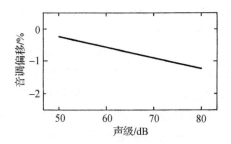

图 5.9　复调音调偏移与声级的关系

基频 200Hz，匹配音声级 50dB

如果从一个复音中去掉其低次谐波，其音调几乎不会发生改变。这意味着无基频（不完全的）谐和复音的音调通常与其基频的音调紧密对应。复音"剩余"的高次谐波产生对应于低频（基本的）的音调，这种效应被称为剩余音调（Residue Pitch）、低音调（Low Pitch）或虚拟音调（Virtual Pitch）。

不是所有去掉低次谐波的复音都会产生虚拟音调。相反，为了产生虚拟音调，必须出现基频和最低频率成分的频率的特定组合。如图 5.10 所示，可以定义虚拟音调的存在区。它将复音基频表示为最低成分的函数，低于最低成分的所有谱成分都被去除。为了形成虚拟音调，必须呈现图 5.10 阴影区内的谱成分。

图 5.10 给出的结果表明，最低频率成分大于 5kHz 的复音，无论其基频是多少都不会产生虚拟音调。如果基频较低，也就是谱线间距很近，在更低频率下也会达到这个极限。例如，对于基频为 50Hz 的复音，只有当最低谱线的频率小于 1kHz 时才会产生虚拟音调。这意味着只有不超过 20 次的低次谐波才能形成虚拟音调感。

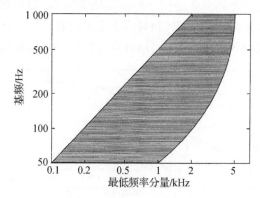

图 5.10　虚拟音调的存在区

基频与最低频率成分的关系。阴影区：为了产生虚拟单调而必须包含具有

不完整线谱成分的频谱区

可以用与完全谐和复音音调相同的方式评估不完全谐和音（Incomplete Harmonic Tone）

的音调。与图 5.8 中用于完全复音的数据一样,不完全复音还有相对频率差的负值,然而该负值要比完全复音大差不多两倍。不完全复音的音调与声压级的关系也可以从最低谱成分的声级关系中推导出来。因此,如果最低成分约为 3kHz,则与图 5.9 中表示的用于完全复音的数据相比,音调偏移随声级的增加而增大。

与通过高通滤波去除谐波复音的某些谱成分不同,可以通过呈现足够大声级和陡峭谱斜坡的低通噪声让谱成分听不见。在这种情况下,复音的低频成分被完全掩蔽,并且不完全复音的最低成分的频率开始于低通滤波器截止频率附近。

到目前为止,已经讨论了成分频率是基频整数倍的谐和复音,其中成分的频率间隔等于基频。然而,谐和复音的所有谱成分都可能发生一定程度的偏移,从而形成不谐和复音。有时已去掉低次成分的不谐和复音声调产生的虚拟音调相当模糊。图 5.11 给出了一个基频为 300Hz,用中心频率为 2kHz 的倍频带滤波器滤波的复音例子。由于该滤波器的下限频率为 1.4kHz,上限频率为 2.8kHz,因此通带包含复音的第 5 至第 9 次谐波,频率分别为 1 500Hz、1 800Hz、2 100Hz、2 400Hz 和 2 700Hz。在这种情况下,余音音调对应的匹配音频率为 290Hz(图 5.11 中间的圆圈)。

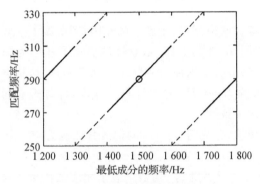

图 5.11 不和谐复音的音调
匹配频率是最低成分频率的函数。复音由 5 个纯音
组成,间隔为 300Hz

如果滤波后的谐和复音的 5 个频率成分以恒定值(例如 100Hz)向低频方向移动,则最低成分的频率为 1 400Hz,下一个成分位于 1 700Hz,接下来一个成分位于 2 000Hz,以此类推。在这种情况下,各成分的频率不再是基频 300Hz 的整数倍,整个复音被称为不完全非谐和复音(Incomplete Inharmonic Complex Tone),其音调对应于 270Hz。因此,所有谱成分向较低频率方向偏移 100Hz,导致匹配频率降低 20Hz。如图 5.11 所示,所有谱成分向更高频率方向偏移 100Hz,导致匹配频率为 310Hz。对于 150Hz 的向上偏移,最低成分的频率为 1 650Hz。如图 5.11 中的虚线所示,这种情况下不谐和复音的音调变得模糊且不明确,在 260Hz 和 320Hz 处都可能进行音调匹配。如果滤波后的谐和复音的谱线进一步向更高频率偏移,则音调将再次变得明显而不那么模糊。图 5.11 表明这种不谐和复音的音调表现为锯齿状:从最低成分的频率(如 1 400Hz)位置开始,音调先随谱成分偏移的增加而增加,然后变得模糊不清,在接近最低成分频率 1 650Hz 的地方跳到较低值,仅在谱成分偏移进一步增大时再次增大。

5.4 虚拟音调模型

Terhardt 阐述了虚拟音调的复杂模型。本节将说明该模型的基本特性。一般来说，该模型基于这样一个事实，即复音的前 6~8 次谐波可被视为分离的谱音调。这些谱音调构成了多个基本单元，由此通过一类"格式塔（Gestalt）"识别现象提取虚拟音调。虚拟音调模型的可视化模拟如图 5.12 所示。左侧显示的由细边界线形成的"pitch"一词，类似于包含所有相关谐波的复音。在图 5.12 的右侧，字母只是用其边界的一部分来表示，类似于去除其中一些基本特征（如低次谐波）的复音。图 5.12 的两幅图旨在说明虚拟音调概念的"哲理"：从不完整的一组基本特征（不完整的边界线或不完整的谱音调）中，很容易通过"格式塔"识别机制推导出完整图像（"pitch"一词或虚拟音调）。

PITCH　　PITCH

图.12　虚拟音调模型的可视化模拟　🎵 音轨 17

可用图 5.13 说明虚拟音调模型，出于教学的原因，图中做了一些简化。例如，忽略了在此阶段音调偏移的影响。在图 5.13 的上部，示意性地显示了基频为 200Hz 且已去除前两次谐波的复音。图中给出了各谱成分的谐波数和频率。在第一阶段，从谱成分中推导谱音调（忽略音调偏移），然后采用最大约为 600Hz 的谱计权。其次，计算现有每个谱音调的次谐波。最后，评估各谱音调次谐波的一致性。

例如，再次忽略音调偏移，首先将 600Hz 的谱成分转换为 600 个音调单位（pu）的谱音调。从这个值开始，计算 300pu、200pu、150pu、120pu、100pu、85.7pu 和 75pu 处出现的前 8 个次谐波。在图 5.13 中，用点表示每个次谐波，用数字表示相应的比率。对下一个 800Hz 谱成分进行相同操作。在这种情况下，我们从 800pu 的谱音调开始，在 400pu 处得到第一个次谐波，下一个次谐波在 266.7 pu 处，再下一个在 200pu 处，依此类推。同样的步骤适用于 1 000pu 和 1 200pu 的谱音调。以这种方式获得了一个"标尺"阵列（其中的点代表各个次谐波）。从该阵列中虚拟音调可推导如下：一个狭窄的"音调窗口"就像光标一样从左向右移动，扫描机只需对窗口中的点进行计数。在图 5.13 中的 200pu 处，窗口中有 4 个点。大量的重合次谐波表示有很强的虚拟音调，因此在虚拟音调刻度上用长箭头标记该点。在窗口中发现有接近 100pu 和 400pu 的 2 个点，因此在相应位置处也画了 2 个小箭头。在 200pu 附近出现的次谐波重合个数最大，计算的复音虚拟音调为 200pu，用长箭头表示。然而，在 100pu 和 400pu 附近也会出现虚拟音调计算值的候选者，但权重较小。这意味着该复音引起一个对应 200pu 的虚拟音调，它在 2 个方向上都有一些倍频程模糊（100pu 和 400pu）。在虚拟音调实验中经常发现这样的倍频程模糊。然而，在我们的例子中，频率略低于 200Hz 的纯音将与频谱如图 5.13 顶部所示的复音音调相匹配。为了得到虚拟音调的完整模型，还需要对许多细节进行计算，并在计算机上实现该模型。许多已发表的实验结果优化了这种模型。尽管计算机模型进行了许多细微改进，但可以从图 5.13 所示的过程中推断出其基本特征。

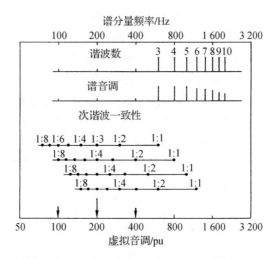

图 5.13　基于次谐波（源于相应复音谱线的谱音调）一致性的虚拟音调模型的说明　　音轨 18

5.5　噪声音调

谱斜坡陡峭的噪声可以产生音调感。低通和高通噪声的音调与滤波器的截止频率密切相关。图 5.14 给出了与滤波噪声音调匹配的纯音频率与截止频率的关系。圆圈表示低通噪声的音调匹配，三角形表示高通噪声的音调匹配。两种情况下都使用了非常陡峭的、谱斜率至少为 120dB/倍频程的滤波器。图 5.14 中的虚线表示匹配频率与截止频率相等，这代表近似值几乎完美。低通噪声数据（圆圈）表示四分位距较小，但高通噪声（三角形）的四分位距更大，尤其是在较低频率下。只有截止频率大于 800Hz 时高通噪声的音调才会相对微弱，而低通噪声在所有截止频率下的音调都更明显。第 5.7 节中将会详细讨论这种对音调强度的影响。

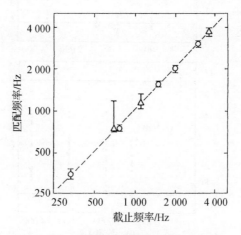

图 5.14　匹配音频率与截止频率的关系

低通和高通噪声的声调。圆圈：低通噪声；三角形：高通噪声；虚线：截止频率等于匹配频率　　音轨 19

根据低通噪声和高通噪声的数据，可以预期带通噪声会产生 2 个分别与上、下截止频率对应的音调，相应的实验结果如图 5.15(a)所示，其中匹配音频率与带通噪声的中心频率之差是该中心频率的函数。在整个实验过程中保持3kHz带宽不变,故图5.15(a)中用实线表示带通噪声的上、下截止频率。正如所料的那样,最大音调匹配对应于各自的截止频率,即在实线附近下降。然而,中心频率为1 700Hz时,最大音调匹配在上截止频率3 200Hz处,在下截止频率200Hz处不能产生音调匹配,这与高通噪声得到的数据一致,高通噪声只在大约400Hz以上的截止频率处产生音调感。图5.15(b)表示带宽为600Hz的结果。当带通噪声的中心频率较低时,音调感也与谱边缘(实线)对应。然而,中心频率为3kHz时,音调匹配不再出现在谱边缘处,而是分布在整个通带上。这种趋势在带宽为200Hz时更为常见,如图5.15(c)所示。只有中心频率为300Hz时才出现与谱边缘相对应的2个音调。然而,随着中心频率的增加,音调越来越与带宽噪声的中心频率相对应。

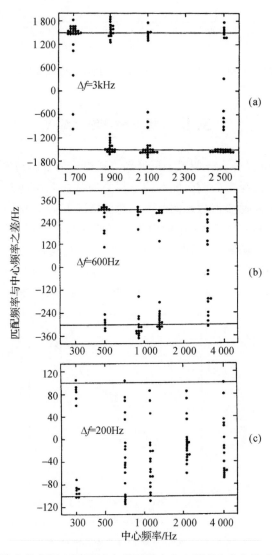

图5.15 带通噪声的音调,匹配频率与带通噪声中心频率之差与该中心频率的关系
点表示单个音调匹配,实线代表带宽分别为3kHz(第1组)、
600Hz(第2组)和200Hz(第3组)的带通噪声的截止频率

图 5.16 表示非常窄的带宽噪声的音调结果。将匹配音频率与对应窄带噪声中心频率之差绘制为中心频率的函数。当中心频率分别为 150Hz、500Hz、1 500Hz 和 3 000Hz 时选择带宽分别为 3.16Hz、10Hz、31.6Hz 和 31.6Hz。图 5.16 中用粗线条表示这些窄带噪声的截止频率。这些点再次代表了 5 名被试的单个音调匹配。虚线代表纯音的最小可觉频率变化,如第 7.2 节所述。图 5.16 中几乎所有的音调匹配(点)都在虚线内。因此,在音调匹配(虚线)的精度范围内,不同中心频率的窄带噪声只会产生与中心频率相对应的音调感。

用简化形式总结这些结果,可以说带通噪声会产生与谱边缘频率对应的音调。如果谱边缘紧挨在一起,则 2 个边缘音调融合成 1 个与窄带噪声中心频率对应的单个音调。

将延迟后的噪声反馈给输入可以产生具有谱峰的噪声(纹波噪声)。图 5.17(a)给出了所用电路的示意图。图 5.17(b)展示了具有强峰值的噪声(称为峰值纹波噪声,Peaked Ripple Noise)的谱分布。谱头峰的频率 f_1 由延迟时间决定;频谱中极大值和极小值之间的声级差 ΔL 由衰减量控制。图 5.17(b)给出的频谱延迟为 1ms,衰减量为 0.4dB。这种噪声具有明显的音调感。

图 5.18 表示不同头峰频率 f_1 的峰值纹波噪声的音调匹配直方图。音调匹配的百分比是纯音频率的函数,而纯音在音调上与峰值纹波噪声匹配。为了绘制直方图,沿横坐标移动一个带宽为 0.2 个临界带的窗。图中的结果表明峰值纹波噪声的音调与频谱中的头峰频率对应。低频(f_1=100Hz 或 173Hz)处出现了倍频程模糊。此外,仔细观察发现,直方图中的主极大大致位于频谱中头峰频率 f_1 之下。这种效果类似于图 5.8 所示的复音音调。根据谱峰引起的谱音调,可以将低频音调和倍频程模糊度都看作一种迹象:低频峰值纹波噪声音调也代表一种虚拟音调。第 5.7 节将讨论它的音调强度。

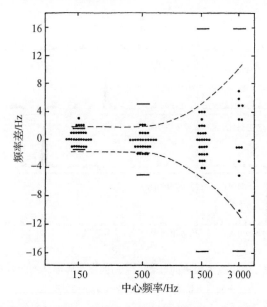

图 5.16　窄带噪声的音调。匹配音频率与中心频率之差与中心频率的关系
点:单个音调匹配;粗线条:截止频率;虚线:纯音的最小可觉频率变化

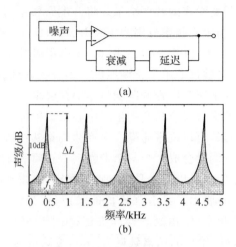

图 5.17 将延迟后的噪声反馈给输入可以产生具有谱峰的噪声
(a)电路示意图;(b)产生的纹波噪声   音轨 20

虽然到目前为止所描述的噪声音调可以追溯到与谱特征(即频谱的明显变化)的联系,但是具有平坦谱的宽带噪声也能引起音调感。例如,调幅宽带噪声有可能引起与调制频率相对应的微弱音调。虽然调幅宽带噪声的长时谱与频率无关,但短时谱包含一些可能与所引起音调相关的谱信息。窄带噪声和峰值纹波噪声可以引起相对明显的音调感,而调幅宽带噪声引起的音调感非常微弱,即音调强度很低。第5.7节中将定量评估这一结果。

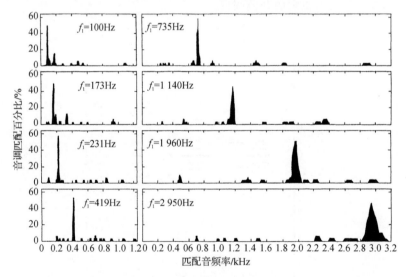

图 5.18 峰值纹波噪声的音调。音调匹配与匹配频率关系直方图
不同组中显示的频谱中头峰值的不同频率 f_1

5.6 声学后象[茨维克尔音(Zwicker Tone)]

1964年发现了一种声学后效应(Acoustic After Effect),后来这种声学后效应被称为"茨

维克尔音"。这种现象可以描述为:关闭一个有谱隙(Spectral Gap)的声音后,可以听到持续数秒的微弱声音,其音调强度(见第 5.7 节)对应于相同音调和感觉声级的纯音音调强度。这一结果一开始令人吃惊,因为在关闭有谱隙的宽带噪声之后,人们期望存在"负声学后像(Negative Acoustic Afterimage)",其"噪声品质"类似于与谱隙对应的窄带噪声。然而,与此期望相反,后像的音质清晰,如其音调强度所证明的那样。

图 5.19 所示的结果说明发现茨维克尔音现象的频率有多高。图 5.19(a)(d)表示在 1kHz 和 4kHz 处有谱隙的带阻噪声的谱分布。图 5.19(b)(e)中的分布表示听到茨维克尔音的概率是噪声总声级的函数。在约为 43dB(密度级约为 0dB)的中等声级附近有一个明显的最大值。在这些中等声级处,针对中心频率分别为 1kHz 和 4kHz 的带阻噪声间隙,超过 60% 和 80% 以上的被试可以感知到茨维克尔音。图 5.19(c)(f)表示停止发出总声级为 43dB、时程为 10s 的带阻噪声时,茨维克尔音时程的概率。对于这两种带阻噪声,最有可能的时程约为 2s,而超过 6s 的时程约占 5%。茨维克尔音不仅源于带阻噪声,还源于线谱,它是由带阻滤波器传输或发出一定个数相邻线谱的计算机引起的。在所有这些情况下,茨维克尔音响度对应声压级为 10dB 的纯音的响度。

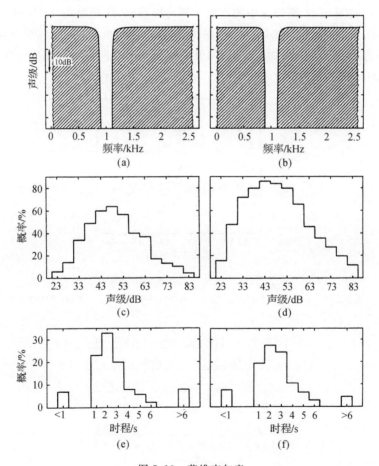

图 5.19 茨维克尔音

(a)(d)图:用于激发茨维克尔音的带阻噪声的谱分布;(b)(e)图:茨维克尔音出现的概率是带阻噪声总声级的函数;(c)(f)图:43dB、时程 10s 的带阻噪声引起的茨维克尔音的时程分布

茨维克尔音的存在极限如图 5.20 所示。发生器谱隙的最小宽度既取决于谱隙的线间距，也取决于临界带率。在近似程度很好的情况下，密集的谱线间距(1Hz)组合成高斯噪声，对此在 1kHz(8.5 Bark)附近需要的间隙为一个临界带宽，而中心频率为 4kHz 时，间隙宽度小于 0.5Bark 就足够了。图 5.20 中的虚线很好地反映了测量数据，对应如下简单公式：

$$\Delta z = 24/z \quad \text{线间距为 200Hz} \tag{5.8}$$

$$\Delta z = 12/z \quad \text{线间距为 20Hz} \tag{5.9}$$

$$\Delta z = 8/z \quad \text{线间距为 1Hz} \tag{5.10}$$

其中，Δz 为引起茨维克尔音的最小谱隙宽度。

可以这样解释上述等式：当用临界带表示谱隙时，引起茨维克尔音所需的最小谱隙对应于一个常数与该谱隙中心临界带率之比。常数的大小与线间距有关。为了界定窄谱隙的茨维克尔音的存在区，线间距从 1Hz 开始，用临界带表示的谱隙宽度增加 1.5 倍(线间距 20Hz)和 3 倍(线间距 200Hz)。

图 5.21 显示了谱隙变宽后茨维克尔音音调发生的变化。图 5.21(a)针对线间距为 20Hz 的谱线，图 5.21(b)针对线间距为 200Hz 的谱线(4 个符号代表 4 名被试)。所有谱隙均以 2kHz 为中心。比较图 5.21 两幅图中的上面一排可以看出，线间距为 20Hz 时，在谱隙的中心有了茨维克尔音，而线间距为 200Hz 时，根据图 5.20 中给出的数据可知，听不到茨维克尔音。图 5.21 表明随着谱隙宽度的增加，茨维克尔音的音调从中心向靠近间隙下边缘的值偏移。当中心频率为 4kHz 时趋势相同。

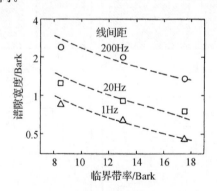

图 5.20 茨维克尔音的存在极限
引起茨维克尔音所需谱隙的最小宽度与间隙临界带率的关系。参数：谱线间距

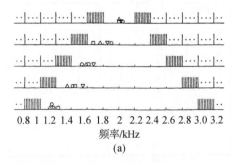

图 5.21 不同谱隙宽度的茨维克尔音(用不同符号表示 4 名被试的结果) 音轨 21

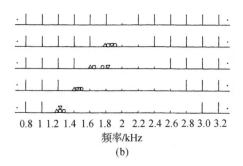

(b)

续图 5.21　不同谱隙宽度的茨维克尔音（用不同符号表示 4 名被试的结果）　🎵 音轨 21

如果使用临界带率尺度而不是频率尺度，就可以更统一地描述图 5.21 所示的结果以及其他中心频率处的结果。可用如下简单等式很好地近似给出纯音（其音调与茨维克尔音匹配）的临界带率。

$$z_T = z_L + 1 \tag{5.11}$$

其中，z_L 表示谱隙下边缘的临界带率，z_T 表示在音调上与茨维克尔音匹配的纯音的临界带率。因此，由谱隙宽度不同的线谱引起的茨维克尔音音调对应的临界带率比谱隙下边缘的临界带率高 1Bark。

不仅谱隙，而且谱增强（Spectral Enhancement）也可以引起茨维克尔音。图 5.22 展示了部分结果。宽带线谱的线间距为 1Hz、谱级为 −2dB（总声级为 41dB），关闭宽带线谱以及 50～80dB 纯音下可以听到茨维克尔音，其音调比纯音音调低。图 5.22(a) 中所示的数据表明，茨维克尔音的音调几乎不受引起谱增强的纯音声级的影响。

另外，图 5.22(b) 给出的数据表明，如果纯音声级不变且宽带线谱声级增加，则茨维克尔音的音调将明显增加。

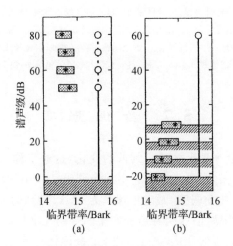

图 5.22　谱增强引起的茨维克尔音
(a)固定宽带线谱的谱级；(b)固定纯音声级

图 5.23 说明了茨维克尔音音调与相关掩蔽模式的关系。图 5.23(a)(b) 表示谱隙数据，图 5.23(c)(d) 表示谱增强数据。根据图 5.23(a) 所示的结果可知，茨维克尔音音调随有谱隙的宽

带声音声级的增大而增加。如图 5.23(b)所示,随着声级的增加,在间隙下边缘处的掩蔽模式的斜坡变得更平坦,因此所形成的掩蔽模式的最小值就像茨维克尔音音调一样转移到临界带率的较高值。因此,茨维克尔音音调对应于掩蔽模式的最小值或掩蔽模式与听阈(虚线)的交点。

图 5.23(c)中的结果表明,谱增强中添加到宽带线谱中的声音声级对茨维克尔音音调的影响不大。如果假设茨维克尔音音调对应于添加的纯音掩蔽模式(实心)的下斜坡与宽带线谱掩蔽模式(虚线)的交点,则图 5.23(d)中的掩蔽模式示意图很好地预测了这种特性。

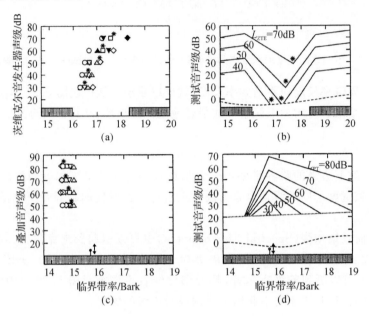

图 5.23 茨维克尔音音调和掩蔽模式的关系
(a)谱隙:茨维克尔音音调与茨维克尔音发生器声级的关系。符号:主观音调匹配;星号:计算值。(b)谱隙:掩蔽模式(实线);听阈(虚线)。(c)谱增强:茨维克尔音音调与添加到宽带线谱上的纯音的声级 L_{PT} 的关系。符号:主观音调匹配;星号:计算值。(d)谱增强:纯音(实线)与宽带线谱(虚线)的掩蔽模式。虚线:听阈。阴影区和双箭头:谱分布的图示

5.7 音调强度

音调感实验通常研究沿一种尺度从高到低的变化,这通常称为音调。有一种感受与音调无关,也被描述为弱音调或强(明显)音调,它引起音调强度(Pitch Strength)这一尺度。例如,1kHz 纯音引起非常明显的强音调感,而截止频率为 1kHz 的高通噪声引起的音调则模糊或微弱。尽管在音调强度上有差异,但这两种声音产生的音调几乎相同。

声音的音调强度可用量值估计法(第 1.3 节)定量评估。图 5.24 展示了音调强度待测的各种声音的谱分布。只有调幅宽带噪声(声音⑩)表示的是时间函数(代替了频谱)。这些声音包括纯音、复音、窄带噪声、低通和高通噪声、梳状滤波噪声、调幅纯音和调幅噪声。同一列中的所有声音的音调大致相同,但其音调强度大不相同。

第 5 章 音调与音调强度

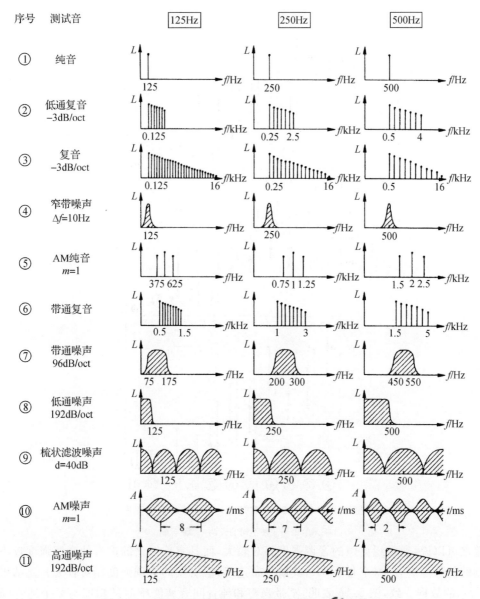

图 5.24 用于标度音调强度的声音示意图　音轨 22

声音①～⑪的相对音调强度如图 5.25 所示。3 个频率区中的每一个都由单独的一幅图表示,在每幅图中,音调强度都相对图中的最大值进行了归一化。图 5.25 表明,在所有 3 个频率区中,相对音调强度随声音编号的增加而降低。音调强度最大的由纯音(声音①)产生。复音的音调强度平均达到了纯音音调强度的至少一半。但是不同类型的噪声(声音⑦～⑪)引起的音调强度通常比纯音音调强度 1/10～1/5 还要小。唯一的例外是窄带噪声(声音④):在这种情况下音调强度与复音音调强度相当。如第 5.5 节所述,低截止频率的高通噪声不会产生音调,平均而言声音⑪的音调强度为 0。

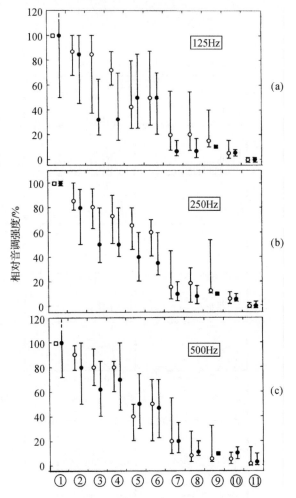

图 5.25　图 5.24 中声音 1-11 的相对音调强度

3 幅图给出了 3 种不同的音调　　音轨 22

总之可以说,通常线谱声的音调强度相对较大,而具有连续谱的声音的音调强度较小。这条规则的例外是声音④(窄带噪声),其谱分布连续,但引发的音调强度相对较大。此结果与图 5.16 所示的数据一致,图 5.16 表明,窄带噪声和纯音间音调匹配时的精度与 2 个纯音间音调匹配时的精度相同。

随着时程的增加,纯音的音调强度会增加。图 5.26 所示结果表明,音调强度随测试音时程(最高约 300ms)的对数几乎呈线性增加。

随着声压级的增加,纯音的音调强度也增加了。图 5.27 所示数据表明,声级每增加 10dB,相对音调强度增加约 10%。在 20~80dB 的声级范围内,音调强度增加约 2.5 倍,而响度增加约 100 倍。因此,尽管响度随音调时程而减小,但图 5.26 中所示的相对音调强度的降低不能仅仅根据响度的降低来解释。

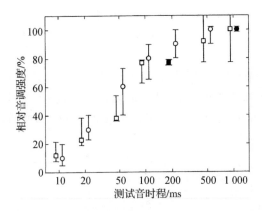

图 5.26　1kHz 纯音声压级为 80dB 时的相对音调强度与测试音时程的关系　　音轨 22

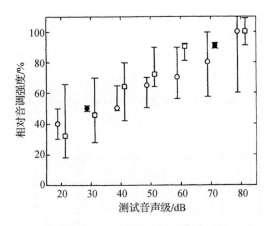

图 5.27　1kHz 纯音时程为 500ms 时的相对音调强度是测试音声级的函数

作为测试音频率的函数,纯音的音调强度在中频处最大。图 5.28 所示结果表明,纯音在低频(125Hz)和高频(8~10kHz)下的音调强度大约比 1.5kHz 左右的中频音调强度小 2/3。

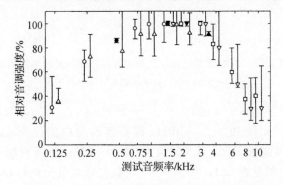

图 5.28　时程 500ms、声压级 80dB 的纯音的相对音调强度与测试音频率的关系　　音轨 23

图 5.29 给出了中心频率 f_c 不同的带宽噪声的音调强度与带宽的关系。所有数据均相对于频率 f_c 的纯音音调强度作归一化。

随着带宽的增加,带宽噪声的音调强度降低。无论中心频率位于小带宽(3.16Hz)或大带宽(1 000 Hz)处，相应的音调强度值都是大或小的。然而，对于中等带宽(100 Hz)，中心频率对带宽噪声音调强度的影响明显。一旦噪声带宽超过一个临界带(见第 6 章)，则只有微弱的音调感，其相对音调强度约为 20%。

如第 5.3 节所述，调幅声引起的虚拟音调大致对应其调制频率。图 5.30 给出了调幅音的相对音调强度与其载波频率的依赖关系，其中调幅音声压级为 50 dB、调制频率 f_{mod} 为 125 Hz［见图 5.30(a)］或 1 kHz［见图 5.30(b)］。所有数据被调制频率处的纯音音调强度(由每幅图中最左边的符号表示)归一化。

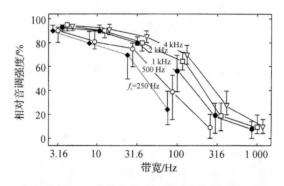

图 5.29　中心频率为 f_c 的带宽噪声的相对音调强度与其带宽的关系

声压级为 50 dB　　音轨 24

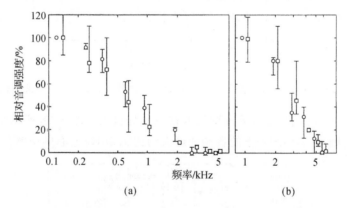

图 5.30　调幅音虚拟音调的相对音调强度与其频率的关系

(a)声压级 50 dB、调制频率 125 Hz；(b)1 kHz

当载波频率等于调制频率的 3 倍时，$f_{mod}=125$ Hz 和 $f_{mod}=375$ Hz 调幅音的相对音调强度约为 77%，而 $f_{mod}=1$ kHz 和 $f_{mod}=3$ kHz 调幅音的相应值仅为 41%。对于低调制频率(125 Hz)，其音调强度可忽略不计，此时中心频率为 3 kHz，是调制频率的 24 倍；而 $f_{mod}=1$ kHz 的调幅音，其音调强度在 6 kHz 处消失，此时载波频率仅比调制频率大 6 倍。

这种特性很好地证实了第 5.3 节所述的虚拟音调的存在区。图 5.31 所示的结果说明了这种推理。调幅音的调制频率代表其虚拟音调，它是最低成分频率(即调幅音下边带)的函数。带圆圈的数字表示相对音调强度的百分比值。从 80%～90% 之间的值开始，随着调幅音频率的增加，其音调强度降低，并刚好在虚拟音调存在区的边界处接近 0。

频谱如图 5.17 所示的峰值纹波噪声可以产生像复音那样相对较大的音调强度。图 5.32

绘制了峰值纹波噪声的相对音调强度，它是 3 个不同头峰频率 f_1 下谱调制深度的函数。峰值纹波噪声的谱调制深度在大约 10dB 以下时都不会形成音调。然而，谱调制深度只有几分贝时就能引起音色感知。当谱调制深度大于 10dB 时，在所有音调范围内相对音调强度几乎随谱调制深度的对数呈线性增加。

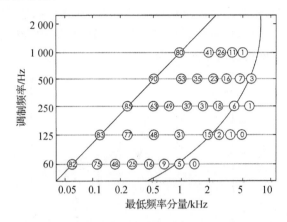

图 5.31　调幅音虚拟音调的相对音调强度（带圈的数字）与虚拟音调存在区（曲线）的对比

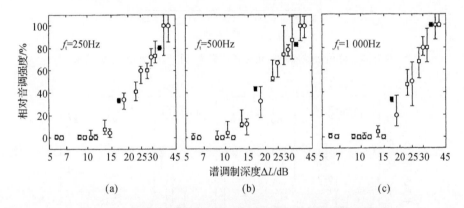

图 5.32　峰值纹波噪声的相对音调强度与谱调制深度的关系
3 幅图中标明了谱头峰频率 f_1

峰值纹波噪声的音调强度几乎与声压级无关。在 30～70dB 的声级范围内，音调强度仅降低约 10%。

图 5.33 表示了峰值纹波噪声音调强度对谱头峰频率的影响。谱峰间距窄（f_1 值较小时）的峰值纹波噪声的音调强度最大。随着谱峰间距的增加音调变弱，因此音调强度降低。这一结果与听觉区内谱峰数量随频率 f_1 的增加而减少有关。

比较图 5.17 中的峰值波纹噪声和图 5.24（声音⑨）中的梳状滤波噪声的频谱可以发现，这两种声音呈现出一种图形与背景之间的关系：峰值纹波噪声有尖锐的谱峰和宽的谱谷，而梳状滤波噪声具有宽谱峰和窄谱谷。由于峰值纹波噪声的音调强度比梳状滤波噪声的大 5 倍，因此可以假定，大音调强度来自谱斜坡陡峭的窄带声，而不是间隙窄的窄带声。

如图 5.25 所示，谱斜坡极陡的低通噪声（声音⑧）的音调强度为纯音音调强度的 1/10～1/5，这表明与滤波器斜坡的陡度有关。图 5.34（a）（b）给出了相对音调强度与滤波器斜率的关系,滤波器截止频率为 250Hz 和 1kHz。音调强度再次用每幅图的最大值进行归一化。如预期的那样,音调强度随滤波器斜坡陡度的增大而增加。然而,谱斜坡极陡(-144dB/倍频程)的滤波器不需要达到最大值,只需斜率为-48dB/倍频程就足够了。根据图 5.35 给出的谱斜率不同的低通噪声的掩蔽模式就可说明这一结果。刚刚听得见的测试音声级是频率和临界带率的函数。结果表明,掩蔽模式完全依赖于滤波器(其斜率高达-36dB/倍频程)的截止频率。对于更陡的滤波器斜坡,掩蔽模式相似。图 5.35(a)(b)中,测试音声级差为 10dB,这是因为所有低通噪声的响度均为恒定的 8sone。

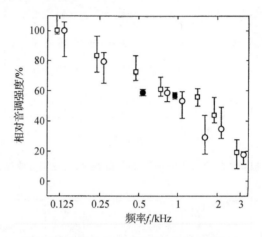

图 5.33 峰值纹波噪声的相对音调强度与谱头峰频率 f_1 的关系

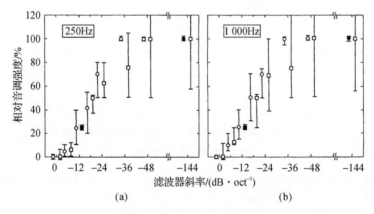

图 5.34 低通噪声相对音调强度与滤波器斜率的关系
(a)截止频率为 250Hz;(b)截止频率为 1kHz

在图 5.36 中,将低通噪声的相对音调强度绘制为各掩蔽模式斜率的函数。对比图 5.34 和图 5.36 发现,如果用掩蔽模式的斜率作为横坐标而不是滤波器斜率,就可以更容易描述音调强度的结果。在这种情况下,低通噪声的音调强度几乎随相应掩蔽模式的斜率呈线性增加。当掩蔽模式的斜率约为 9dB/Bark 时,达到低通噪声的最大音调强度。然而必须记住,即使是低通噪声的最大相对音调强度(100%)也不超过纯音音调强度的 1/5。

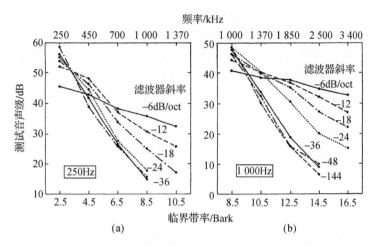

图 5.35 滤波器斜率不同但响度均为 8sone 的低通噪声的掩蔽模式
(a)截止频率为 250Hz；(b)截止频率为 1 000Hz

不仅音调强度，而且低通噪声的音调本身都与各自的掩蔽模式有显著的相关性。当截止频率为 250Hz 的低通噪声的声级从 50dB 提高到 80dB 时，音调匹配的纯音频率从 260Hz 增加到 285Hz。低通噪声截止频率为 1 000Hz 时，相应的偏移从 1 022Hz 增加到 1 073Hz。由于随着声级的增加，低通噪声的掩蔽模式的上斜坡变得更平坦，所以当假设音调对应于掩蔽模式的 3dB 下降点时，可以说低通噪声的音调随声级的增加而增加。

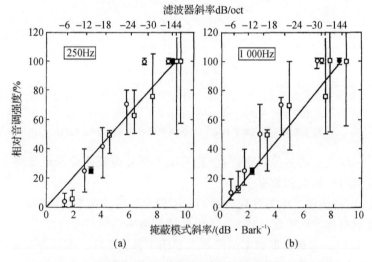

图 5.36 低通噪声的相对音调强度与掩蔽模式斜坡的关系
(a)截止频率为 250Hz；(b)截止频率为 1 000Hz

纯音音调强度可以被部分掩蔽音大大降低。如第 5.1.2 节所述，随着部分掩蔽音声级的增加，纯音音调的偏移量增加。然而，与此同时纯音音调强度也降低了。这意味着音调偏移值大总是与偏移纯音音调强度小相关。图 5.37 给出了部分掩蔽纯音的相对音调强度的一些例子。图 5.37(a) 表示一个纯音被另一个纯音部分掩蔽的情况。为了避免检测到差音，增加了一个低通噪声掩蔽音（见插图）。图 5.37(b) 给出了纯音被中心频率较低的窄带噪声部分掩蔽的结果。除了窄带掩蔽噪声位于部分掩蔽纯音之上,图 5.37(c)给出了类似条件。最后,图 5.37(d)表示被宽带噪声部分掩蔽的纯音。对于所有这 4 种情况,相对音调强度是测试音声级(大于掩蔽阈)的函数。部分掩蔽测试音(仅大于掩蔽阈 3dB)的音调强度通常极小。大于掩蔽阈值 10dB 的测试音的音调强度几乎达到未掩蔽纯音的一半。当大于掩蔽阈值 20dB 时,其音调强度几乎等于未受影响的纯音音调强度。

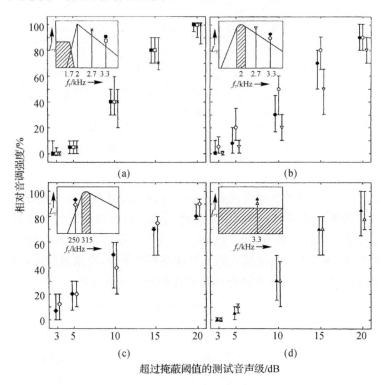

图 5.37 被部分掩蔽的纯音音调强度。相对音调强度与超过掩蔽阈值的测试音声级的关系
(a)在低频被纯音部分掩蔽;(b)在低频被窄带噪声部分掩蔽;(c)在
高频被窄带噪声部分掩蔽;(d)被宽带噪声部分掩蔽(见插图)

在 55~8 000Hz 之间的其他频率处,被宽带噪声部分掩蔽的纯音也获得了与图 5.37(d)中给出的针对 3 300Hz 的类似数据。

到目前为止,已经描述了由静默期分割开的不同声音的音调强度。然而,声音参数的连续变化可能明显地影响其音调强度。例如,使用低调制频率(4Hz)进行纯音调幅可以使其音调强度降低 10%~20%。这种音调强度的降低也适用于被宽带噪声部分掩蔽的调幅音。

另外,通过对低通噪声截止频率的调制,可以提高低通噪声的(小)音调强度。图 5.38 给出了截止频率为 1kHz、密度声级为 40dB(总声级为 70dB)的低通噪声的数据,其中截止频率周期性地扫过±85Hz,导致的频率偏差为 170Hz。调频速度可变。未调制的低通噪声的相对音调强度为 100。

在扫描截止频率时,相对音调强度增加。调制频率为 4Hz 时,时变低通噪声的音调强度比稳态低通噪声的音调强度大 1.4 倍左右。

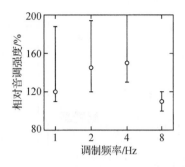

图 5.38　截止频率被调制的低通噪声的相对音调强度与调制频率的关系

截止频率为 1kHz±85Hz,谱级为 40dB　　音轨 25

调制低通噪声的截止频率时,音调强度的增加取决于频率偏差,即截止频率的扫描宽度。图 5.39 给出了低通噪声(截止频率为 1kHz、谱级为 40dB、调制频率为 4Hz)的相对音调强度与频率偏差的关系。未调制低通噪声的相对音调强度仍为 100。

图 5.39 所示的结果表明,低通噪声的音调强度几乎不受截止频率小扫描(最大范围为 ±40Hz)的影响。另一方面,当瞬时截止频率的频率偏差较大,即在 800～1 200Hz 之间变化时,其音调强度比稳态低通噪声(截止频率为 1kHz)的音调强度大 2.4 倍。

到目前为止,我们已经评估了容易根据频谱描述的声音的音调强度。接着讨论了最容易用时间函数来描述的调幅宽带噪声的音调强度。图 5.40(a)表示了矩形选通宽带噪声的相对音调强度,它是脉冲与间隙时程之比的函数。图 5.40(a)表示重复率为 100Hz 的结果,图 5.40(b)表示重复率为 400Hz 的结果。左图中的插图表示脉冲间隙比为 0.1 和 10 时宽带噪声的时域包络。在第 1 种情况下,短脉冲被相对长的时隙分开,而在第 2 种情况下情况相反。当脉冲时程与间隙时程(Gap Duration)之比为 0.1 时,调幅宽带噪声的音调强度最大。随着脉冲时程的增加,间隙时程变小,于是音调强度降低。当比值大于 3 时,音调强度降为零。在这种情况下,长的宽频带脉冲噪声之后是极短的时隙,听力系统不再能辨识这些间隙(见第 4.4 节)。因此,这些选通宽带噪声听起来像连续宽带噪声,且无音调。调幅宽带噪声的最大音调强度(100%)为纯音音调强度的 1/10～1/5。该结果与图 5.25 中表示的正弦调幅宽带噪声(声音⑩)的数据一致。

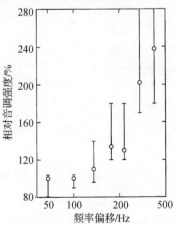

图 5.39　截止频率被调制的低通噪声的相对音调强度与频率偏移的关系

截止频率为 1kHz,谱级为 40dB,调制频率为 4Hz

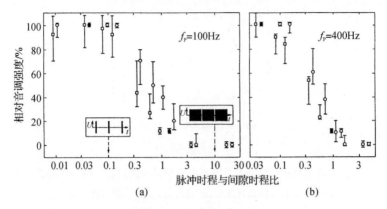

图 5.40 相对音调强度与脉冲时程和间隙时程之比的关系
(a) $f_p=100\text{Hz}$；(b) $f_p==400\text{ Hz}$

矩形调幅宽带噪声的音调强度随时间调制深度的减小而减小,因为调制深度很小时产生的几乎是宽带噪声。这不会产生音调,因此没有音调强度。当脉冲间隙时程比为 0.04、时间调制深度为 5dB(调制度为 28%)时,调幅宽带噪声不会引起音调感。当时间调制深度较大时,调幅宽带噪声的音调强度几乎线性增加。当时间调制深度约为 20dB(调制度约为 80%)时,获得的音调强度约为可能的最大值的一半;当时间调制深度大于 30dB 左右(调制度超过 95%)时,获得的音调强度为可能的最大值。然而,应当再次注意,即使宽带噪声的时程非常短并且时间调制深度很大,调幅宽带噪声的音调强度也仅为纯音音调强度的 15% 左右。

第6章 临界带与兴奋

本章介绍临界带(Critical Band)的概念,解释确定其特性的方法,发展临界带率尺度;定义临界带级和兴奋级,给出三维兴奋级与临界带率和时间的关系。

Fletcher 提出了临界带的概念。他假设,能有效掩蔽测试音的那部分噪声的频谱位于测试音频谱附近。为了获得相对值和绝对值,他作了以下额外假设:当纯音功率与位于纯音附近噪声谱那部分的功率相同时产生掩蔽;在测试音频谱附近以外的那部分噪声对掩蔽不起作用。以这种方式定义的特征频带有一定带宽,当纯音刚刚被掩蔽时,纯音与带内噪声谱的声功率相同。Fletcher 的假设可以用来估计特征带的宽度,我们稍后将看到如何将这些值与其他测量获得的临界带宽加以比较。

如图 4.1 所示,尽管白噪声的密度级与频率无关,但白噪声的掩蔽阈并不独立于频率。这种掩蔽阈仅在 500Hz 以下与频率无关,当频率超过 1kHz 时阈值就会增加,其斜率约为每倍频程 10dB。第 4.1 和第 4.2 节描述了听力系统相对显著的频率选择性,这表明可以假设听力系统在相对狭窄的频带内进行声音处理。如果假设听力系统产生的掩蔽阈与频率无关,那么我们寻找的频带在 500Hz 以下也应该与频率无关,在该范围内掩蔽阈与频率无关,白噪声的密度也是如此。因此,临界带宽度应该是恒定的。对于较高频率,掩蔽阈每倍频程增加 10dB,这意味着在所讨论的频带内强度必然会随频率的增加而增加。因此,当频率增加 10 倍时,频带带宽也必须增加 10 倍。就像 Fletcher 所说的那样,假设纯音声功率与噪声声功率匹配时刚好可以听到噪声中的纯音,此时噪声位于临界带内,其中心频率为刚刚掩蔽的纯音的频率,于是带宽问题可以估计如下:当频率小于 500Hz 时,掩蔽阈比掩蔽纯音的白噪声密度级高 17dB。假设噪声阈值和带内纯音阈值的声功率相等,那么我们可以计算出带宽为 $10^{17/10}$,也就是比 1Hz 大 50 倍左右。这使得低频时的带宽为 50Hz。

然而,听力系统用来产生掩蔽阈的准则与纯音频率无关的假设是不正确的。正如后面将要讨论的那样,在掩蔽阈处的纯音功率仅为该频带内噪声功率的 $1/2\sim1/4$。利用这些额外的信息就几乎可以准确地估计出所讨论的频带(即临界带)宽度。在低频下,临界带的宽度恒定,约为 100Hz;超过 500Hz,临界带的宽度约为中心频率的 20%,即在这个范围内,临界带宽随频率的增加而增加。

与用上述假设估计临界带宽度不同,有几种测量临界带的直接方法。这些方法和获得的结果将在下面几节中描述。

6.1 确定临界带宽的方法

阈值测量是获得临界带宽的第 1 种方法的基础。与直接测量临界带的所有其他方法一样,带宽或与带宽直接相关的值必须是变量。在这种情况下,均匀间隔纯音(Uniformly

Spaced Tones)构成复音,其阈值是该复音中纯音个数的函数,其中每个纯音的振幅相同,它被用来估计 1kHz 附近的临界带宽。

用复音中每个纯音的声级表示阈值级,图 6.1 显示了阈值级与测试纯音个数或最低纯音和最高纯音之间频率差的关系。测试音个数也是参数,在图 6.1 中用符号区分。纯音之间的频率差保持 20Hz 不变。利用跟踪法,用 920Hz 纯音进行测量,此时的声压级为 3dB。加入另一个声级相同的纯音,其频率为 940Hz(高 20Hz),再次测量复合双音(Two-Tone Complex)的阈值。我们发现复音中每个纯音的声级为 0dB。我们以这种方式进一步添加 2 个更多的 960Hz 和 980Hz 的纯音并再次测量阈值。每个纯音的阈值为 -3dB。8 个纯音的阈值为 -6dB SPL。这意味着,如预期的那样,以每个纯音声级表示的阈值随纯音个数的增加而减少。然而,纯音个数超过一定值时声级将不再进一步减少,如图 6.1 所示的使用 16 个和 32 个纯音的组合。有了一定个数的单个纯音(在我们的例子中大约是 9 个),增加纯音导致的声级减少就停止了。在图中用箭头标记转换点,作为临界带宽的测度。

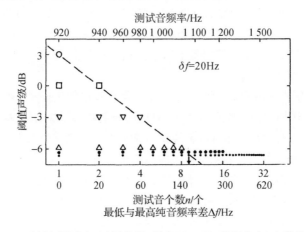

图 6.1 听阈与测试音(不同符号,频率以 20Hz 等距分布)个数的关系
组成等幅测试音的声级是测试音个数或最低和最高测试音之间频率差的函数。测试音频率也在上刻度中给出。箭头表示估计临界带宽的过渡点

有趣的是,在 1~8 个纯音范围内,纯音个数每增加 1 倍,阈值级就降低 3dB。这意味着,无论纯音个数是多少,阈值处复音的总声压级保持不变。此规则只适用于大约 9 个纯音。超过这个数字,以复音中每个纯音声级表示的阈值将不再随纯音个数的增加而减少,也就是总声压级会增加。这就意味着,在听力系统中,只要复音成分在一定带宽内,听阈就由整个复音的声强决定。带宽以外的部分对阈值没有贡献。该带宽可以从纯音个数和每个纯音的距离计算出来,在我们的例子中,由于 $[(9-1)\times 20]$Hz $= 160$Hz,则该带宽约 160Hz。

这个实验从听阈处开始。只有在一个阈值与频率无关的频率范围内,它才能以一种有意义的方式进行。这种情况很少见,只出现在 500Hz~2kHz 的频率范围内。然而,如图 4.2 所示,均匀掩蔽噪声的优点在于其掩蔽阈与频率无关。如果能证明图 6.1 不仅在听阈处发生,而且在均匀掩蔽噪声产生的阈值下也发生,那么就有可能在整个听觉频率范围内测量到这种效应。与图 6.1 中所述的测量结果相比,图 6.2 给出了约为 920Hz 的纯音和不同声级的均匀掩蔽噪声的测量结果。上横坐标给出等间距等振幅的纯音个数,下横坐标表示由纯音个数引起的带宽。以低频噪声密度级为参数,并给出了掩蔽阈。结果清楚地表明,上述两个规则成立:

当 Δf 值较小时,以单个纯音声级表示的阈值降低;当 Δf 值较大时,阈值具有独立性。尽管听阈被提升到均匀掩蔽噪声的掩蔽阈值处。为了表征小纯音个数(即频率间隔 Δf 较小)时的规律,将数据以不同的形式绘制在图 6.2(b)中。横坐标一样,但纵坐标是复音的总声压级。因此,很明显,当带宽小于临界带宽时,总声压级保持在听阈或掩蔽阈处不变。当带宽超过临界带宽时,总声压会增加,这表明临界带宽之外的成分既不影响听阈,也不影响掩蔽阈。当声强落在一个临界带内时,声强对听阈和掩蔽均有影响。

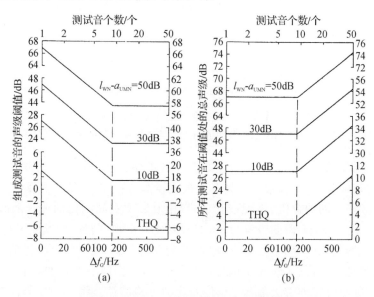

图 6.2 图 6.1 中结果的 2 种不同画法

图(a)纵坐标与图 6.1 中使用的纵坐标相同,即构成测试音的纯音声级。纯音个数以及测试音最低频率与最高频率之间的差再次出现在横坐标上。除了听阈外,还显示了给定密度级的均匀掩蔽噪声的掩蔽结果。临界带宽 Δf_G 将 2 个区域分开,其结果遵循不同规则。图(b)的横坐标与图(a)相同,但纵坐标现在是测试音总声级。这导致水平曲线在临界带处上升。除此之外,研究结果还表明,函数正在上升。两幅图中的数据其中心频率均为 1kHz

利用均匀掩蔽噪声可以在所有频率上获得有意义的数据,从而将临界带宽作为频率的函数来测量。此外,也可以以同样的方式使用噪声,而不是用许多等幅纯音。在这种情况下,均匀掩蔽噪声被用作掩蔽音,附加噪声的阈值被测量为附加噪声带宽的函数。结果显示了相同的效应:当噪声小于临界带宽时,被均匀掩蔽噪声掩蔽的噪声阈值与带宽无关,但当带宽大于临界带宽时,噪声阈值会增加,如图 6.2(b)所示。

确定临界带宽的第 2 种方法是频率间隙掩蔽。掩蔽音和测试音的一个相对简单的组合,是利用相同声级的 2 个纯音为掩蔽音,窄带噪声为测试音。被 2 个纯音掩蔽的测试音阈值作为 2 个掩蔽纯音频率间隔的函数,窄带噪声位于 2 个掩蔽纯音之间。测试音带宽必须小于预期的临界带宽。图 6.3 中的插图显示了其频率构成,图 6.3 显示了 2 个 50dB 纯音掩蔽中心频率为 2kHz 的窄带噪声形成的数据。2 个纯音所掩蔽的窄带噪声的阈值作为 2 个纯音之间频率间隔的函数。对于窄频率间隔 Δf,掩蔽阈与 Δf 无关。Δf 超过一定值时,阈值就会下降,这个值称为临界带宽。平直段与衰减段的交点为临界带宽。在该实验中,临界过渡点的位置似乎与声级无关(至少对大约 50dB 以下的掩蔽音是如此)。高声级下,掩蔽听觉图显示了基本的非对称性,它影响了我们正在寻找的效应。通常,即使衰减部分被与耳朵自身非线性有关的效应所扭曲,但仍可将拐点表示出来。对不同的中心频率,可以很容易地进行中、小声级的测量,因此可以用这种方法将临界带宽表示为频率的函数。

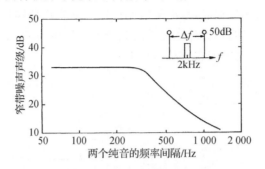

图 6.3　窄带噪声位于声级相等的 2 个掩蔽音中间
（如插图所示）,其阈值与 2 个纯音频率间隔的关系

图 6.4 中的插图给出了一种与交换刺激有关的类似方法。在这一方法中,2 个噪声频带组合在一起作为掩蔽音,其中频带低的具有上截止频率,频带高的具有下截止频率。这 2 个噪声的上、下截止频率之间的差值 Δf 是变化的,以中心频率在间隙内的纯音阈值作为 Δf 的函数。对于中心频率为 2kHz、两侧带宽为 200Hz、声级为 50dB 的噪声,其测量结果如图 6.4 所示。Δf 值小的掩蔽阈(在本例中为纯音阈值)不变,但当 Δf 大于某个临界值时掩蔽阈下降。此临界值(即临界带宽)可以从图 6.3 和图 6.4 中得到,中心频率为 2kHz 时,它为 300Hz。

第 3 种确定临界带宽的方法是基于相位变化的可检测性。将一个成分改变 180°,三成分复音(Three-Component Complexes)就可以从代表调幅音变为代表准调频音。当纯音振幅被正弦调制时,结果是出现原始纯音(载波)和在频率上与任意一边等间距的边带。载波和边带之间的间距对应调制速率(调制频率)。当纯音频率被正弦调制时也会发生同样的事情。当调制指数(即频率偏差与调制频率的比值)小的时候形成了载波和 2 个边带。只有当调制指数大于 0.3 时才会产生第一对之外的显著边带。AM 和 FM(调制指数小于 0.3)之间的差异源于相位:相对 AM 产生的成分相位,其中一个边带与 FM 呈 180°反相。换句话说,在初步近似中,如果一个边带的相位反转过来,AM 就变成 FM。AM 或 FM 的 3 个成分的总宽度是调制频率的 2 倍。对刚刚可检测到的调制量灵敏度,可用调幅度(Degree of AM)或调频调制指数来度量。如果出现差异,那一定与听力系统对相位变化的敏感性有关,在这种情况下,复音成分的相位被反转了。图 6.5 给出的测量结果表明,在低调制频率处,刚刚可检测的调制度(AM)小于刚刚可检测的调制指数(FM)。换句话说,为了听到调制,在调频中边带振幅必须比在调幅中大。然而,随着调制速率的增加,边带扩散得更远,达到一个点后,调频和调幅的可检测调制相同。在这一点之后,边带相位对我们的听力不再有任何影响。

图 6.5 给出的数据是在载波声级为 80dB、中心频率为 1kHz 下获得的。如果绘制出调制指数和调制度(Degree of Modulation)的对数比,则两个范围的结果和区分点就会更加清晰。这是在图 6.6 中完成的,图中该比例被绘制成 $2f_{mod}$ 的函数,即 3 个成分的总间距。间距 $\Delta f = 2f_{mod}$ 时,递减部分达到 0dB,它是临界带宽的测度,图 6.6 中针对的是 1kHz、150Hz。同样,这些测量可以对不同载波频率展开,从而将临界带宽确定为中心频率(此情况下是载波频率)的函数。

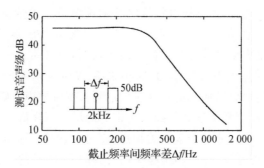

图 6.4　由 2 个带通噪声(如插图所示)掩蔽的测试音阈值与噪声截止频率之间差值的关系

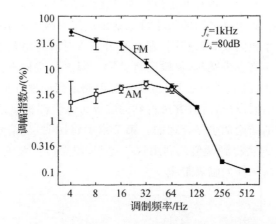

图 6.5　在 80dB 声压级下,1kHz 纯音的最小可觉调幅(AM)度和最小可觉调频(FM)度的中位数和四分位距与调制频率的关系
注意:这两种调制的阈值在调制频率大于 64Hz 时一致

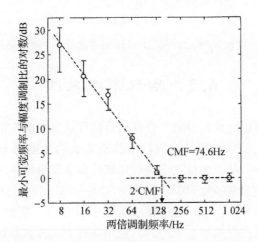

图 6.6　将图 6.5 中给出的数据按纵坐标尺度重新绘制,显示了最小可觉调频和最小可觉调幅比的对数并给出了中位数和四分位距
通过这种方法,两条直线逼近了结果,交点处代表临界调制频率(CMF),它等于临界带宽的一半。因此,在横坐标上使用 2 倍的调制频率

确定临界带宽的第 4 种方法是，当声压级恒定时将响度测量作为带宽的函数。虽然在第 8 章中将更详细地讨论响度测量，但这里给出典型结果。在图 6.7 中，噪声总声压级保持不变，将主观测量的噪声响度绘制成噪声带宽的函数。结果表明，只要带通噪声的带宽小于一个临界值（本例中为 300Hz，它对应于中心频率为 2kHz 的临界带宽），响度就保持不变。超过该带宽，对于非常大的带宽，响度会增加 3 倍。这时就达到了宽带噪声的响度。这些测量的重要条件是总声压级保持不变，即声强密度必须随噪声带宽的增加而降低。在这种情况下，通过测量响度作为带宽的函数并寻找区分两个范围的拐点，就可直接确定临界带宽。对不同中心频率进行了多次测量，有些利用纯音，有些利用噪声，它们都是总间距的函数，这样可以将临界带宽估计为中心频率的函数。

第 5 种方法源于双耳听力。短脉冲定位作为寻找临界带的标志。2 个短纯音在频率上有所不同，每只耳朵听一个，其包络之间的最小可觉察延迟作为两者频率间隔的函数。只要 2 个短纯音是高频率的且频率相同或大致相同，那么听力系统对其包络延迟就相当敏感。当 2 个短纯音之间的频率差大于临界带宽时，灵敏度将急剧下降。用这种方法得到的结果与用上述 4 种方法测量到的临界频率距离非常接近（至少在可以测量到的地方是这样）。

除了使用 Fletcher 的假设外，所有方法得到的临界带宽值都相似，所以接受前一种估计并得出等功率假设是错误的结论似乎是合理的。第 7 章中将说明，当信号功率是掩蔽音功率的 1/2（低频）到 1/4（高频）时会得到阈值。利用这些比率，用噪声掩蔽纯音（Fletcher 的方法）获得了与使用上述 5 种方法一样的临界带宽。

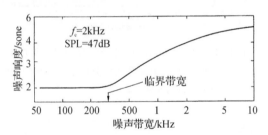

图 6.7　中心频率 2kHz、总声压级 47dB 的带通噪声响度与其带宽的关系

6.2　临界带率尺度

通过收集到的许多被试的数据得到了合理估计临界带宽度的方法。在低频下对这一宽度的讨论证实了必须考虑换能器的频率响应以获得有意义的数据用于临界带估计。在 200Hz 以下，当调频转换为调幅时，基于相位效应的可检测性似乎是最可靠的方法。虽然在可听频率区域内最低临界带宽可能非常接近 80Hz，但是将从 0~20Hz 的不可听范围添加到临界带中，并假定最低临界带范围为 0~100Hz，这一做法是有吸引力的。基于这种近似，图 6.8 给出了利用超过 50 名被试、声级在听阈和 90dB 之间，使用 5 种方法得到的数据平均值。当声级大于 70dB 时，虽然临界带有增加的趋势，但图 6.8 给出的曲线代表了临界带宽作为频率函数的一种很好近似。临界带宽保持在 100Hz 附近直至频率约为 500Hz。在该频率之上，临界带宽增加的速度略慢于与频率成正比的速度；频率大于 3kHz 时，临界带宽增加的速度稍微快一点。以下假设是有用的：中心频率在 500Hz 以下，带宽恒定，为 100Hz；中心频率在 500Hz 以上，相

对带宽为 20%。表 6.1 给出了更精确的数值,如果低临界带的截止频率上限与高临界带的截止频率下限相等,那么这些频带连起来就给出了临界带的下限和上限。

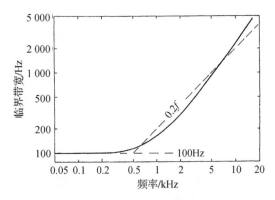

图 6.8 临界带宽与频率的关系
低频和高频范围的近似值用虚线表示

表 6.1 临界带率 z,临界带宽 Δf_G 的下限(f_l)和上限(f_u)频率,中心频率为 f_c

$\dfrac{z}{\text{Bark}}$	$\dfrac{f_l,f_u}{\text{Hz}}$	$\dfrac{f_c}{\text{Hz}}$	$\dfrac{z}{\text{Bark}}$	$\dfrac{f_l,f_u}{\text{Hz}}$	$\dfrac{z}{\text{Bark}}$	$\dfrac{f_l,f_u}{\text{Hz}}$	$\dfrac{f_c}{\text{Hz}}$	$\dfrac{z}{\text{Bark}}$	$\dfrac{f_l,f_u}{\text{Hz}}$
0	0				12	1 720			
		50	0.5	100			1 850	12.5	280
1	100				13	2 000			
		150	1.5	100			2 150	13.5	320
2	200				14	2 320			
		250	2.5	100			2 500	14.5	380
3	300				15	2 700			
		350	3.5	100			2 900	15.5	450
4	400				16	3 150			
		450	4.5	110			3 400	16.5	550
5	510				17	3 700			
		570	5.5	120			4 000	17.5	700
6	630				18	4 400			
		700	6.5	140			4 800	18.5	900
7	770				19	5 300			
		840	7.5	150			5 800	19.5	1 100
8	920				20	6 400			
		1 000	8.5	160			7 000	20.5	1 300
9	1 080				21	7 700			
		1 170	9.5	190			8 500	21.5	1 800
10	1 270				22	9 500			
		1 370	10.5	210			10 500	22.5	2 500
11	1 480				23	12 000			
		1 600	11.5	240			13 500	23.5	3 500
12	1 720				24	15 500			
		1 850	12.5	280					

临界带概念对描述听感很重要。它被用在许多模型和假设中,定义一个单位来表示所谓的临界带率尺度。该尺度基于这样一个事实:听力系统将宽带谱分解成与临界带对应的部分。将一个临界带与下一个临界带连接,使低临界带的上限和高临界带的下限对应,从而形成临界带率尺度。如果以这种方式将临界带连接,则每个交点对应一个特定的频率(见表 6.1)。该过程如图 6.9 所示。第 1 个临界带的范围为 0~100Hz,第 2 个临界带为 100~200Hz,第 3 个临界带为 200~300Hz,以此类推,一直到 500Hz,当然 500Hz 以后临界带的频率范围增加了。将每个临界带的序号排列起来绘制成频率的函数就形成了图 6.9 中的一系列点。可见,

在直至 16kHz 的可听频率范围内细分为 24 个相邻的临界带。这一系列点并不意味着临界带只存在于相邻的 2 个点之间,更确切地说,它们应该被认为能够沿一种尺度连续移动,该尺度由点所形成的曲线产生。用这种方法得到的尺度称为临界带率(Critical - Band Rate)。它从 0 增长到 24,单位为"Bark",这一单位是为了纪念巴尔克豪森(Barkhausen),他是一位引入了"phon"的科学家,而"phon"是一个用来描述临界带发挥重要作用的响度级的值。临界带率 z 和频率 f 之间的关系对理解人耳的许多特性非常重要。

临界带率与其他几个描述听力系统特性的尺度关系密切。例如,频率的最小可觉增量(Just - Noticeable Increment)和调频阈值都与临界带宽密切相关。虽然这种关系将在第 7 章讨论,但可将最小可觉频率变化(Just - Noticeable Frequency Variation)的频率依赖性与临界带宽的频率依赖性进行比较。此外,临界带宽似乎与两种关系有关,一种是频率与音调比的关系,另一种是频率与基底膜上最大刺激部位的关系。如下做法是方便的:对于比较重要的带宽、最小可觉频率变化和基底膜上最大刺激部位,提前以恒定步长(0.2mm)沿基底膜将频率增量 Δf 绘制成每个点对应的频率函数。在蜗孔附近的低频处,0.2mm 的步长引起的频率增量为 15~20Hz。然而,在靠近卵圆窗的高频处,0.2mm 的步长引起的频率增量 Δf 约为 500Hz。

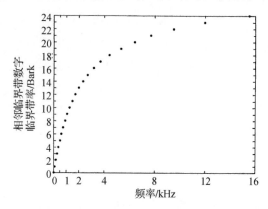

图 6.9　与相邻临界带序列关联的数字(等于临界带率的值)与频率的关系
两个坐标都是线性的

通过这种方式得到的关系如图 6.10 所示,其中虚线表示频率增量 Δf 与频率的关系,沿基底膜的步长为 0.2 mm。图 6.10 中的另外两条实线表示的是调制频率的临界带宽 Δf_G 和差阈 $2\Delta f$ 与频率的关系。这 3 条曲线的形状非常相似,几乎可以通过向上或向下平移得到另一条曲线。因为横坐标和纵坐标是用对数刻度给出的,所以这种平行移动对应着乘以某个因子。这些因子在图中用双箭头表示,最小可觉频率调制 $2\Delta f$ 比临界带小大约 25 倍。与最大刺激沿基底膜部位变化 0.2 mm 对应的频移比 $2\Delta f$ 约大 4 倍,但小于临界带宽度的 1/6.3 倍。这意味着正弦音频率偏移 $2\Delta f$ 沿基底膜产生的恒定距离偏移约为 0.05 mm。这种偏移与纯音频率无关,沿基底膜的距离是恒定的,第 5.1.2 节描述的频率和频率音调之间的微小差异在此可忽略,因为它只占一小部分。临界带宽对应基底膜上的距离约为 1.3mm。基底膜全长为 32mm,假设相邻毛细胞的基底膜距离约为 $9\mu m$,那么从蜗孔到卵圆窗的一排毛细胞的总数为 3 600 个。考虑到第 5 章的讨论,临界带宽的总和以及用频率调制测量的最小可觉步长的总和得到相同的函数,该函数将纯音音调与其频率联系起来区性。表 6.2 显示了这种有趣的关系。

第6章 临界带与兴奋

表 6.2 临界带率位置(第 1 列)、沿基膜的距离(第 2 列)、相邻最小可听音调步长(第 3 列)、比率音调差(第 4 列)与相邻毛细胞等效个数的关系

临界带率位置		沿基膜的距离		相邻最小可听音调步长		比率音调差		相邻毛细胞等级个数
24 Bark	≙	32 mm	≙	640 steps	≙	2400 mel	≙	3600 毛细胞
1 Bark	≙	1.3 mm	≙	27 steps	≙	100 mel	≙	150 毛细胞
0.7 Bark	≙	1 mm	≙	20 steps	≙	75 mel	≙	110 毛细胞
0.04 Bark	≙	50 μm	≙	1 steps	≙	3.8 mel	≙	5.6 毛细胞
0.01 Bark	≙	13 μm	≙	0.26 steps	≙	1 mel	≙	1.5 毛细胞
0.007 Bark	≙	9 μm	≙	0.18 steps	≙	0.7 mel	≙	1 毛细胞

这些关系也可用不同尺度表示。其中 6 个尺度显示在图 6.11 中。上面部分显示内耳和基底膜(阴影)展开使其全长可见。它从蜗孔开始(低频所在位置),然后变小,直至到达卵圆窗(高频所在位置)。基底膜总长为 32mm,如第 2 种线性尺度所示。第 3 种尺度给出了从蜗孔到卵圆窗中由频率调制测量的最小可觉步长的数量。加在一起,基于最小可觉频率调制的 640 步可以彼此叠加。第 4 种尺度给出了纯音的比率音调。它在线性尺度上从 0 增长到 2 400mel。第 4 种尺度是从 0 到 24Bark 的临界带率,同样是线性绘制的。最后一个也是最下面的尺度是频率。其细分是非线性的,大约 500Hz 以下尺度几乎是线性的,但 500Hz 以上的频率尺度几乎是对数细分的。

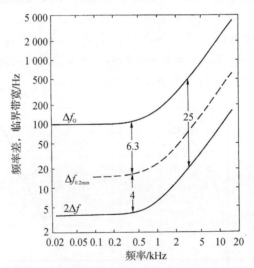

图 6.10 临界带宽和频率变化与频率的关系

实线给出临界带宽 Δf_G 和最小可觉频率变化 $2\Delta f$ 与频率的关系。虚线表示基底膜上位移最大值移动 0.2 mm 所需的频率变化。双箭头表示曲线相互偏移的因子

从图 6.11 所示的尺度中可知一个重要的事实:频率尺度是一种物理尺度,在描述内耳效应时不是很有用;在基底膜的整个长度上,无论是线性尺度还是对数尺度都不起作用。与频率相比,所有其他值,如频率的步长数、纯音的比率音调和临界带率,都可沿基底膜绘制成线性尺度。因此,在讨论听力系统特性或利用模型描述这些特性时,尽早使用从频率到部位的转换似乎是合理的。无论是临界带率尺度还是比率音调尺度都比频率尺度更有用。在许多情况下,

频率向临界带率的早期转换足以用一种简单而独特的方式描述沿基底膜发生的效应。

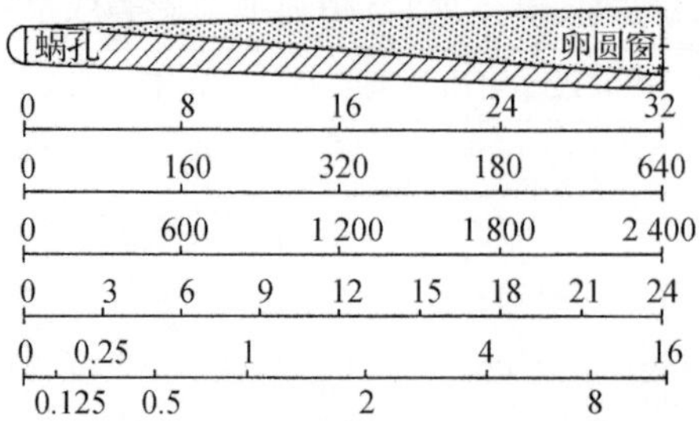

图 6.11　与音调感相关的尺度转换耳蜗展开后的长度
需要注意的是长度、步数、比率音调和临界带率等尺度是线性的,但频率尺度不是线性的

一方面是频率,另一方面是基底膜的长度、临界带率或声音的比率音调,两者之间的关系很重要。图 6.12 用不同的频率尺度(一个是线性的,另一个是对数的)概括了这种关系。有时近似可能有用,特别是当只考虑低频或高频范围时。这些近似值在图中显示为虚直线,用数字给出。图 6.12 左侧为展开的内耳,包括基底膜(从蜗孔到卵圆窗)。沿基底膜中心绘制的虚线可被认为是一排内毛细胞。图 6.12(b)以线性横坐标表示频率,以临界带率为纵坐标,右边的纵坐标为比率音调,也是线性的,由于低频时的临界带宽为 100Hz,且频率与比率音调在低频下线性相关,比例因子为 1,故图 6.12(b)给出的低频近似就变得明显:1Bark 等于 100mel。需要再次提到的是,第 5 章中讨论的音调偏移大部分仍在百分之几的范围内,已被忽略了。图 6.12(b)中虚线表示的正比近似,在其范围内以 mel 为单位的比率音调等于以 Hz 为单位的频率。这是音乐中的和声音域。以 Bark 为单位的临界带率也是成比例的,但在该范围内为频率的 1/100。临界带率增加 1Bark 对应比率音调变化 100 mel。

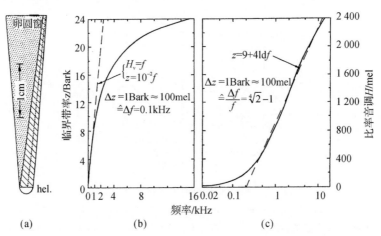

图 6.12　图(a)延展耳蜗的尺度、纵坐标上的临界带率和线性尺度上的比率音调与线性尺度[图(b)]和对数尺度[图(c)]上频率的关系
有效近似值由虚线及其方程表示

图 6.12(c)以对数频率尺度为横坐标。直虚线表明临界带率和频率之间的对数关系在频率大于 500Hz 时是非常有用的近似。这一近似导致 1Bark 增量或 100 mel 增量与相对频率变化约 20% 的关系。

在许多情况下,用解析式描述整个听觉频率范围内临界带率以及临界带宽对频率的依赖关系是有用的。下面的 2 个表达式已经被证明是有用的:

$$z = 13 \arctan 0.76f + 3.5 \arctan (f/7.5)^2 \tag{6.1}$$

和

$$\Delta f_G = 25 + 75(1 + 1.4 f^2)^{0.69} \tag{6.2}$$

6.3 临界带级和兴奋级

可以通过将声强细分到的临界带近似听力系统的频率选择性。这样的近似引出了临界带强度(Critical-Band Intensity)的概念。如果不考虑临界带滤波器具有无限陡斜坡的假设,而是考虑听力系统实际产生的斜坡,那么这样的过程会引起一个称为兴奋(Excitation)的中间值。在大多数情况下,该值不是作为线性值,而是作为类似声压级那样的对数值。作为中间值,临界带级和兴奋级在许多模型中都有重要作用。

考虑到临界带宽的频率依赖性,可用下式计算临界带强度 I_G:

$$I_G(f) = \int_{f-0.5\Delta f_G(f)}^{f+0.5\Delta f_G(f)} \frac{dI}{df} df \tag{6.3}$$

我们已经看到,在描述听力系统特性时临界带率是有用的。由于临界带率 z 被定义为频率的函数,式(6.3)也可用临界带率表示为

$$I_G(z) = \int_{z-0.5}^{z+0.5} \frac{dI}{dz} dz \tag{6.4}$$

在对数表达式中,以 $I_0 = 10^{-12}$ W/m² 为参考值,临界带级 L_G 定义为

$$L_G = 10 \log \frac{I_G}{I_0} \tag{6.5}$$

临界带强度可以看作是未计权的总声强的一部分,它落在一个拥有临界带宽度的频率窗内。频率向临界带率的转换将与频率有关的窗宽转换为与临界带率无关的 1Bark 窗宽。这个 1Bark 宽的窗口可以沿临界带尺度连续移动。因此,临界带宽窄带噪声引起的临界带强度是临界带率的函数,其形状为一个底边宽度为 2Bark 的三角形。然而,正弦音产生的函数为矩形、宽度为 1Bark。

然而,像兴奋或兴奋级这样的中间值代表了听力系统频率选择性的一种更好近似。利用被窄带噪声掩蔽的正弦音阈值的上、下斜坡来构建兴奋级-临界带率模式。在这种变换中,所谓的主兴奋(Main Excitation)对应临界带级的最大值,斜坡兴奋(Slope Excitation)对应于主观测量的掩蔽阈斜坡。在大多数情况下,兴奋级定义为 L_E,由下式给出:

$$L_E = 10 \log \frac{E}{E_0} \tag{6.6}$$

首先计算主兴奋范围内的临界带级,而构建兴奋级最简单的方式是利用临界带级,它是临界带率的函数。在这种情况下,兴奋级与临界带级相同。一旦作为临界带率函数的强度密度突然变化,对于低通噪声或正弦纯音,临界带级的最大值就对应兴奋级。从这一点或从该范围的中心开始,兴奋级就有了斜坡。这些斜坡的定义是通过向上移动掩蔽阈级的斜坡完成的,于是兴奋级斜坡与已有的主兴奋级相适应。这意味着掩蔽阈向上的移动量为掩蔽指数,掩蔽指数是主兴奋区内临界带级与掩蔽阈之间的差值。

听阈也可解释为内部噪声产生的掩蔽阈。这种内部噪声在中、高频段与频率无关,但在低

频下强烈增加,这导致低频听阈上升。心跳和肌肉的自发活动是典型噪声源,它们可以在非常低的频率下对听力系统产生听觉刺激。堵塞外耳道会增加这些噪声的影响。在这种情况下,可以使用探针传声器测量声压级,与外耳道开放时的测量值相比,声压级显得更大。

在听力系统中寻找由外部刺激产生的内部活动的更好近似时,必须考虑到自由场中测量到的强度与内部活动有关的传输因子的频率响应。我们的头部形状、外耳大小、耳道长度以及中耳传输特性是造成这种转换因子频率依赖性的原因。它通常作为对数值引入相应的衰减量 a_0。在基于临界带率级精确计算兴奋级的情况下,必须考虑到这种转换衰减量 a_0。一个典型的例子是响度的计算,其中 a_0 起着重要作用。

出于教学上的原因,通常将 a_0 忽略,如图 6.13 给出的例子。在图中,用 3 类声音描述兴奋级的构建。左图介绍了构建中心频率为 2kHz 的窄带噪声(阴影)和白噪声兴奋级的所有细节。在右图的构建中,基频为 500Hz,有 11 个谐波。上面一排图代表强度密度 dI/df 或强度 I 与频率的关系。第 2 幅图表示的是从频率 f 到临界带率 z 的变换。这只是横坐标从线性频率变换到线性临界带率的变化。第 3 幅图显示了与基准值 I_0 相关的临界带强度与临界带率的关系。由于临界带宽在 500Hz(5 Bark) 以上会增加,白噪声显示 I_G/I_0 高于 5 Bark。在这幅图中,一个临界带宽上的窄带噪声用底边为 2Bark 的三角形表示。之所以如此,是因为当宽度为 1Bark 的窗口从低 z 值向高 z 值移动时,当其中心在临界带宽噪声极限的左边 0.5 Bark 处时,它就开始收集强度。三角区的峰值对应总强度,白噪声也到了这个值。这种一致性表明窄带噪声的宽度正好为一个临界带宽。沿频率尺度均匀分布的纯音被转换成沿临界带率变得越来越窄的纯音。第 3 幅图显示了代表临界带强度的矩形。这些矩形在彼此分开的情况下,部分纯音的距离超过 1Bark。对于较短的距离,如在较高频率区内,会引起高出 2 倍的附加矩形。从相对临界带强度到临界带级的转换(第 4 步)只是转换为对数值。通过这种方式,三角区被转变成与哥特式窗形对应的区域。对于高频正弦音,矩形高 2 倍对应放大 3dB。最下面的图表示兴奋级与临界带率的关系,这就是我们一直在寻找的。

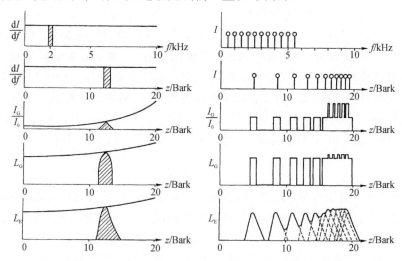

图 6.13 从强度-频率模式给出兴奋级-临界带率关系

第 1 步是将用临界带率表示的频率转换为横坐标(第 2 幅图)。由此计算临界带强度(第 3 幅图)并将其转换为对数值(第 4 幅图)。最后,利用掩蔽阈的形状构建兴奋模式(第 5 幅图)。所示示例适用于左侧的白噪声(实线)和窄带噪声(阴影区)以及右侧的 11 音复合音(详细信息参阅正文)

对于主兴奋,其临界带率与临界带宽噪声中心频率或纯音频率对应,此时临界带级和兴奋级相等。像白噪声一样,宽带噪声只引起主兴奋,因此无法区分白噪声的兴奋级和临界带级。然而,对于临界带宽带通噪声,只有一个值,即最大值是相同的。基于此,从临界带级到兴奋级的过程中,低频侧和高频侧掩蔽阈应该有斜坡。后面将讨论此斜坡的形式,它是中心频率(见图 6.14 中的参数)和临界带率(见图 6.15 中的参数)的函数。图 6.13 最下面右侧的图清楚地说明了正弦音临界带级和兴奋级的区别。主兴奋只存在于矩形顶部中心。最低阶的谐波与其他谐波明显分开了。在此情况下,将对应于掩蔽斜坡的斜坡兴奋加到中间的临界带级上,兴奋级的构建就明显了。然而,对其他谐波进行同样的操作,结果表明在高频范围内兴奋斜坡朝较低和较高临界带值上的重叠程度越来越大。

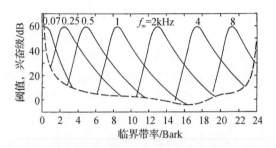

图 6.14　中心频率给定和声压级为 60dB 的窄带噪声,其兴奋级与临界带率的关系

注意:a_0 忽略不计。虚线表示听阈

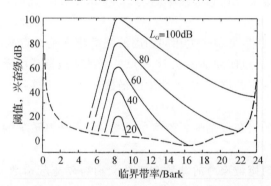

图 6.15　中心频率为 1kHz 的临界带宽带噪声的兴奋级与临界带率的关系

临界带级如图所示。a_0 忽略不计。虚线表示听阈

虽然还不能准确知道斜坡兴奋是如何累加起来的,但一个合理的近似或许是对斜坡兴奋做近似,特别是在有深谷的地方。上、下斜坡兴奋级相等意味着最小值增加 3dB。实验结果表明,这种增强甚至可能更大(见第 4.5.1 节)。在大多数实际情况下,一种兴奋占主导,另一种兴奋可忽略。

比较图 6.13 中最上面和最下面的图,可以看出为了发展心理声学感知模型,用临界带率和兴奋级表示的听力系统特性是如何将物理值转化为更有意义的中间值的。

在构建兴奋模式时,作为临界带率函数的掩蔽阈的形式起着重要作用。准确测量纯音掩蔽纯音的阈值比较困难。因此,用窄带噪声掩蔽纯音的阈值构建兴奋级-临界带率模式。已经测量了几个中心频率下的阈值,它来自具有临界带宽度的窄频带噪声掩蔽音。在构建斜坡兴奋时,掩蔽级对临界带率的依赖关系很重要,因此 7 个不同中心频率、60dB 的窄带噪声引起的兴奋级-临界带率模式被绘制成与临界带率的关系,结果如图 6.14 所示。虚线表示听阈。对 7 种窄带噪声的斜坡兴奋加以比较,结果表明,较小临界带率一侧下斜坡不变,与中心频率无关。该斜坡的陡度约为 27dB/Bark。对于低频窄带噪声,较大临界带率一侧的兴奋上斜坡更陡。然而,当中心频率大于 200Hz 左右时,上斜坡再次相等。这意味着,在大多数情况下,简单地沿横坐标移动 f_c=1kHz 的图形就可以形成上下斜坡的形状。在低频和高频处听阈都有了限制。

图 6.14 给出了兴奋级-临界带率模式,图 4.3 给出了相应的掩蔽级-频率模式,比较两者可以看出,前者优势明显,它们仅仅通过水平方向上的微小移动即可相互得到。

掩蔽模式的上斜坡与级相关。利用不同声级窄带噪声产生的兴奋级-临界带模式最容易考虑这种非线性。图 6.15 显示了中心频率为 1kHz 的这种模式。对于声级在 40dB 以下的窄带噪声,其模式看起来几乎对称,而在高声级下它变得越来越不对称。在大约 27dB/Bark 处,低临界带率一侧的陡度与声级无关。高临界带率一侧的陡度表现出随声级增加而变平坦的非线性效应。当窄带声级为 100dB 时,斜率只有 5dB/Bark。对于中心频率不同于 1kHz 的窄带噪声,图 6.15 也适用,相应的兴奋级-临界带率模式也可将适当声级的模式向低或高临界带率方向水平移动得到。在改变模式时,有必要知道听阈引起的限制。

主兴奋与斜坡兴奋的另一个重要区别是:主兴奋与频率的关系是通过频率与临界带率的关系获得的,而斜坡兴奋与产生斜坡兴奋的主兴奋的主频有关。这一事实在低频高声级纯音产生的兴奋模式中是明显的。在临界带率高达 13 Bark(2kHz)处的兴奋可以以低至 20Hz 的频率进行"振动"。

有些情况下,在每个临界带中产生相同强度的噪声或许是有意义的。均匀兴奋噪声与均匀掩蔽噪声不同,它可以通过使用如图 6.16 所示的衰减滤波器从白噪声中产生。衰减量 a_{UEN} 的频率响应对应于临界带宽的增量,它是频率的函数,对应于下式:

$$a_{UEN} = 10\log[\Delta f_G(f)/100] \tag{6.7}$$

均匀兴奋噪声产生的兴奋级是临界带率的函数,除了听力系统的衰减量 a_0 之外,它与临界带率无关。

均匀兴奋噪声和均匀掩蔽噪声的差异在于低频和高频掩蔽指数 a_v 不同。由于这种效应强烈地影响 Fletcher 所定义的临界带宽的频率差,可以在这里详细讨论。让我们从临界带级 L_G = 40dB 的均匀兴奋噪声开始。这种噪声包括 24 个临界带,总声级为 $(40 + 10\log 24)$ dB = 54dB。这种均匀兴奋噪声被用作掩蔽音。在图 6.17(b)中,被这种噪声掩蔽的正弦纯音的阈值表示为 L_T,它是正弦音的最小可听声级。临界带级 L_G 和掩蔽阈 L_T 的差值代表掩蔽指数,有

$$a_v = L_T - L_G \tag{6.8}$$

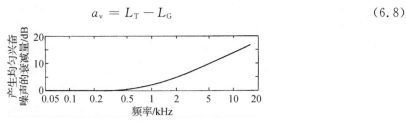

图 6.16 滤波器衰减量的频率依赖性

该滤波器与白噪声发生器相连,产生均匀兴奋噪声(UEN)

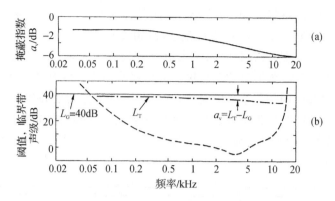

图 6.17 扩展纵坐标尺度上的掩蔽指数[图(a)]
均匀兴奋噪声的临界带级(实线),该噪声产生的掩蔽阈(点划线)和
听阈(虚线)与频率的关系[图(b)]均匀兴奋噪声的临界带级为40dB

该掩蔽指数在低频处约为−2dB,在高频处降低至−6dB。在图 6.17(a)中,以放大的比例绘制掩蔽指数 a_v。掩蔽指数为−6dB 是第 7.5.1 节描述的最小可觉差模型中所期望的值。然而,只有在临界带宽大到无法听到噪声波动的高频下才能达到这个值。与听力系统频率选择性对应的那部分噪声被假定具有临界带宽,这部分噪声在与无波动平稳声类似的频率范围内是有效的。然而,在低频处临界带宽度只有100Hz,在此带宽下,进入临界频段的噪声会强烈波动。这些波动降低了听力系统对测试音的敏感度。因此,掩蔽指数 a_v 增加到−2dB。临界带宽随频率的变化是均匀兴奋噪声掩蔽指数 a_v 随频率变化的原因,而均匀兴奋噪声与均匀掩蔽噪声的密度级并没有表现出相同的频率依赖性。

6.4 兴奋级与临界带率和时间的关系

兴奋级不仅与临界带率有关,而且与时间有关。例如,语音中就包含强烈的时间变化,它不仅由爆破词本身引起,也由爆破词之前必要的停顿产生。就像我们使用掩蔽音声级-频率模式转换为兴奋级-临界带率模式一样,也可以使用掩蔽音声级-时间模式。就像第 4.4.3 节中解释的那样,滞后掩蔽起重要作用。它持续 200ms,但衰减特性取决于掩蔽音时程。因此,代表掩蔽级-滞后掩蔽时间模式的数据集必须以一种类似掩蔽级-临界带率模式的方式使用,以产生兴奋级-临界带率模式。可以说这是一个相对复杂的步骤。然而,由此产生的兴奋级与临界带率和时间关系包含了听力系统用来识别和理解语音的信息。这只是使用这个基本模式的一个例子。

为了说明这种效应,我们将"electroacoustics(电声学)"一词记录下来,用以说明兴奋级与临界带率和时间的关系,以此考虑频率选择性和时间掩蔽。

爆破音引起兴奋与时间的关系,利用其不对称形状可以识别图 6.18 中的时间效应。实际上,图 6.18 所示模式应该包含 640 个兴奋-时间模式,因为这是我们可以区分的音调变化的数量。然而,由于临界带滤波器的斜坡,640 个以外的许多相邻频带包含了非常相似的信息。因此,仅使用 24 通道这一近似是重要且有帮助的。兴奋级的大小可以用顶部左侧接近 22Bark 和 23Bark 之间的临界带率模式的尺度来近似。从这个兴奋级与临界带率和时间关系的有用细节上来看,只需讨论元音引起的时间结构。不同元音的共振峰在临界带率级的时间变化模式中清晰可见。此外,与100 Hz基频(男性说话者)相关的发声时间结构也出现了。这意味着这样一个相对较低的基频在兴奋级-时间模式中会引起强烈波动。这种波动可能会引起粗糙感,而在音节引起的包络中,更渐进的变化也许会引起波动感。后面将会讨论这两种感觉。这种兴奋级与临界带率和时间的关系是中间值,基于此可以讨论其他心理声学效应或感觉的构建,如最小可觉声音的变化、作为带宽或时间函数的响度、主观时程、粗糙度、谱音调和虚拟音调、尖锐度或波动强度。即使对自动语音识别来说,兴奋级与临界带率和时间的关系也是有用的预处理信息。

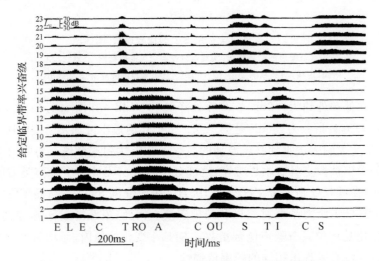

图 6.18 言语"electroacoustics"中兴奋级与临界带率和时间的关系
兴奋级从 1 Bark 到 23 Bark 表示为 23 个离散的临界带率

第 7 章 最小可觉声音变化

本章讨论两种不同的声音改变。一种可以比作水位的变化：水量一直不变，但水位随时间而变化。在声学中，调制是这种改变的典型，我们称之为变化（Variation）。另一种改变是差异的改变。一个苹果可能与其他苹果不同，此时，我们将（苹果的）一片与另一片进行比较。在声学中这意味着我们将一段声音和静默之后出现的另一段声音进行比较。由于这两种变化有可能激活听力系统中不同的加工特征，第一种变化通过直接和快速的对比，第二种变化通过激活和引入记忆而对比，故有必要严格区别这两种变化。在发展与位置相关的感觉尺度过程中，最小可觉变化（Just-Noticeable Variation）是有用的，如第 5 章中讨论的通过频率-部位转换的音调。然而，作为建造"感觉房子"的"石头"，最小可觉变化和最小可觉差（Just-Noticeable Difference）都很重要。

7.1 最小可觉幅度变化

响度感是一种对强度的感受。对于此类感受，利用最小可觉强度变化加上 2 个声级之间的最小可觉变化不可能构建幅度感受的尺度。然而，最小可觉声级变化（Just-Noticeable Level Variation）和最小可觉声级差（Just-Nnoticeable Level Difference）发挥着同样重要的作用。在听觉中振幅或声级的处理似乎基于同一分辨率，大小约为 1dB。

7.1.1 幅度变化的阈值

骤然改变正弦音的声压或声压级，不仅会感受到可听声级的变化，而且在变化的瞬间会感受到一个短声。骤然变化引起的短时谱相对较宽，这是产生可听短声的原因。为了避免感受到短声，常用幅度调制来度量最小可觉幅度变化。用可用调制度（Degree Of Modulation）m 计算相应的声级差 ΔL：

$$\Delta L = 10\log(I_{max}/I_{min}) = 20\log[(1+m)/(1-m)] \tag{7.1}$$

$m < 0.3$ 时，此关系近似为

$$\Delta L = 20\log e(2m + 2/3 m^3 + \cdots) \approx 20\log(e \cdot 2m) \approx 17.5m \tag{7.2}$$

图 7.1 左侧和右侧的纵坐标尺度表征了这种关系。左侧表示调制度 m，右侧表示相应的声级差 ΔL。

图 7.1 显示，当 $f_{mod} = 4\text{Hz}$ 时，1kHz 纯音和白噪声的正弦调幅的最小可觉度（Just-Noticeable Degree）是声级的函数。实线代表 1kHz 纯音，它表明对于低声级，要听到的话需要 20% 以内的大调制度。声级约 40dB 时，6% 的调制变得刚好可觉察。对更高声级，最小可觉调幅将进一步减小，当声级为 100dB 时约为 1%。如果横坐标由响度级替代声压级，它对声级

的依赖不但适用于 1kHz 纯音,也适用于很多其他不同频率的纯音。

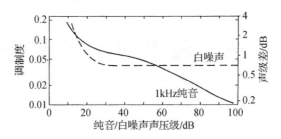

图 7.1　1kHz 纯音最小可觉调幅度(左刻度)和相应的声级变化(右刻度)
以及作为声压级函数的白噪声(WN)(调制频率为 4Hz)　🎵 音轨 26

　　白噪声的结果略有不同,图 7.1 中以虚线显示。同样,在非常低的声级下,需要相对大的调制度(接近 20%)其声音才可听。调制度的下降相对较快,在 30dB 处达到 4%。声级大到 100dB 时,该值不会发生变化。在寻找纯音和噪声最小可觉调幅之间差别的原因时,要意识到宽带噪声只引起主兴奋。相反,如纯音那样的窄带声不只引起主兴奋,也引起斜坡兴奋,其陡度依赖于声级。可能该差别是图 7.1 中显示的性能差异的一个原因。该图中两种纵坐标尺度表明调制度 6% 对应于声级变化 1dB。这是在耳信息加工研究中反复出现的特征值,有趣的是,我们发现 1kHz 纯音调幅的最小可觉度看似趋向于随声级的增加而稳定在 6%(对应于 1dB),但是声级超过 50dB 还会继续下降。

　　图 7.2 显示了最小可觉调幅度对调制频率的依赖性。两条实线分别代表声级为 40dB 和 80dB 的 1kHz 纯音。就像在图 7.2 中看到的那样,人耳对调制频率在 2~5Hz 之间的幅度调制最灵敏。从最低调制频率开始,最小可觉调幅度(Just-Noticeable Degree of Amplitude Modulation)少量减少,在接近 4Hz 处达到极小,然后随调制频率的增加而增加,直到 60~70Hz,最后进一步大幅下降。5~50Hz 之间增长的部分可以通过假设最小可觉调幅度随调制频率均方根的增加来近似。这对非 1kHz 的载频同样有效,但是达到的最大值取决于载频,载频越低,达到最大值的调制频率也越低。载频较高时,最大值移动到较高的调制频率方向,以至于当载频为 8kHz 时,最大值出现在调制频率为 400Hz 处。最大值之后的下降源于边带的可听性,随着调制频率的增加,人们会听到另外的纯音而并非听出调制感或粗糙感。使用这些不同准则的原因在于第 4.3 节中讨论的人耳对掩蔽的频率选择性。使用宽带噪声时听不到边带,这是因为尽管使用了高频幅度调制,但白噪声的长时谱保持不变。因此对于噪声,最小可觉调幅度对调制频率的依赖不受边带可听性的影响。

　　对于低调制频率,图 7.2 中代表白噪声数据的虚线与代表纯音数据的曲线平行,但其增量与调制频率的平方根一致增长,一直到高调制频率(小于 500Hz)。在如此高的调制频率及调制度(小于 0.4)下,用另一准则来区分调制和非调制噪声。强幅度调制增加的平均声强为几百毫秒,总声强或总声压级中的变化被被试用来倾听区别。然而,在这样大的调制频率上幅度调制产生的波动强度仍然不可听。

　　图 7.1 中白噪声和纯音数据的差别引出了一个问题,即 2 个声音中不同的谱带宽或不同的幅度分布是引起这种差别的原因。宽带噪声不具有的兴奋斜坡可以通过使用带通滤波器降低噪声带宽得到。显著降低带宽后,噪声和正弦纯音的谱分布具有可比性。然而,应该意识到窄带噪声仍然具有高斯幅度分布,尽管带宽可能只有几赫兹。幅度的高斯分布引起了窄带噪

声幅度的统计学调制,因此它听起来几乎像统计上的调幅正弦音。为了在较大的带宽范围内测量这种效应,使用 8kHz 中心频率的带通噪声是最有效的。8kHz 时临界带宽约为 2kHz,最小可觉调制对带宽的依赖可以测量到那个较大值而不超出 1 个临界带。

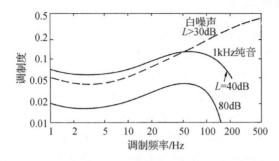

图 7.2　声级给定的 1kHz 纯音(实线)和白噪声(虚线)最小可觉调幅度与调制频率的关系

中心频率为 8kHz、4Hz 方波调幅的最小可觉度的依赖性在图 7.3 中用实线表示,它是带宽的函数。在带宽非常窄的情况下,最小可觉调幅度接近 40%,这非常大,不能与正弦纯音引起的幅度调制相比。随着带宽的增加,最小可觉调幅度下降,带宽 2kHz(大约 1 个临界带)时达到 6%。

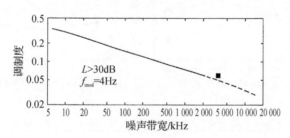

图 7.3　带通噪声的最小可觉调幅度与带宽的关系

噪声(来自白噪声)中心频率为 8kHz,采用方波调幅。正方形表示在最大临界带上的声级变化为 1dB 🕪 音轨 27

在接近实线末端时达到临界带宽。由于带宽可以进一步增加到白噪声的带宽,最后所有 24 个临界带(此范围由虚线表示)都对感受有贡献。增加的带宽超出临界带会引起进一步下降,因此对于近似白噪声的带宽,调制度将达到 3%。此值比图 7.1 中的值稍微小一些。然而,应该记住的是,图 7.3 中标示的数据是利用方波调幅得到的。这么做是为了比较白噪声掩蔽白噪声得到的数据。

图 7.3 中的黑方块表示可听频率范围上界处可能最宽的临界带(3.5kHz),以及声级变化 1dB 对应正弦音 6% 的 4Hz 幅度调制。这个 1dB 的声级变化在最小可觉声音的慢速变化模型中起决定性的作用。

对于谱宽大于临界带的带通噪声,最小可觉调幅度降低。该下降源于几个临界带的共同作用。该共同作用是用临界带上相关方式累积变化来解释还是用人耳使用的其他策略来说明,目前仍不清楚。然而,所有与此问题相关的心理声学数据显示,最小可觉调幅度随涉及的临界带个数的增加而下降。因此,图 7.3 中显示的曲线为连续曲线,在最大带宽的末尾包含几个临界带。

本书中最重要的变量似乎是带宽。带宽很小时,窄带噪声幅度的统计波动变得明显可听,从而强烈干扰了尝试聆听周期性幅度调制的被试。这就是窄带噪声最小可觉调幅度比正弦音大很多的原因,尽管两者的谱结构非常相似。

7.1.2 最小可觉声级差

尽管最小可觉声级变化或最小可觉声级差数据或多或少依赖于所使用的测量技术,但确定变化的值常常大于那些为最小可觉差产生的值。图7.4给出了一个典型例子。1kHz纯音的两组数据,一组声级变化[见图(a)],另一组频率变化[见图(b)],它们均显示为声级的函数。在30～70dB的声级范围内,声级变化(表示为最小可觉调幅,用空心圆表示)从将近2dB降低到约0.7dB。最小可觉声级差的结果(点)表现为声级的函数,从0.7dB降低到0.3dB。两条曲线之间的因子大约为2.5。然而,最小可觉调幅对声级的依赖仍然与最小可觉声级差相似。最小可觉调频产生的数据[见图7.4(b)的空心圆]与声级无关。对于最小可觉频率差(点)也是如此,尽管这些数据为频率调制的1/3。四分位距很清楚地表明这两组数据不重叠,即最小可觉调频和最小可觉频率差不仅导出不同结果,而且也可能是由听力系统中不同信号处理引起的。

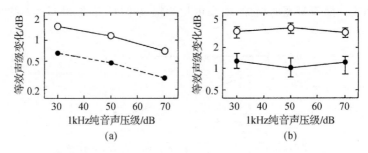

图7.4 最小可觉等效声级变化[图(a)]和频率变化[图(b)]与1kHz纯音声压级的关系
由实线连接的空心圆表示声音变化(调幅和调频)产生的数据。由虚线连接的点表示的数据针对最小可觉声级和最小可觉频率差。给出了6名被试的中位数和四分位距

正弦纯音的最小可觉调幅的一个典型特征是其声级依赖性。测量出最小可觉声级差近乎相同的声级依赖性,如图7.5所示。对小于20dB的低声压级,最小可觉声级差(Just-Noticeable Differences in Level,JNDL)向阈值快速增加,但是从声压级40dB时的0.4dB开始下降到声压级100dB时的0.2dB。这种下降看似没有幅度调制的强,但是该特征与图7.1中实线显示的数据类似。如果横坐标不用声压级,而是用阈上声级(或者更好地用响度级),该特征与频率几乎无关。在此种情况下,低频和高频JNDL对声级的依赖几乎一样。

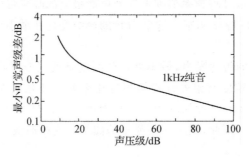

图7.5 1kHz纯音的最小可觉声级差与声压级的关系

测量最小可觉差时，2个对比声音之间需要一段静默期（Pause）。静默期时程从 0.1s 到 2s 之间变化时，结果与静默期时程无关。图 7.4 和图 7.5 中的数据是在静默期时程为 200ms 的情况下得到的，这仍然处在独立范围内，但因为静默期时程足够短，对被试来说这项任务容易完成。除了静默期将 2 个对比声分开，声音时程将影响最小可觉声级差的大小。将 200ms 情况下测得的声级差作为参考，图 7.6 给出了最小可觉声级差对短纯音时程的依赖。时程从 200ms 缩短到 2ms，JNDL 增加了 4 倍。这对应于在此范围内的坡度为每 10ms 下降 6dB。当时程大于 200ms 时，JNDL 下降不大。

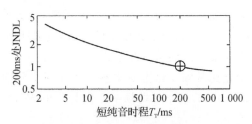

图 7.6　1kHz 纯音的最小可觉声级差（与 200ms 时程内观察到的差异有关）与短纯音时程的关系

纯音变为宽带噪声会影响 JNDL 对声压级的依赖性。如图 7.7 所示，白噪声声压级大于 40dB 时声级依赖性近乎完全消失。如果白噪声通过低通滤波器，可以看见掩蔽对声级依赖的上斜坡，声级依赖性再一次变得明显起来，就像与虚线连接的空心圆所表示的那样。对于大多数宽带噪声，在 60dB 声压级处 JNDL 大约为 0.5dB。

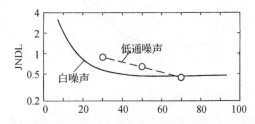

图 7.7　白噪声和截止频率为 1kHz 的低通噪声的最小可觉声级差与声压级的关系

7.2　最小可觉频率变化

在第 5 章和第 6 章中，我们讨论了内耳中从频率到部位的转换是音调感知的基本因素。低频率刺激蜗孔附近柯蒂化器中的感觉细胞，而高频率刺激卵圆窗附近的细胞。频率到部位的转换表明，音调感知属于位置感知类型，因此可用最小可觉频率变化（Just-Noticeable Changes in Frequency）构建音调的感知函数。从这一点出发，最小可觉频率变化比最小可觉振幅或声级变化更重要。由于最小可觉频率变化（即刺激变化）引起的相应音调变化（即感觉变化）不变，我们通过整合最小可觉变化建立频率和音调之间的关系。这样，音调函数与由音调加倍或减半数据构建的函数非常相似，可从 JNV 中计算得到。

7.2.1　频率变化的阈值

在大多数情况下，频率骤变与可听短声有关，所以和最小可觉振幅变化的测量一样，最小可觉频率变化的测量也使用正弦频率调制。在系统理论中,频率误差 Δf 定义为在一个方向上未调制频率和最大频率 f 之间的变化。使用 Δf 的定义时要注意到非常重要的一点是 $f+\Delta f$ 和 $f-\Delta f$ 之间的频率变化。因此频率变化的总长为 $2\Delta f$。

听力系统对调制频率为 4Hz 左右的正弦频率调制非常灵敏。因此,首先研究与该调制频率有关的数据。图 7.8 中给出了最小可觉值 $2\Delta f$ 与载频的关系。参数为调制频率(4Hz)和调频声响度级(60phon)。在低频 $2\Delta f$ 是对许多被试的平均,它几乎不变,其值约为 3.6Hz。大于 500Hz 左右 $2\Delta f$ 的增长几乎与频率成正比。在这一范围内 $2\Delta f$ 约等于 $0.007f$。这表明在该范围内刚好可觉察的频率变化大约为 0.7%。在低频侧,相关的最小可觉变化有所增加,100Hz 时约为 3.6%。50Hz 时 $2\Delta f$ 相当于音乐中的半音,这表明听力系统对这一低频范围内的正弦音频率的变化相对不灵敏。然而乐音几乎很少是正弦音,它们包含了许多谐波成分并且其中的高频谐波的频率变化比基频变化更易觉察。因此演奏乐器时,我们听到的通常是较高频率的谐波。在中、高频 0.7% 的最小可觉频率变化非常小,在这一范围内听力系统对频率的变化极其灵敏。

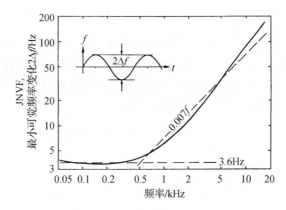

图 7.8 最小可觉调频与频率的关系
用于 4Hz 调制频率下的正弦频率调制。虚线表示有效近似值。注意,如插图所示总偏差为 $2\Delta f$ 🎵 音轨 28

图 6.10 显示了临界带和 $2\Delta f$ 值之间的强相关性,这已讨论过。假设音调属于位置感知,那么最小可觉频率增量就会引起与频率无关且恒定的感觉增量,利用这一事实即可构建音调和频率之间的关系。图 7.9 显示了许多邻接频率步长(Adjacentstep in Frequency,它将 0Hz 到频率 f 连接起来作为横坐标)的数量 $n_{2\Delta f}$。因为最小可觉频率的步长非常小,图 7.9 将 25 步表示为 1 个点。从 0 开始,数量 $n_{2\Delta f}$ 就与频率成正比上升。在约 500Hz 以上时,点所表示的函数开始偏离这一比例,如图 7.9 中的虚线所示。频率更高时,数量 $n_{2\Delta f}$ 的上升小于该比例,实际上由点所表示的函数似乎呈对数增长。这可以通过下述事实看出来:频率增加一倍,步长数量恒定增加约 100 个。同时,在小于 16kHz 的频率范围内,总共可增加 640 步。这一频率分辨率非常高。记住,约 3 600 个内毛细胞在蜗孔和卵圆窗之间排成一排,彼此相距 $9\mu m$,我们可以估计频率的一步对应 6 个内毛细胞距离上的兴奋偏移。第 6 章已经讨论过类似的函数,其中临界带率和频率之间的关系是基于临界带宽对频率的积分。

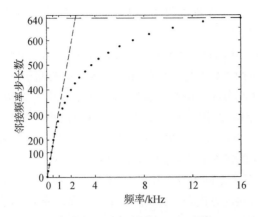

图 7.9 基于最小可觉频率变化的邻接频率步长数
横坐标为这些频率步长连续排列的某个频率。注意,两点之间的步长共 25 个。虚线表示低频时的比例近似值

最小可觉值 $2\Delta f$ 取决于调制频率。图 7.10 描述了这种依赖关系,再次说明听力系统对 4Hz 左右的调制频率非常灵敏。频率为 1kHz、声级为 60dB 时,图 7.10 中的关系成立。$2\Delta f$ 的最小值约为 6Hz,与图 7.8 中的数据对应。调制频率在 10~50Hz 之间时 $2\Delta f$ 明显增加,其斜率对应于调制频率的平方根。低载频下这一增加比高载频时结束得更快。当载频为 8kHz 时,增加持续直至调制频率为 300Hz 左右,但是当载频为 1kHz 时(见图 7.10)调制频率约在 70Hz 处增加就结束了。这种作用是由于听力系统的频率选择性。频率调制会引起与振幅调制相似的边带。低频调制时许多边带狭窄的带宽要比高频调制时宽。边带以 f_{mod} 的整数倍与载频分开,同时在高频调制处完全分离。在这种情况下,被试再也听不到频率的变化但是可以听到额外的边带。在极低调制频率下,增量 $2\Delta f$ 似乎是因为有限的记忆。我们无法在几秒之后还能准确记住纯音音调。因此,调制频率极低时 $2\Delta f$ 值会增加。

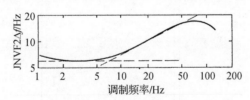

图 7.10 最小可觉调频与调制频率(中心频率 1kHz)的关系
虚线表示有效近似值

$2\Delta f$ 值对调频声响度级的依赖相对较小。响度级从 100phon 下降到 30phon 时,增量不超过 1.5 倍。然而,在听阈附近 $2\Delta f$ 增加明显。

7.2.2 最小可觉频率差

尽管最小可觉频率差对频率和声压级的依赖性与最小可觉调频类似,但其绝对值为最小可觉调频的 1/3。这种差异的趋势惊人:如果任务是识别差异而不是识别调制,那么听力系统对频率的变化更为灵敏。要比较的 2 个声音之间的静默期不会降低灵敏度,相反会增加灵敏度!用因子 3 取代图 7.8 下面给出的数据会导致对 2 条渐近线处结果的合理近似,例如在

500Hz以下，我们可以区分2个频率差仅为1Hz的短纯音；在500Hz以上这一数值的增长与频率成正比，约等于$0.002f$。

应该注意到，有时候文献中将最小可觉频率差和频率调制引起的结果混淆。这会导致一些本该避免的混乱。清晰地区分两类数据是非常有用的，甚至有必要基于所用方法将数据给予区分。

只有当感知级小于约25dB时，最小可觉频率差才依赖于感知级。在这一数值以下，随着感知级的下降，最小可觉差增加，因此感知级为5dB时的最小可觉频率差是25dB时的5倍左右。当比较2个短纯音时，当前讨论的数据对应时程大于200ms的情况。这相当于准稳态条件。对于时程小于200ms的短纯音，最小可觉频率差会增加。

图7.11将测试音和比较音之间的最小可觉相对频率差（基于是/否法获得）展示为测试音频率的函数。每幅图中用实线连接的点代表8名被试的中位数和四分位距，阴影区包含所有人的结果。

图7.11中的数据表明最小可觉频率差随测试音时程的下降而增大。然而增大的数量与频率有关。

如果用临界带率代替频率尺度，这种依赖关系会降低。在长时程（500ms左右）下，临界带率差0.01Bark代表最小可觉差，然而在10ms时程下JNDF约为0.2Bark。

可用噪声代替纯音来测量截止频率处的最小可觉差。图7.12给出了截止频率在1kHz[图(a)为低通，图(b)为高通]附近的数据，这些数据是1kHz处临界带级的函数。很有趣的是，我们发现对于低通噪声，截止频率处的最小可觉差随低通噪声声级的增加而增加，这由图7.12(a)可以看出；但对于高通噪声，截止频率处的最小可觉差与声级无关，这由图7.12(b)可以看出。比较最小可觉差数据（实心圆）和截止频率调制数据（空心圆），结果表明差异因子为3。这与纯音的相关数据一致。这再次显示了这种令人惊异的效果，最小可觉差会引起更小的值，即待比较的声音被静默期分开也是如此。

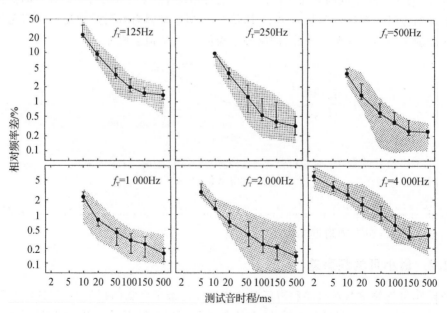

图7.11 短时间内对纯音进行频率辨别

最小可觉相对频率差与测试音时程的关系。在不同图中显示了6种不同的测试音频率 音轨29

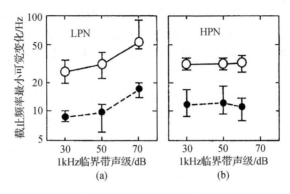

图 7.12　低通噪声[图(a)]和高通噪声[图(b)]截止频率最小可觉
变化与这些噪声在 1kHz 时临界带声级的关系

与实线相连的空心圆仅用于最小可觉变化(频率调制)。与虚线相连的点对
应于截止频率的最小可觉差(即测量时呈现的噪声被静默期分割为短声)

7.3　最小可觉相位差

如果频谱由 3 个纯音构成,那么可以听见相位差。相位的改变可以通过检测节奏的变化得到,第 13 章将讨论这种感觉。这里只讨论最小可觉相位差数据,使用频率间隔相等的 3 个纯音组成的声音。在这种情况下,相位变化引起从调幅到准调频的改变。如果其中一个纯音的相位改变 90°,第 6.1 节已经讨论了其引发的效应。这里探讨的实验结果以及最小可觉相位变化产生的实验结果形成如下结论——其中一个纯音的相位变化符合如下公式:

$$p(t) = p_0\{a_1\cos[2\pi(f_m - \Delta f)t + \varphi_1] + a_2\cos(2\pi f_m t + \varphi_2) + a_3\cos[2\pi(f_m + \Delta f)t + \varphi_3]\}$$
(7.3)

有效相位角定义如下:

$$|\theta| = |\varphi_2 - (\varphi_1 + \varphi_3)/2|$$
(7.4)

有效相位角超过一定值时就能听到相位的改变。为了说明相位改变的影响,图 7.13 给出了复音时间函数 $p(t)$ 的包络[见图(a)]和瞬时频率 $f(t)$[见图(b)],其中复音包括 3 个振幅相同和频率间隔 Δf 相等的纯音。顶部曲线显示了 $\theta = 0$ 时被过调制调幅(Overmodulated Amplitude Modulation)的包络。相应的瞬时频率显示周期内的频率恒定以及包络过零处的反相狄拉克脉冲。$\theta = 30°$ 时包络未过零且瞬时频率包含的偏差相对较大;$\theta = 60°$ 和 $\theta = 90°$ 时,声压函数的包络变得更具对称性,在一个周期内出现了两个相等的变化。瞬时频率的改变再次显示,在正、负 2 个方向上,偏差只能达到 $\theta = 30°$ 时峰值的一半。图 7.13 表明,相位的改变引起两种效应,如声压幅度包络的变化以及瞬时频率的变化。

有些变量会影响最小可觉相位差,声级差就是其中之一。当使用与中心频率等距的 2 个侧音(Sidetone)时,心理声学测量结果表明,当 3 个纯音近似等幅时听力系统最为灵敏。相对于与中心频率的依赖关系,总声压级对最小可觉相位差的影响似乎要小些。图 7.14 给出了侧音频率间隔和参考相位(参数)的影响。有效相位角的最小可觉相位差 $\Delta\theta$ 为纵坐标。除侧音频率间隔和中心频率外,上横坐标为总临界带率距离。图 7.14 中的数据对应的中心频率为 1 050Hz。有 3 个明显的效应:对于小频率间隔,听力系统对相位差最为灵敏。当频率间隔大

于 200Hz 时,也就是大于约 1 个临界带,最小有效可觉相位差急剧增加。数据表明参考相位为 90°时(虚线)最为灵敏。参考相位为 0°时在最灵敏的频率间隔范围内灵敏度下降一半。图 7.14 的数据是在中间纯音与两侧纯音(或 2 个侧音)声压级差为 6dB 时获得的。

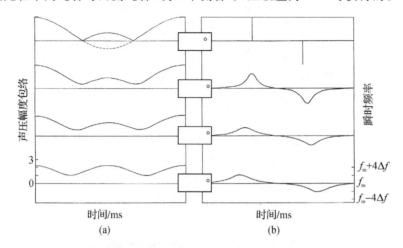

图 7.13 三纯音复音的声压幅度包络[图(a)]和瞬时频率[图(b)]与其周期内时间的关系

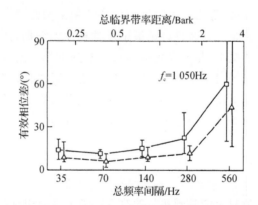

图 7.14 最小可觉有效相位变化与边带频率间隔(下横坐标)和总临界带率距离(上横坐标)的关系
实线和虚线对应参考相位不同的数据(0°:实线;90°:虚线)

当声级差相同和参考相位为 0°时,图 7.15 显示了最小可觉相位差是中间纯音与侧音频率间隔的函数,每幅图的中间纯音频率都不同。将吸声室(SAR)与混响室(RR)在特定距离的测量数据加以比较,发现了两个明显的特点:首先,当频率间隔小的时候我们对相位的改变最灵敏。其次,灵敏范围受临界带宽的限制,与中心频率无关。当中心频率为 5kHz、频率间隔大约 500Hz 时,最小可觉有效相位差开始增加,而当中心频率为 225Hz 时,最小可觉有效相位差在 50Hz 附近开始增加。在所有 3 种情况下,复音的总频率间隔转换为相应的临界带率,几乎等于 0.5Bark。

在最灵敏的条件下,即声级为 70dB、频率约为 1kHz、参考相位接近 90°以及小频率间隔,最小可觉相位差值接近 10°。当相位角从 90°改变至 0°时,该值大约增加 2 倍。所有数据只能在消声室中使用耳机或扬声器进行测量。一旦声音在普通房间或音乐厅中呈现,最小可觉相位的改变将增加 3 倍左右。

Fleischer 建立了描述这些效应的模型,用于解释他广泛收集的心理声学测量数据。该模型利用了听力系统特性,并以兴奋级-临界带率模式为切入点。选取兴奋级的最大变化,将其加权作为中心频率和时间的函数,在它们被转换为阈值检测器之前进行累加。测量数据和计算数据的比较表明,通常正是声压包络的差异导致最小可觉相位差。只有在参考相位为90°附近时听力系统才能检测到瞬时频率的改变。有趣的是,在常规环境下,如有扬声器传输的日常房间中,听力系统对相位改变的灵敏度变低了。声源定位时直达波起主导作用,而最小可觉相位改变的作用似乎要小得多,几乎可忽略。后一种情况下在声音发出后约50~100ms达到稳态条件,这似乎对感知相位改变更为重要。在普通房间中,与房间自身共振的影响以及受包络时间函数的强烈影响相比,电声系统的影响可忽略不计。这使得我们可以理解,在普通房间条件下我们很少听得见相位失真,因此放大器和扬声器的相位特性作用不大。

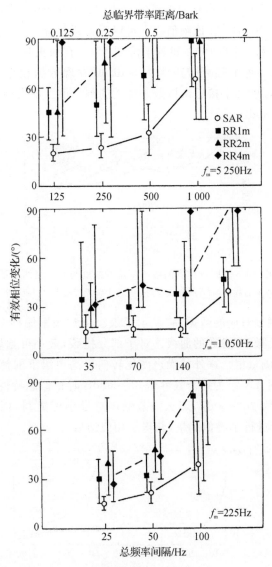

图7.15 最小可觉有效相位变化与频率间隔(下刻度)或临界带率距离(上刻度)的关系
这些数据对应于在距离声源1m、2m和4m处的消声室(SAR)或混响室(RR)中获得的结果。每幅图上给出了复音中心频率

7.4 部分掩蔽对最小可觉改变的影响

通常,我们没有条件在安静环境中听音乐或报告。额外的声音或噪声影响了最小可觉声音的变化。由于听阈向上偏移成为掩蔽阈,这种影响必定会发生。重要的问题在于,额外声音引起的部分掩蔽影响到的最小可觉声音改变是否只发生在掩蔽阈附近或高声压级处。这个问题可以回答在嘈杂情况下最小可觉调制是否可以作为声压级的函数而被测量。

对于幅度调制,其结果如图 7.16 所示。当在安静环境下呈现正弦音或同时呈现正弦音和声级为 35dB 或 60dB 的宽带掩蔽噪声时,最小可觉调制度是声级的函数。纯音频率为 1kHz,调制频率保持在 4Hz。对于每个临界带声级为 35dB 和 60dB 的掩蔽噪声,掩蔽音将掩蔽阈从听阈分别改变至 32dB 和 57dB。在该阈值之上可以听见调制音。在掩蔽阈以上 25dB 下,最小可觉调制度从阈值声压级附近的 100% 迅速下降到 4%。在该正弦音声级下,安静环境下测得的最小可觉调制度相同。每个临界带声级为 60dB 时发现数据相似。此时,在声级为 80～90dB 之间,最小可觉调幅度几乎接近未掩蔽条件下的测量值。与安静条件下对应的测量值似乎达到掩蔽阈之上 20～30dB。

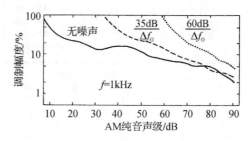

图 7.16　1kHz 纯音的最小可觉调幅度与其声级的关系
实线对应于无背景噪声下的数据,而虚线和点线则是在每个临界带给定声级处由附加均匀兴奋噪声产生

图 7.17 给出了与调频对应的数据,它显示了最小可觉频率偏移 $2\Delta f$ 与调制音声级的关系。我们已经讨论了"无噪声"参数的曲线。对于部分掩蔽,最小可觉调频快速地从高值下降到无掩蔽安静情况下的测量值。额外的噪声变化转向更高声级下的掩蔽阈,它与掩蔽阈特性相关,显示出与掩蔽调制音声级为每个临界带 35～60dB 时相似的特性。与幅度调制类似,如果调制音声级大于掩蔽阈 20～30dB,那么掩蔽噪声对最小可觉调频并未造成太大影响。对 250～4 000Hz 中心频率进行了类似测量,获得了相似结果。

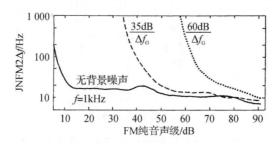

图 7.17　1kHz 纯音的最小可觉调频与纯音声级的关系
实线对应于无背景噪声的数据。虚线和点线表示在每个临界带的给定声级上附加均匀兴奋噪声产生的数据

部分掩蔽的影响总结如下：每种掩蔽音引起一种兴奋模式，宽带噪声用主兴奋描述；窄带噪声用斜坡兴奋和主兴奋描述。当信号级超过定义的掩蔽音兴奋模式 20dB 时，掩蔽音几乎不影响调制阈值。这意味着掩蔽阈大于 20dB 或更高时，无论掩蔽音是否存在，最小可觉调幅度和最小可觉频率偏移几乎相同。这一现象并不明显，但代表了一个基本事实：即使在嘈杂的环境中我们也可以用语音沟通。

存在背景噪声时，很少有数据用于最小可觉差。在多数情况下，只有白噪声被用于背景。现有数据表明，在掩蔽阈附近最小可觉频率差的值较高。然而，当阈值为 10dB 以上时，最小可觉频率差仅比无掩蔽时大 2 倍。在掩蔽阈以上约 20dB 处，最小可觉频率差与无掩蔽时的值几乎相同。数据显示最小可觉声级差的结果也类似。对于最小可觉声级差，不仅宽带噪声被用作附加掩蔽音，低通和高通噪声也被用作附加掩蔽音。此时，数据显示出较大的离散。然而，人们普遍同意，JNDL 高 5 倍左右且接近掩蔽阈，似乎达到测试音声级超过掩蔽阈 20dB 以上、未掩蔽条件下的测量值。因此，它可概括为，包括最小可觉变化和最小可觉差在内的最小可觉改变大约高 10 倍且接近掩蔽阈，它几乎接近测试音声级大于掩蔽阈 20dB 时的正常条件。

7.5 最小可觉改变模型

显然，在开发最小可觉改变模型时，有必要区分变化和差异。

7.5.1 最小可觉变化模型

通信系统的振幅分辨率是其最重要的特性之一，但它在听力系统中不容易度量。由于听力系统的非线性，我们在使用纯音时遇到了问题。使用窄带噪声时噪声的自调制使我们寻找的效果发生畸变。尽管受限于临界带宽，但只有在中心频率非常高的情况下窄带噪声才能产生类似稳态声的声音。如图 7.3 所示，此种情况下最小可觉调制度接近 6%。这与阈值因子(Threshold Factor)：

$$s = \Delta I/I = 0.25 \tag{7.5}$$

和相应的对数阈值因子：

$$\Delta L_S = 10\log(1 + \Delta I/I) \approx 1 \tag{7.6}$$

相关。此类系统中第二重要的因素是频率分辨率。我们已经发现临界带为频率分辨提供了良好的初步近似。事实上，临界带滤波器的斜坡不是无限陡的，而是有限的。对于小临界带率(低频)，其斜率近似为 27dB/Bark。对于高临界率(高频)，在 40~60dB 的范围内，斜率取决于声级，并随声级的增加而降低，其范围为 27~5dB/Bark。总之，听力系统的频率选择性可用兴奋级-临界带率模式近似。

刚刚可觉察的缓慢变化声模型使用了这种模式。对于相应的兴奋级变化 ΔL_{ES}，它交换了对数阈值因子 ΔL_S。通过这种方法可以得到相对简单的最小可觉缓慢变化声的模型：当声音产生的兴奋级 L_E 沿临界带率尺度变化直到 ΔL_{ES} 超过 1dB 时就达到了声音的变化阈值。该模型假设，可以通过彼此独立的探测器拾取沿临界带率尺度的兴奋级。在临界带率尺度上，一旦兴奋级变化同相(即相干)，就有别的可能性或准则(目前尚不清楚)在某种程度上影响检测灵敏度。然而，这些影响在极少情况下会变成副作用，大部分情况下独立作用通道(Independently Acting Channel)的假设是令人满意的。

对于带通噪声,我们可以听见声音的自调制。这种自调制远高于阈值,意味着标志调制的探测器已经有了响应。当短纯音与另一个不同振幅和频率的短纯音比较时,这样的情形同样会出现。2 个短纯音被静默期分开,被试必须说出 2 个短纯音之间是否有听得见的差异。此种情况下,振幅或声级上很大的变化说明探测器已经响应。这将我们带入下一段要描述的扩展模型中。让我们首先将模型限制为最小可觉振幅和频率变化。

对于调幅纯音,兴奋级-临界带率模式如图 7.18 所述。实线表示未调制情况,另外两条虚线用一种夸张的方式表示极值。通过上下平行移动,主兴奋(峰值)和下斜坡兴奋形成有效近似。然而,根据图中给出的上斜坡的声级依赖性(也就是并不平行),上斜坡会随声级发生变化。1dB 的增量会引起上斜坡 2~5dB 的增量,图 4.9 给出了它们之间的定量关系。这意味着当上斜坡(这种情况下最灵敏)在其范围内的变化超过 1dB 时调制达到其阈值。于是,相应的主兴奋变化为 1dB 的 1/5~1/2。也就是说,与小于 1/4dB 对应的调制或许足够在上斜坡处产生依赖于兴奋级的变化,1dB 时对应于阈值。因此,在高声级处最小可觉调制度小于 6%(即小于 1dB),它甚至可以小到 1%(0.2dB)。因此,这就容易理解为什么高声级处的纯音调幅比声级为 40dB 左右更容易听到,图 4.9 所证明的上斜坡的非线性提升就是原因所在。

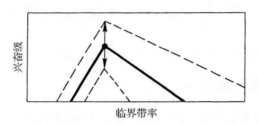

图 7.18 纯音调幅引起的兴奋级-临界带率模式的变化示意图

向调幅正弦音中增加同步高通噪声可以检查最小可觉声级变化模型。这在图 7.19 的插图中反映出来了。高通噪声的声级被调整后,正弦音的兴奋级-临界带率模式的上斜坡被掩蔽,于是阻止了这些上斜坡对正弦音调制的可听性起作用。正弦音本身仍然可以清楚听到。然而,作为声级的函数,此时测量的最小可觉调幅度几乎保持不变。图 7.19 中的空心圆显示了这种效应。此时在 90dB 或 100dB 附近测量的最小可觉调幅度比没有高通噪声时大 4 倍多。使用高通噪声可以消除兴奋级-临界带率模式上斜坡的影响,这引起最小可觉调幅度对兴奋级的依赖,此兴奋级几乎完全对应宽带噪声测量值。当耳朵不能利用上斜坡呈现的信息时(这是我们所期望的),说明模型正确地预测了结果。

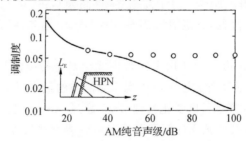

图 7.19 在没有背景噪声(实线)和附加高通噪声(空心圆)的情况下,正弦纯音的最小可觉调幅度与纯音声压级的关系
插图中示意性地给出了兴奋级-临界带率模式

有另一种检验模型的方法：倾听一个 80dB、1kHz 的纯音，调制该纯音幅度使其略高于其阈值，然后他就听到调幅引起的与高音调对应的波动感。与纯音音调自身相对应的那部分感觉保持不变，没有波动。模型就是通过这种方式建立的，即坐在房间中，尽可能详细地听并考虑其中的含义。

正弦音的频率调制引起了近似为三角形分布的兴奋级-临界带率模式，此三角分布沿临界带率尺度移向左右两边。图 7.20 显示了这样的模式，实线分布对应非调制音，虚线对应调制最大频率移动引起的模式。假设沿临界带率尺度的探测器只对兴奋级变化做出反应，那么很明显的是，我们必须寻找到临界带率尺度上的一个位置，即频率变化增加时，兴奋级变化第一次超过 1dB 的位置。图 7.20 反映的就是兴奋级-临界带率模式中的下斜坡位置。该斜坡最陡峭，达到 27dB/Bark。模式的上斜坡较平坦，声级增量为 1dB。当 $2\Delta f \times 27 = 1\text{dB}$ 时，下斜坡处的兴奋级增量为 1dB。因为 1Bark 对应临界带宽，我们完全可以用 $27/\Delta f_G$ 来表述下斜坡的陡度。于是，正弦音的最小可觉 $2\Delta f$ 频率变化可计算如下：

$$2\Delta f = \Delta f_G/27 \tag{7.7}$$

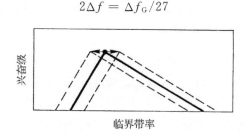

图 7.20　由纯音调频引起的兴奋级-临界带率模式变化的示意图

因为下斜坡与临界带率无关，故最小可觉频率变化 $2\Delta f$ 与临界带宽度之间模型具有正比例特性。两者之间的比例系数在下斜坡处为 $27/\Delta f_G$。此值与图 6.10 中的数据完全吻合。在图 6.10 中，两值之间标示的系数为 25。因此，我们的模型假设，听力系统对频率变化的高灵敏度并非来自对频率变化做出反应的专有系统，恰恰相反，其原因在于听力系统频率选择性的陡峭斜坡。该灵敏性是基于听力系统对兴奋级变化的反应能力，其大小仅为 1dB。似乎听力系统是使用对兴奋级变化的灵敏性以及频率选择性获得对频率变化的高灵敏度的。

通过模型，我们发现听力系统同样可以利用兴奋级-临界带率模式的上斜坡探测频率变化。为了验证它，必须大幅降低下斜坡的影响。这可以通过使用低通噪声轻松实现，此低通噪声必须满足以下条件：截止频率周期性变化，这里使用的截止频率为 1kHz。图 7.21 中的插图显示了这些不同兴奋级低通噪声产生的兴奋级-临界带率模式。在小临界带率范围内只产生主兴奋，它们的级与截止频率以下的临界带率无关。在使用噪声时必须考虑一种效应：由于噪声的统计自调制，与正弦音的频率调制相比，低通噪声截止频率的最小可觉调制量值要大得多。

如图 7.21 中的插图所示，兴奋模式的上斜坡随低通噪声级的增加而变得平缓。除了噪声的波动，兴奋级唯一的变化就是上斜坡的变化，为了达到对应于兴奋级最小可觉增量的标准，截止频率偏差必须随声级的增加变得更大。低通噪声截止频率的最小可觉调频 $2\Delta f$ 是低通噪声声级的函数。图 7.21 给出的结果可能不是我们所期望的，但它是由模型预测的。虽然声级增加了，但听力系统对低通噪声截止频率变化的灵敏度降低了，即 $2\Delta f$ 值增加了。这意味着与我们期望的相反,听力系统对高兴奋级处截止频率变化的灵敏度变低了。我们通常认为如果增加声级,我们就能听得清楚些。根据模型,我们可以理解这种意料外的特性。上斜坡随声级的增加变得越来越平坦,在100dB附近,它从低声级时的30dB/Bark降低到高声级时的5dB/Bark。这些斜率的降低对应低通噪声$2\Delta f$的上升(30dB时的40Hz上升到100dB时的240Hz)。

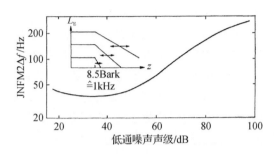

图7.21 刚刚可觉察的低通噪声截止频率(1kHz处)调制与低通噪声声级的关系
随着声级的增加,兴奋级-临界带率模式的变化如插图所示

模型可用于听阈和掩蔽阈。在低频下,假设被试是由于内耳供血以及心脏和肌肉振动引发他/她自己的噪声。因为它一直存在所以我们适应了它,通常我们也听不到它,尤其是在我们的日常环境中。这种内部噪声在低频下尤为明显。在中、高频处,神经元处理时可能会产生噪声。将封闭条件下探针传声器测量的噪声与开放条件同样测量的噪声相比较,覆盖外耳道可定量测量低频噪声的影响。在封闭条件下,噪声增加了,听阈也增加了,这时也许不能称之为听阈了,因为内耳噪声虽然微弱但可听见。

可以利用主兴奋级和斜坡兴奋级轻松计算出被噪声掩蔽的阈值。因为模型是基于转变为兴奋级模式的掩蔽模式,因此它也可在别的条件下使用。我们可以用它定量讨论引起主兴奋的白噪声。高频临界带下噪声产生的自调制变得不可听。因此,最小可觉兴奋级增量变为1dB,对应的阈值因子变为0.25,相应的掩蔽指数为6dB。我们可以利用模型计算频率为5kHz的测试音的掩蔽阈。5kHz时临界带宽度$\Delta f_G = 1\,000$Hz。假设强度级$l_{\text{WN}} = 40$dB,5kHz处临界带内噪声级变成

$$L_G = l_{\text{WN}} + 10\log 1\,000 = 70 \tag{7.8}$$

因为掩蔽指数a_v对应测试音声级和临界带级的差(即$L_T = L_G + a_v$),所以掩蔽阈处的测试音声级变成$L_T = 64$dB。该值与图4.1给出的数据吻合。

可由下式计算用白噪声掩蔽的正弦音阈值:

$$L_T = l_{\text{WN}} + 10\log[\Delta f_G(f)] + a_v(f) \tag{7.9}$$

掩蔽指数a_v有负值,并在高频时的-6dB到低频时的-2dB之间变化。如果计算白噪声(其密度如上)掩蔽500Hz正弦音的阈值,那么要考虑这点。在这里,临界带宽为100Hz,掩蔽指数为-2dB。这导致阈值处500Hz纯音声级为

$$L_T = 40\text{dB} + (10\log 100)\text{dB} - 2\text{dB} = 58\text{dB} \tag{7.10}$$

同样,该计算值与图4.1给出的数据吻合。可用相同方法计算用低通或高通噪声掩蔽的阈值。除了主兴奋外,也可用斜坡兴奋。此外,每个临界带率z下,阈值处的纯音声级L_T可用以下掩蔽指数$a_v(z)$公式计算,这里有

$$a_v(z) = 10\lg s(z) \tag{7.11}$$

其中，$s(z)$ 是与对数阈值因子 $\Delta L_S(z)$ 有关的阈值因子，两者的关系如下：

$$s(z) = 10^{\Delta L_S(z)/10} - 1 \tag{7.12}$$

因为在不同临界带率下临界带宽噪声的自调制不同，所以对数阈值因子 $\Delta L_S(z)$ 依赖于临界带率 z，其关系如下：

$$\Delta L_S(z) = 2.2 - 0.05z \tag{7.13}$$

在模型中使用兴奋级-临界带率模式是说明这些模式有效性的一个例子。这似乎是听力系统使用的最基础模式之一，在很多心理声学效应和感觉中至关重要。

7.5.2 最小可觉差模型

在频率和振幅最小可觉差建模过程中必须包含对音调和响度的记忆，故最小可觉差模型必然包含音调和响度模型。因此，尽管它包含的子模型已经讨论过或即将在下一章讨论，但它还是变得很复杂。图 7.22 显示了整个模型。入射声引起的兴奋级-临界带率模式被用来获得音调与音调强度以及响度与特性响度。相应数据转变为音调记忆和响度记忆。在测量最小可觉差时，将 2 个声音中的第一个的上述值存储下来，然后与第二个声音的输入值相比较。最小可觉频率差与音调强度强烈相关，并随音调强度的降低而增加。因此，作为初步近似，假设最小可觉频率差可用沿临界带率尺度（它与频率无关）的增量描述，但随声音音调强度反比增加。音调强度已在第 5 章讨论。

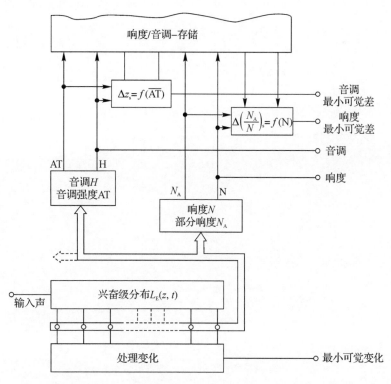

图 7.22　代表音调和响度最小可觉差和最小可觉变化模型的方框图（最下面的方框为简化图）

接收到的最小可觉振幅差 JNDL 作为最小可觉响度差。似乎并不是响度的绝对增量对

JNDL 起作用，而是其相对增量起作用。某个临界带率处的最小可觉特性响度增量或 3 个以下相邻特性响度之和似乎与待比较的 2 个声音的总响度有关。这些部分响度不能用已有数据精确定义，但是它好像起着重要作用，这里假定 JNDL 是在部分掩蔽情况下测得的。图 7.22 最下面的方框显示了最小可觉变化的产生，前面几节已经讨论过特殊调制下的情形。

第8章 响　　度

响度属于强度感知一类。刺激-感知关系不能直接从最小可觉强度变化中构造出来，必须从其他类型的测量结果，如量值估计法中获得。除响度外，响度级也很重要。它不仅是一种感觉值，而且介于感觉值和物理值之间。除了安静条件下的响度外，我们经常还能听到部分掩蔽音(Partially Masked Sound)的响度，即除了所关心的声音外，也能听到掩蔽音的响度。剩余的响度分布在"零"响度（对应于掩蔽阈）和部分掩蔽音响度之间，比没有掩蔽音的响度范围要小得多。部分掩蔽效应不仅可以在同时呈现的掩蔽音中出现，而且可以在时间移动的掩蔽音中出现。因此，部分掩蔽响度(Partially Masked Loudness)效应具有谱时特性。

8.1　响　度　级

响度比较的结果比量值估计法的结果更精确。因此，建立了响度级测度来刻画任意声音的响度感。它是由巴尔克豪森于上世纪20年代提出的，以其名字的简称巴克(Bark)作为临界带率的单位。声音的响度级等于与该声音一样响的1kHz正入射平面波的声压级，其单位为方(phon)。任何声音的响度级都可以测量，但最著名的是不同频率纯音的响度级。听觉区中连接等响点的线通常被称为等响曲线(Equal Loudness Contour)。它们已在多个实验室中被测量，当时程超过500ms时结果成立。纯音的等响曲线如图8.1所示。根据定义，所有曲线都必须经过1kHz的声压级，该声压级的分贝(dB)值必须与曲线参数中的方(phon)值相同：40phon等响曲线必须经过1kHz、40dB处。听阈是响度感的极限，也是一种等响曲线。由于听阈在1kHz处对应3dB，而不是0dB，因此该等响曲线用3phon表示。

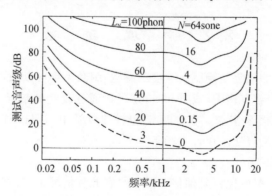

图 8.1　自由场中纯音的等响曲线

参数用响度级 L_N 和响度 N 表示

在图 8.1 中展现的等响曲线中,低响度级(如 20phon)的形状几乎与听阈形状平行。频率大于约 200Hz 时尤其明显,在该频率范围内,此特点也适用于大响度级。但低频下高声级的等响度曲线变得平坦。50Hz、50dB 纯音的响度级约为 20phon,但 50Hz、110dB 纯音的响度级达到 100phon。低声压级下方值和分贝值差 30,但高声压级时仅为 10。听阈中最敏感的区域,其频率范围为 2~5kHz,它对应于所有等响曲线中的凹陷部分。高声压级的这种凹陷似乎变陡,即该频率范围内的纯音甚至比在听阈平行移动时所预期的还要响。

通常针对正入射平面声场绘制等响曲线。但在许多情况下,声场不是平面声场,而是类似于声音来自各方向的扩散声场。听力系统对来自不同方向声音的敏感度不同,方向依赖性也取决于频率。因此,平面声场和扩散声场的等响曲线不同。这种差异最容易表示为衰减量 a_D,这是在平面声场和扩散声场中产生相同响度所必需的。图 8.2 显示了该衰减量 a_D 对频率的依赖性。在低频下这种衰减可忽略不计,因为听力系统就像一个无指向性的接收器。1kHz 时的衰减量为 −3dB。这意味着 1kHz 纯音的声压级在扩散声场中必须比在平面声场中小 3dB 才会引起相同的响度。

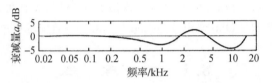

图 8.2 在散射场和自由场中产生与纯音等响所需衰减量 a_D 与纯音频率的关系

测量 a_D 不是用正弦纯音而是用窄带噪声实现的。因此,可将图 8.2 中横坐标上的频率看成窄带噪声的中心频率。随着频率的增高,衰减量 a_D 再次增加,在 2.5kHz 处达到 2dB 左右。然而,更高频率下 a_D 降低。利用图 8.2 和图 8.1 中的数据可以轻松构建扩散声场的等响曲线。正弦纯音或窄带噪声的等响曲线表明了响度对频率的有趣依赖性。但是,响度还取决于更多变量,如带宽、频率成分和时程。因此,通过单一计权(如 A 计权声压级)来近似响度级过于简单。由于 A 计权的频率依赖性与低声压级时的等响曲线对应,因此仅对低声压级的正弦纯音或窄带噪声使用 A 计权声压级才能近似响度级。因此,将噪声、复音或两者的组合的 A 声级的值作为主观感知响度的标示,这会引起误导。

8.2 响 度 函 数

与刺激声强最接近的感觉是响度。响度的感觉-刺激关系可以通过回答以下问题来测量:相对于标准音,听到的声音有多响(或柔和)? 这可以通过改变刺激寻找比例或判断两种给定刺激引起两种感觉的比例来实现。在电声学和心理声学中,1kHz 纯音是最常见的标准音。通常会给出声强级而不是声强。在自由场条件下,该值对应于声压级。应该将 1kHz、40dB 纯音作为响度感的参考,即 1sone。

对于响度评估,最简单的比例是加倍和减半。在此种情况下,被试将搜寻感觉比起始声级声音响两倍的声级增量。许多此类测量的平均值表明,平面声场中 1kHz 纯音的声压级必须增加 10dB 才能使响度感增加 2 倍。例如,必须将 40dB 的声压级增加到 50dB,响度才会加倍,等于 2sone。为了在整个声压级范围内绘制响度函数,必须进行不同声压级下的响度减半和加倍实验。图 8.3 中的数据显示了使响度感为起始声级声音 2 倍所需的声级增量。相同大小的减量相当于响度减半。结果表明,当声级大于 40dB 时,这种声级增量或减量几乎与 1kHz 纯音的声级无关。这意味着响度函数的指数此范围内对应幂律,它可以按以下方式计算:增量 10dB 对应 2 倍响度,其对数值等效于增加 3dB。因此,对于 1kHz、声压级大于 40dB 的响度函数,其幂指数为 3/10,即 0.3。声压级低于 40dB 时,响度加倍和减半所需的声压级差变小。声压级为 20dB 时响度为 5dB,而声压级在 10dB 附近时响度仅为 2dB。这意味着在这些低声压级下响度函数变得更加陡峭。

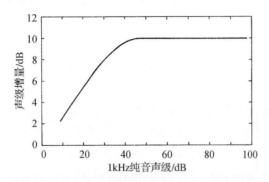

图 8.3　1kHz 纯音响度加倍(或减半)所必需的声级增量(或减量)与其声级的关系

音轨 30

1kHz、40dB 纯音的响度为 1sone,以此为参考点计算响度函数。如图 8.4 中的实线所示。其中,横坐标为 1kHz 纯音的声压级,纵坐标为对数尺度。对应于直线的幂指数源于声压级大于约 30dB 以上的直线斜率。对声压级 30dB 以下的 1kHz 纯音,幂函数不再用作近似值。虚线对应于幂律,它与实线之间的差异表明了它们的不一致。声级低于 10dB 时,1kHz 纯音的响度急剧下降,在声压级为 3dB 时达到零。在对数尺度上该"零"值对应于负无穷大。换句话说,当听阈对应于声压级 3dB 时,响度函数接近垂直渐近线。

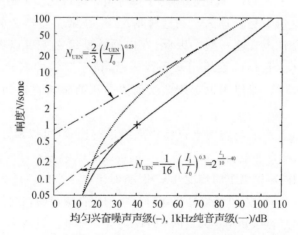

图 8.4　1kHz 纯音(实线)和均匀兴奋噪声(点虚线)的响度函数
响度是声压级的函数。幂律近似以及相应的方程用虚线和点划线表示

响度函数通常是由 1kHz 纯音得出的,但也可以使用等响曲线绘制其他频率下的曲线。因为以方为单位的响度级对应于等响为 1kHz 纯音的声压级,所以除了以方为单位的响度级外,图 8.1 中绘制的等响曲线可以用相应的响度标记。因为增量 10phon 对应于响度加倍,所以增量 20phon 对应于响度增加 4 倍。因此,可将参数 60phon 转换为响度 4sone,80phon 转换为响度 16sone,100phon 转换为响度 64sone,以此类推。响度级低于 40phon 时,响度下降更快。这就导致与 20phon 对应的响度要大 4 倍,实际上为与 40phon 对应的响度的 1/6.6。与 20phon 对应的响度等于 0.15sone。如上所述,根据定义,与 3phon 等响曲线对应的听阈必须与 0sone 曲线对应。

8.3 谱 效 应

声音的谱分布可以窄也可以宽。带宽最窄的声音是正弦音。不讨论物理值,单就人耳特性而言,带宽最宽同时分布最均匀的声音是均匀兴奋噪声。这种噪声在每个临界带上的强度相同。它表示尺度末端的一端为正弦音,另一端为均匀兴奋噪声,介于两者之间的是不同的谱带宽。如果响度依赖于谱效应,那么均匀兴奋噪声的影响应该最大。

用调整法测量目标音响度时,其实验涉及调整目标音直至其响度与标准音相同。然而,必须进行 2 次实验以消除实验结果中的偏差。实验中,标准音必须被调整到与声压级固定的目标音一样响。以均匀兴奋噪声为目标音时,2 个实验的结果如图 8.5 所示。与本章其他图相比,本图给出了标准响度级和目标音响度级的中位数和四分位距。对这些数据的分析表明,改变目标音与改变标准音,其结果略有不同。这意味着目标响度级和标准响度级是不同的。正是内插响度声压级代表了两种测量的平均结果。

进一步分析 2 个数据集,发现结果之间存在着系统性的差异。至少对那些不是特别响的声音(比如声压级小于 80dB),被试会倾向于将音量设置得比预期的要大一些。对于微弱和中等响亮的声音,这似乎是合理的。在这种情况下,被试希望声音的响度范围与良好的可听度相对应,也就是让声音响一些。因此,在内插响度级之上可以看到与标准响度级相关的竖线,用实线表示。目标响度级用水平线表示,位于实线的右边,同样位于高声压级处。实线表示内插响度级,即使用恒定刺激法而不是用调整法直接测量的响度级,它是响度级的常用曲线。

将等响的 1kHz 纯音声级与均匀兴奋噪声声级进行比较,可以清楚地发现,相同声级下 1kHz 纯音比均匀兴奋噪声要响得多。图 8.5 中的虚线表示两种声音的声级相同。对于低声压级,这两种声音在相同声压级下的响度几乎相同;对于非常小的声压级,宽带噪声的响度甚至比 1kHz 纯音还小。然而,当声级超过 20dB 时,均匀兴奋噪声的响度要比同声压级的 1kHz 纯音大。40dB 的均匀兴奋噪声和 55dB 的 1kHz 纯音一样响。这种差异在均匀兴奋噪声为 60dB 时最大,此时等响的 1kHz 纯音声压级为 78dB,即差异在 18dB 以上。对于较大的声压级,这种差异会稍微变小。然而,即使对于 100dB 的均匀兴奋噪声,其声压级仍然比等响的 1kHz 纯音低 15dB。

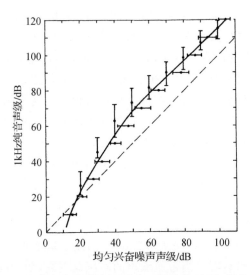

图 8.5 与均匀兴奋噪声(UEN)一样响的 1kHz 纯音声级
其声级为横坐标,利用调整法给出了 2 个可能变量(即 1kHz 纯音变化和均匀兴奋噪声变化)的中位数和四分位距。实线对应插值响度级,虚线对应"等声级=等响度"关系

均匀兴奋噪声是一种重要的噪声,其带宽非常大,因此了解其响度函数很有意义。以 1kHz 纯音的响度函数为一组数据,以图 8.5 中给出的关系为另一组数据,有可能构造出均匀兴奋噪声的响度函数。图 8.4 用虚线给出了该方法的结果,使用与 1kHz 纯音相同的参考点,也就是 1sone 对应 1kHz、40dB 纯音的响度。30dB 左右的均匀兴奋噪声的响度已达 1sone。与 1kHz 纯音的响度相比,均匀兴奋噪声的响度随声级的增加会变得更快些,至少对声级低于约 60dB 的均匀兴奋噪声是如此。在该声压级以上,其响度函数可用图 8.4 中的点划线近似表示。这意味着再一次存在一种幂律关系,但其指数小于 1kHz 纯音响度函数的指数。在更高声压级处,1kHz 纯音和均匀兴奋噪声的响度函数非常接近,此时的幂指数只有 0.23。值得注意的是,60dB 均匀兴奋噪声的响度比同声级 1kHz 纯音的响度要大 3.5 倍左右。这种效应对判断噪声的响度起着重要作用。由于宽带噪声的 A 计权声压级与其总声压级相对接近,因此用 A 计权声压级作为宽带噪声响度的标示显然会引起误导。

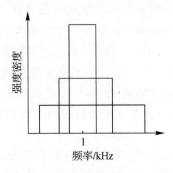

图 8.6 带宽不同、总强度相同的带通噪声的强度密度

1kHz 纯音和均匀兴奋噪声不同,尤其是在带宽方面。因此,将响度作为带宽的函数似乎

是合理的。于是,有必要注意图 8.6 中描述的效应。由噪声发生器产生的白噪声,其强度密度 $\mathrm{d}I/\mathrm{d}f$(也称为谱密度)通常与频率无关。在噪声发生器中串联一个带通滤波器并改变其带宽,可以得到强度密度不变的声音。然而,它们的总强度与带宽成正比变化。我们已经知道,响度强烈地依赖于声压级,因此当带宽发生变化时,我们必须注意让噪声声压级保持不变。这意味着图 8.6 中曲线下方区域给出的总声强必须保持恒定。这只能通过在增加带宽的同时降低强度密度来实现,如图 8.6 所示,其中中心频率为 1kHz。

图 8.7 给出了带通噪声和 1kHz 纯音之间响度的比较结果。以等响的 1kHz 纯音声级为纵坐标,以中心频率为 1kHz 的带通噪声的带宽为横坐标。图中的参数为带通噪声声压级,它在每条曲线中保持恒定。数据表明,小带宽的带通噪声与相同声压级的 1kHz 纯音的响度相同。这种简单的关系只适用于一定的带宽。1kHz 时的带宽约为 160Hz,与临界带宽对应。当带宽超过临界带宽时,带通噪声的响度增加,也就是与 1kHz 等响的纯音声级(纵坐标)会增加。只有当噪声声压级非常低的时候(如 20dB),曲线增量才非常小,在低声压级处,在更大的带宽上这种增加甚至变为衰减。当带通噪声的声压级更高(如 80dB)时,临界带宽之上的响度增量就不那么明显,仅为 11dB,而在中等声压级(如 60dB)时为 15dB。这意味着带宽为 16kHz、声压级为 60dB 的白噪声的响度级为 75dB。该值比均匀兴奋噪声的值稍小,这表明白噪声的响度几乎是相同声压级 1kHz 纯音的 3 倍。

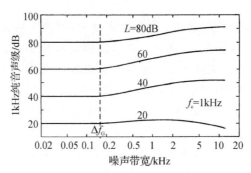

图 8.7 被判断为与带通噪声一样响的 1kHz 纯音声级与带宽的关系
参数为带通噪声的总声压级,中心频率为 1kHz

图 8.7 中的数据表明,响度对带通噪声带宽的依赖性遵循两种不同的规律:一种规律表示在小带宽范围内响度与带宽无关,但仅在特征带宽内是这样。另一种规律适用于特征带宽之外的带宽,表明响度随带宽的增加而增加。将这 2 个区域彼此分开的特征带宽就是临界带宽,中心频率为 1kHz 时临界带宽为 160Hz。对不同中心频率的测量加以比较,结果表明特征带宽与用其他方法测量的临界带宽一致。这意味着临界带宽在响度感知中起着非常重要的作用。实际上,不同中心频率下的测量结果(见图 8.7)已被用于定义临界带宽。

研究响度对带宽依赖性的另一种方法是测量相同声压级的 2 个纯音的响度,将其作为频率间隔 Δf 的函数。中心频率同样为 1kHz,测量结果如图 8.8 所示。每个纯音的声级为 60dB。图中显示了被判断与双频复音等响的 1kHz 纯音声级。对于小频率间隔(小于 10Hz),听力系统能够跟随 2 个纯音之间的拍音,从而产生与拍音峰值相对应的响度感。该峰值相当于单个纯音声压的 2 倍,其响度级为 66phon。这意味着对于窄频率间隔,响度级由拍音周期内的声压峰值决定。为了估计这种双频复音的响度级,必须将 2 个纯音的声压相加。

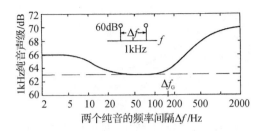

图 8.8　双频复音的中心频率为 1kHz、每个纯音的声压级为 60dB,被判定
为与该复音一样响的 1kHz 纯音的声级与 2 个纯音频率间隔 Δf 的关系
虚线表示 2 个纯音的总声级

当 2 个纯音之间的频率间隔较大时,即在 20Hz 到大约 160Hz 的范围内,响度相同的纯音其声压级相同,匹配到约 63dB,相当于声强增加。换言之,在该频率间隔区内,耳朵不再考虑声压包络的时间变化,响度由声强决定。当频率间隔大于约 160Hz 时,等响的 1kHz 纯音(即响度级相同)的声压级会显著增加。当频率间隔为 2 000Hz 时(1kHz 是 $f_1=400$Hz 和 $f_2=2\,400$Hz 的几何平均),相对于单个 1kHz 纯音其增量为 10dB。因为 1kHz 纯音每增加 10dB,响度就增加 1 倍,所以我们可以假设复音响度为单个纯音响度之和,以此表示 2 个纯音在大频率间隔下的响度变化。中等频率间隔时声强相加、大频率间隔时响度相加,在以上 2 种频率间隔之间的过渡再次形成临界带宽。在其他中心频率下也出现了类似的依赖性。换言之,临界带宽不仅对不同带宽的噪声响度起重要作用,而且对双频复音的响度(它是纯音频率间隔的函数)也起重要作用。

使用 3 个纯音也可获得类似结果。在这种情况下,使用调幅或调频比较方便。当调制指数较小时,频率调制可用 3 条线来描述,所以最好用 3 条线来进行幅度调制,并使载波相位为 90°,以产生准频率调制(Quasi-Frequency Modulation,QFM)。此时,有意义的不是相邻 2 根线之间的频率间隔,而是三频复音的总带宽,它相当于 $2f_{mod}$,即调制频率的 2 倍。在图 8.9 中,中心频率(载频)为 1kHz、声压级为 45dB、调幅度为 0.5。对于调幅和低调制频率,我们再次看到等响的 1kHz 纯音的声压级(纵坐标)增加约 3dB,与这种情况下达到的声压峰值大致对应。

当调制频率大于 10Hz($2f_{mod}=20$Hz),特别是当 $2f_{mod}$ 超过 160Hz(即 f_{mod} 超过 80Hz)时,声压级最小值迅速增加。调制频率为 200Hz 意味着总带宽为 400Hz,此时的响度级达到 50phon。这一结果再次表明听力系统所遵循的 2 种不同规律,当使用 QFM 时分界线更加明显。在这种情况下,三频复音的峰值不会增加太多,因此在低调制频率下,等响的 1kHz 纯音显示,其声级对应于未调制纯音的声级。这样,曲线就显示了 2 个清晰的区域。其中的 1 个由三频复音响度级描述,在 $2f_{mod}$ 达到临界带宽之前,它不受调制频率的影响。在临界带宽之上,响度随调制频率的增加而增加。调幅(AM)和准频率调制(QFM)之间的区别仅适用于耳朵能够区分包络的 2 个不同时间函数的情况。在这种情况下,AM 的峰值更大,因此其响度感比 QFM 更大。当调制频率大于 10Hz 时,三频复音中 1 个成分的相位差不会改变响度感。然而,将调制产生的三频复音的响度级绘制为调制频率的函数,此时可以清楚地看到对临界带宽的显著影响。

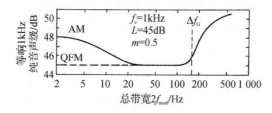

图 8.9 与 50% 调幅的 1kHz、45dB SPL 纯音一样响的 1kHz 纯音声级与总带宽的关系
水平虚线表示准调频纯音的数据。垂直虚线表示临界带宽

8.4 谱部分掩蔽响度

密度级为 30dB 的白噪声将听阈移至掩蔽阈,以使在噪声中恰好能听到 1kHz、声压级为 50dB 的纯音,这意味着该 1kHz 纯音的响度从非掩蔽条件下的 2sone 降至 0sone。当 1kHz 纯音的声级增加到 80dB 时,纯音的响度接近未掩蔽时的响度。这意味着掩蔽音不仅引起了从听阈到掩蔽阈的偏移,而且形成了掩蔽响度函数,该函数必须比未掩蔽的响度曲线更陡。由此产生了所谓的部分掩蔽响度曲线。图 8.10 显示了每 1/3 倍频程 40dB 和 60dB 的粉色噪声对 1kHz 纯音响度的影响,它是作为其声级的函数来测量的。当掩蔽阈大约为 37dB 和 57dB 时,根据定义得到了低响方向上的渐近值。高于掩蔽阈时响度迅速上升;比掩蔽阈高约 20~30dB 时,几乎达到未掩蔽时的响度。图 8.10 中的虚线对应于未掩蔽时的 1kHz 响度函数。对于不太响的掩蔽音,在 1kHz、70dB 处,部分掩蔽和未掩蔽响度函数之间的差异缩小到仅约 10%。对于声级更高的 1kHz 纯音,差异将小到无法测量。这意味着部分掩蔽形成的响度函数与听力学家描述的响度函数相当。在日常生活中,交流通常是在部分掩蔽条件下进行的,由此情况来看,图 8.10 所示的效果似乎是合理的和可以理解的。

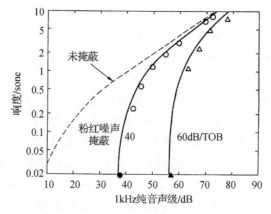

图 8.10 1kHz 纯音的响度与其声级的关系
虚线表示未掩蔽的情况,实线和符号表示纯音响度,附加的掩蔽粉色噪声的声级为每 1/3 倍频带 40dB 和 60dB　音轨 31

另一种效应令人惊讶,但对理解响度的演变也很重要。为了证实这种谱部分掩蔽的响度效应,使用了截止频率为 1kHz 的高通噪声,如图 8.11 中插图所示。这种高通噪声在每个临界带的声压级为 65dB,如果同时呈现纯音和噪声,将掩蔽 1.1kHz 的纯音。为了从几乎未掩

蔽的状态开始,使用500Hz纯音而不是1kHz纯音。在这种情况下,频率间隔 Δf(见图8.11中的插图)等于500Hz。将同时呈现500Hz纯音+高通噪声改为呈现没有附加噪声的1kHz纯音。调整此纯音的声级使其听起来与500Hz纯音一样响。这样就获得500Hz时被部分掩蔽的60dB纯音的响度。然后将60dB纯音与截止频率之间的间隔 Δf 逐步变到较小值。数据表明,即使纯音和噪声的谱分布不同,高通噪声也会影响60dB纯音的响度。

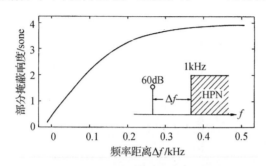

图8.11 部分掩蔽的声压级60dB正弦纯音的响度

横坐标是掩蔽高通噪声(如插图所示)的纯音和截止频率之间的频率间隔 Δf 音轨32

对于大 Δf,高通噪声的影响可忽略不计。然而,当频率间隔仅为100Hz时,60dB、900Hz纯音的响度将降低到安静环境下呈现的900Hz纯音响度的一半。这意味着高通噪声降低了纯音的响度。图8.11显示了被部分掩蔽的60dB纯音的等效响度,它是纯音与高通噪声截止频率之间频率间隔 Δf 的函数。对于大 Δf,部分掩蔽非常小,它随频率间隔的减小而增大,在频率间隔为零的情况下,即当纯音频率等于高通噪声截止频率时,被部分掩蔽的60dB纯音的响度变得非常小。因为使用了非常陡峭的高通滤波器产生高通噪声,所以该效应代表了听力系统的特征而不是由高通噪声的斜坡决定的。这种效应在心理声学上很重要。它表明谱宽度极小的纯音,其响度不是在频率尺度的某个位置上形成的,而是在临界带率上更大区域内形成的:即使纯音和部分掩蔽的高通噪声在频谱上是分开的,高通噪声也会降低纯音的响度。此类实验的结果是响度模型的关键。

8.5 时间效应

大多数自然声都是不稳定的,而是具有强烈的时间依赖性,这种声音的响度也是时间的函数。典型的例子是语音或音乐,以及相当多的技术噪声,听起来具有脉冲性或节奏,其响度无法用稳态条件描述。因此,单个短声的响度是其时程的函数,短声序列的响度是其重复率的函数,这一点令人感兴趣。

当时程小于100ms时,短纯音的响度会下降。当时程较长时,响度几乎与时程无关。图8.12显示了这种效应,其中呈现的是稳态条件下的2kHz、57dB短纯音,响度为4sone。为了在较短时程内进行测量而不带来额外的带宽效应,选择的频率为2kHz,这比1kHz的标准频率要高。该声音的响度是其时程的函数。时程的影响发生在大于临界带宽的带宽上,此时为300Hz。因此,使用的时程短到3ms。为了进一步排除谱效应,产生短纯音的高斯型上升和下降时间均为1.5ms。图8.12表明,时程大于100ms时响度保持不变。时程缩短会降低响度,

降低 $\frac{1}{2}$ 意味着时程约为 10ms 时响度降低到 2sone。曲线以类似方式继续向更短时程方向发展。时程再缩短为原来的 1/10，响度将再次降低约 1/2，当时程为 1ms 时响度达到 1sone。曲线以类似方式继续向更短的时程方向扩展。然而，在这种短时程下，上升/下降时间变小，因此由于谱宽度的大大扩展，测量就变得没有意义了。

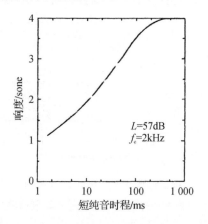

图 8.12　从 2kHz、57dB SPL 纯音中提取的短纯音响度与其时程的关系　音轨 33

2 倍响度对应于响度级差 10phon。因此，以响度级为纵坐标观察图 8.12 的结果可能会很有趣。此变换导致图 8.13 的出现，它表明如果时程减少 10 倍，响度级将降低 10phon。上升的虚线表明了这种近似，它在时程为 100ms 时接近稳态条件（水平线）。在其他几个频率下也得到了类似结果，获得了相同的依赖性，当时程在 100ms 以下时很容易做如下近似：短声时程每升高 10 倍，响度级提高 10phon。在 100ms 以上，响度级与时程基本无关。

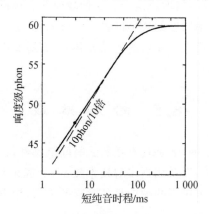

图 8.13　从 2kHz、57dB SPL 纯音中提取的短声响度级与其时程的关系
虚线表示有效近似值

图 8.13 中用一个点标记时程为 5ms 的短声的响度级，相应值为 47.5phon。从这个时程为 5ms 的 2kHz 单个短声开始测量响度级对重复率的依赖性。图 8.14 以实线表示测得的依赖性，它以很低的重复率（1Hz）开始，此时响度级相当于一次短声的响度级，即 47.5phon。随着重复率（图 8.14 中的横坐标）的增加，响度级最初保持不变。当重复率大于 5Hz 左右时，响度增加。重复率进一步提高，直至 200Hz。此时短声序列合并成 1 个稳态音，并如预期的那样

其响度级为 60phon,即如图 8.13 所示的稳态条件下的响度级,此时的时程非常长。在图 8.14 中,有意义的近似值被绘制为虚直线,并与图 8.13 中给出的近似值对应。当重复率为 10Hz 时,响度级基本保持不变。当重复率高于 10Hz 时,如果重复率增加 10 倍,响度级将增加 10phon。在其他测试音频率下也得到了类似结果。

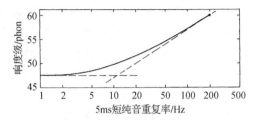

图 8.14 从 2kHz、57dBSPL 纯音中提取的持续 5ms 的短纯音响度级与重复率的关系
重复率为 200Hz 下为稳态纯音,虚线表示有效近似值

如果单个短纯音的时程缩短到 5ms 以下,则重复率增加到 200Hz 以上。这只能在测试音频率较高时进行。此种情况下,响度级继续上升,表明在图 8.14 中并不完美的近似值在更高频率下变得更好。然而更重要的是,图 8.14 中的实线在高测试音频率下非常相似。

8.6 时域部分掩蔽响度

除了第 8.4 节所述的影响部分掩蔽的谱效应外,还存在影响部分掩蔽响度的时间效应。这种在阈值处的效应已经被讨论为超前掩蔽和滞后掩蔽。超前掩蔽对响度的影响非常有趣,当第 2 个响亮的声音与前一个短声仅相隔大约 10ms 时,如果它降低了前一个短声的响度,这种影响就可以测量。图 8.15 给出了这种影响的一个例子。其中的插图显示了这两种声音的时间结构,一个 5ms、60dB、2kHz 的短声在临界带级为 65dB 的均匀兴奋噪声之前。短声和均匀兴奋噪声之间的间隔(时隙)用 Δt 表示。将测试短声的响度与时程为 5ms 的 2kHz 短声(之后并不跟随均匀兴奋噪声)的响度加以比较即可测得前者的响度。图 8.15 中的实线显示了这种响度比较的结果,它表明时域部分掩蔽短声的响度是短声与紧随其后的均匀兴奋噪声时隙的函数。未掩蔽情况下,5ms、2kHz 测试短声的响度为 1.9sone,在接近 200ms 的较大 Δt 值时也获得该值。如果间隔 Δt 减小到 100ms,测试短声的响度会稍微降低。然而如果时隙更短,则测试短声的响度急剧下降,并在 $\Delta t = 5$ms 附近为零,在该 Δt 值下,测试短声完全被之后的均匀兴奋噪声所掩蔽。当时隙为 40ms 时,测试短声的响度降低了大约 1/2,将时隙进一步减小到大约 20ms,响度将再次降低 1/2。

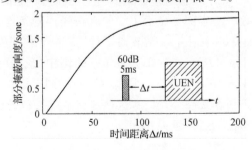

图 8.15 5ms、60dB、2kHz 纯音呈现于均匀兴奋噪声之前,时域部分掩蔽响度是如插图所示的时间距离的函数

可以在其他测试音频率和不同声音中测量类似效应。对音色不同的声音来说,这种效应最容易测量。因此纯音和噪声非常有用,但是也可以使用复音或由许多谐波组成的有调音代替纯音。相对来说,此种效应与测试音类型无关。

当然,时域掩蔽响度并不意味着我们能够听到未来的声音,相反,这种效应表明听力系统需要时间来获得响度感。较短的短声在其呈现5ms内并不能形成感觉,它需要更长的时间。如果在这段时间内出现了一种强烈的均匀兴奋噪声,则短的短声响度的形成被中断。这意味着随之而来的噪声会部分降低短声响度的形成。感觉的形成遵循许多其他系统中众所周知的规则,即原因和结果通常是不同步的!

8.7 响度模型

在前面几节中,我们描述了几种在开发响度模型时有用的效应。频率间隔大于临界带宽的2个等声级纯音的响度大于单个纯音响度,其中的频率介于2个纯音之间、声级对应于2个纯音的总强度。随着这2个纯音频率间隔的增加,响度也增加。这意味着响度不是由单个谱成分产生的,而是由2个成分相互影响产生的,特别是当2个成分的频率间隔很小时尤其如此。只有在频率间隔相当大的情况下,2个纯音之间才不会相互影响,此时得到的总响度值为每个纯音响度之和。

由于临界带宽在响度计算中起重要作用,因此听力系统频率选择特性的陡度在响度计算中也可能起到重要作用。兴奋级-临界带率模式不仅描述了临界带宽的影响,而且描述了陡度的影响。因此,利用兴奋级-临界带率模式作为构建复杂声音响度的基础似乎是合理的。因为我们已经知道,在构建总响度的过程中,即使2个声音在频域上是分离的,但它们仍然相互影响,因此将总响度作为我们寻求的某个值的积分也许是有用的,但它必须表示为临界带率的函数。如果这种积分获得的响度以宋(sone)为单位,那么我们寻求的值必须以 sone/Bark 为单位。此种情况下,总响度为该值在临界带率上的积分,其单位为宋。

通常,我们用符号 N' 表示所需的"特性响度(Specific Loudness)"。响度 N 是特性响度在临界带率上的积分(参见图8.16右下方),其数学表达式为:

$$N = \int_0^{24} N' dz \qquad (8.1)$$

该积分是在所有临界带率上进行的。有2个例子可以说明总响度是如何形成的。为了在开始时使问题简化,我们从稳态条件开始,以均匀兴奋噪声为第1个例子,以1kHz临界带宽窄带噪声为第2个例子。图8.16显示了这两种情况下响度是如何确定的。图8.16(a)(b)将临界带级表示为临界带率的函数。上半部分显示了均匀兴奋噪声的条件,其临界带率级(Critical-Band Rate Level)与频率无关(实际上,a_0 被忽略不计)。24个相邻的临界带级为50dB,因此总声压级为 $50\text{dB} + (10 \times \log24)\text{dB} = 64\text{dB}$。在下一排图中,我们将均匀兴奋噪声强集中到1kHz的1个临界带(对应于8.5Bark)中。这样就可以对相同声压级下均匀兴奋噪声和1kHz临界带宽带噪声加以比较。根据式(8.5)可知,这种理想窄带噪声的临界带级 L_G 假定为哥特窗的形状,其峰值位于8.5Bark处,声级为64dB。

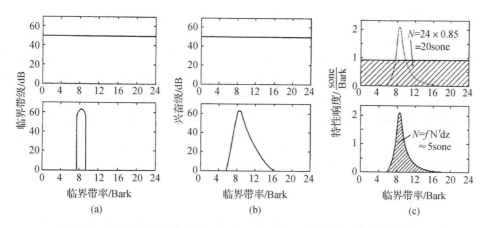

图 8.16 均匀兴奋噪声和中心频率 1kHz 的临界带宽噪声总响度的构建
图(a)显示临界带级,图(b)显示兴奋级,图(c)显示特性响度。每个响度都是临界带率的函数上排表示均匀兴奋噪声的分布,下排表示窄带噪声的分布。阴影区对应总响度。在图(c)上部分以虚线表示窄带噪声的总响度区,以供比较

下一步是从临界带率级到兴奋级-临界带率模式的转换,如图 8.16(b)幅图所示。均匀兴奋噪声只出现主兴奋,因此我们得到了与左图相同的图。然而,对于窄带噪声,我们必须引入兴奋斜坡,它在低临界带率方向(对应较低的频率值)相当陡峭,但在高临界带率方向变得平缓。图 8.16(b)的下图给出了兴奋级。主兴奋级等于临界带率级,但我们也看到了兴奋斜坡。第 8.3 节讨论了均匀兴奋噪声的响度。从图 8.4 中我们看到 64dB 均匀兴奋噪声的响度为 20sone。在同一幅图中我们还看到,64dB、1kHz 的纯音响度只有 5sone。忽略 a_0,均匀兴奋噪声的特性响度与临界带率无关,因此我们期望得到与总响度相对应的特性响度-临界带率形状为矩形。在后面的计算中,我们必须假定特性响度为 0.85sone/Bark,以便从该兴奋中得到的总响度为 20sone[见图 8.16(c)上图]。将均匀兴奋噪声响度作为其声级的函数可完成类似计算,如图 8.4 所示。对于高声级均匀兴奋噪声,可以利用指数为 0.23 的幂函数将其强度与所形成的响度联系起来,从而近似地描述这种依赖关系。使用均匀兴奋噪声时,特性响度分布与临界带率无关。因此,测得的均匀兴奋噪声指数与我们期望的特性响度指数直接相关。在均匀兴奋噪声低声级方向,响度曲线的斜坡变得更陡。这种效应是由于听阈的影响,在低声级区中的计算必须考虑这一效应。

在窄带噪声条件下,特性响度作为临界带率函数的分布并没有那么简单,这如图 8.16(c)下图所示。特性响度曲线下的区域再次与总响度对应。然而,这一区域不仅集中在物理存在的窄带噪声区,而且显示出特性响度在低临界带率方向,特别是向高临界带率方向具有斜坡。虚线区清楚地表明,9.5Brak 以上的临界带率区对总响度的贡献很大。这种特性响度分布对应于兴奋级-临界带率模式中的分布。与主兴奋相对应,我们可以找到主特性响度;与斜坡兴奋对应,我们可以找到斜坡特性响度。为了将兴奋级-临界带率模式转换为特性响度-临界带率模式,必须将兴奋级转换为特性响度。这种关系将在下一节讨论。

回到开头,我们比较强度相同的噪声(即均匀兴奋噪声和临界带宽带噪声)产生的响度。可以用图 8.16(c)上图进行比较,其中窄带噪声的响度模式用虚线表示。毫无疑问,尽管在这 2 种情况下 2 种噪声的总声压级相等(64dB),但均匀兴奋噪声形成的面积比窄带噪声要大得多。从这 2 个区域的比值来看,均匀兴奋噪声的响度是窄带噪声的 4 倍左右,与实测数据一致。

我们的响度模型的基本假设是，响度不是由谱线或声音的谱分布直接产生的，而是总响度为不同临界带率下的特性响度的总和。应该指出的是，将物理谱（即声级与频率的关系）转换为特性响度与临界带率关系会产生最佳的听觉等效心理声学值。无论是将与频率相关的量转换到临界带率，还是将与振幅相关的量转换到特性响度，对于用最终接收器（即人类的听力系统）评估声音来说，这都是至关重要的。

作为临界带率函数的特性响度或许可以称为响度分布或响度模式。这种分布虽然与声音的谱分布有关，但要考虑到用临界带表示的兴奋与特性响度之间的非线性关系，以及人耳的非理想频率选择性，这可以用掩蔽模式中发现的斜坡表示。

8.7.1 特性响度

史蒂文斯定律（Stevens' Law）认为，强度感觉范畴内的感觉会随物理强度的增长以幂律方式增长。根据该定律，我们假设响度的相对变化与强度的相对变化成正比。特性响度可用幂律方式获得的。不以总响度，而是以特性响度为讨论对象。此外，用兴奋代替强度。利用比例常数 k 将特性响度 N' 和相应的增量 $\Delta N'$ 与兴奋 E 和相应的增量 ΔE 联系起来，我们就可以用差分法将幂律表示为如下方程：

$$\frac{\Delta N'}{N'} = k\frac{\Delta E}{E}, \text{或} \frac{\Delta N'}{N' + N'_{gr}} = k\frac{\Delta E}{E + E_{gr}} \quad (8.2)$$

N'_{gr} 和 E_{gr} 为 N' 和 E 很小时的内部本底噪声，将它们分别相加。假设听阈由这种内部噪声产生。在描述掩蔽音与该声音产生的掩蔽阈之间的关系时，阈值因子是有用的，利用该因子，我们就可以用测试音兴奋 E_{TQ} 计算形成听阈的兴奋 E_{gr}，如下列等式：

$$E_{gr} = E_{TQ}/s \quad (8.3)$$

式中，s 是刚好可察觉的测试音与内部噪声强度之比，其中内部噪声出现在测试音频率处的临界带内。该比值可以有效地用于计算外部声音产生的掩蔽阈。在这里，听阈知识用来估计内部噪声。

将前面的差分方程看作微分方程，合理的边界条件是，兴奋等于零导致特性响度等于零，即 $E = 0$ 引起 $N' = 0$，利用此条件求解方程。发现其关系式为

$$N' = N'_{gr}\left[\left(1 + \frac{sE}{E_{TQ}}\right)^k - 1\right] \quad (8.4)$$

利用参考特性响度 N'_0 将上式转换为最终表达式，有

$$N' = N'_0 \left(\frac{E_{TQ}}{sE_0}\right)^k \left[\left(1 + \frac{sE}{E_{TQ}}\right)^k - 1\right] \quad (8.5)$$

指数 k 是该方程中最重要的值。如前节所述，均匀兴奋噪声的响度是其声级的函数，于是可以对其进行相当简单的近似。当 E 为大值时，听阈的影响可忽略不计，此时式（8.5）可近似为

$$N' \propto \left(\frac{E}{E_0}\right)^k \quad (8.6)$$

指数 0.23 是我们要找的 k 值。当频率大约为 1kHz、阈值因子 $s=0.5$，以及附加边界条件（即 1kHz、40dB 纯音的总响度为 1sone）时，方程为

$$N' = 0.08 \left(\frac{E_{TQ}}{E_0}\right)^{0.23} \left[\left(0.5 + 0.5\frac{E}{E_{TQ}}\right)^{0.23} - 1\right] \quad (8.7)$$

式(8.7)为定量计算特性响度的最终方程。在该方程中，E_{TQ} 是听阈处的兴奋，E_0 为与参考声强 $I_0 = 10^{-12}\,\text{W/m}^2$ 对应的兴奋。式(8.5)括号中的"1"被$(1-s)$替代(即 0.5)，于是对小 E 值，特性响度逐渐变为 $N' = 0$。在单位"sone"处添加标志 G 是提醒读者，该值给出的响度是基于临界带级得到的。

兴奋的线性值作用不大。兴奋级更加方便有效。因此，在图 8.17 中描述了特性响度 N' 与兴奋级 L_E 之间的关系。曲线上的参数是 L_{TQ}-a_0 的值，选择该值是为了排除对频率或临界带率的依赖。这样，将听阈和对数传输因子 a_0 结合在一起，后者表示自由场和听力系统之间的传输关系。增益因子 a_0 适用于自由场条件。另一极端条件是散射声场，我们必须使用不同的对数传输因子 a_{0D}。这 2 个值在图 8.18 中作为临界带率和频率的函数给出。在直到约 8kHz 时这 2 个值的偏差都小于±4dB，这看似不大，然而，为了尽可能精确地计算响度，这些值变得很重要。

如图 8.17 所示，小 L_E 值下特性响度 N' 迅速增大。大 L_E 值下所有曲线都趋近于渐近线，它由虚线给出，与指数为 0.23 的幂律对应。

将参数为 0dB 的曲线沿虚渐近线向右和向上移动形成参数 L_{TQ}-a_0 取值不同的曲线，从而使朝向低声级的垂直渐近线在参数值所在位置处达到 L_E 值。

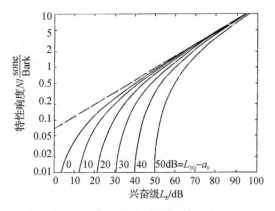

图 8.17　特性响度与兴奋级的关系

以听阈 L_{TQ} 与传输损失 a_0 之间的差为参数。虚线表示幂律，指数为 0.23

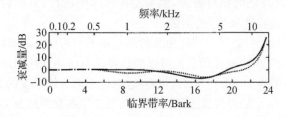

图 8.18　与自由场(a_0，实线)或散射场(a_{0D}，虚线)传输因子对应的衰减量与临界带率(下尺度)和频率(上尺度)的关系

前面几章已经显示利用兴奋级描述听觉效果是很有用且有趣的。特性响度同样是一个非常重要的听觉等效值，它对描述其他听觉效应(如尖锐感)非常有用。

8.7.2　时域响度与谱响度求和

在第 8.7 节的引言中，我们忽略了听阈和传输因子 a_0 的影响。为了尽可能准确地定量计算响度,有必要将这 2 个值考虑为临界带率的函数。这已在图 8.19 中的自由场条件下和图 8.16 中使用的 2 种噪声和声级情况下(均匀兴奋噪声和临界带宽噪声,每种噪声的声级均为 64dB)进行了研究。由于 1kHz 时 $a_0=0$dB,因此对于窄带噪声,兴奋级的分布没有变化。均匀兴奋噪声的兴奋级分布体现了 a_0 的影响。在特性响度-临界带率模式中可以看到相应的影响。窄带噪声的分布与图 8.16 所示完全相同。然而,均匀兴奋噪声的分布不仅显示了峰值(与 4kHz 左右听力系统的最大灵敏度对应),而且显示了低临界带率方向上特性响度的衰减(与听阈对特性响度的影响对应,如图 8.17 所示)。

利用图 8.17 中的曲线时听阈的影响变得很明显。对于大兴奋级 L_E,得到同样的特性响度,与听阈无关。然而,对于小兴奋级,当其接近参数给定的值时,听阈的影响变得非常强。这意味着对于相对微弱的声音听阈的影响最突出。另一种效应也变得明显,听阈的影响通常被认为起重要作用,但它比中、高声级下期望的要小。究其原因在于,在 20~160Hz 之间的 3 个倍频程内,作为频率的函数,此范围内的听阈会急剧变化,如果绘制为临界带率的函数,该频率范围会降至相对小的值,仅为 1.5Bark。因此,响度计算中听阈的影响通常只在响度分布的左端有效。

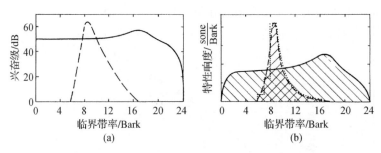

图 8.19 兴奋级和特性响度与临界带率的关系

分别针对均匀兴奋噪声(实线)和以 1kHz 为中心频率且总声级相同的窄带噪声(折线)。不同阴影区表示相应的总响度。虚线表示响度计算过程中使用的近似值

需要再次提到一个重要的因素,当用特性响度的积分推导总响度时,我们必须意识到,只有在横坐标和纵坐标上使用线性尺度才能进行积分,这相当于测量特定曲线下的面积。因此,不可能在图 8.19(a)中进行任何积分处理,而只能在右图中进行,其中特性响度绘制在线性尺度上,它是临界带率(也是线性尺度)的函数。

特性响度作为临界带率的函数,以连续曲线的形式在图中给出。这等同于听力系统拥有非常精细的频率分辨率。应用临界带就好像它们可以沿临界带率移动到任何地方一样。然而,在许多实际情况下,可能不需要多达 640 个临界带滤波器,这对应于沿音调尺度的 640 个可听频率调制步长。在实际应用中,使用 24 个临界带滤波器就足够了,对于这些临界带滤波器,相邻的下一个滤波器的下截止频率(Lower Cut-off Frequency)对应于相邻的上一个滤波器的上截止频率(Upper Cut-off Frequency)。因此,我们可以用这些滤波器测得的 24 个临界带级来近似计算兴奋级的分布。因为临界带滤波器不像 1/3 倍频程滤波器那样经常使用,我们也可以在 315Hz 以上的中心频率上使用 1/3 倍频程滤波器。然而,对于较低的中心频率,1/3 倍频程滤波器的带宽相对于临界带滤波器的带宽太小。使用 1/3 倍频程滤波器是一种有用的近似,这将在后面讨论。

窄带噪声和均匀兴奋噪声响度之间的比较代表了一种极端的谱特性。在图 8.7 中,响度的连续上升被绘制为恒定声压级带宽的函数。这种响度随带宽的增加可以描述为一种谱效应。对于相同的总声强和中心频率,任何比临界带窄的兴奋,甚至是纯音,都会形成一种特性

响度模式,它与噪声的一个临界带宽度对应。落在临界带上的声压级对应于所引起的特性响度。因此,比临界带窄的频带由特性响度模式表示,与带宽无关。然而,一旦噪声带宽超过临界带的宽,响度模式就开始改变。固定总声级,模式的高度降低,但同时它扩展到了更宽的临界带率尺度区域。由临界带率扩展形成的面积增加大于由高度下降带来的减少。因此,即使模式的高度下降,总响度也会随带宽的增加而增加。这种效应在中等声级下尤其明显。在极低声级下,特性响度函数的斜坡变得陡峭,说明高度下降比临界带率扩展引起的增长更大。因此,在极低声级下,作为带宽函数的响度将保持不变甚至降低。当声级很高时,超过临界带宽后响度不会急剧增加,只有当带宽大于 1 个倍频程(对应于 3 个临界带)左右时,响度才会增加。产生这一效应的原因在于,在高临界带率方向兴奋模式的上斜坡变得平坦,也就是响度模式变得平坦(见图 8.7)。在这种情况下,不仅特性响度模式的峰值,而且其上斜坡会随带宽的增加而减小,其结果是,当声压级接近 100dB 时,对于临界带和倍频带之间的带宽,面积几乎保持不变,即响度保持不变。基于该模型计算的响度与心理声学测量的响度非常接近,它们都显示了在 1 个临界带内响度对谱扩展的不变性,以及对临界带以外带宽的依赖性相同。

时间累积是形成响度感的另一个因素。虽然在日常声中谱累积效应更大,但时间效应也相当重要。该模型可以拓展以便考虑时间效应。在此过程中,兴奋级和特性响度都作为时间变量处理。兴奋与掩蔽相关,因此可以利用超前掩蔽、同时掩蔽和滞后掩蔽形成的掩蔽阈,然后转换为针对特性响度的时间函数。

图 8.20 给出了短的短纯音响度的演变过程。研究了时程为 100ms(实线)和 10ms(虚线)的 5kHz 短纯音。图 8.20(a)显示了长脉冲音与短脉冲音的时间包络。图 8.20(b)显示了 2 个脉冲音特性响度的时间函数。显然,长脉冲音(实线)的衰减比短脉冲音(虚线)更缓慢,后者在衰减过程开始时显示出相当陡的梯度。图 8.20(c)显示了通过 3 阶低通滤波器对所有通道进行响度平均后的时间函数。根据心理声学数据(见图 8.12),100ms 脉冲音的响度大约是 10ms 脉冲音响度的 2 倍。

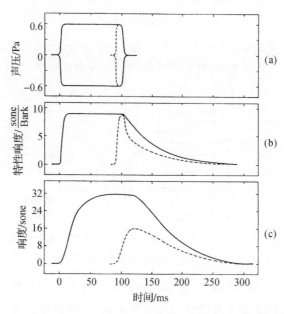

图 8.20　5kHz 时时程为 100ms(实线)和 10ms(虚线)的脉冲音的响度处理
(a)双脉冲音的时间包络;(b)特性响度对应的时间函数;(c)响度对应的时间函数

就模型而言,这意味着总响度(即临界带率上所有特性响度的总和)通过一个特殊的低通系统传输,其脉冲响应对应于响度加工神经系统的时间响应。响度是时程的函数,利用响度和时域掩蔽数据对这种低通系统的效应给予优化,其结果如图 8.20(c)所示。

模型中对时间效应的近似代表了一种不完全的时间积分。与特殊低通系统的截止频率相对应,积分时间约为 45ms。声音的谱分布也引起了积分,即沿临界带率的累加。由于存在频域和时域 2 种积分,我们必须知道哪一种先发生。在解剖学中可以寻找这个问题的答案,合理的做法似乎是先进行频域累加,因为这种分布是沿基底膜分布的,在基底膜上感觉细胞的刺激会迅速转移为相应的神经兴奋。时域累加似乎发生在更靠近中枢的区域,这一事实已在使用耳声发射的滞后掩蔽中得到澄清。这些实验的结果证实,耳蜗兴奋的衰减要比滞后掩蔽的衰减快得多,这与响度面临的情形相对应。因此,认为时域累加在后,频域累加在前。

这可以通过使用强烈的调频以及将响度判断为调频频率的函数来证明。利用 ±700Hz 的频移和 1 500Hz 的中心频率进行响度比较,结果表明在调制频率高于约 20Hz 的情况下,响度级作为调频频率的函数而增加,结果如图 8.21 所示。该模型预测,在类似调制频率为 20Hz 左右的情况下响度级增加。在该调制频率范围内,滞后掩蔽有效,因此相邻临界带率区的特性响度几乎与时间无关(见图 8.22)。此时,调频音起到了宽带噪声的作用。然而,在低调制频率范围内(小于 15Hz 左右),每个通道的特性响度呈现出强烈的时间波动,因此响度增加维持在相对小的范围内。其原因是,远离临界带处的特性响度几乎为零,特性响度主要集中在 1 个或 2 个相邻的临界带内。对于如此低的调制频率,尽管响度随时间变化的过程中关键时程接近 100ms,但我们并不期望模型中的响度会增长。

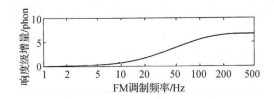

图 8.21 对于总频率偏差为 ±700Hz 的调频纯音,响度级增量与调制频率的关系
调频纯音的中心频率为 1.5kHz,声压级为 60dB

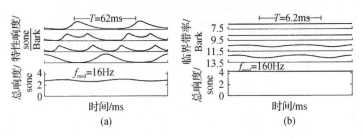

图 8.22 调制频率为 16Hz[图(a)]和 160Hz[图(b)]时由调频纯音引起的特性响度的示例
下面两条曲线表示总响度随时间的变化

图 8.22 展示了 16Hz 和 160Hz 调制频率的影响。对于 16Hz,在左上角的 4 个临界带率下给出了特性响度。图的下半部分绘制的是总响度曲线,表明尽管每个临界带率下的特性响度随时间变化很大,但响度与时间几乎无关,总响度低于 3sone。然而,当调制频率为 160Hz

时,每个通道中的特性响度几乎保持不变。尽管其峰值仍然略小于低调制频率下达到的峰值,但所有这些与时间无关的特性响度累加后[见图 8.22(b)上部分]使总响度接近 4.5sone[见图 8.22(b)的下半部分]。该响度大于 16Hz 调制频率下达到的峰值,与图 8.21 给出的响度级增量对应。结果表明,该模型能很好地模拟时间效应和谱效应。

特性响度与临界带率和时间的关系能很好地说明人类听力系统中的信息处理过程。这种3 维模式包含了所有随后被处理的信息,引发了不同听感。为了说明该模型的复杂结构,采用了"electroacoustics"一词。图 8.23 给出了这种语音在临界带上 22 个位置处的特性响度,每一巴克彼此相距较远。从上至下的第 2 条曲线给出了所有特性响度的总和,它未进行时间加权。这显示频域求和形成的曲线在上升区会相对较快地跟随刺激变化,但衰减与滞后掩蔽对应。最上面的曲线给出感知响度的时间函数。它十分平滑,但用相对清晰的间隔显示了单个音节。响度峰值通常被假定为感知响度,从这条曲线可以清楚地看出,它是由语音中的元音产生的。辅音和爆破音对语音的理解非常重要,在特性响度-临界带率和时间模式中清晰可见,然而,它们对总响度的贡献几乎可忽略不计。

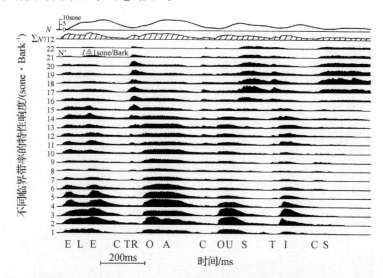

图 8.23 语音"electroacoustics"的特性响度-临界带率和时间模式绘制了 22 个临界带率离散值的特性响度曲线。所使用的纵坐标尺度标注在与 21Bark 相关的图上,表示 1sone/Bark。横坐标为时间,标记 200ms。特性响度之和除以 12 表示从上至下第二条曲线中的阴影区。总响度与时间的关系绘制在最上面的图中

响度确定模型利用了听力系统的大部分特性。在电子网络或计算机程序中实现的这种模型代表了一种优秀的响度计量。如果该模型模拟了所有的,或者至少大部分对我们的响度感有影响的重要特征,那么它测量的响度几乎和听力系统一样好。由于响度在降噪中起重要作用,因此该模型的实现对技术应用也有重要意义。

8.7.3 响度计算和响度计

人们很少使用临界带滤波器,而 1/3 倍频程滤波器则使用较多。因此,设计了响度计算程序以利用声音的 1/3 倍频带级。将 1/3 倍频带级转换为与特性响度大致对应的值,然后在高临界带率方向进行斜坡叠加,并对特性响度分布下方的面积求和,DIN 45 631 中发布的计算

机程序利用上述方法实现了程序的可视化。于是,总响度就可以从所研究声音的 1/3 倍频带级中计算出来。利用 1/3 倍频程滤波器频带近似耳朵的频率选择性有 2 个折中方案,以便尽可能精确。首先,带宽差异被转移到不是 1Bark 的临界带率距离中。其次,特性响度指数从 0.23 稍稍变为 0.25,以此考虑低频方向上邻接滤波器截止斜坡产生的额外特性响度。因为所有 1/3 倍频带级的测量都需要一定时间,所以可视化过程以及使用计算机程序仅适用于相对稳定的声音。但是,可以非常精确地计算出任意谱分布声音的响度。

图 8.24 给出了一个例子。即使横坐标给出截止频率或中心频率,它也会根据临界带率进行缩放。为了在过程中简化坐标值,在该过程中仅使用主要的特性响度和上斜坡处的特性响度。忽略了低临界带率方向的特性响度。因此,由纯音或窄带噪声引起的特性响度的形状近似为 3 个部分。它从垂直上升直到测量的 1/3 倍频带级开始,达到与 1/3 倍频带级对应的主值。如果声级大于相邻的较低 1/3 倍频带级,则在下一个更高的 1/3 倍频带将再次垂直上升。如果下一个较高 1/3 倍频带的声级较低,则在高中心频率方向将沿虚线方向下降,这对应特性响度的上斜坡。这样就确定了最终的特性响度-临界带率模式,简称为"响度模式",如图 8.24 中的粗实线所示。

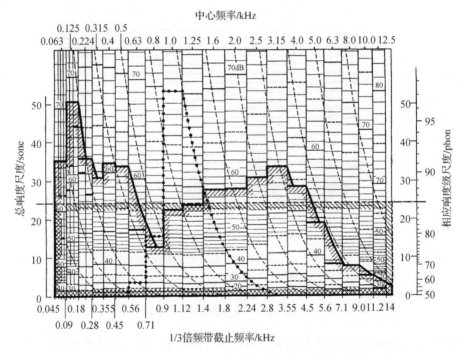

图 8.24 基于工厂噪声 1/3 倍频程测量值进行响度计算的示例
特性响度在纵坐标上,以 1/3 倍频程的截止频率表示的临界带率在横坐标上。由粗实线和从左下角到右上角阴影区包围的面积代表总响度。该面积由基底相同的矩形区面积近似,其高度由左上角到右下角的阴影区表示。该矩形区的高度表示左侧尺度上的总响度和右侧尺度上相应的响度级

特性响度上斜坡与变换后的兴奋上斜坡紧密对应,图 8.16 和图 8.19 分别展示了一个例子。对于窄带声,上斜坡对总响度(即曲线下方的总面积)起主要作用。因此,它对纯音的总响度特别有影响。图 8.24 中用虚线给出了一个 1kHz、70dB 纯音的示例。通常使用的 1/3 倍频带滤波器显示相邻滤波器的泄漏约为 -20dB。这意味着 1kHz、70dB 纯音在不同中心频率下

会形成以下声压级：500Hz 时为 10dB，630Hz 时为 30dB，800Hz 时为 50dB，1kHz 时为 70dB。因此，与响度模型一致，响度模式的下斜坡变得不那么陡峭。

这种响度计算方法是国际标准（ISO 532 B）的一部分。它可以用木材厂噪声详细说明。机器产生的未计权的声级为 73dB，测得的 A 计权声压级为 68dB(A)。图 8.24 中绘制的所有细线均属响度计算方法中的归一化模型，可用于 5 种不同的 1/3 倍频带最大声级（35dB、50dB、70dB、90dB 和 110dB）和 2 种声场（自由声场和扩散声场）。使用这种图的最佳选择是仅包含频谱中测得的最大 1/3 倍频带级。将工厂走廊近似为散射声场也许比近似为自由声场更好。但是，如果非常靠近声源或者在反射很少的区域内，也许可以假设为自由声场条件。

为了详细说明响度的计算，标识"G"表示计算方法，标识"F"或"D"分别表示自由声场和扩散声场。图 8.24 在下横坐标处显示了 1/3 倍频带滤波器的截止频率，而上横坐标为其中心频率。图中的粗水平线为机械噪声的 1/3 倍频带级的测量值，它由一系列台阶绘制而成，每个台阶表示 1/3 倍频程滤波器中的 1/3 倍频带级。水平线左端绘制了一条向下的垂线。如果下一频带级低，则在水平线右端添加一个向下的斜坡，该斜坡与虚线平行。这样就形成了从低频到高频的区域。其边界为整个图左侧和右侧向上的直线以及下横坐标。边界之内的区域用阴影标记。为了定量计算面积，绘制了一个等面积的矩形区域，该区域以图的宽度为基底，高度是总面积的一种测度，由从左上到右下的阴影标记。利用其高度（带点的虚线）可以从图右侧或左侧尺度上读取响度级或响度。在图 8.24 中可以找出响度计算值 N_{GD} 为 24sone(GD) 时的对应响度级 L_{NGD} 为 86phon(GD)。工厂噪声的频带相对较宽，一方面测得的声压级为 73dB 或 68dB(A)，另一方面计算出的响度级为 86phon(GD)，两者差异很大。

仅在约 300Hz 以上用 1/3 倍频带近似临界带。相对于临界带，低频范围的 1/3 倍频带太小，因此必须添加 2 个或 3 个 1/3 倍频带才能近似临界带。对于 180Hz 和 280Hz 之间的 2 个 1/3 倍频带，以及 90Hz 和 180Hz 之间、45Hz 和 90Hz 之间的 3 个 1/3 倍频带，情况都是这样。在这些情况下，必须将落在给定的 3 个 1/3 倍频带中的声强相加以近似临界带级。无需根据声压级重新计算声强，只需使用图 8.25 给出的列线图就可将这些声强相加。它表示 2 个声级之间的声级差，必须将其强度相加并表示为 L_1-L_2，其中 L_1 是较大的声级。为了得到总声压级，上面的尺度表示必须增加到声级 L_1 的声级增量。新声压级对应于前 2 个声音强度的总和。如果声压级相等，$L_1=L_2$，则增量 $\Delta L=3$dB；$L_1-L_2=2$dB，ΔL 约为 2dB；$L_1-L_2=6$dB，增量仅为 1dB。如果 L_1-L_2 大于 10dB，在大多数情况下 L_2 的影响可忽略不计。为了加第 3 或第 4 个声级，可根据需要多次重复此方法。图 8.24 所示的水平粗线在 1/3 倍频带的低中心频率处拥有大约 1 个临界带的大宽度，它是通过较小的水平细线（对应于测得的 1/3 倍频带级）产生的。为了进行精确测量，尤其是在非常低的频率成分占主导的情况下，可以通过对低频成分计权来增加准确性，这种计权与等响曲线对应。表 8.1 给出了此方法的数据。

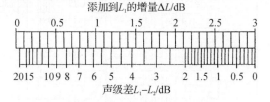

图 8.25 声级增量快速计算线型图
增量要添加到较大声级上，它是要添加的声级差的函数

表 8.1 250Hz 以下中心频率 f_T 的 1/3 倍频程声级 L_T 的计权

序号	范围		f_T/Hz									
			25	32	40	50	63	80	100	125	160	200	250
			dB 上的扣除,ΔL									
I		45dB	−32	−24	−16	−10	−5	0	−7	−3	0	−2	0
II		55dB	−29	−22	−15	−10	−4	0	−7	−2	0	−2	0
III		65dB	−27	−19	−14	−9	−4	0	−6	−2	0	−2	0
IV	$L_T + \Delta L \leqslant$	71dB	−25	−17	−12	−9	−3	0	−5	−2	0	−2	0
V		80dB	−23	−16	−11	−7	−3	0	−4	−1	0	−1	0
VI		90dB	−20	−14	−10	−6	−3	0	−4	−1	0	−1	0
VII		100dB	−18	−12	−9	−6	−2	0	−3	−1	0	−1	0
VIII		120dB	−15	−10	−8	−4	−2	0	−3	−1	0	−1	0

最终导致响度模式的可视化程序有以下优点:部分响度对应图中的部分区域。因此,在许多情况下,该图清楚地显示出哪个部分占主导,或者哪个部分对总响度的贡献大。在降噪方面,通常首先要降低响度模式中产生最大面积的那部分噪声,这一点通常非常重要。另外,图 8.24 显示了频谱中的某部分相对于相邻部分而言是如此之小,以至于它们被部分甚至完全掩蔽了。例如,在图 8.24 中,中心频率为 630Hz 时,1/3 倍频带级为 51dB,因为它被完全掩蔽了,所以不会提高响度,这表明该 1/3 倍频带级位于阴影曲线以下,限制了总面积,并在此频率下从 500Hz 的 1/3 倍频带级中产生。

利用 1/3 倍频程滤波器和模拟人类听力系统的电子设备中的滤波器组可以构成响度计。与可视化程序相比,此种响度计的优势在于可以同时模拟谱效应和时间效应。这种响度计的框图如图 8.26 所示。考虑到谱效应,它与图 8.24 中给出的可视化程序非常相似。用传声器拾取声压时间函数 $p(t)$,反馈给放大器以及适合于自由场与扩散场的滤波器。然后跟随 1 组滤波器、1 个整流器和 1 个时间常数为 2ms 的低通滤波器以产生滤波器输出的时间包络。在下一部分,根据图 8.17 中给出的数据形成特性响度 N'。经过大量简化,本部分计算了声强的 4 次方根或声压的平方根。NL 部分实现了图 8.20 中间部分给出的特性响度的非线性时间衰减量。相对于短信号,长信号特性响度的衰减会逐渐增大。在接下来的那部分,加号表示考虑了非线性谱扩展效应(即响声下响度模式平坦的上斜坡)的频域积分。接下来的 LP 包含 1 个 3 阶低通滤波器,其效果如图 8.20(c)所示。

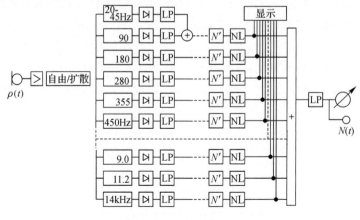

图 8.26 响度计框图

如图 8.26 所示的响度计既可以作为模拟仪器也可以作为数字仪器来实现。展示的响度模式对有效降噪很有帮助,因为图形下方的面积是感知响度的直接量度。此外,响度-时间功能是评估音乐、语音或噪声响度的宝贵工具。同时,一些制造声学测量仪器的公司也可以提供响度计。第 16 章给出了响度计实际应用的详细示例。

第 9 章　尖锐度和感知愉悦度

以前有一种趋势,就是将稳态声中与响度或音调感知无关的每样东西都变为"感知筐"中的剩余物,它被称为音色。要使用音色这一概念,有必要提取那些也许重要的感知混合物。"尖锐度(Sharpness)"感或许与"密度"有关,它似乎就是其中之一。然而,相反的是,与尖锐度感密切相关的是另一种被称之为感知愉悦度(Sensory Pleasantness)的感受。然而,这种感受也取决于其他感受,如粗糙感、响度感和调性等。

9.1　影响尖锐度的因素

尖锐度是一种可以单独考虑的感受,例如我们可以将一个声音的尖锐度和另一个声音的尖锐度加以比较。如果一个变量可以有效地改变尖锐度,那么尖锐度就可以加倍或减半。尖锐度判断的可变性和响度判断的可变性类似。声音谱包络是影响尖锐度感知的重要变量之一。大量的对比表明:对尖锐度来讲,谱的精细结构并不重要。例如,如果在临界带中测得的谱包络相同,那么连续谱噪声和有许多线谱的声音的尖锐度是一样的。

声级从 30dB 增长到 90dB,尖锐度增长 2 倍。这就意味着作为初步近似,声级的依赖性可以忽略,特别是当声级差不是很大时更是如此。只要带宽比临界带小,另一种小的影响是对带宽的依赖。不论临界带内有 1 个或 5 个纯音,或用临界带噪声做比较,我们都无法检测到尖锐度的变化。

影响尖锐度最重要的参数是谱分布和窄带声的中心频率。为了给出定量数值,这里定义参考点和单位。在拉丁语中,"acum"被用来描述尖锐这一概念。产生 1acum 的参考声是中心频率为 1kHz、声级为 60dB 的临界带内的窄带噪声。图 9.1 中用"十字"标记了该参考点。图中的实线给出了临界带宽噪声尖锐度与中心频率(横坐标)的关系。应该注意的是,横坐标是非线性尺度,而上横坐标中的临界带率为线性尺度。尖锐度(纵坐标)为对数尺度。图中的实线是与尖锐度感知函数相对应的刺激。对于窄带声,尖锐度随中心频率的增长而增长。对于低中心频率,尖锐度的增长与临界带率成正比。这可由临界带率为 8.5Bark 的参考点看出,因为其对应的声音的尖锐度为 1acum,该值大约是中心频率为 200Hz、临界带率为 2Bark 的窄带噪声尖锐度(0.25acum)的 4 倍。临界带率 16Bark(即中心频率为 3kHz)时引起的尖锐度大约是中心频率为 1kHz 时所引起尖锐度的 2 倍。这就意味着,尖锐度和临界带率的对称性至少持续到 3kHz。然而,由于存在 24Bark 的极限,高频临界带率增加得并不是太多,但尖锐度的增长要比窄带噪声中心频率的临界带率增长要快。这种效应似乎源于极高频声引起一种由尖锐度主导的感知。从大约 200Hz 的低频到大约 10kHz 的高频,尖锐度增长了 50 倍。

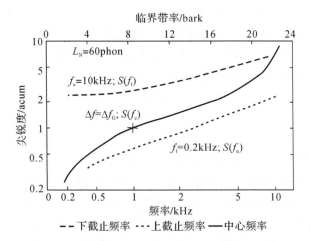

图 9.1 临界带窄带噪声尖锐度与中心频率的关系（实线）；上截止频率为 10 kHz 的带通噪声尖锐度与下截止频率的关系（点线）；下截止频率为 0.2 kHz 的带通噪声尖锐度与上截止频率的关系（虚线）
上横坐标给出与中心频率或截止频率对应的临界带率。"十"代表标准声，其尖锐度为 1 acum。所有噪声的响度为 60 phon

带宽是另一种严重影响尖锐度的变量。为了限制带宽的影响，我们用 2 个固定值和 2 个变量进行多种方式的测量。固定值是噪声的下截止频率，保持 200Hz 不变。此时的变量是横坐标上的上截止频率。当我们保持响度不变而改变上截止频率时就会得到 1 个值，它与 1kHz、60dB 临界带噪声产生的值对应。从大约 300Hz 开始增加上截止频率，尖锐度会持续增加（见图 9.1，它是介于 0.3～2.5acum 之间的一条直线）。点线展示其依赖性。在其他测量中，固定值为 10kHz 的上截止频率，变量为下截止频率。图 9.1 中的折线为测量数据，其下截止频率为横坐标。为了讨论该变量的依赖性，开始时我们用 10kHz 的窄带噪声，然后移动下截止频率形成 200Hz～10kHz 的宽带噪声。降低该噪声带的下截止频率会降低其尖锐度。当下截止频率降低到 1kHz 时尖锐度下降到约为原来的 1/2.5。倘若保持总响度不变，进一步降低截止频率，尖锐度将基本保持不变。

尽管上截止频率或下截止频率函数给出的数据看起来并没有多大意义，但它们对开发尖锐度模型影响重大。对于 1kHz 的窄带噪声，在高频处添加噪声，形成的谱宽约为 1～10kHz，则相应的尖锐度从 1acum 增加到 2.5acum。这种效应正是我们所期待的，因为添加噪声也许会增加尖锐度。然而，如果在 1kHz 处保持上截止频率不变，而噪声带宽由 200Hz 变为 1kHz，则尖锐度会下降。这表明增加低频声可以降低尖锐度。至少这不是我们一开始就期待的结果。

9.2 尖锐度模型

在构建尖锐度模型时，将尖锐度当作与谱精细结构无关的一种量是有益的，总的谱包络是影响尖锐度的主要因素。在第 6 章和第 8 章中曾讲到，在心理声学中谱包络由兴奋级-临界带率模式或特性响度-临界带率模式表示。图 9.1 中的实线所示，对于窄带噪声，在中心频率约 3kHz 的临界带率（16Bark）以下，尖锐度会增加。设高频（16Bark 以下的临界带率）处增量为

1,更高临界带率下会大幅增加。需要注意的是,如果下截止频率降低,尖锐度会随之减小(见图 9.1 中的虚线),我们可以假设一个和尖锐度变化有关的量。考虑到因子 g,它在 16Bark 以上增加到大于 1,使用特性响度-临界带率模式作为所讨论问题的分布,并使用边界条件(即中心频率为 1kHz 的窄带噪声的尖锐度为 1acum),可给出如下等式:

$$S = 0.11 \frac{\int_0^{24} Ng(z)zdz}{\int_0^{24} Ndz} \tag{9.1}$$

式中,S 是要计算的尖锐度,分母给出了总响度 N,这部分内容已在第 8 章讨论过。上面的积分类似于临界带率上特性响度的一阶动量,但是用了附加因子 g,它与临界带率有关。如图 9.2 所示,该因子是临界带率的函数。只有当临界带率大于 16Bark 时,该因子才会从 1 增加直到在临界带率末端接近 24Bark 时达到 4。这部分考虑到了窄带噪声尖锐度在高中心频率处会超预期地快速增长。式(9.1)仅仅是对特定响度临界带率分布的一阶计权。

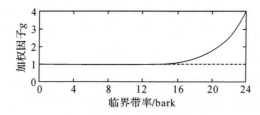

图 9.2 尖锐度计权因子与临界带率的关系

利用式(9.1),我们对比了许多声音尖锐度的基于心理声学方法测量值和计算值。考虑到该式相对简单,二者的吻合程度还是比较好的。下述讨论 3 个应用该模型的例子。在图 9.3 中,图(a)显示了 3 种不同声音,即 1kHz 纯音(实线)、均匀兴奋噪声(从左下到右上)和 3kHz 以上的高通噪声(从左上到右下)临界带级分布 L_G 与临界带率的关系。右图(b)显示了相应的计权特性响度与临界带率的关系,同时也给出了一阶动量(重心)的位置。箭头显示 1kHz 纯音的尖锐度比 3kHz 高通噪声的尖锐度要小。当下截止频率转换为更低数值时,噪声变为均匀兴奋噪声,此时尖锐度大幅下降,这与心理声学测量结果相符。然而,它明显比 1kHz 纯音的尖锐度要高。

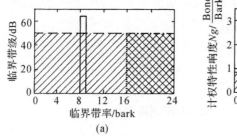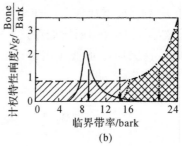

图 9.3 中心频率 1 kHz 的窄带噪声(实线)、均匀兴奋噪声(从左下到右上的虚线和阴影)和高通噪声(从左上到右下的点线和阴影)的尖锐度计算

图(a)表示临界带级与临界带率的关系,图(b)再次表示计权特性响度与临界带率的关系。计算出的尖锐度由三个垂直箭头表示 音轨 34

9.3 感知愉悦度的影响因素

感知愉悦度是一种更复杂的感受,它受基本听感(如粗糙度、尖锐度、音调度和响度)的影响。由于这些影响,提取感知愉悦度成为单一的基本感知变得几乎不可能,因此有必要用带参考值的量值估计法及相对值来度量这种感知的影响因素。

将正弦音、带宽为30Hz的窄带噪声和带宽为1kHz的带通噪声作为中心频率的函数,可以测量感知愉悦度对尖锐度的依赖关系。利用心理声学方法在不同实验中分别确定相对尖锐度和相对感知愉悦度,数据有点分散。感知愉悦度和其他感知的关系如图9.4所示。图9.4(a)显示的是愉悦度和相对粗糙度的关系,图9.4(b)是3种声音愉悦度和尖锐度的关系。很明显,感知愉悦度随尖锐度的增加而减少。纯音的感知愉悦度最大,而带通噪声的感知愉悦度较低。

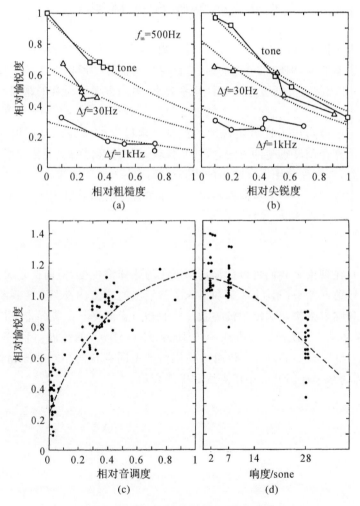

图9.4 相对愉悦度与各个参量的关系
(a)相对粗糙度(带宽为参数);(b)相对尖锐度;(c)相对音调度;(d)响度

与尖锐度的依赖关系类似，感知愉悦度也依赖于粗糙度（第 11 章会详细描述这种听感），尽管其关联性并不是很强。由于数据再次使用带参考值的量值估计法，故只能给出相对值。

感知愉悦度和音调度的关系是区别噪声和纯音音质的一种特征，如图 9.4(c)所示。此种关联性表明感知愉悦度随音调度的增加而增加。音调度小意味着感知愉悦度小。相对地，当音调度大于 0.4 时，感知愉悦度的增长并不是很多。

目前描述的感知愉悦度在其确定过程中采用的响度为恒定的 14sone。然而，感知愉悦度也取决于 20sone 以上的响度，但影响并不大。当响度大于 20sone 时，感知愉悦度会随响度的增加而减少。但是我们不能孤立地看待感知愉悦度和响度的依赖性，因为粗糙度和尖锐度对响度也有影响。如果消除这种影响，感知愉悦度和响度的关系依旧存在，如图 9.4(d)所示。

总的来讲，感知愉悦度主要与尖锐度有关。粗糙度的影响较小，音调度的影响也是这样。然而，只有当响度大于安静环境下 2 个人正常交流的响度时，响度才会影响感知愉悦度。

9.4 感知愉悦度模型

一个声音是否愉悦不仅取决于声音的物理参数，也取决于听者对声音的主观因素。这些非声学影响是无法预期的，但如果可能的话，应该忽略和消除。所以在实验中我们创建了感知愉悦度模型，它一方面将人类听觉系统特性联系起来，另一方面将声音的物理参数联系起来。

感知愉悦度相对值和这些感受（如尖锐度、粗糙度、音调度、响度）相对值的关系可用下面的方程近似表示。已经给出了计算尖锐度的模型。粗糙度的感知也是可以计算的，见第 11 章。目前还没有计算音调度感受的方法，因此它仅仅是一种近似的主观估计值，而响度的计算则相对精确。因此，有可能将图 9.4 给出的依赖性放入一个包含感知（如尖锐度、粗糙度、音调度、响度）相对值的等式中。结果也同样给出了感知愉悦度的相对值 P/P_0。基于尖锐度 S、粗糙度 R、音调度 T、响度 N 相对值的等式为

$$\frac{P}{P_0} = e^{-0.7R/R_0} e^{-1.08S/S_0} (1.24 - e^{-2.43T/T_0}) e^{-(0.023N/N_0)^2} \tag{9.2}$$

利用式(9.2)，在理论上我们可以计算任何声音的感知愉悦度，但前提是尖锐度、粗糙度和响度的计算是使用第 9.2 节、第 11.2 节和第 8.7 节给出的方法。音调度的判断是主观的。有证据表明音调度和临界带率及响度都没关系。然而相对音调度与由临界带率扩展表述的带宽有关，随着临界带率从 0.1Bark，0.2Bark，0.57Bark 到 1.5Bark 的扩展，相对音调度从正弦音的 1 减少到约 0.6，0.3，0.2 和 0.1。使用这些值估计不同声音的相对感知愉悦度是可行的。根据式(9.2)计算的结果在图 9.4 中用点线和虚线表示。

第10章 波动强度

本章介绍调幅宽带噪声、调幅纯音和调频纯音的波动强度,以及波动强度对调制频率、声压级、调制深度、中心频率和频率偏差的依赖关系,比较调制声与窄带噪声的波动强度,并提出基于掩蔽模式或响度模式时域变化的波动强度模型。

10.1 波动强度的影响因素

调制声引起两种听感:小于20Hz左右的低调制频率引起波动感;高调制频率引起粗糙感,这将在第11章中详细讨论。调制频率在20Hz左右时会从波动感过渡到粗糙感。其过渡是平滑的,之间并无明确界限。

图10.1所示为波动强度对调制频率的依赖关系,分别显示了调幅宽带噪声(Amplitude-Modulated Broad-Band Noise,AM BBN)、调幅纯音(Amplitude-Modulated Pure Tone,AM SIN)以及调频纯音(Frequency-Modulated Pure Tone,FM SIN)的数据。每幅图中都相对该声音的最大波动强度作了归一化处理(左纵轴)。由于波动强度是分离其他感受后考虑的一种感受,其绝对值和相对值都有用。因此定义:1kHz,60dB的纯音以4Hz进行100%的幅度调制引起的波动强度为1vacil。vacil来自拉丁语中的vacilare或英语中的vacillate。用图10.7显示的波动强度数据可以给出其绝对值,如右纵轴所示。

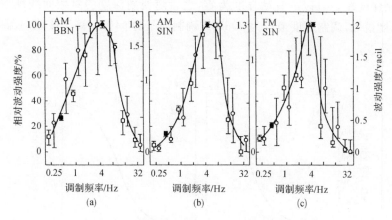

图10.1 3种调制声波动强度与调制频率的关系
(a)声压级为60dB、调制深度为40dB的调幅宽带噪声;(b)声压级为70dB和调制深度为40dB的1kHz调幅纯音;
(c)声压级为70dB、中心频率为1 500Hz和频率偏差为±700Hz的调频纯音 音轨35

图10.1中的3幅图清楚地显示,波动强度是调制频率的函数,具有带通特性,最大值出现

在 4Hz 左右。这意味着不管是调幅还是调频或调制的是宽带还是窄带声,调制频率为 4Hz 的声音的波动强度变大。调制频率约为 4Hz 时的最大波动强度与流利语音时域包络的变化相对应,正常语速下通常每秒发出 4 个音节,其时域包络变化频率为 4Hz。这可以看作是语音和听觉系统精确联系的示例。

图 10.2 展示了波动强度与声压级的依赖关系。另外,3 幅图还显示了调幅宽带噪声、调幅纯音和调频纯音的结果。在每幅图中,左纵轴上为波动强度对最大值做归一化的相对值,右纵轴上为绝对值。随着声压级的升高,所有声音的波动强度都增加。对调幅声[见图 10.2(a)(b)],波动强度的增加要比调频纯音[见图 10.2(c)]更显著。声压级增加 40dB,调制声的波动强度平均要增大 2.5 倍(0.7~3)。

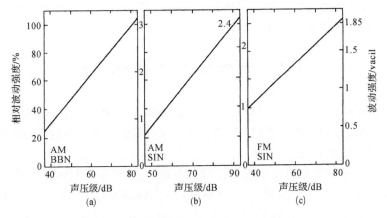

图 10.2 调制声波动强度与声压级的关系

刺激参数与图 10.1 相同,但调制频率为 4Hz

图 10.3 展示了调幅宽带噪声和调幅纯音波动强度对调制深度和调制因子的依赖关系。在每幅图中,左纵轴上的波动强度都相对最大值做归一化处理,右纵轴为绝对值。图 10.3 的结果显示,调制深度在 3dB 以下波动强度为零,之后随调制深度的对数而线性增加。为了使声音的波动强度最大,调制深度最少为 30dB 或调制因子为 94%。高于该调制深度,波动强度将维持最大值不变。

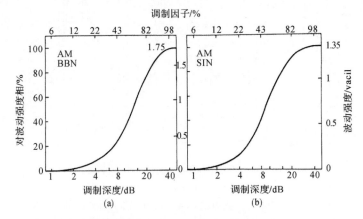

图 10.3 两种调幅声的波动强度与调制深度或调制因子的关系

(a)声压级为 60dB、调制频率为 4Hz 的调幅宽带噪声;(b)声压级为 70dB、调制频率为 4Hz 的 1kHz 调幅纯音

图 10.4 显示了调制纯音波动强度对中心频率的依赖关系。左图显示了调幅纯音的结果，右图显示了调频纯音的结果。在每幅图中，数据都相对最大波动强度做归一化，同时也给出了绝对值。图 10.4 所示的结果暗示调幅纯音的波动强度对中心频率的依赖性很小，尽管四分位距很大，中位数显示调幅纯音在极低频(125Hz)和极高频(8kHz)下的波动强度要低于中频处的波动强度。但是，图 10.4(b)显示的调频纯音的结果表明，波动强度明显依赖于中心频率，因此，虽然调频纯音的波动强度在 1kHz 以下几乎不变，但随中心频率的对数向高频侧增加而大致线性降低。

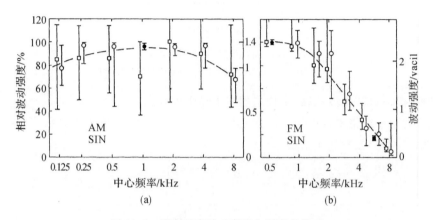

图 10.4 调制纯音波动强度与频率的关系
(a)声压级为 70dB、调制频率为 4Hz、调制深度为 40dB 的调幅纯音；
(b)声压级为 70dB、调制频率为 4Hz、频率偏差为 ±200Hz 的调频纯音

就不同中心频率下调频纯音包含的临界带个数(频率偏差保持 200Hz 不变)来讲，这种降低是可以理解的。例如，0.5kHz 调频纯音扫过的频率从 300Hz 到 700Hz，即临界带率在 3Bark 和 6.5Bark 之间。中心频率 8kHz 调制引起的频率在 7.8kHz 和 8.2kHz 之间，分别相当于 21.1Bark 和 21.3Bark。这意味着中心频率为 0.5kHz 时，调频纯音变化的临界带率间隔为 3.5Bark，而在 8kHz，其变化间隔为 0.2Bark。因此，8kHz 处的临界带间隔是 0.5kHz 处的 1/17.5。由图 10.4(b)中可以看出，0.5kHz 和 8kHz 处的相对波动强度相差 16.5 倍。结果显示调制声的波动强度可用兴奋模式描述。

图 10.5 显示了中心频率为 1.5kHz 调频纯音波动强度对频率偏差的依赖性。频率偏差约为 20Hz 时开始感受到波动强度，并随频率偏差的对数成线性增加。该结果用于声压级为 70dB、调制频率为 4Hz、中心频率为 1 500Hz 的调频纯音。对这样的纯音，频率调制的 JND(最小可觉度，Just-Noticeable Degree)相当于 $2\Delta f=8$Hz(见图 7.8)。当频率偏差大于 4Hz 处 JNDFM(最小可觉调频度)幅度的 10 倍时，波动强度值显著，此时相对波动强度为 10%。该规律好像也适用于调幅声：相对波动强度为 10% 的调制深度(见图 10.3)是下面 2 种情况 JNDAM(最小可觉调幅度)的 10 倍，即调制深度约为 0.4dB、调制频率为 4Hz 的 70dB 调幅纯音，以及调制深度为 0.7dB 的调幅宽带噪声(见图 7.1)。

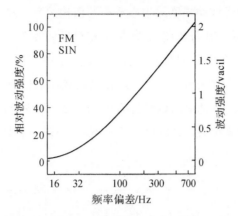

图 10.5 调频纯音波动强度与频率偏差的关系
声压级为 70 dB、中心频率为 1 500 Hz、调制频率为 4 Hz

不仅调频声可以产生波动感,未调制的窄带噪声也可以。

图 10.6 展示了窄带噪声相对波动强度与其带宽和有效调制频率的关系。根据式(1.6),该频率按下式计算:$f_{\mathrm{mod}}^{*}=0.64\Delta f$。

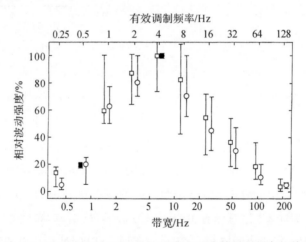

图 10.6 窄带噪声的波动强度与其带宽和有效调制频率的关系
中心频率为 1 kHz、声压级为 70 dB　　音轨 36

图 10.1 和图 10.6 展示数据经比较显示,不考虑声音的周期性或随机波动,波动强度显示出带通特性,最大值出现在(有效)调制频率 4 Hz 处。

未调制窄带噪声的波动强度随声级而增加,在 1kHz 中心频率附近的值较大,与图 10.2 和图 10.4(a)中显示的调制声数据相似。

图 10.7 比较了 5 种不同声音(其特性见表 10.1)的波动强度。大频率偏差下 70dB 纯音的波动强度最大。60dB 调幅宽带噪声的波动强度要小 10%。2kHz、70dB 调幅纯音的波动强度要比同样的调频纯音小 30%。声音 4 为小频率偏差下的 70dB 调频纯音,其波动强度仅为声音 1 的 1/10。由图 10.5 的数据可以预料到该结果。声音 5 代表了带宽为 10Hz 的窄带噪声。该窄带噪声的波动强度可估计如下:作为初步估计,该窄带噪声可看作是中心频率为 1kHz、调制频率为 6.4Hz 的调幅纯音(见第 1.1 节)。由图 10.3 显示的结果可知,如果窄带噪

声的有效调制因子为40%,则该噪声的波动强度应该为调制因子为98%时调幅纯音的波动强度的1/2.5。然而,比较图10.7中声音3和5的相对粗糙度,结果表明窄带噪声的波动强度为调幅纯音波动强度的1/5。很明显,调幅纯音的周期波动不同于噪声幅度的随机波动,它增大了调幅纯音的感知波动强度。

表 10.1 声音 1~5 的物理数据　　🎵 音轨 37

声音	1	2	3	4	5
缩写	FM	AM	AM	FM	
	SIN	BBN	SIN	SIN	NBN
频率/Hz	1 500	—	2 000	1 500	1 000
声级/dB	70	60	70	70	70
调制频率/Hz	4	4	4	4	—
调制深度/dB	—	40	40	—	—
频率偏差/Hz	700	—	—	32	—
带宽/Hz	—	16 000	—	—	10

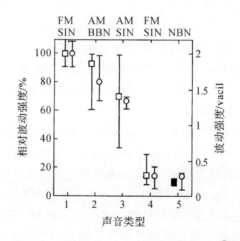

图 10.7　表 10.1 中所述声音 1~5 的波动强度　　🎵 音轨 37

在很大程度上,调幅宽带噪声和较大频率偏差下的调频纯音(声音2和声音1)的大波动强度与临界带率尺度上的兴奋变化有关。因此,可以假设波动强度在临界带上可以相加。第10.2 节会详细解释该观点。

10.2　波动强度模型

基于掩蔽模式时域变化的波动强度模型如图10.8所示,其中粗实线代表正弦调幅掩蔽音的时域掩蔽模式。阴影图代表用声压级表示的正弦调幅掩蔽音包络。2个相邻掩蔽包络最大值之间的间隔对应于调制频率的倒数。时域掩蔽模式的时域变化用幅度 ΔL 表示,它代表了时域掩蔽模式中最大值和最小值之间的级差。所谓的时域掩蔽深度 ΔL 不能与掩蔽音包络的调制深度 d 混淆,由于滞后掩蔽效应,时域掩蔽模式的掩蔽深度 ΔL 小于掩蔽音包络的调制深度 d。

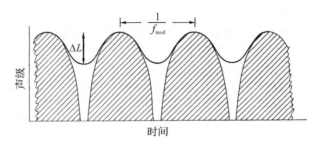

图 10.8 波动强度模型

正弦调幅掩蔽音的时间掩蔽模式,引起的时域掩蔽深度为 ΔL

以下公式显示了波动强度 F 和时域掩蔽模式掩蔽深度 ΔL,以及 F 和调制频率 f_{mod} 之间的关系,即

$$F \sim \frac{\Delta L}{(f_{\mathrm{mod}}/4)+(4/f_{\mathrm{mod}})} \tag{10.1}$$

式中的分母清楚显示了 4Hz 调制频率在波动强度描述中起到的重要作用:调制频率较高时,耳朵显示出滞后掩蔽的整体特性;调制频率小于 4Hz 时,短时记忆效应变得重要起来。

对调幅宽带噪声来说,其时域掩蔽模式的掩蔽深度的幅度 ΔL 与频率几乎无关。由于掩蔽模式斜坡的非线性,调幅纯音部分具有频率依赖性。除了这些因素,掩蔽深度的幅度与调频纯音一样显示出对频率的强烈依赖性。这意味着描述调频纯音和调幅纯音时模型可改进如下:不只采用时域掩蔽模式的掩蔽深度 ΔL,而是对临界带率上所有 ΔL 的幅度进行积分。该方法更详细的描述见第 11 章对粗糙度模型的讨论。

图 10.9 所示为波动强度模型的基本特征,即时域掩蔽模式的掩蔽深度。阴影图表示正弦调幅宽带噪声的时域包络。不同曲线表示不同调制频率下的时域掩蔽模式。相对于掩蔽音周期,掩蔽模式最大值出现在延迟为零处,最小值出现在延迟为 0.5 处。最大值和最小值之间的差称作时域掩蔽深度,它随调制频率的增加而减小。这意味着作为调制频率的函数,时域掩蔽模式具有低通特性,而波动强度具有带通特性。式(10.1)解释了时域包络的低通特性是如何转换到波动强度的带通特性的。该带通特性描述了调制频率对波动强度的影响。然而,式中 ΔL 值随调制频率的增加而线性减小。考虑到这一点,对于正弦调幅宽带噪声波动强度,可以给出相对简单的方程为

$$F_{\mathrm{BBN}} = \frac{5.8(1.25m-0.25)(0.05L_{\mathrm{BBN}}-1)}{(f_{\mathrm{mod}}/5)^2+(4/f_{\mathrm{mod}})+1.5} \tag{10.2}$$

式中,m 为调制因子,L_{BBN} 为宽带噪声的声级,f_{mod} 为调制频率。对调幅或调频纯音,可在临界带率上对时域掩蔽深度 ΔL 积分以估计波动强度,由此可得近似值为

$$F = \frac{0.08\int_0^{24}\Delta L\mathrm{d}z}{(f_{\mathrm{mod}}/4)+(4/f_{\mathrm{mod}})} \tag{10.3}$$

式中,可由第 4 章中对间隔 1Bark 的不同临界带率的掩蔽模式得到掩蔽深度 ΔL。于是,积分就转化为在整个临界带率范围上最多 24 个值的和。

第 10 章 波 动 强 度

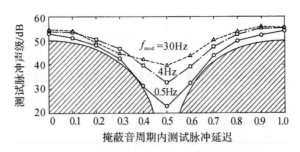

图 10.9　100％正弦调幅宽带噪声的时间掩蔽模式

阴影:掩蔽音的时间包络;参数:调制频率。在掩蔽音调制周期内所有的数据都是时间位置的函数

尽管本章中描述的大部分声音的 ΔL 值都可得到,但在实际应用中的对典型声音 ΔL 值的获得却不容易。因此,人们开发了计算机程序,利用相应的特性响度差代替 ΔL 值。由于波动强度和粗糙度的计算机模型非常相似,因此具体细节将在第 11 章和相关文献中给出。

第 11 章 粗 糙 度

利用100%调幅的1kHz纯音,从低到高增加调制频率可获得3种不同的感受区。当调制频率很低时,其响度缓慢上下变化,产生波动感。调制频率接近4Hz时,这种感受最强烈;调制频率继续增大,这种感受减弱。在15Hz左右,另一种感受,即粗糙感(Roughness)开始增强,且在调制频率接近70Hz时最强,调制频率再增大,这种感受再次减弱。随着粗糙感的减弱,听到3个不同纯音的感受开始增强。该感受在150Hz左右较弱,但调制频率较大时快速增强。这种特性表明粗糙感是由约15~300Hz间调制频率产生的相对快的变化引起的。要形成粗糙感,不需要精确的周期调制,但是调制函数谱必须在15~300Hz间。为此,即使包络或频率不出现周期性的变化,许多窄带噪声听起来也粗糙。粗糙感是我们忽略其他感受时要考虑的一种感受。

11.1 粗糙度的影响因素

为了定量描述粗糙感,需要定义一个参考值。在拉丁语中,单词"asper"描述所谓的"粗糙"。为了定义1asper的粗糙度,我们选择60dB、调制频率为70Hz、幅度调制为100%的1kHz纯音。粗糙度定义中有3个重要参数。对于幅度调制,重要参数是调制度和调制频率;对于频率调制,重要参数是调频指数和调制频率。

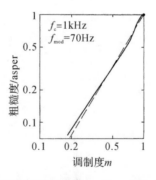

图 11.1 粗糙度与幅度调制频率为 70 Hz、1 kHz 纯音调制度的关系
右上角的点表示标准声,其粗糙度为 1 asper。虚线表示有用的线性近似值　音轨 38

图11.1显示了调制频率为70Hz,1kHz纯音的粗糙度与调制度的关系。其中调制度大于1并无意义。实线表示的数据可由虚线估计。由于横坐标和纵坐标均为对数尺度,直的虚线代表了幂律。指数约为1.6,因此调制度25%引起的粗糙度仅为0.1asper。该粗糙度很小,有些被试将其归为"不再粗糙"。

粗糙度对调制度的依赖性在其他中心频率下也成立,而在什么调制频率上取得最大粗糙度,这与中心频率有关。图 11.2 显示了 100% 调制时不同中心频率下粗糙度对调制频率的依赖性。这种依赖性具有带通特性。在低调制频率处,粗糙度在达到最大值前,在图 11.2 的双对数坐标下它近乎线性上升。最大值只依赖小于 1kHz 的载频,载频下降时,最大值向低调制频率方向变化。调制频率小于 1kHz 时,该带通特性的下斜坡保持不变,随着中心频率的下降其最大值减小。当中心频率大于 1kHz 时,尽管取得最大值的调制频率不变,但最大值的高度降低。这意味着中心频率大于 1kHz 时,随着中心频率的上升该特性平行下移。

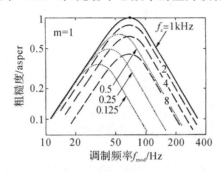

图 11.2 给定中心频率的 100% 调幅纯音的粗糙度与调制频率的关系

带通特性的上部可再次用一条直线近似,随着调制频率的上升,粗糙度的下降相对较快。看起来低中心频率下临界带的宽度起重要作用。在 250Hz 处,临界带宽仅为 100Hz。当调制频率为 50Hz 时,2 个边带的频率间隔为 100Hz。当调制频率更高时,2 个边带落入不同临界带中。当中心频率为 1kHz 时,所有对频率调制依赖性的形状都相同。这里,最大粗糙度似乎受听力系统时域分辨率的限制。因此,人耳的两种特性似乎影响粗糙感:低中心频率时为频率选择性,高中心频率时为受限的时域分辨率。

图 11.3 显示了调幅宽带噪声、调幅纯音和调频纯音的相对粗糙度与调制频率的依赖关系。与图 11.2 显示的数据一样,不管带宽或调制类型如何,粗糙度最大值出现在调制频率为 70Hz 附近。对调幅纯音、调幅宽带噪声或调频纯音,调制频率大于 300Hz 时粗糙感消失。

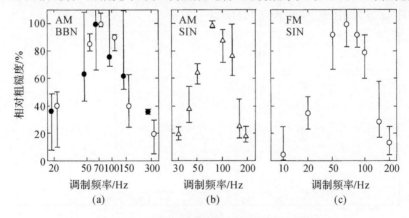

图 11.3 调制声粗糙度与调制频率的关系

(a)声压级为 60dB、调制深度为 40dB 的调幅宽带噪声;(b)声压级为 70dB、调制深度为 40dB 的 1kHz 调幅纯音;
(c)声压级为 70dB、中心频率为 1 500Hz、频率偏差为 ±700Hz 的调频纯音   音轨 39

尽管没有附加幅度调制,但噪声频带经常听起来粗糙。这是由于噪声包络的随机变化。这些变化能够听得到,特别是在100Hz附近的频带中,此时平均包络变化为64Hz,见第1.1节。因此,该频带处的粗糙度相当大。随着频带的上升,粗糙感的形成受频率选择性的限制。尽管如此,在极高中心频率处仍可产生噪声,它在临界带内但带宽为1kHz。尽管该噪声为随机调幅,但听起来相对稳定,引起的粗糙感很小。

图11.4 显示了粗糙度对声压级的依赖性,给出了调幅宽带噪声、调幅纯音和调频纯音的数据。

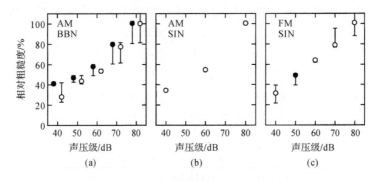

图 11.4 调制频率 70Hz 的调制声粗糙度与声压级的关系
(a)调制度为40dB的调幅宽带噪声;(b)调制度为40dB的1kHz调幅纯音;
(c)中心频率为1 500Hz、频率偏差为±700Hz的调频纯音

声压级增加40dB,粗糙度增加约2倍。粗糙度这种对声级的依赖性与图10.2显示的波动强度随声压级的上升类似。

调制度增加10%时能够感受到粗糙度的增加,约为17%。对调制频率为70Hz的1kHz调幅纯音,粗糙度达到阈值,约为0.07asper。1asper接近于调幅纯音粗糙度的最大值,因此在整个粗糙度尺度上只有20个可听粗糙度级别。

调频形成的粗糙度比调幅大。在几乎整个可听频率范围内,强调频引起的粗糙度接近6asper。只有宽带噪声的幅度调制才能引起如此大的粗糙度。

图11.5 显示了调频纯音粗糙度对频率偏差的依赖性,其中调频纯音的中心频率为1 500Hz、声压级为70dB、调制频率为70Hz。

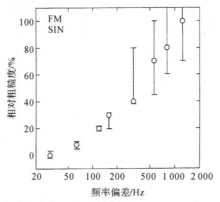

图 11.5 正弦调频纯音粗糙度与频率偏差的关系
中心频率为1 500Hz、声压级为70dB、调制频率为70Hz

图 11.5 表明,频率偏差在 50Hz 以前粗糙度很小。频率偏差 Δf 更大时粗糙度几乎以 Δf 的对数线性上升。

11.2 粗糙度模型

如上所述,影响粗糙度的因素主要有两个,即听力系统的频率分辨率和时域分辨率。频率分辨率用兴奋模式或特性响度-临界带率模式建模。

假设听力系统不能分辨这样的频率,只能处理临界带率尺度上所有位置的兴奋级或特性响度变化,于是粗糙度模型应当基于调制引起的兴奋级差。以调幅为例,我们关注描述时域变化强烈的掩蔽音引起的掩蔽效应数据。掩蔽级是确定兴奋的有效测度,它可用来估计调幅引起的兴奋级差。该方法结合了已经讨论的 2 种主要因素,即频率分辨率和时域分辨率。图 4.24、图 4.25 和图 4.27 给出的时域掩蔽模式显示了时间效应以及用于估计时域掩蔽模式最大值与最小值之差的 ΔL 值。该时域掩蔽深度 ΔL 随调制频率的降低而增大。如果粗糙度仅依赖于该掩蔽深度,那么可以预测最低调制频率处的粗糙度最大。但事实并非如此,粗糙感是由时域变化引起的。很慢的变化并不引起粗糙感,而较快的周期变化可以。这意味着粗糙度与变化速度成正比,即与调制频率成正比。由 ΔL 值可得如下近似:

$$R \sim f_{\text{mod}} \Delta L \tag{11.1}$$

对于很小的调制频率,尽管 ΔL 较大,但粗糙度很小。这里 f_{mod} 很小,因此粗糙度依然很小。对于 70Hz 左右的中等程度的频率调制,ΔL 值要小于低调制频率的值。然而,此种情况下 f_{mod} 很大,因此这 2 个值的积达到最大值。在高频率调制下,f_{mod} 更大,但由于受听力系统时域分辨率的限制,ΔL 变小。因此该乘积再次降低。此种背景下,我们应该认识到调制频率为 250Hz 时相当于周期为 4ms,谷值的有效时程只有 2ms。此时,时域掩蔽深度 ΔL 几乎为零。同样,ΔL 和 f_{mod} 的积也很小,粗糙感消失。

这样,可以估计出粗糙度,并与测得的数据比较,如图 11.6 所示,其中以 70Hz 处的最大粗糙度为基准。将相对于最大值的粗糙度表示为调制频率的函数。实线对应于图 11.2 给出的中心频率大于 1kHz 的数据。基于粗糙度的如下假设:粗糙度正比于调制频率与掩蔽深度的乘积,虚线对应于计算值。尽管仍有差异(尤其是在较调制频率处),但计算值与主观测量值吻合良好。这里,主观测量的粗糙度比计算的粗糙度下降得更快。在该区域,被试不易分辨粗糙感和波动感,他们的注意力主要集中在其中一个上。

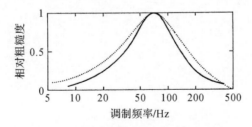

图 11.6 相对粗糙度与调制频率的关系
主观测量值(实线)、计算值(虚线)

为了进行更精确的计算,我们知道 ΔL 值依赖于临界带率。图 4.9 显示的掩蔽上斜坡的非线性上升使得上斜坡区的 $\Delta L'$ 比主兴奋的 $\Delta L'$ 大得多。该效应从图 4.24 中也看得出来。将测试音频率等于掩蔽音频率(1kHz)下的 ΔL，以及接近 1.6kHz 时上斜坡的 ΔL 加以比较，发现上斜坡的 ΔL 明显要大得多。为了解释这种效应，给出的估计变为

$$R \sim f_{\mathrm{mod}} \int_0^{24} \Delta L_{\mathrm{E}}(z) \mathrm{d}z \tag{11.2}$$

利用边界条件，即 100%、70Hz 幅度调制的 1kHz、60dB 纯音的粗糙度为 1asper，可用如下公式计算任何声音的粗糙度 R，即

$$R = 0.3 \frac{f_{\mathrm{mod}}}{k} \int_0^{24} \Delta L_{\mathrm{E}}(z) \mathrm{d}z \tag{11.3}$$

关于 ΔL 与临界带率的关系，不幸的是，我们没有像兴奋级或特性响度那样多的数据。因此，计算稍微受到限制。但是，根据得到的数据，我们能够证明可以精确计算粗糙度与调制度的关系。此时，计算值主要受 ΔL 对调制度而并非调制频率依赖性的影响。对调制纯音，掩蔽-临界带率模式上斜坡非线性上升对粗糙度的影响比主兴奋的影响要大。这使得我们可以预测：与心理声学数据一致，都以对数尺度表示的粗糙度和调制度关系的斜率，正弦纯音式(1.6)的要比宽带噪声式(1.3)的大。

可以获得关于调频声 ΔL 值的一些数据。基于给定方程得到的估计值能够定性(大多数时候能够定量)地符合心理声学测得的依赖性。

将计算粗糙度所需的 ΔL 值转换为相应特性响度的变化值是有好处的。就模型输入而言，响度计(见图 8.26)每个通道的特性响度-时间函数都是必需的。此外，相邻通道信号间的关系也要考虑进去。在此基础上开发了一套计算机程序，它很好地解释了测量的心理声学数据，同时也定量描述了辐射噪声的粗糙感。

该程序的一个改进版本(本质上是基于相同的特征)也可定量评估波动强度对相关刺激参数的依赖性(参阅第 10 章)。

第 12 章 主观时程

当谈到时程时,我们一般会想到以秒、毫秒或分钟度量的客观时程。尽管我们经常通过倾听音乐中的声音或一次对话来检测时程,此时不长的一段静默会增强其显著性。如果可以通过倾听来度量时程,那么这些时程将不是客观时程,而是主观的,因为它们对应于感受。如果只比较长时程短声,那么主观时程与客观时程不会有太大的不同。因此,经常假设主观时程与客观时程大致相等。然而,将短声时程与静默时程加以比较,情况却不是这样的。此时会出现显著差异,这表明有必要考虑将主观时程看作一种独立的感受。

12.1 主观时程的影响因素

可以通过固定参考值和单位来量化主观时程的尺度。选择的单位为"dura",确定声压级为 60dB、客观时程为 1s 的 1kHz 纯音引起的主观时程为 1dura。通过减半或加倍获得 1kHz 短纯音主观时程和客观时程之间的关系。图 12.1 用双对数坐标描绘了其结果。主观时程 D 为纵坐标,客观时程 T_i 为横坐标。参考点用空心圆标记。两值之间的比例关系由 45°虚线表示。

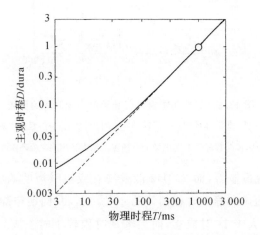

图 12.1 主观时程与 60 dB SPL、1kHz 纯音客观时程的关系(实线)
虚线表示客观时程和主观时程相等。空心圆标示主观时程为 1dura 的标准声

这种比例关系在很宽的范围内,即时程从 3s 开始下降到约 100ms 都是有效的。小于 100ms 时主观时程偏离这种比例关系,减小的程度小于客观时程。然而,缩短 1kHz 纯音的时

程会产生不同的频谱,这会使上述结果受到影响。因此,可用白噪声产生更短的短声而不改变其频谱。对于较大的时程,白噪声短声的主观时程和客观时程之间形成了与1kHz纯音相同的比例关系。白噪声的客观时程降低到0.3ms并不会对谱形状产生重大影响。较短时程区域的结果证实了1kHz纯音的变化趋势,即当客观时程从1ms变化到0.5ms时,主观时程的差异很小。从这些测量中可得出结论:图12.1显示的效应不是基于更短的1kHz短纯音谱拓展的副作用,而是基于人类听音行为的影响。这意味着,当时程小于100ms时,我们不能期望主观时程和客观时程相等。

该发现有点令人吃惊。然而,将静默期的主观时程和短纯音的主观时程加以比较,其结果会令人更吃惊。此时采用比较法并改变静默期使其听起来与短纯音一样长,反之亦然。图12.2中的插图显示了用于比较的测试音的时间序列。时程为 T_i 的短声后面紧跟着持续至少1s的静默期。在此之后,纯音持续0.8s,并紧跟时程为 T_p 的静默期,再次出现另一个持续0.8s的纯音,并紧跟持续至少1s的静默期。被试比较了短纯音和静默期的感知时程。在一次实验中改变短纯音的客观时程,接下来被试改变静默期的客观时程使形成的主观时程相等。使用调节法的结果与使用恒定刺激法的结果相同。图12.2给出的结果显示了等主观时程曲线,其中静默期的客观时程为纵坐标,短纯音的客观时程为横坐标,它们均为对数尺度。参数为使用的声音类型。

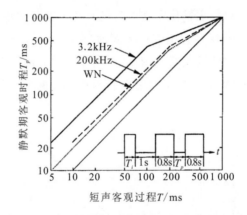

图12.2 静默期主观时程和短声主观时程的比较

针对白噪声(WN)、200Hz和3.2kHz纯音,静默期客观时程(纵坐标)引起的主观时程与短声的相同,短声客观时程标示在横坐标上。插图表示声音序列　音轨40

3.2kHz纯音的效应最显著,而200Hz低频纯音或白噪声的效应则不那么明显。然而,它们都明显偏离了表示短声和静默时程相等的45°直线。我们期望静默期和短声的主观时程相等,这一点在客观时程大于1s时成立,而当客观时程较小时不成立。从3.2kHz纯音中截取短声和静默期,由图12.2中可以看到,持续100ms的短声,其主观时程与实际持续400ms的静默期的主观时程相同。此种情况下,其差异是4倍。200Hz纯音或白噪声受到的影响较小,但仍大约为2倍。当静默时程从小于100ms到5ms变化时,短声客观时程和静默期客观时程之间的差异对于形成相等的主观时程是必要的。

此种效应在音乐和语音感知中起重要作用,如果响度级大于30phon,那么它与响度级的关联将不是很大。

12.2 主观时程模型

关于主观时程,可用的心理声学数据不多。因此,不可能给出全面的模型。然而,这些结果允许我们利用超前掩蔽和滞后掩蔽效应从相对简单的模型开始。在大多数情形下,超前掩蔽效应可忽略,而滞后掩蔽效应则在短静默期时起主要作用。时域掩蔽效应作为短声和静默期引起的兴奋级-时间历程关系的一种标示,将声压级时间历程与兴奋级时间历程进行比较或许是一种有意义的解释。图12.3(a)显示了声压级 L 与时间的关系,图12.3(b)显示了兴奋级 L_E 与时间的关系。对于超前掩蔽和滞后掩蔽,后者依赖前一掩蔽短声的时程,两者形成了下图给出的时间历程。图12.2所示的函数表明:对于3.2kHz纯音,30ms短声的主观时程等于120ms静默期的主观时程。假设主观时程源于兴奋级-时间历程关系,寻找高于时间域周围极小值10dB的声级,以此确定的时程可提取两种时程的主观等效性。这意味着,可假设30ms短纯音的主观时程源自兴奋级以上10dB处(这与听阈对应),图中以双箭头表示。120ms静默期的时程源自极小值以上10dB处,极小值在兴奋级-时间历程的静默期内产生,同样由双箭头表示。2个双箭头的对比表明它们几乎同样大。这表明主观时程的一致性来自短声和静默期的这种呈现方式。

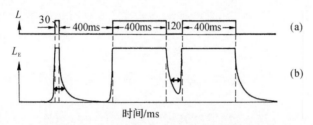

图12.3 声压级和兴奋级与时间的关系
短纯音的客观时程的选择方式应使其产生与静默期相同的主观时程。
双箭头标记与各自主观时程相对应的兴奋级的间隔

主观时程在音乐中起重要作用。模型假设:主观时程源自兴奋级-时间历程关系,它在比周围极小值高10dB处得到时程。在音乐中,由特定符号标记纯音长度和静默期长度,它们能被音乐人读懂。图12.4(a)给出1个例子。图12.4(b)中的黑白条显示了相关的客观时程,这或许是非音乐人演奏的。音乐人实际演奏的时程由图12.4(d)中的黑白条表示。这与图12.4(b)中的时程标记很不一样。利用该模型我们绘制出兴奋级-时间历程关系,找出高于极小值10dB处的双箭头长度,发现前4个双箭头的长度相等,而第5个和第6个的长度彼此相等,但几乎是前4个的2倍。这说明短声和静默期被感知为同样长,这是五线谱要求的图12.4(a)。这清楚地表明,对于节奏来说主观时程很重要,尽管小于1s的时程标记在物理上是错误的,但音乐人要达到音乐上想要的内容。

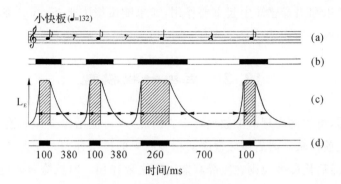

图 12.4 音符中的时程关系
(a)纯音序列中的五线谱；(b)相应预期序列的时程；(c)短纯音和静默期的兴奋级-时间关系；
(d)实际演奏的短纯音和静默期序列；实线双箭头表示短纯音的主观时程，虚线双箭头
表示静默期的主观时程　音轨 41

　　语音中也会发生类似效应，并为那些从事语音分析的大多数人所知晓。爆破音发音连接的静默期为 60~150ms。静默期在爆破音发声前是客观需要的，但在语音感知中并不明显，如果不注意它的话就不会感知到它。这意味着尽管这些静默期客观上存在，但其主观时程很短，在语音感知中作用不大。主观时程模型的再次显示，在听感描述中兴奋级-时间模式十分有用。

第 13 章 节 奏

有些声音会引发主观均匀节奏感(Subjectively Uniform Rhythm)，本章展示该类声音时间包络的物理数据。此外，还讨论语音和音乐的节奏。将音乐的节奏感与波动强度感和主观时程感做了比较，最后，提出了基于响度时间变化的节奏感模型。

13.1 影响节奏的因素

通常假设时隙相等的短声会引起主观均匀节奏感。然而，这种简单规则只对具有陡峭时间包络的极短短声才成立。为了引起主观均匀节奏感，带有更平缓上升时间包络的短声通常要求与物理上均匀时隙之间有系统性偏差。如图 13.1 所示，左列示意性地表示了短声的时间包络。接下来两列中时程 T_A 和 T_B 表示短声的客观时程。与等间距相比，时移 Δt 对形成主观均匀节奏感是必需的，它显示在右列中。

时间包络	$\dfrac{T_A}{ms}$	$\dfrac{T_B}{ms}$	$\dfrac{\Delta t}{ms}$	
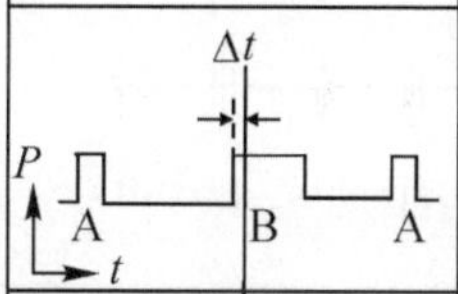	20	100	13	
	20	200	17	(a)
			12*	
	20	400	20	
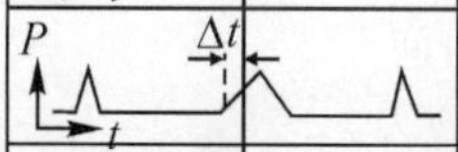	20	100	16	(b)
	20	200	34	
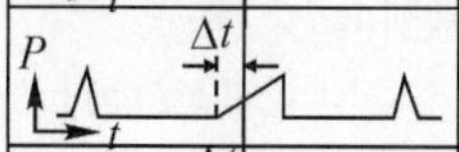	20	100	37	(c)
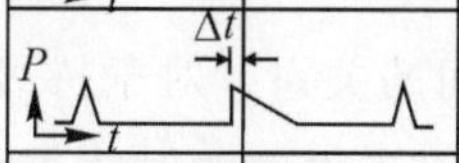	20	100	9	(d)
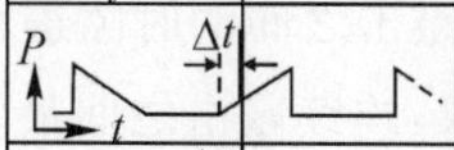	100	100	27	(e)
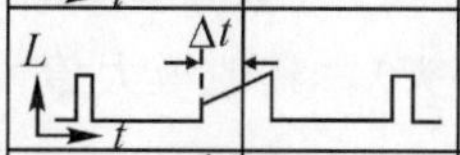	20	100	60	(f)
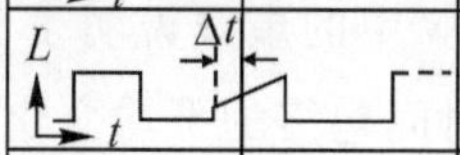	100	100	35	(g)
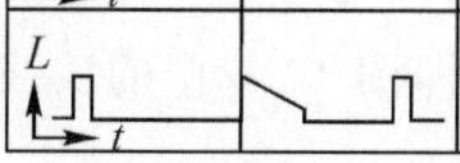	20	100	0	(h)

图 13.1 引起主观均匀节奏感的短声的时间特性
左列给出时间包络的示意图；中间一列表示短声 A 和 B 的时程 T_A 和 T_B；右列为与物理上等距起始序列有关的时间偏移 Δt。从 3kHz 纯音中提取短声，图(a)中的短声提取自白噪声(星号)

图 13.1(f)和图 13.1(h)给出的数据对比揭示了时间包络对主观均匀节奏感的主要影响。在图 13.1(h)中,短声 A 和短声 B 显示了时间包络的急剧上升。此时的时移 Δt 为 0。这意味着对于急剧上升的时间包络,包络上升部分之间时间距离的相等性导致了主观均匀节奏感。然而,如图 13.1(f)所示,平缓上升的短声 B 的时间包络引起的时移高达 60ms。此时起始点不是短声 B,而是引起主观均匀节奏感后延迟了 60ms 的时间点。对所有情况下的时间包络陡度和时间差 Δt 大小进行比较,图 13.1 中展示的结果证实了以下趋势:短声 B 时间包络的快速上升引起的 Δt 值小,而时间包络的平缓上升引起的 Δt 值大。

图 13.2 给出了流畅语声节奏的一个例子。被试的任务是在莫尔斯键上敲出句子"he calculated all his results"的节奏。图 13.2(b)给出感知节奏的分布,即莫尔斯键上敲击声时隙的直方图。由图 13.2(b)可以清楚看到流畅语声感知的节奏是基于音节的:每个音节都会引起一个节奏事件,它在莫尔斯键上被敲击出来。图 13.2(a)给出了测试句子的响度-时间函数(用响度计测量,见第 8 章)。图 13.2(a)(b)比较显示:每个音节与响度-时间函数的最大值相互关联。第 13.2 节会详细讨论这一结果。

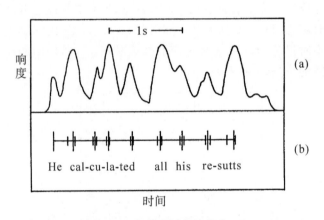

图 13.2　流利语声的节奏

(a)对应的响度-时间函数;(b)被试听句子"he calculated all his results"引起的节奏事件的直方图

图 13.3 展示了节奏感和波动强度感之间的关系。对于持续 20s 的 60 段音乐,在莫尔斯键上有节奏地敲击以测量感知节奏。对连续敲击之间的时隙进行采样并计算相应的直方图。图 13.3 底部的 3 个粗箭头表示这样一个结果:连续敲击之间最频繁的时间间隔为 250ms,引起的调制频率为 4Hz(见图 13.3 中最长的箭头)。其他极大值发生在 8Hz 和 2Hz,相应的连续敲击间隔在 125ms 到 500ms 之间。图 13.3 中的虚线说明了和第 10 章比波动强度感与调制频率之间的关系。实线显示了 60 段音乐时间包络的平均变化值。结果表明波动强度感(虚线)和节奏感(箭头)之间的相关性明显。此外,图 13.3 中的实线说明波动强度和节奏都主要依赖于声音时间包络的变化。

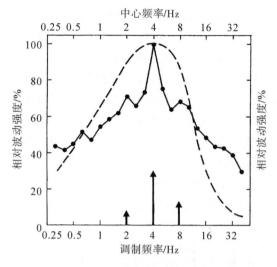

图 13.3　节奏与波动强度的相关性

箭头:60首乐曲节奏事件的时间距离直方图。虚线:波动强度与调制频率的关系。实线:
60首乐曲包络变化与用于分析乐曲包络变化的1/3倍频程滤波器中心频率的关系

用图 13.4 可以说明节奏感和主观时程感之间的关系。图 13.4(a)给出了节奏序列的五线谱。图 13.4(b)表示相应的主观时程期望值,其中黑条代表音符,白条代表静默期。然而,为了在主观上形成五线谱所表示的节奏[见图 13.4(c)],音乐家演奏的短声和静默期的客观时程与图 13.4(b)给出的明显不同。正如第 12 章详细讨论的那样,为了获得相同的主观时程,短声和静默期的客观时程相差 4 倍。此外,短声的客观时程增加 2.6 倍会引起音符主观时程加倍。图 13.4 给出的例子说明,只有在考虑了客观时程和主观时程之间的关系后才能得到音乐上有意义的节奏模式。

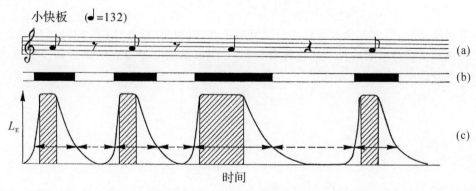

图 13.4　节奏与主观时程的关系

(a)节奏模式的五线谱;(b)音符(黑条)和静默期(白条)主观时程的说明;(c)产生五线谱表示的节奏所需短声
(阴影)和静默期的客观时程。根据短声(实线)和静默期(虚线)的主观时程模型,双箭头表示音符和静默期的主观时程

13.2　节奏模型

图 13.5 解释了节奏模型的主要特征。像语声和音乐这样的声音,其节奏可用基于响度的

时间模式(用响度计测量,见第 8 章)来计算。每个响度-时间函数的极大值基本上都表示一个节奏事件。更具体地说,该模型假设:①只考虑大于 $0.43N_M$ 的极大值,其中 N_M 表示相关时间内的最大响度,例如短语中的最大值。这意味着在图 13.5 中忽略 1s 附近的极大值(示例)。②只考虑足够高的相对极大值。正如图 13.5 标示的那样,主极大 N_M 右边的极大值会引起 $\Delta N/N_M < 0.12$ 响度-时间函数的增长,于是它被忽略了。只有响度的相对增量超过 12% 才有意义。第 3 个条件是只有时隙大于 120ms 的极大值才被认为是独立的节奏事件。相对于 120ms 时窗里的极大值,主极大 N_M 左边的极大值太小了,因此它被忽略了。这意味着当计算图 13.5 中给出的响度-时间函数引起的节奏时,只考虑 3 个极大值。它们之间相隔 120ms 以上且大于 $0.43N_M$,相比之前的极大值(至少 $0.12N_M$)响度增加了。通常,不仅使用总响度-时间的函数而且使用部分响度甚至是特性响度-时间的函数作为计算节奏的基础,这样或许更好些。

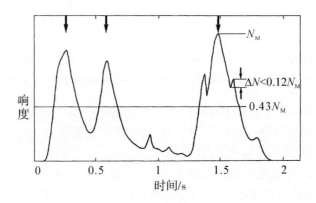

图 13.5 节奏模型

正文中给出了从响度-时间函数中提取 3 个极大值的规则,将这些极大值
作为节奏事件(上横坐标中的箭头)的标识

尽管响度不变,音调变化有时也会引起节奏事件,但利用(特性)响度-时间函数的变化,我们可以检测到大部分节奏事件。在这种情况下,必须根据第 5 章描述的谱音调模型或虚拟音调模型计算音调变化。

第 14 章　耳朵自身的非线性畸变

具有非线性的传输系统在传输纯音时会产生谐波。这种畸变物通常不会让人觉得烦恼（因为听不见），它们与基频几乎完全匹配。乐音是由几个谐波组成的复音。在这种情况下，非线性在某种程度上改变了这些谐波的振幅。这种变化也很少被检测到。此外，声音频率上的强烈掩蔽导致强烈的基频掩蔽了非线性传输系统产生的高次谐波。当呈现两个纯音（原始音）时，非线性引起的差音（Difference Tone）很容易被检测到。在低于原始音频率处会产生差音。中、高声级下的掩蔽效应要小得多，此时更容易检测到差音。与原始音相比，差音频率可能是非谐和的，如果听得到的话，这可能会让人感到烦恼。即使使用不产生可听非线性畸变物的高品质电声设备，我们仍然能够听到由听力系统非线性产生的差音。

原始音 f_1 和 f_2 以及 2 次非线性畸变的畸变物频谱如图 14.1(a)所示，3 次畸变的畸变物频谱如图 14.1(b)所示。谱图表明，(f_2-f_1) 和 (f_2+f_1) 处 2 次组合音的振幅比 2f_1 和 2f_2 处的 2 次谐波振幅大 2 倍，而 3 次差音（$2f_1-f_2$）和（$2f_2-f_1$）的振幅比三次谐波的振幅大 3 倍。这说明差音是最容易被检测到的畸变物。对于规则的 2 次畸变（即遵循 2 次定律），2 次差音的声级遵循如下公式，即

$$L_{(f_2-f_1)} = L_1 + L_2 - C_2 \tag{14.1}$$

式中，C_2 取决于 2 次畸变的相对振幅。下 3 次差音（Lower Cubic Difference Tone）是规则 3 次畸变（即遵循 3 次定律）所产生的最显著的畸变物，其声级遵循如下公式，即

$$L_{(2f_1-f_2)} = 2L_1 + L_2 - C_3 \tag{14.2}$$

而上 3 次差音（Upper Cubic Difference Tone）的声级遵循如下公式，即

$$L_{(2f_2-f_1)} = 2L_2 + L_1 - C_3 \tag{14.3}$$

式中，C_3 取决于 3 次畸变的相对振幅。

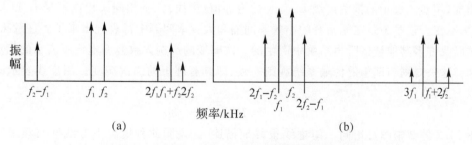

图 14.1　频率为 f_1 和 f_2 的 2 个原始音产生的畸变物
其结果为 2 次非线性畸变(a)和 3 次非线性畸变(b)

这些公式适用于电声网络中常见的规则畸变。在这种设备中，与精确线性相比的偏差并

不是很大,上述公式大多能得到满足。在讨论听力系统的非线性畸变物时,了解这些依赖关系是有帮助的。

为了对听力系统的非线性畸变物(主要是差音)的心理声学测量进行量化研究,有两种方法:抵消法(Method of Cancellation)和脉冲阈值法(Pulsation-Threshold Method)。抵消法使用电子设备产生另一种声音,它与差音频率相同,但振幅和相位可变。这个额外产生的差音被添加到听力系统的 2 个原始音中。被试调节这个额外声音的声级和相位,直到听到的差音完全消失。这样,听力系统产生的可听差音就被抵消了。抵消所需附加音的声级是对听力系统内部产生的差音幅度的一种度量。

脉冲阈值法(见第 4.4.6 节)使用非同时呈现法,在此方法中,用电子方法产生与差音频率相同的声音,然后测量该声音的脉冲阈值。有的文献部分反对这种抵消方法,认为附加抵消音可能会改变非线性从而影响结果。原则上,这种效应会出现在任何非线性装置中。然而,这种影响已被仔细研究过,表明对于最坏的情况,即原始音振幅相等,它引起的效应小于 1dB 或 2dB,这与测量精度有关。脉冲阈值法还有其他明显缺点。人们比较了 2 种完全不同的条件——同时呈现(2 个原始音以及内部产生的差音)和附加纯音的非同时呈现。如果滞后掩蔽的衰减与超前掩蔽的上升呈线性关系(这一假设遭到强烈的质疑),那么其难度会增大。因此,下面的数据是用抵消法获得的。所有声音由电子方式单独产生。利用带有自由场均衡器的 DT48 耳机进行单耳测量。该设备的畸变物数值很低,可忽略不计。

14.1 偶次畸变

听力系统在 2kHz 左右的频率范围内表现出最佳的频率选择性。此时的临界带宽相对较小。为了在大频率差(f_2-f_1)以及大原始音声级 L_1 和 L_2 范围内测量抵消声级,良好的频率选择性是必需的。为了避免出现谐波条件,要选择非常规频率值。

图 14.2 的上半部分显示了抵消原始音声级产生的可听二次差音所需的(f_2-f_1)纯音声级。下半部分显示了抵消所需要的相位。低原始音频率 f_1 为 1 620Hz,高原始音频率 f_2 为 1 944Hz。差频,即二次差音和抵消音的频率(f_2-f_1)为 324Hz。图 14.2(b)显示了类似条件下的效应,频率 $f_2=2 592$Hz,$f_2-f_1=972$Hz。在这两种情况下,给出了抵消声级和抵消相位与原始音声级 L_1 的关系。抵消声级和抵消相位表现出一种几乎有规律的特性,即随 L_1 或 L_2 的增加,用实线表示的抵消声级 $L_{(f_2-f_1)}$ 的增加值(虚线)几乎相同。相位不受 L_1 和 L_2 的影响,几乎不变。这些关系在原始音的小频率间隔和大频率间隔中都表现出来了。这意味着,在该被试以及许多其他被试听力系统中产生的二次畸变的影响大致遵循虚线所表示的相对简单的规则。这一规则与期望的传输系统规则一致,即具有理想的二次畸变。用虚线表示的特征遵循以下方程:

$$L_{(f_2-f_1)} = L_1 + L_2 - 130 \tag{14.4}$$

图 14.2 的 2 幅图可用同一组虚线很好地描述,这说明此种情况下非线性与频率距离无关。这意味着这类被试听力系统的传输特性与正常的传输特性相差不大。

只有当两个原始音中的 1 个在 70dB 以上时才可抵消差音。如果原始音声级较低,差音仍然是听不清楚的。当 $L_1 \approx L_2 = 70$dB 时,抵消声级保持在 10dB 左右。这意味着它比原始音低 60dB,相当于抵消音声压振幅约为原始音声压振幅的千分之一。当 $L_1 \approx L_2 = 90$dB 时,此差值逐渐减小,约为 40dB(相当于 1%)。

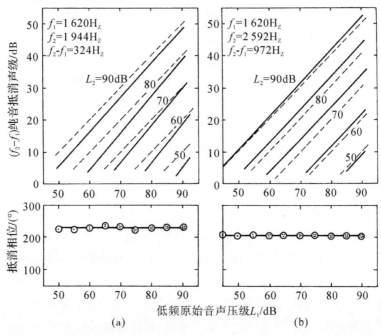

图 14.2 抵消所需的二次差音频率处的纯音声压级(上图)和相位(下图)(它们是低频原始音声级 L_1 的函数)
参数为高频原始音 L_2 的声级,表示的是原始音和差音的频率。虚线对应于预期的规则二次畸变特性

大多数被试都表现出上述行为。然而,一小组被试显示出抵消声级对原始音声级有依赖性,这不能用虚线近似。此外,对这些被试来说,相位不再与声级无关。图 14.3 给出了这样一个例子。坐标和参数与图 14.2 相同。两组数据的比较表明,图 14.2 中的虚线有出现在图 14.3 中的趋势。然而,也有很强的偏离虚线的趋势,这在图 14.3(a)中可以见到。

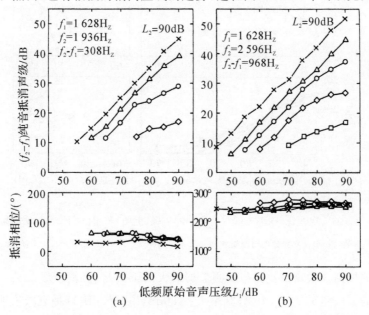

图 14.3 二次差音的抵消数据如图 14.2 所示,但给出与规则二次畸变强烈偏差的被试数据

如果 2 次差音是低原始音频率的函数，抵消声级和抵消相位的测量已经显示出它与频率无关，至少对第 1 组是如此，它显示出几乎规则的 2 次畸变特性。这表明，用抵消法测量的 2 次差音似乎是在频率选择机制生效之前形成的，即在中耳内。第二组 2 次差音的演变似乎相当复杂。原因可能是中耳产生的非线性畸变和内耳产生的非线性畸变的综合。

四次畸变几乎听不见。只有在 85～90dB 以上的声级上添加额外声音才能产生和抵消。在该区域，镫骨肌已经很活跃，可能会强烈地影响结果。

14.2 奇次畸变

与图 14.2 给出的参数一样，图 14.4 展示了同时呈现的频率为 $(2f_1-f_2)$ 声音的声级和相位，它是抵消 2 个原始音产生的 3 次差音所必需的。使用 $L_1=L_2=90$dB 产生的抵消声级的数据点，虚线展示了具有规则 3 次畸变的传输系统期望的特性[对应式(14.2)]。很明显，该被试的数据与期望值有很大不同。再者，相位强烈地依赖于低原始音声级。再者，在高频率 f_2 [见图 14.4b]下得到的值，相对于图 14.4(a) 的结果其声级要小得多，相位也不同。这表明，听力系统中形成的 3 次畸变不能用规则的 3 次传递函数来描述。似乎效应也不同，即使对 40dB 或 30dB 那样极低的声级，产生的 3 次差音也可听到，因此能够被抵消。

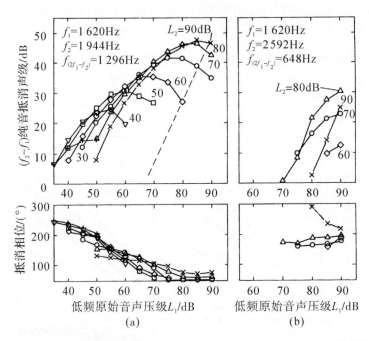

图 14.4 抵消所需的 3 次差音[频率为 $(2f_1-f_2)$]的声级（上图）和相位（下图）与低原始音声级的关系

原始音声级为参数。给出了双频分离时原始音和 3 次差音的频率。虚线服从式(14.2) 🎵 音轨 42，音轨 43

预期得到的规则 3 次畸变数据与实测数据最大的不同是，抵消声级最终会随低原始音声级的增加而降低。以图 14.4(a) 为例，其中 $L_2=60$dB，$L_1>65$dB，这种衰减表明听力系统在高输入声级下的非线性效应较少，即表明存在一个不能用简单规则非线性特性来描述的畸变源。

也针对其他被试测量了差音的异常振幅和相位特性。这种效应无规律,似乎不能用简单系统来描述,但大多数被试都显示出类似结果,因此至少在某些参数区有可能进行平均。

图 14.5 显示了 6 名被试的 $(2f_1-f_2)$ 差音的抵消声级和抵消相位的中位数和四分位距。低原始音频率保持不变 ($f_1=1\,620\,\text{Hz}$),而高原始音频率在图(a)~(c)中分别从 1 800 Hz 变到 1 944 Hz 和 2 192 Hz。横坐标再次为低原始音声级,而高原始音声级为参数。对这 3 幅图的比较可以清楚地看出,抵消音声级和相位强烈地依赖于频率间隔 $\Delta f=f_2-f_1$。这 6 名被试表现出的行为与图 14.4 所示的被试结果相似。抵消声级和抵消相位的四分位距随两个原始音频率间隔的增加而增大。如果将个体数据集与中位数进行比较,可以很明显地看出,个体差异是由平行向上或侧向移动造成的,所有被试的曲线形状基本相同。只有在原始音频率间隔 ($\Delta f=572\,\text{Hz}$)最大时才会出现行为的个体差异。有些被试的数据与中位数相似,其他被试则显示出最小声级和相位跳跃,这使得平均法变得可疑。

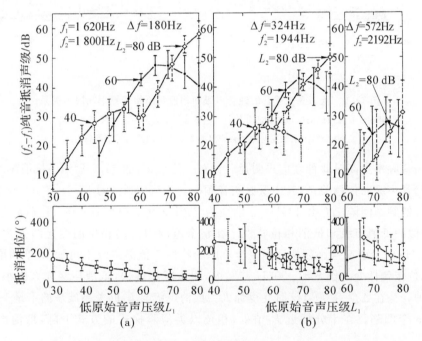

图 14.5 $(2f_1-f_2)$ 抵消值(如图 14.4 所示),但显示了 6 名被试的中位数和四分位距,
显示了 3 个频率间隔的参数

左下图给出的相位范围表示了特定的低原始音声级下的所有数据,与高原始音声级无关

频率差 $\Delta f=f_2-f_1$ 似乎起重要作用。因此,对参数配置 ($L_1=L_2$)进行了数据测量,其中频率间隔 Δf 为横坐标。图 14.6 再次显示了相同的 6 名被试的中位数和四分位距,图 14.6(a)为频率间隔的函数,$L_1=L_2$ 为参数;图 14.6(b)中 $L_1=L_2$ 为横坐标,Δf 为参数。这些数据清楚地表明,随着 f 的增加,抵消声级显著降低,而抵消相位增加。作为 2 个原始音声级 ($L_1=L_2$)的函数,抵消音声级不断上升,抵消相位则不断减小。有趣的是,抵消声级几乎以 $L_1=L_2$ 的方式增加。对于规则的 3 次畸变,当 $L_1=L_2$[见式(14.2)]时,抵消声级的增长速度比原始音声级快 3 倍。6 名被试的四分位距似乎随频率间隔的增加而再次增加,因为在此范

围内,抵消声级的极小值也许取决于低原始音声级。

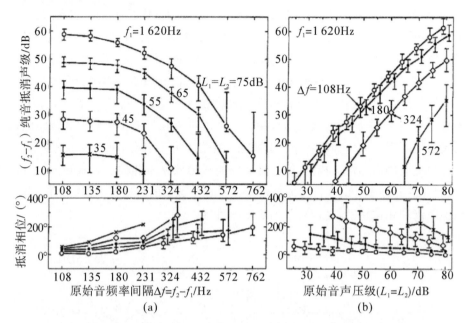

图 14.6 抵消 3 次差音的纯音声级和相位与原始音频率间隔的关系
显示了 6 名被试的中位数和四分位距。左图显示了数据与基频频率间隔的关系；
图(b)给出了数据与原始音声级的关系。上图给出了参数符号

当原始音频率更高时此种效应更明显。针对一位被试,图 14.7 显示了抵消声级和抵消相位对低原始音声级的依赖关系,其中低原始音频率为 4 800Hz。图 14.7(a)(b)(c)中高原始音频率及相应的频率间隔 Δf 由 436Hz 分别变为 750Hz 和 1 000Hz。图 14.7(a)显示了与图 14.4(a)类似的抵消声级和抵消相位特性。在整个范围内抵消相位的变化约为 200°。将 Δf 增加到 750Hz 时会引起与小频率间隔完全不同的特性。抵消声级不再随 L_1 单调增加而是再次减小,相位依赖性变为倒 S 形。在 L_1 范围内,相位减小最快,抵消声级要么极小,要么趋于极小。这种趋势在 $\Delta f=1 000$Hz 时变得惊人。抵消声级与 L_1 的关系展现的不是 1 个凹陷,而是 2 个或 3 个凹陷。在十分接近 L_1 值处,相位以类似阶梯式的方式下降,抵消声级达到极小值。

由于此种情况下个体差异很大且最小值出现在不同地方,故平均是没有意义的。所有被试都显示,随着原始音频率间隔的增加,相位范围会增加。抵消声级对原始音声级依赖最小的那些被试,在相同点上也表现出相位的急剧增加。随着低原始音声级的增加,其他被试表现出抵消声级会相对平稳地递增或递减,相位则相对平稳地递减。进一步的研究表明,在所有情况下都存在相位急剧增加和抵消声级最小值之间的相关性。原始音声级和频率的详细变化表明,在某些情况下,可以发现 L_1 的依赖性,这说明抵消相位向上急剧变化而抵消声级本身则最小。在这些情况下,抵消相位对低原始音声级的依赖关系几乎比预期曲线低 360°。这意味着相位模式与个体或参数有关,在声级 L_1 处形成相位的向下跳跃,此时为了达到相似但大于 360°的值,抵消声级最小或相位向上跳跃。

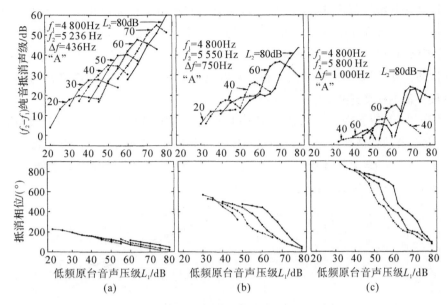

图 14.7　抵消 3 次差音的声级和相位与低原始音声级的关系

高原始音声级为参数。低原始音频率为 4.8kHz。如图所示,高原始音频率从(a)到(b)再到(c)

基于抵消法测量的数据展现出以下典型效应。对于小的原始音频率间隔 Δf,不管原始音的频率范围是多少,抵消声级对 L_1 和 L_2 的依赖都显示出相同特性:L_2 不变时,抵消声级随 L_1 的增大而增大;当 L_1 不变时,抵消声级随 L_2 的增大而增大;它达到一个极大值,然后缓慢下降。对于大于 1kHz 的频率 f_1 和大于特征值的频率间隔,抵消声级模式的极小值伴随抵消相位的急剧增加。频率 $f_1 < 3$kHz 时特征边界约为 300Hz,频率 $f_1 \geqslant 3$kHz 时特征边界约为 $0.1f_1$。当 L_1 变化而 L_2 保持不变时,抵消相位的变化比 L_1 不变而 L_2 变化时稍大。

14.3　非线性畸变模型

假设中耳有轻微的 2 次非线性传输特性,由 (f_2-f_1) 差音所表示的 2 次畸变可以相对简单地由大多数被试描述。一小群人展示的不规则 2 次差音可能有两种来源:①源于中耳,②源于内耳。两者的共同作用形成了在某些被试中发现的意想不到的特性。尽管这 2 种作用的总和可能不太容易定量描述,但内耳的作用似乎与下面讨论的三次差音的形成方式类似。

第 3.1.5 节描述了内耳中带有主动反馈的非线性预处理模型。硬件模型包括 150 个构件,每个构件拥有一个非线性反馈回路,它不仅能详细处理双音抑制,而且可以创建三次 $(2f_1-f_2)$ 差音。基本数据为声级和相位分布,在该系统中它们由单音沿构件方向产生。通过非线性反馈环的活动在中、低输入声级上创建的增强导致更急剧的峰值能级-部位模式。对于高输入声级,这些模式变得不那么具有尖峰[反增强(De-enhancement)]。在高声级下,构件方向上的声级和相位分布与线性无源系统(反馈回路关闭)的声级和相位分布非常相似。$(2f_1-f_2)$ 差音的创建基于相同的非线性效应。此种情况下用 2 个纯音作为输入。附加纯音产生的反增强被描述为反馈回路饱和非线性增益的降低,这是由输入声级的增加引起的。在每个构件上创建的差音小波到达其特征部位,这改变了声级和相位,在那里进行矢量相加,这与可听差音相对应。在抵消时由频率和振幅相同但相位相反的额外纯音来补偿矢量和。根据此种处理($2f_1-f_2$)差音的策略,可以在每个构件处提取差音小波的相关声级和相位。以下段落中的2个例子就是这样做的。此外,显示的小波矢量和清楚地说明了在($2f_1-f_2$)抵消差音-低原始音声级L_1关系中极小值的演变过程。

1 757Hz、85dB 原始音与 2 320Hz、80dB 原始音显示其特征部位 $cz_1=12.3$Bark 和 $cz_2=14$Bark,三次差音的特征部位 $cz_{(2f_1-f_2)}=9.6$Bark。如图 14.8 所示,这意味着能级-部位模式被分离。在 $z=12.5$Bark 附近能级 L_{BM1}(实线)最大,而在 $z=14.2$Bark 附近能级 L_{BM2}(点画线)最大,这是因为在高输入声级处发生了反增强。

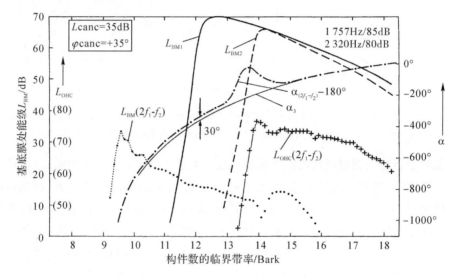

图 14.8　在硬件模型中2个原始音(如右上角所示)产生的 L_{BM1},L_{BM2},$L_{BM(2f_1-f_2)}$ 和 $L_{OHC(2f_1-f_2)}$ 的能级-部位模式(左纵坐标)

给出了 $\alpha_{(2f_1-f_2)}$ 下的相位-部位模式(右纵坐标)。对于 α_3,分别给出2个原始音在非线性反馈回路中产生($2f_1-f_2$)差音的相位,以及($2f_1-f_2$)差音单独呈现的相位。注意,对于13Bark以下区域,2种相位模式差30°,对应于抵消相位 φ_{canc} 和抵消声级 L_{canc}(如左上角所示)

对于这2个能级-部位模式的上斜坡,两个声级的值相似,在这一配置下获得类似的大差音小波值。小波声级表示为 L_{OHC}("+"),它在很大范围的临界带率 z 上变化不大。在临界带率为 18.5Bark~15Bark 之间小波相位平稳下降(点虚线)。在 15Bark 附近,相位又开始增加,在 $z=13.6$Bark 附近达到峰值,在 13.5~13Bark 之间迅速下降,最终符合预期特征。所有这些小波累加后在其特征部位产生($2f_1-f_2$)差音。相应曲线(虚线)显示了低声级下的一种典型模式,它在特征部位处有一个强峰,此种情况下对应 9.6Bark。在模型中,为了抵消特征部位 9.6Bark 处2个原始音产生的($2f_1-f_2$)差音,在模型输入处需要的抵消声级为 35dB,相位为 +30°。

用所有小波的矢量长度和矢量相角求和可以构造该值。利用相应的数据构造出如图 14.9 所示的矢量图。结果表明:长度为 46 个单位(对应声级为 33dB)以及相位为 +218° 的矢量和源于不同长度(它甚至更重要)和不同相位(方向)的小波矢量。由于矢量方向不同,矢量和小于所有小波矢量幅度之和。这减少了总长度。矢量和的相位主要取决于小波相位,直到 180°时小波的相位不同,而它们的幅度(长度)并不强烈变化。构造的矢量和与抵消值稍有不同。然而差异很小,相位几乎正好大 180°,也就是与应有的抵消相位相反。

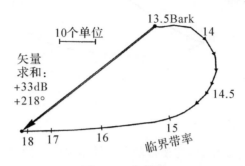

图 14.9　矢量图

利用图 14.8 中给出的 2 个原始音在构件上创建许多小波(具有标示的临界带率)
进行计算,所有小波都移动到特征部位(在本例中为 9.6Bark)以形成如图所示
的矢量和。应将其与图 14.8 的抵消(反相)数据进行比较

将原始音降低 8dB,则两个原始音变为 77dB,1 757Hz 以及 80dB,2 320Hz。因此,图 14.10 中由 L_{BM1}、L_{BM2} 和相位角表示的部位模式与图 14.8 显示的很不相同。然而,对于 14Bark,以上所有部位小波声级大大降低了,在 13.7Bark 处出现了一个明显的峰值。令人惊讶的是,对于 $L_{BM(2f_1-f_2)}$ 表示的累积后的 $(2f_1-f_2)$ 差音分布,几乎什么都没有测到。

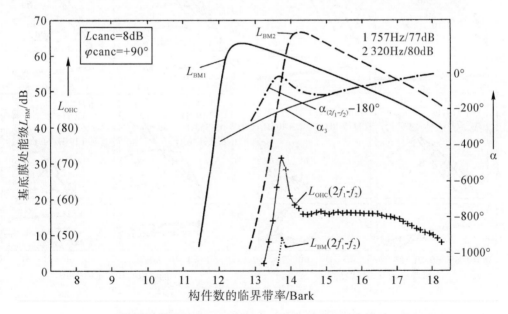

图 14.10　能级-部位模式如图 14.8 所示,但针对的是声级降低了 8 dB 的原始音
注意,与图 14.8 相比,$L_{OHC(2f_1-f_2)}$ 和 $L_{BM(2f_1-f_2)}$ 的值较小

图 14.11 给出了小波矢量图和矢量和。许多小波的矢量和指向一个非常接近起始点的点,即模型各构件产生的小波几乎完全相互抵消;源自第 13.6 节到第 13.8 节的大振幅小波,

其相位角几乎与 14.5Bark 之上的相位角相反,每个小波的振幅都要小得多。

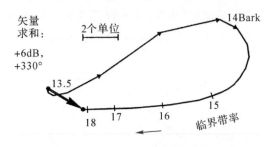

图 14.11 矢量图

见图 14.9,但针对的是图 14.10 给出的数据。注意,单位尺度大即矢量和小

矢量图显示了矢量和的重要性,它使得剩余矢量非常小,然而将小波矢量的振幅加起来而忽略其相位将错误地引起相对大的振幅。如图 14.1 所示,小波矢量和将引起$(2f_1-f_2)$抵消声级与原始音声级关系中的最小值。使用主动反馈的耳蜗非线性预处理硬件模型描述$(2f_1-f_2)$抵消数据,为了显示其优点和局限性,可以对测得的心理声学数据[见图 14.12(a)]和模型数据[见图 14.12(b)]加以比较。每种情况下使用的参数是可比的。

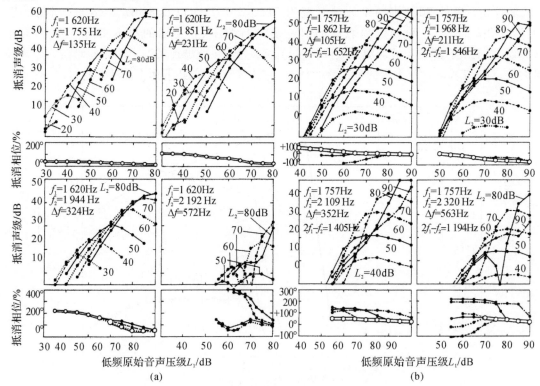

图 14.12 实测数据[图(a)]和模型数据[图(b)]之间的比较

图(a)为心理声学测量的$(2f_1-f_2)$抵消声级和相位数据,L_1为横坐标,L_2为参数。如图所示,4 幅图对应的 2 个原始音之间的频率间隔为 135Hz、231Hz、324Hz 和 572Hz。低原始音频率为 1 620Hz。在输入端施加声级 L_{canc} 和相位 φ_{canc} 的$(2f_1-f_2)$纯音后在模型中产生抵消数据,频率$(2f_1-f_2)$处特征部位的 L_{BM} 降到噪声级以下。横坐标和参数同上。低原始音的频率为 1 757Hz。选择(b)中 2 个原始音之间的频率间隔与(a)中的频率间隔相当,图(b)四幅图中频率间隔为 105Hz、211Hz、352Hz 和 563 Hz。注意这两组数据之间不仅在总体上,而且在细节上高度一致

第 14 章　耳朵自身的非线性畸变

粗略比较两组数据,它清楚表明相应模式的一般趋势非常相似。然而,令人印象更深刻的可能是特征细节上的一致性。对于小的原始音频率间隔,两组数据的交点、斜率、(L_1-L_2)声级差以及曲线峰值都非常相似。绝对相位是任意的,然而,这两种情况下的相位特性非常相似。对于大的原始音频率间隔,2 种情况下的声级依赖性都最小,而相位模式分裂为两个相位分支,它们的差几乎为 360°。两组数据除了在许多典型特征上具有显著的一致性外,也存在部分差异。这主要是由每个反馈回路中非线性饱和传递函数的形式引起的。这些函数只是在生理学上的粗略近似,当输入声级大约小于 40dB 时,它们并没有显示出太多的非线性。适当的对应关系应该在 20dB 左右。然而,2 个数据集之间的整体一致和细节一致都表明,模型描述的耳蜗对$(2f_1-f_2)$差音的非线性预处理是一种有效近似。

第15章 双耳听觉

我们用双耳可以感觉到发出声音的方向,即使闭上眼睛或看不见声源也能做到这一点。仅用单耳就不容易有这种感觉。这意味着我们能够处理和关联到达每只耳朵的声音。在心理物理学中,我们必须对刺激和感觉加以区分。刺激是声源实际位置的方向,相关感觉是对声音方向的感知。这两种方向不一定完全相同。

许多心理声学效应都可追溯到耳朵接收到的两种不同刺激。下述讨论最小可觉双耳延迟(Just-Noticeable Interaural Delay)、双耳掩蔽声级差(Binaural Masking Level Difference)、偏侧性(Lateralization)、定位和双耳响度。在关于空间听觉的书中描述了更多效应。对室内声学来说,特别有趣的是如清晰度、可分离性、扩散性(Diffuseness)、空间性、回声量(Echo-content)等感觉。这些应用在有关室内声学的书籍中已有讨论,但我们更多地关注一些基本效应。

15.1 最小可觉双耳延迟

如果一个声源不是正好位于我们的鼻子前面,它就会在我们耳边产生一个延迟后的声信号。声源位于正入射 90°处时引起的双耳延迟可能最大。因此,这两个入射声的最大偏差为 21cm,相应的时延为 0.6ms。当正入射声时延约为 $50\mu s$ 时,定位的最小可觉差(Just-Noticeable Difference)是指声源方向的最小可觉变化,它是在方向感上产生最小可觉差所必需的,约为 5°。可将该值假定为频率小于 1.5kHz 时的最小可觉双耳延迟。不应将其与时间分辨率混淆,后者属于单耳刺激,有更大的值,约为 2ms。不同被试的最小可觉双耳延迟不同。测量的时延值最低为 $30\mu s$,最高为 $200\mu s$。

在这种情况下,时延通常被认为是在短声、短纯音或其他短脉冲音起点之间的延迟。利用稳态正弦纯音产生延迟的另一种方法是在双耳间形成相移。如果一只耳朵听到的纯音相位与另一只耳朵听到的相同频率纯音的相位不同,那么时延会引起一种其阈值可测量的感觉。假设向一只耳朵呈现的纯音相移源于添加同频、相位差 105°的纯音,那么相对于无附加纯音,两个纯音之和的相移会发生改变。如果一只耳朵听到这种复音,而另一只耳朵只听到一个没有附加音的纯音,那么就有可能给耳朵呈现两种振幅相差不大但相位不同的声音。图 15.1(a)中的虚线显示了这些实验的结果。如果向另一只耳朵呈现相同的零相位纯音(可以称为掩蔽音),给出了需要达到阈值的附加相位差为 105°纯音的声级。两耳处的两个掩蔽音相同,声级为 60dB。这些数据也适用于其他频率的纯音。

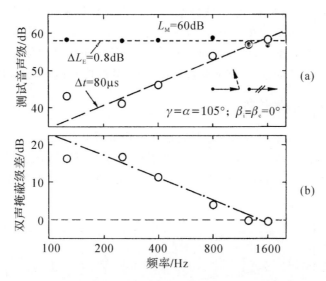

图 15.1 测试音平均阈值[图(a)]与测试音频率的关系

掩蔽音声压级为 60 dB,信号领先同侧掩蔽音 105°,见插图中的矢量。点表示单耳结果,空心圆表示双耳结果。如图(a)中的矢量图所示,双耳情况下的掩蔽音同相。带点的虚线表示基于最小可觉差 0.8 dB 的期望值,折线表示基于双耳可觉延迟 80μs 的期望值。图(b)显示了双耳掩蔽声级差(空心圆)与测试频率的关系,预测值(虚线)源于图(a)中的预期值

可以从两个方面理解该实验结果。一个是将结果作为最小可觉双耳延迟(它是频率的函数)的一种测度,另一个是将结果作为双耳掩蔽声级差测量的测度。第二种情况下,只需做一个额外的实验,即在单耳给声条件下测量最小可觉测试音声级,它是频率的函数。此种情况下关闭对侧耳处的纯音。图 15.1 中(a)以实心符号表示了这种单耳条件下的结果。水平细虚线对应的最小可觉声级增量 $\Delta L_E = 0.8$ dB。该结果是 4 名被试的中位数,与前面讨论的 1dB 非常吻合(见第 7 章)。双耳情况下,图 15.1(a)的矢量图显示信号对侧耳处的掩蔽音与同侧耳处的掩蔽音同相。再次给出添加的测试音声级 L_T(使其听得见)与双耳呈现的 3 个纯音频率的关系,相对于所在耳朵位置处的掩蔽音,测试音相位为 105°。结果与虚线表示的恒定延迟 $\Delta t = 80\mu$s 非常吻合。如图所示,两组测量值之间的差是单耳给声和双耳给声(如插图所示)情况下最小可觉测试音声级的差。这是形成双耳掩蔽声级差(Binaural Masking-Level Difference,BMLD)的极端情况。该值用作图 15.1(b)的纵坐标,显示了 BMLD 下降与频率的关系。点虚线显示了从上图 2 条线得到的预期结果。

这些数据显示了两种效应:首先,最小可觉双耳延迟(此时为 80μs)是对 BMLD 同样有效的一种限制。第二种效应是,产生 80μs 延迟的正弦波的相移被限制在小于 1 500Hz 的频率范围内。因为相对于掩蔽音相位,选择 105°的测试音相移是为了产生可能的最大效应,我们不能期望双耳掩蔽声级差是基于稳态条件或频率大于 1 500Hz 的准稳态条件。从图 15.1(b)可发现,频率为 250Hz 时 BMLD 比较大,然后在 1 500Hz 左右 BMLD 几乎下降为零。

15.2 双耳掩蔽声级差

虽然在第 15.1 节讨论过 BMLD 的一个极端条件,但 BMLD 的基本作用是明确的。然而,BMLD 对刺激参数还有许多其他的依赖性,在引入描述这些效应的模型之前,应该先讨论

其中的一些参数。BMLD是指当信号或掩蔽音对其中一只耳朵的给声发生变化时出现的最小可觉测试音声级差。由于存在2个信号(一只耳朵一个)或者2个掩蔽音条件,因此有许多可能的刺激条件。通常情况下,两耳处的掩蔽音相位相同,而信号相位在一只耳朵处为零,在另一只耳朵处反相。相反的情况(即掩蔽音不同,两耳处的信号相同)也被使用。

15.2.1 BMLD的依赖性

BMLD的一个有趣和基本的依赖性是它依赖于掩蔽音和测试音时程。图15.2左列显示了被均匀掩蔽噪声掩蔽的测试音最小可觉声级依赖性与400Hz测试音时程的关系。在测量中双耳测试信号同相(S_0,空心圆)或180°反相(S_π,实心圆)。噪声掩蔽音的相位在双耳处保持N_0不变。

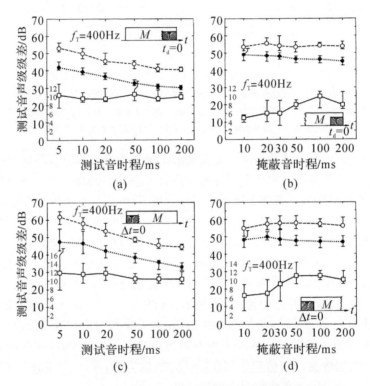

图15.2 测试音声级级差与测试音时程和掩蔽音时程的关系

(a)表示由时程300 ms的均匀掩蔽噪声脉冲掩蔽的测试短纯音阈值与测试音时程的关系。空心圆和实心圆分别代表N_0S_0和N_0S_π条件。正方形和小纵坐标表示单独计算的双耳掩蔽音声级差的中位数。条形图显示了8名和4名被试的四分位距。掩蔽音声级为60 dB,测试信号频率为400 Hz,测试信号与掩蔽音一起结束,如插图所示。

(b)中的数据相似,但条件变成测试信号与掩蔽音一起开始。

(c)和(d)显示了如插图所示条件下,10ms时程测试信号的相应数据与掩蔽音时程(横坐标)的关系

图15.2清楚表明,两种情况下的掩蔽阈都依赖于测试音时程。然而,绘制在每幅图底部的BMLD没有显示出任何依赖性。无论测试音是在掩蔽音末尾[见图15.2(a)]还是在掩蔽音开始[见图15.2(b)]处都出现了这种情况。掩蔽音时程保持300ms不变。在另一个实验中条件类似,但是在测试音信号时程保持10ms不变,掩蔽音时程发生了变化。结果如图15.2(b)

所示。它表明,无论测试短纯音的时间位置如何[见图 15.2(c)和(d)的插图],随着掩蔽音时程从 10ms 增加到 200ms,BMLD 将从约 5dB 增加到 10dB。尽管更高频率处的 BMLD 变小,这些效应也适用于测试音的其他频率。

迄今为止描述的所有 BMLD 都是在同时给声情况下得到的,即掩蔽音和测试信号同时呈现。看一下非同时掩蔽条件下是否也能产生 BMLD,这也很有意思。这种情况的结果如图 15.3(a)(b)所示。插图给出了掩蔽音和测试音的时间条件。针对 N_0S_0 条件(带空心圆的曲线)和 N_0S_π 条件(带点的曲线),时程为 300ms(L_M=70dB)的均匀掩蔽脉冲噪声掩蔽了 10ms、800Hz 测试音,图 15.3(a)给出了滞后掩蔽阈 L_T 与掩蔽音结束和测试信号结束之间延迟时间 t_d 的关系。图 15.3(b)给出了超前掩蔽阈,其中测试信号开始和掩蔽音开始之间的时间差 Δt 为横坐标。根据这些数据计算出的 BMLD 在不同纵坐标刻度上绘制成最下面的曲线。作为掩蔽音的测试信号,BMLD 显示其对时间位置的依赖性相同。额外的测量表明,类似效应在低测试音频率下也发生了。掩蔽音脉冲序列产生的掩蔽模式中,超前掩蔽和滞后掩蔽叠加了。这种叠加也发生在 BMLD 中。在 BMLD 中也发现了滞后掩蔽衰减对掩蔽音脉冲时程的依赖性。同时掩蔽和非同时掩蔽测量的 BMLD 与掩蔽量直接相关,掩蔽越多,BMLD 越大。

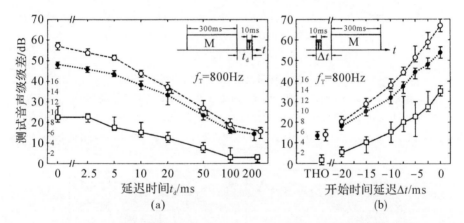

图 15.3　时程 300ms 的均匀掩蔽脉冲噪声掩蔽 10ms 长测试音的滞后掩蔽阈与掩蔽音结束和
信号结束之间延迟时间[见图(a)中的插图]的关系

空心圆对应测试信号和掩蔽音的 N_0S_0 条件,实心圆对应 N_0S_π 条件,正方形表示独立双耳掩蔽音声级差的中位数,使用小尺度纵坐标。测试音频率为 800Hz。图(b)显示了用于超前掩蔽阈的同一组数据,其中测试音开始和掩蔽音开始之间的时间差为横坐标。听阈由左侧数据标记

针对 250Hz 掩蔽音,研究了不同带宽下 BMLD 对声级的依赖性。图 15.4 显示了 3 种不同带宽下的这种依赖性。上面 3 幅图显示了 250Hz 纯音阈值与掩蔽音谱密度级的关系,其中掩蔽音中心频率 f_{Mc}=250Hz,带宽为 3.16Hz,31.6Hz 和 316Hz。用虚线连接的实心圆代表 M_0S_0 条件下的结果,用空心圆连接的实线代表 M_0S_π 条件下的结果。下面 3 幅图为相应的 BMLD。BMLD 似乎只是作为掩蔽音密度级的函数略有增加。当带宽为 31.6Hz 时,BMLD 值似乎更大。虽然数值较小,中心频率和测试音频率为 800Hz 时也发现了类似效应。

图 15.5 给出了显示 BMLD 对带宽依赖性的数据。同样，上图绘制了 M_0S_0 和 M_0S_π 这两种条件下的阈值。图 15.5(a) 中测试音频率和噪声中心频率为 250Hz，图 15.5(b) 中为 800 Hz，密度级保持 50dB 不变。下图显示在 32～100 Hz 之间 BMLD 出现平坦的极大值接近 18dB 或 12dB。在低带宽和高带宽方向，BMLD 似乎降低了。来自其他中心频率的数据也显示了类似效应。

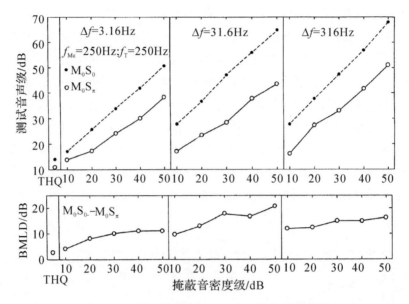

图 15.4 3 种不同带宽下 BMLD 对声级的依赖性

上面 3 幅图显示了 250Hz 纯音下阈值中位数与掩蔽音谱密度级的关系，其中掩蔽音中心频率为 250Hz、带宽 Δf 为 3.16、31.6 和 316Hz。虚线连接的实心圆代表 M_0S_0 条件下的结果，空心符号代表 M_0S_π 条件下的结果。下面 3 幅图显示了单个被试 BMLDs 中位数与 3 种掩蔽音带宽下掩蔽音谱密度级的关系

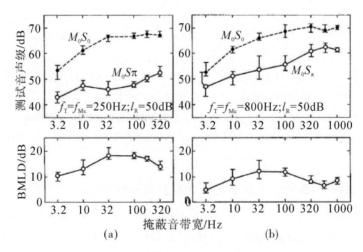

图 15.5 250Hz 测试音(a)和 800Hz 测试音(b)阈值中位数与掩蔽音带宽的关系

虚线连接的实心圆代表 M_0S_0 条件下的结果，实线连接的空心圆代表 M_0S_π 条件下的结果。掩蔽音谱密度级为 50dB。下图显示了单个被试 BMLD 中位数与掩蔽音带宽函数的关系。竖线表示四分位距(6 名被试)

当密度级为 60dB 时，不仅在测试音频率等于掩蔽音中心频率的情况下，而且在测试音频率位于窄带掩蔽音附近的情况下都测量了 BMLD。在图 15.6 中，上图显示了掩蔽阈与测试音频率 f_T 的关系。掩蔽噪声的带宽从 100Hz 减小到 31.6Hz，再到 10Hz[从图 15.6(a)到(b)再到(c)]。绘制在每幅图底部的 BMLD 显示，在噪声中心频率处有极大值，但随测试音频率偏离中心频率而降低。这与掩蔽阈的变化相似，但比掩蔽阈的变化更快，这意味着当掩蔽音和信号没有共同的频率成分时，BMLD 迅速下降。

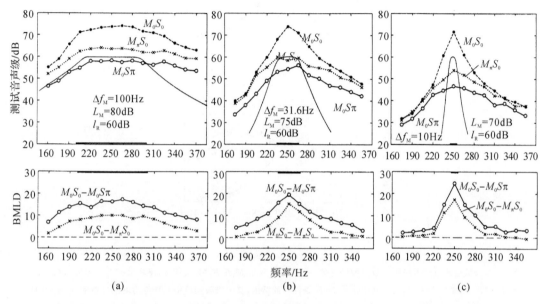

图 15.6　上图显示了 4 个观察者在掩蔽阈下的测试音声级中位数与测试音频率的关系
参数表示双耳相位条件。掩蔽噪声的标称带宽为左侧 100 Hz、中间 31.6 Hz、右侧 10 Hz。频段内的谱密度级为 60dB，细实线为实际的谱密度级。下图再次显示了单个观察者 BMLD 中位数与测试音频率的关系

为了找出掩蔽效应本身是否是导致 BMLD 降低的原因，创建了一个特殊条件，将掩蔽噪声移动到测试音中心频率上。然而，在 M_0S_0 情况下，掩蔽噪声的谱密度级从 60dB 降为较低值以产生相同的掩蔽，其中 60dB 谱密度级下的掩蔽噪声中心频率为 250Hz。实验结果如图 15.7 所示，图 15.7(a)给出了阈值处声级 L_T 中位数与测试音频率 f_T 的关系。标有 M_0S_0 和 M_0S_π 的曲线是图 15.6(c)结果的副本。比较结果显示了 BMLD 的再现性（下图中的空心符）。图 15.7(a)中用虚线连接的实心符显示了 M_0S_π 条件下的结果，噪声中心频率为测试音频率并按上述方式调整声级。在此条件下，与图 15.7(a)中 M_0S_0 条件下实心符表示的结果之间的差异是 BMLD[图 15.7(b)中用实心符表示]。这些 BMLD 与测试音频率的关联性较弱，远小于图 15.6(c)所示条件下的结果。这些附加数据非常清楚地表明，BMLD 的降低既不是因为信号频率变化，也不是因为掩蔽音有效声级变化。

与窄带掩蔽音相比，有调掩蔽音的优点在于并无包络的任何随机时间变化。因此，利用 250Hz 掩蔽音以及相位关系不同的 250Hz 测试音获得许多 BMLD 数据。图 15.1 给出了这种情况下的一个例子。结果表明，最小可觉声级差（单耳约 1dB）和最小可觉差双耳延迟（约 100μs）是引起 BMLD 的主要原因。

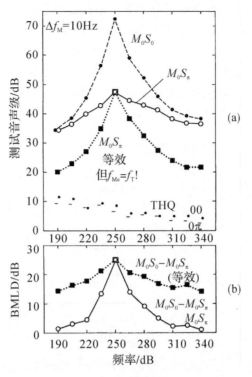

图 15.7 实验结果

图(a)为阈值处测试音声级中位数与测试音频率的关系。对于 M_0S_0 和 M_0S_π 条件,掩蔽噪声谱密度 60 dB、中心频率 250 Hz、带宽 10 Hz。实心方块显示了 M_0S_π 条件下的结果,其中掩蔽噪声中心频率为测试音频率,带宽 10 Hz。每个观察者分别调节其谱密度级,使其掩蔽阈与 M_0S_π 条件下中心频率 250 Hz、60 dB 掩蔽音产生的掩蔽阈相同。图(a)中的下方曲线给出了 M_0S_0 和 M_0S_π 条件下的听阈(THQ)中位数。图(b)将个体观察者正常 BMLD($M_0S_0-M_0S_\pi$)的中位数用空心圆表示,匹配有效掩蔽($M_0S_0-M_0S_\pi$)下的 BMLD 中位数用实心方块表示

纯音掩蔽音与窄带掩蔽音的主要区别在于包络和相位的时间变化。为了提取这 2 个变量的影响,我们从连续重复的 500ms 长的切片中产生了特殊的、冻结后的噪声掩蔽音。图 15.8(a)显示了约 350ms 的这种噪声。中心频率为 250Hz、带宽为 31Hz。在 BMLD 实验中,两耳处的噪声相同(即条件 M_0)。噪声下面的曲线显示了一段用作信号的 300ms 短声(来自 250Hz 正弦波)。它显示在添加过程中的相位(即条件 S_0)。用时程为 10ms、高斯上升和下降时间为 5ms 的短纯音代替 300ms 脉冲音作为测试信号。这些都出现在短噪声的不同时间(t)。图 15.8 中的横坐标为信号呈现时间 t。其中一个信号显示在以 $t=100$ms 为中心的菱形孔中。图 15.8(b)显示阈值处的测试信号声级 L_T。如图所示,信号要么同相(S_0),要么 180° 反相(S_π)。图 15.8(c)显示 12ms 测试信号的 BMLD,图右侧数据点为时程 300ms 的测试信号。掩蔽音声级为 70dB。12ms 测试短纯音阈值在时间上有大的变化,M_0S_0 的变化大于 M_0S_π 的变化。2 条阈值曲线随时间的变化似乎不相关。因此,得到的 BMLD 在 3~20dB 之间。这意味着 BMLD 随时间强烈变化。当使用长时短纯音时,似乎发生了某种形式的平均。当测试音时程为 300ms 时,M_0S_0 的阈值为 59dB,M_0S_π 的阈值为 45dB。相应的 BMLD 为 14dB,与个体 BMLD 相当,平均为 12dB。

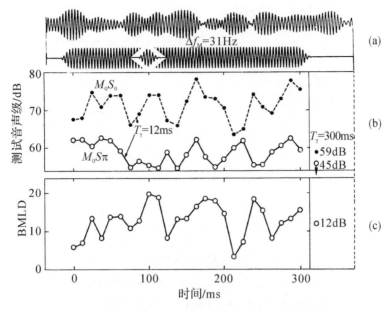

图 15.8 短噪声掩蔽下测试音声级和 BMLD 与时间的关系

图(a)显示了中心频率 250Hz、带宽 31Hz 的一段重复短噪声。两耳处的掩蔽噪声相同。噪声下方曲线是一段 300 ms 的短声信号(来自 250 Hz 正弦波)。所示添加相位的条件为 S_0。实际使用的信号之一显示在菱形孔中(长 12 ms,高斯上升/下降时间 5 ms;在所示情况下,12 ms 信号出现在 $t=100$ ms)。图(b)给出阈值声级中位数与时间的关系,此时 12 ms 信号峰值出现在噪声中。两耳处的信号要么同相(S_0),要么 180°反相(S_π)。图(c)显示了个体 BMLD 中位数与信号出现时间的关系(300 ms 信号的类似数据显示在图的右侧)

15.2.2 BMLD 模型

该模型假设设备或通道被调节使其具有特定的双耳延迟。这些设备工作在 1 500Hz 以下,假定它们为一个通道阵列,调节每个通道使其特征双耳延迟不同。于是,每个通道就像一个双耳延迟滤波器。它无衰减地传输任何具有特征时延的信号,但对那些其时延与通道特征延迟极不相同的信号会衰减得越来越多。进一步假设通道阵列中的每个阵元都相同。利用该假设有可能直接测量到衰减特性。图 15.9 给出了假设的双耳延迟调谐通道的衰减特性。纵坐标为衰减量(单位:dB),横坐标为双耳延迟(单位:μs)。直线显示了来自 250Hz、60dB 掩蔽音声级的数据中位数。折线数据来自对声级差最敏感和最不敏感的个体观测者,即可觉声级差 JNDL 最小和最大的观察者。由于其个体 JNDL 已被用于绘制曲线,所以除了它们各自 JNDL 的变化属性外,其产生机制的斜率也发生了变化。

图 15.9 的结果表明,中位观察者(Median Observer,假设其 JNDL 为 1dB)的最小可觉双耳延迟(Just-Noticeable Interaural Delay,JNΔT)约为 30μs。该值接近于练习过低频双耳听力的被试的 JNΔT 测量值。在这种情况下,需要注意的是,模型只有一个决策轴,ΔL 为自变量。因此,所有影响 JNDL 的因素也应该影响 JNΔT。因此,该模型解释了声级、时程、同时掩蔽或滞后掩蔽对 JNDL 和 JNΔT 影响的相似性。这也解释了个体被试的 JND 是相关的,从而

解释了部分 JNΔT 个体变化残余值的来源。

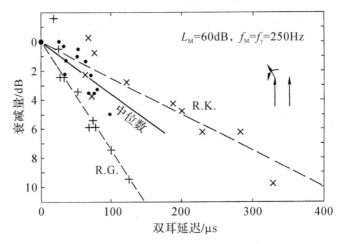

图 15.9　导出的双耳延迟调谐通道的衰减特性

纵坐标上的衰减量是横坐标上双耳延迟的函数,实心符(用实线拟合)为 250Hz、60dB
掩蔽音数据的中位数。其他符号表示 2 个极端个体观察者的数据

被试能够利用降低掩蔽音效应的通道,BMLD 即源于这一事实。这是因为掩蔽音和信号＋掩蔽音之间的双耳延迟差将两种波形导向不同通道。每产生一个 BMLD,在通道中就可得到信号包含的所有信息(频率、相位或振幅),此时其信噪比已改善。该模型还表明,刺激中的任何变化都会增加双耳延迟(通过添加信号而产生)的大小,也会增加 BMLD 的大小。时间效应限制了给定双耳相位条件的时程,它会减少 BMLD 的大小。

用下述两个例子说明如何使用将 JNΔT、JNDL 和 JND 与 BMLD 联系起来的模型。虽然该模型将观察者对 BMLD 的判断简化为对声级的判断,但在讨论其应用时,将 JNDL 和 JNΔT 分开可能是有帮助的。

第 1 个例子针对冻结的噪声掩蔽音,其中测试音频率等于掩蔽噪声的中心频率。图 15.10 显示了冻结噪声实验中(见图 15.8)预测的最有趣的信号呈现间隔的 BMLD。最上面的曲线为重复噪声(其中心频率为 250Hz,带宽为 32Hz)的一段,第 2 条曲线为信号(12ms,250Hz 短纯音),与图 15.8 相比两者都在延伸尺度上。再下一行为信号峰值处信号和掩蔽音的相对相位。第 4 行和第 5 行显示了形成 JNDL 所需的信号-掩蔽音声级比(Ratio of Signal-to-Masker Level)(在 3.5dB 相位处及 JNΔT 为 300s 的情况下)。它们与短时信号的 JND 一致。根据这 2 个值计算出给定相位角下的信号-掩蔽音强度比,它们绘制为针对 $20\log(S_0/M)$ 和 $20\log(S_\pi/M)$ 的数据。两个值的差就是 BMLD,即最下面的曲线,它是信号最大值出现时间的函数,中位数和四分位距来自图 15.8。除了 200ms 处以外,该模型的预测值非常好。然而,对于长时程信号有必要考虑如何从信号的不同时间范围内去整合信息。在 $M_0 S_0$ 情况下,如果积分时间为 200ms,可以预期 12ms 信号和 300ms 信号平均阈值之间的改善值约为 12 dB。在 $M_0 S_0$ 条件下,在所有时间范围内对每个观察者 12ms 信号阈值进行平均,其结果与 300ms 信号结果之间的差值的中位数为 13.7dB。在 $M_0 S_\pi$ 条件下改善值为 13.3dB。因此,对于同时掩蔽,如果信号频率在掩蔽噪声频带内,200ms 的时间积分似乎是一个很好的近似。

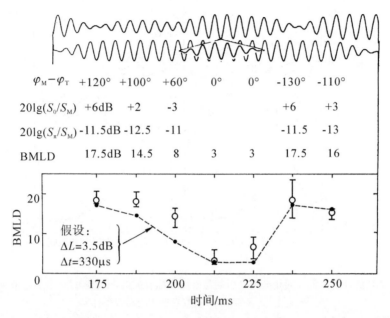

图 15.10 冻结噪声实验中(见图 15.8)预测的最有趣的信号呈现间隔的 BMLD

第 1 行为重复噪声($f_{MC}=250$ Hz,$f_M=31$ Hz)的一段,第 2 行为信号(250 Hz、12 ms 短纯音),即图 15.8 的延伸段。再下一行为信号和信号峰值处掩蔽音的相对相位。第 4 和第 5 行为每个相位处产生 3.5 dB JNDL[$20\log(S_0/M)$那一行]和/或 300 s JNΔT[$20\log(S_\pi/M)$那一行]所需的信号-掩蔽音声级比。最下面的图为 2 个声级之间的差(BMLD),它是信号最大值出现时间的函数,中位数和四分位数距来自图 15.8

第 2 个例子涉及信号频率的影响。它描述了在其他坐标下在阈值测量中发现的结果,测量中将单耳正弦信号同相或 90°相位差添加到同频率的连续掩蔽音中。掩蔽音为双耳呈现,每只耳的都相同。频率从 63Hz 变到 4 000Hz。图 15.11 显示了 $L_M=$ 50dB(左耳)和 70dB(右耳)的转换数据。信号同相相加条件下的结果用标有"ΔL"的曲线表示,即在外层纵坐标上,以对数尺度表示,$\Delta L = 20\log(1 + p_T/p_M)$。作为初步近似,$\Delta L$ 值在 250~4 000Hz 之间与频率无关,但在低频侧略有上升。利用双耳掩蔽音和信号 90°反相相加,被试可以获得 JNDL 或 JNΔT。该条件下的结果为 2 条曲线,一条标为 Δt,另一条标为 $\Delta L'$。取阈值信号,先计算对应的双耳时延 ΔT,再计算对应的声级变化 ΔL,得到 2 条曲线。当 $\Delta L'$ 下降到 ΔL 以下时,如在大约 1kHz 以下的频率中那样,由积分求和获得的声级线索在阈值处就听不到了。观察者使用与双耳延迟相关的线索。超过约 1kHz 时,该线索变得不可用,因为观察者对双耳延迟的敏感性在大于 1kHz 时会迅速下降,或者就模型而言,因为调谐到双耳延迟的通道要么不可用,要么在这些频率上调谐得过宽。在 1kHz 以上,在基于双耳延迟的检测之前声级变化 $\Delta L'$ 已达到了可听声级。通过 ΔL 与 $\Delta L'$ 的比值(见图 15.11 下面的曲线所示)可以更清楚地看到这一点。在该比值远远大于 1 的区域内,预期双耳掩蔽声级差会变大。BMLD 与频率的关系被经常注意到,然而,图中曲线清楚地显示了为什么频率大于约为 1 200 Hz 时 BMLD 会消失。

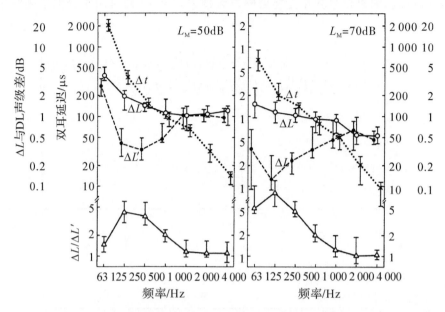

图 15.11 单耳信号和掩蔽音同相叠加会引起与外层坐标有关的声级差 ΔL。积分求和同时引起声级变化 $\Delta L'$（外坐标）和双耳延迟 Δt（内坐标）

所有这 3 个值都显示为频率的函数。底部曲线（△）显示了 ΔL 与 $\Delta L'$ 之比。两幅图分别显示了来自 2 个掩蔽音声级的结果

从模型的应用来看，可以增加以下 3 种因素。

(1) 众所周知的 JNΔT 的可变性基于 2 个因素：不同被试间 JNDL 的差异，以及个体观察者延迟调谐通道斜率的差异。这 2 个因素可能是相关的。

(2) BMLD 通常以信号级来度量。然而，常规测量和确定 JND（如 JNDL 和 JNΔT）之间存在着重要的非线性关系。不过，不同刺激参数对 JND 的影响有时通过非线性来反映，这样就会引起小的差异和/或个体差异，通常称为非常规依赖性。模型可以描述多种非常规的依赖性。

(3) 该模型相当清楚地解释了 BMLD 实际上是一种信号-掩蔽音比的改善，从而导致频率和幅度辨别中的掩蔽释放。该模型还解释了信号和掩蔽音频率彼此不同时 BMLD 的衰减幅度。

15.3 偏侧性

偏侧效应主要利用耳机给声来研究。在这种情况下，声像通常在头内定位。被试的任务就是描述声音的感知侧向位移。此种位移可以映射成一条直线，与 2 个耳道的入口相连。与定位（一种三维现象）相反，偏侧性仅在一维方向描述。

偏侧性由通过耳机呈现给双耳声音的声级差和时间差来决定。图 15.12 显示了偏侧性对双耳声级差的依赖性。实验使用 1kHz 纯音。选择给每只耳朵呈现的声级以使其总声强度与声压级 80dB 对应。双耳声级差正值表明被试右耳上的耳机施加的电压更高。图 15.12 中的纵坐标显示被试感知到的侧向位移：声像要么向中间（C）移动，要么向右（R1…R5）或向左

(L1…L5)移动到不同位置。R5 表示偏侧性"完全右侧",L5 表示偏侧性"完全左侧"。如图 15.12 所示,没有侧向位移的中间声像显示双耳声级差为零,这种判断的变化性极小。随着双耳声级差的增加,声像越来越向右移动。双耳声级差为负时,声像越来越向左移动。双耳声级差为±30dB 时得到了声像的极端偏侧性。对受限范围(±10dB)内的双耳声级差,如果声级差由 1dB 变化到 2dB,就可得到最小可觉位移。

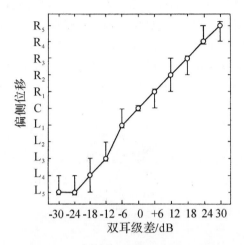

图 15.12　偏侧性与双耳声级差的关系

1kHz 纯音,总声强对应 80 dB 声压级　　音轨 44

如果不用声级差,而是用耳机给声信号的相位差,那么可以获得与感知侧向位移类似的依赖性。频率小于 1 500Hz 时,如果左侧耳机发出的声脉冲比右侧耳机的晚约 1ms,则声像显示侧向位移完全向右(R5)。如果左侧耳机提前 1ms,则侧向位移完全向左(L5)。在这些极端位置之间还有平滑的过渡。

耳机给声信号之间的时移可以通过两种不同方式产生:①时移可用于载波信号;②双耳时移分别用于提供给左侧耳机和右侧耳机信号的包络。在第 1 种情况下,由于载波的双耳时移,当载波频率约为 1.6kHz 时发生侧向位移。该频率与临界带率为 11.5Bark 时对应。因此,只有当载波的临界带率在临界带率尺度的下半部分,才能通过载波的双耳时移获得侧向位移。然而,在临界频率尺度的中间或上半部分时,包络的双耳时移会导致侧向位移的感知。在低频处不容易区分包络时移和载波时移。

双耳声级差和双耳时移间可以折中。这意味着提前给右侧耳机给声,声像会向右移动,以更高声级向左侧耳机给声,声像会移回中间位置。

15.4　定　　位

与代表一维现象的偏侧性不同,定位包括三个维度。定位有两种重要效应:定位本身是对声音方向和距离的感知,辨别阈(Localization Blur)是确定声像位置的精度。

就辨别阈而言,利用正弦信号可以检测的正向偏差约为 2°。当声源朝向其中的一只耳朵时(即 ± 90°),辨别阈稍大(± 10°左右)。当声音在被试后面时,定位性能再次改善,辨别阈达到约 ± 5°。利用窄带信号,经常能引起一种特殊类型的定位。这种情况称为倒置,即声源位于被试前面,但被试感知到的声音来自后面。这意味着声源和声源位置的感知以两耳为轴是对称的。此种情况下可能会发生以下效应:如果被试面向 0°方向,而声源呈 30°角,则感知到的声音可能在 150°角。这意味着声源位于被试前面稍微靠右一点,但感知到的声音来自被试后面。

另一个有趣的特征是窄带声在中垂面的定位。这种效应可以通过图 15.13 来说明。简单来说就是不管声源位置在哪里,声音都被感知为来自一个特定的方向。如果呈现中心频率为 300Hz 或 3kHz 的一个窄带声,那么总是感觉声像在被试前方。即使声源位于被试前方,中心频率为 8kHz 的窄带声也被感知为来自被试头部上方,不管声源的实际位置如何,中心频率为 1kHz 或 10kHz 的窄带声将被感知为来自被试头部后面。这种现象令人惊异,Blauert 将其归因于听力系统的频率特性,称为"确定频带(Determining Frequency Bands)"。

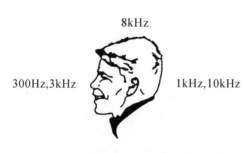

图 15.13 中垂面的窄带声定位示意图

到目前为止,只考虑过一个声源的定位。然而,在实际应用中,例如通过立体声系统重放音乐,这种多个声源重放产生的声音定位也是有趣的。在传统的立体声布放中,被试面对 2 个位于前方的扬声器,每个扬声器与正前方成 30°角。如果 2 个扬声器在同一时间辐射的声压级相同就会产生累加定位,声音被感知为来自 2 个扬声器的中间。如果右侧扬声器的声压级比左侧扬声器的声压级高 30dB,则声音被认为来自右侧扬声器方向。这意味着感知声位置的依赖性与图 15.12 所示的偏侧性的依赖性类似。另外,正如对偏侧性讨论的那样,感知声的定位由扬声器发出声音的时间差决定。如果一个扬声器发出的低频声比另一个扬声器的提前 1ms,那么该声音的感知位置对应于第 1 个扬声器。

此时,一种被称为"第一波阵面定律"的效应值得关注。如果左侧扬声器中的声音被点击打开,那么它将被认为是来自那个位置,即使左侧扬声器的声音随后逐渐消失,声音只从右侧扬声器发出也是如此。即使第 2 个扬声器的声级比第 1 个扬声器的声级高出若干分贝,这种"第一波阵面"效应仍然起作用。在室内声学中,"第一波阵面定律"具有重要意义。即使(如从楼厅)反射声级高于直达声级,乐器声的定位也在舞台方向上。然而,如果直达声和反射声的时间差超过某个临界值(对语音和音乐来说约 50ms),就可能感觉到有回声,该值超过 100ms 时就会令人非常恼火。

15.5 双耳响度

如果一个头戴耳机的被试只用一侧耳机来听声音,突然另一侧耳机也连接到声源,他会感知到响度明显增加。与单耳响度相比,在某种程度上双耳响度的增加取决于实际响度,因此也取决于声压级。对于柔和的声音(20dB SL),从单耳倾听转换为双耳倾听会使感知到的响度增加约 2 倍。在高声级(80dB SL)下,从单耳到双耳响度只增加了约 1.4 倍。这意味着在低声级(20dB SL)下,从单耳到双耳响度的增加相当于(单耳)声压级增加 8dB。在高声级(80dB SL)下,相应的声级增量达 6dB。关于双耳响度一个有趣的例子是响度部分受噪声的影响。当测量声音响度时,呈现给耳朵的声音和噪声的相位条件就变得很重要,正如第 15.2 节已经讨论过的极小响度下的双耳掩蔽声级差(即掩蔽阈)。在双耳情况下,影响响度感知的变量个数变得很大。初步研究获得的少量数据可能对预期效应有启示。

250Hz 纯音被用作双耳信号,每只耳朵的声级相同,调节单耳呈现的 250Hz 纯音声级使其等响,由此测量该纯音的响度。背景噪声被低通滤波,在 840Hz 处有一个陡峭的截止值,每个临界带的声压级为 43dB,相当于密度级 23dB。图 15.14 所示的数据显示了单耳呈现的 250Hz 纯音声级,它听起来必须和双耳呈现的 250Hz 纯音声级(横坐标)一样响。两耳处的掩蔽噪声(N_0)同相,而信号(250Hz 纯音)在第 1 组测量中同相(S_0,下面曲线中的空心圆),在第 2 组测量中 180°反相(S_π,上面曲线中的实心圆)。数据是 4 名被试的中位数和四分位间距。正如 BMLD 数据预期的那样,低信噪比情况下的结果表明,双耳反相呈现的 250Hz 纯音比同相呈现的响度更大。然而,令人惊讶的是,这种增加不仅在掩蔽阈附近有效,而且在高出 40dB 时也有效。两种信号相位条件下的掩蔽阈接近最左边的半圆符,因为在这些声级处只有 2 名被试能够听到 250Hz 纯音。

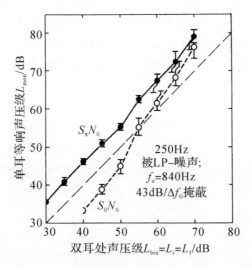

图 15.14 双耳呈现的 250Hz 纯音响度表示为单耳等响的 250Hz 纯音声级(纵坐标)
前者被双耳呈现的低通噪声部分掩蔽,低通噪声截止频率为 840Hz,每个临界带的声压级为 43dB。等响双耳纯音的声压级为横坐标。给出了信号和掩蔽噪声的 2 个相位条件。半圆符表示两种情况下掩蔽阈的大致位置

掩蔽噪声的两种条件:双耳同相(N_0,空心圆)和 180°反相(N_π,实心圆),利用相同的单耳调节法,图 15.15 给出了双耳信号响度与相位差(横坐标)的依赖关系。掩蔽噪声与前一个实验的相同,双耳呈现的 250Hz 纯音声级被设置为 50dB。$\Delta\varphi=0°$,$\Delta\varphi=360°$条件下的数据是副本,可以与图 15.14 给出的 $L_{bin}=50$dB 的数据相比。数据的一致性很好,在 2 个实验中用四分位距标记的个体差异极小。

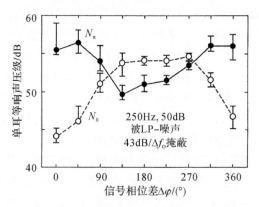

图 15.15　双耳呈现的 250Hz 纯音（像图 15.14 那样被部分掩蔽，但声压级为 50dB）的响度与信号相位差（横坐标）的关系
给出了低通掩蔽噪声的两种相位条件

图 15.14 和图 15.15 的数据表明，双耳听觉的相位差会影响响度，因此声音的反相呈现会使响度增加 1 倍，相当于单耳呈现声级差为 10dB。信号和掩蔽音（此种情况下为噪声）的相位变化明显影响双耳响度。

在标准的立体声布放下，用扬声器也可研究双耳响度累加。响度累加不仅取决于 2 个扬声器声音的频率间隔，也取决于其时间间隔。当频率间隔和时间间隔均为零时，2 个扬声器的响度比一个扬声器的更大，相当于声级差约为 4dB。当频率间隔达 4kHz 时，2 个扬声器呈现时的响度增量在低响度（45phon）下为 12dB，在高响度（85phon）下为大约 8dB。

总之，在有利条件下，大约同一时间呈现的相同物理声级，其双耳响度为单耳响度值的几乎 2 倍。

第16章 应用实例

在人类社会中,声音交流扮演着非常重要的角色,因为除了接收系统(耳朵)外,我们还有一个传输系统,即我们的语言器官。因此,心理声学的应用遍及众多不同领域。最常见的情况是,心理声学数据提供了解决问题的基本依据(如发现传输系统的极限特性或噪声产生的极限)。即使在音乐所属的艺术领域,作为音乐接受者的听力系统的特征也起着主导作用。因此,心理声学在音乐声学中也非常重要。鉴于该领域的多样性,在这里我们不可能详细讨论大量不同的应用。然而,本章给我们一些印象,让我们了解到心理声学在前面提到的不同领域中所涉及的程度,并可能给那些想要解决类似问题的人们一些提示,让他们知道如何进行。本章每节列出的论文也会提供部分帮助。

16.1 噪声控制

噪声或不需要的声音必须受到控制。在20世纪60年代有很多方法用来测量噪声。在业界的推动下,国际标准化组织(International Standardization Organization,ISO)被迫对一种方法进行标准化,这种方法不仅要实用,而且能表明正确和充分的价值。标准化是一个耗时的过程,最终决定分两步解决问题。首先是一种简单的方法,可以很容易地使用相对便宜的设备实现。ISO意识到,这种最初的方法,即利用A计权声压级进行测量,可能会在噪声控制中引起不准确甚至误导的结果。因此,ISO开发了第2个标准,它不像前一个标准那么简单,但根据人类对响度的感知得到了更合适的值。在ISO 532中,响度计算程序被描述为相应的两种方法,并在dB(A)提案后仅几年就发布了。ISO 532B中描述的方法是基于第8章关于响度的描述,并使用该方法来阐述实例。

经常使用的响度分布有两种。第1种是临界带率模式上的特性响度,这里简称为"响度模式"。第2种分布是基于总响度的时间函数,通常只能用响度计测量。

由于噪声响度往往与时间关系密切,因此采用累积响度分布。这种分布给出了达到或超过特定响度的时间百分比作为响度的函数。

为了更好地了解响度刻度,图16.1显示了声级计与响度计的对比。

这两种仪表都表明,凿岩锤的声音相当响亮而水龙头的滴水声相当柔和。然而,仔细观察就会发现,声音的顺序有时是不同的。例如:在声级计上,喇叭的声压级在割草机上方,但在响度计上,喇叭的位置正好相反。同样,小提琴和电钻产生的声压级几乎相同,但电钻的响度更高。这些差异主要是由谱分布和时间结构不同造成的。也有人可能怀疑小提琴的乐声应胜过电钻的技术声,这影响各自的响度评价。然而,应用第16.1.5节中描述的方法可以看出,如图16.1所示,在声音响度评估中声源辨识等认知效应的作用不大。

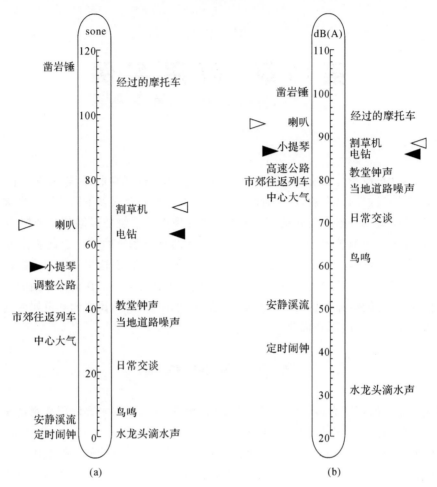

图 16.1 响度计与声级计的比较
(a)响度计;(b)声级计

16.1.1 响度测量

在发布的 DIN 45631 最新版中,计算机程序中实现了响度计算的图解法(由 ISO 532B 或 DIN 45631 描述)。

该程序给出了 1kHz 标准音响度函数的很好近似,它分布在 0.02~150sone,误差在 2% 范围内。图16.2 显示了其相应的均匀兴奋噪声函数(见图 8.4)。

在降噪方面利用响度计算方法是最有效的。一个木工厂的例子可以让我们了解其优势。最初,噪声主要来自圆锯,它产生了一种频域上窄带主导的声音和更广泛的调谐噪声。图 16.3(a)显示了初始响度模式,表明在 1.25kHz(通道 9)附近有很大的谐波区,这对总响度的贡献很大。首先,必须使用特殊的减少噪声的圆锯降低这种占主导地位的部分响度。图 16.3(b)显示的剩余噪声为宽带噪声,A 声级相对较低,但响度相对较大。因此,在高频区进行额外降噪,这比在低频区更容易实现。这样可以进一步降低响度,如图 16.3(c)所示的响度模式所示。相对响度从 27.5sone(GF)减小到 18.3sone(GF),最后减小到 13.5sone(GF),对应的因子为 1.50 和 1.36。这些比值表明第 2 步也相当有效,尽管在第 1 步中 A 计权声压级降低了 13 dB(A),第 2 步仅降低了 4 dB(A),然而,工厂的工人们对第 2 步非常满意。

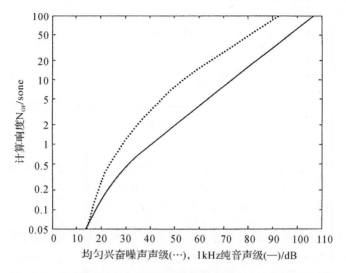

图 16.2　由计算机程序计算或由响度计测量的 1kHz 纯音(实线)和均匀兴奋噪声(虚线)的响度与声压级的关系

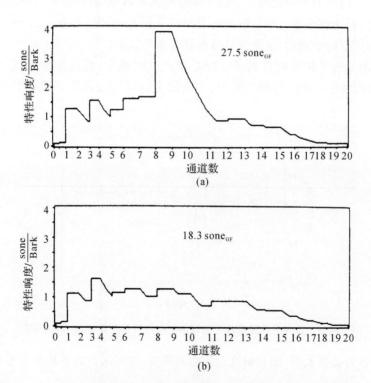

图 16.3　木材加工厂降噪活动的 3 个阶段中由计算机程序计算的响度模式,即特性响度与用通道数表示的临界带率的关系
(a)初始情况;(b)使用特殊圆锯片

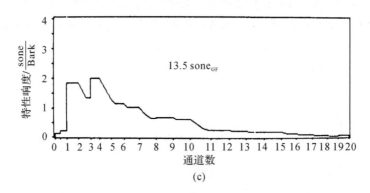

续图 16.3　木材加工厂降噪活动的 3 个阶段中由计算机程序计算的响度模式，
即特性响度与用通道数表示的临界带率的关系
(c)使用附加吸声每幅图上显示了总响度

可用 DIN 45631 发布的计算机程序评估稳态声的响度。然而，对于时间变化强烈的声音，还必须用图 8.26 所示的响度计模拟人类听力系统对响度的非线性时间处理。响度计算出的响度与利用 ISO 方法算出的几乎很快就能对上，也就是说，它使用了与听力系统相同的时间特性。为了模拟听力系统的特性，必须每 2ms 进行一次临界带分析。这意味着我们必须安装一组滤波器模拟内耳的频率选择性。除了响度模式和响度-时间函数之外，响度计还能给出响度的统计分布，即达到或超过特定响度的时间百分比与响度的关系。当响度随时间强烈变化以及评估噪声照射的影响时，这种统计分布具有重要意义。

图 16.4 显示了一个语音响度例子。在心理声学实验中，连续语音噪声的响度（CCITT Rec. G227）与测试语句的响度匹配。图 16.4 给出了语句（左）和语音噪声（右）的响度-时间关系。

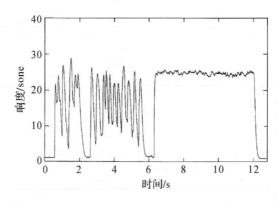

图 16.4　感知等响度条件下测试语句和语音噪声的响度-时间关系

图 16.4 显示的数据表明，语句响度与波动的响度-时间函数的平均值并不对应，而是接近最大响度值。

图 16.5 所示的累积响度分布的统计处理显示，在整个发声过程中连续语音噪声的响度几乎相同（虚线），而语句的响度随时间变化很大（实线）。图 16.5 中两条曲线的交点表明，语音响度可用百分响度 N_7 来描述。N_7 为 7% 的测量时间内达到或超过的响度值。

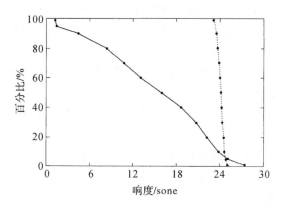

图 16.5　测试语句（实线）和语音噪声（虚线）的累计响度分布

16.1.2　噪声排放的评估

不同声源发出的噪声既可用心理声学实验进行主观评价，也可用响度计等噪声测量装置进行客观评价。

通常采用带参考点的量值估计法进行主观评价。对于噪声排放的客观测量，推荐使用百分响度 N_5，然而，对于大规模排放，最大响度 $N_{\max}$ 给出的值几乎相同。

图 16.6 显示了评价打印机噪声排放的一个例子，包括不同的针式打印机（A，B，E，F，G），菊花轮打印机（C 和 D），以及一台喷墨打印机（H）。圆圈表示主观响度评价，星号表示响度计测量的响度，加号表示 A 计权声功率（许多国家都用它来描述产品的噪声排放）。所有数据都相对于打印机 F 的值进行了归一化处理。

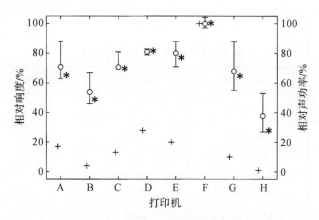

图 16.6　评价不同打印机发出的噪声

圆圈表示主观评价的相对响度，星号表示响度计测量值，与加号表示的相对 A 计权声功率相比较

图 16.6 显示的数据表明不同针式打印机的响度可能相差 2 倍（F 与 B）。喷墨打印机的响度大约只有针式打印机的 1/3（H 和 F）。

图 16.6 中圆圈和星号的对比表明，可用响度计进行客观测量以预测主观评价。另外，A 计权声功率大大高估了两者间的差异。

例如,经常在广告中说打印机 G 的噪声排放比打印机 F 的少 90%。从物理角度(A 计权声功率)来看,这是正确的。然而,客户感知到的响度差异只有大约 35%,这符合响度计的指示。

因此,降低产品噪声排放应该用响度比计算,因为用噪声功率比计算过高,最终公众可能不再相信有关声学改善的预测。

图 16.7 展示的结果给出了不同型号飞机的起飞噪声排放值,它们相对于飞机 A 做了归一化。

将圆圈和星号所示的数据进行比较,再次显示了响度计进行的客观测量在主观评价噪声排放响度方面的预测潜力。配备小旁通比发动机的旧飞机(如 A、E)比配备大旁通比发动机的现代飞机(如 B、C)的噪声大 1.5 倍左右。

需要指出的是,Kryter 提出并用于飞机认证的噪度概念也符合主观评价。另外,A 计权或 D 计权声功率再次过高估计了不同飞机的噪声差异。

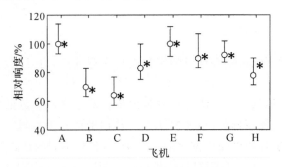

图 16.7 不同飞机起飞时噪声排放的评估
"圆圈"表示主观评价数据,"星号"表示响度计的客观测量数据

在铁路噪声方面,产生的噪声通常取决于列车类型、长度和速度。表 16.1 给出了有关噪声研究的概述。

表 16.1 列车噪声研究概述

序号	列车类型	长度/m	速度/(km·h^{-1})
A	货运列车	520	86
B	客运列车	95	102
C	特快列车	228	122
D	城际特快列车	331	250
E	城际特快列车	331	250
F	货运列车	403	100
G	货运列车	175	90

图 16.8 给出了心理声学实验中的主观评价和响度计给出的响度客观测量结果。所有数据都相对于列车 C 的值进行了归一化处理。

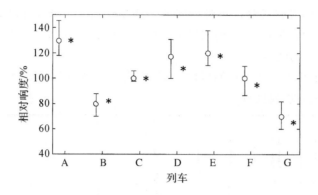

图 16.8 评估不同列车产生的噪声
"圆圈"表示主观评估数据,"星号"表示响度计的客观测量数据

图 16.8 显示的数据表明,对于火车噪声,用响度计对响度进行客观测量可以预测响度的主观评价值。中等速度下相对较短的列车(B、G)产生的响度值最低。较长的货运列车在低速运行(A)或城际特快列车在高速运行(D、E)下的响度值较大。

讨论割草机的噪声排放。介绍了不同厂家生产的产品在不同转速下的性能。结果如图 16.9 所示。相对于 9 号噪声的数据,所有值都进行了归一化处理。

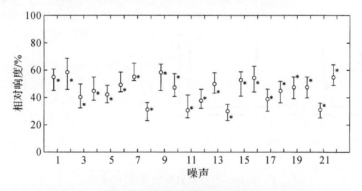

图 16.9 割草机噪声排放评估
"圆圈"表示主观评估数据,"星号"表示响度计的客观测量数据

比较图 16.9 中圆圈和星号所示的数据,结果表明对于"休闲噪声"类的声音,可以用响度计测量的响度预测感知响度。

总之,对于差异极大的噪声排放响度,用响度计进行的客观测量值与主观评价值一致。经常用于广告中的 A 计权声功率比通常会大大高估噪声排放响度的差异。

16.1.3 噪声照射的评价

在心理声学实验中,对噪声的评价通常如下:向被试呈现时程为 15min 的刺激,其中包括不那么响的背景噪声,如 40dB(A)的道路交通噪声,以及一些更响的声事件,如飞机飞过。在给声期间,被试改变个人计算机显示器上的条形长度指示瞬时响度。实验结束后(如 15min 后)被试填写问卷,通过标记线长显示前 15min 声音的总响度。

这种噪声照射总响度的主观评价值(以 mm 为单位的线长表示)可以与噪声照射的物理

幅度相比。结果表明,在许多情况下噪声照射的感知总响度与响度计测量的百分响度 N_5 对应。N_5 值是在测量时间的 5% 内达到或超过的响度。这意味着 N_5 代表一个接近噪声照射响度-时间函数最大值的响度值。

  图 16.10 显示了在 15min 噪声照射情况下,使用老式、噪声大的飞机(B)与现代、噪声小的飞机(C)时噪声的响度-时间函数。

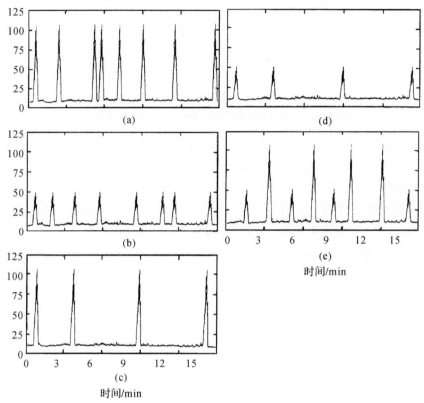

图 16.10　噪声照射的响度-时间函数

道路交通背景噪声加上:(a)8 架高噪声飞机 B(8×B)的起飞声;(b)8 架低噪声飞机 C(8×C)的起飞声;
(c)4 架高噪声飞机 B(4×B)的起飞声;(d)4 架低噪声飞机 C(4×C)的起飞声;(e)4B+4C

  图 16.11 中以圆圈表示的数据代表了对图 16.10 所示的噪声照射的主观评价,并与以星号表示的客观测量数据进行比较。左纵坐标为主观感知总响度的线长,右纵坐标为相关的百分响度 N_5。

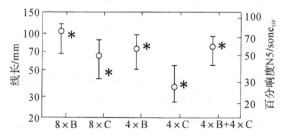

图 16.11　噪声照射的总响度(见图 16.10)
"圆圈"表示与主观感知总响度匹配的线长。"星号"表示用响度计客观测量的百分响度 N_5

图 16.11 给出的主观数据和物理数据的比较表明,百分响度 N_5 是主观感知的飞机噪声照射总响度的良好预测因子。

正如本节参考文献所述,百分响度值还可以预测道路交通噪声、铁路噪声、工业噪声和休闲噪声(如网球场噪声)的噪声照射总响度。

在许多法规中,噪声照射是利用能量等效的 A 计权声压级 L_{eq} 进行评估的。然而,即使 L_{eq} 值相同,不同交通工具的噪声照射也会有很大不同。现场研究的相应结果被分别命名为 "铁路收益(Railway Bonus)"噪声和"飞机损益(Aircraft Malus)"噪声,这表明在 L_{eq} 相同的条件下,铁路噪声不如道路交通噪声令人烦恼,而飞机噪声比道路噪声更令人烦恼。

图 16.12 所示为心理声学实验结果。根据线长所表示的总响度判断不同交通工具在同一 $L_{eq}[70\text{ dB}(A)]$ 下持续 15min 的噪声照射。

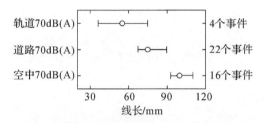

图 16.12　轨道交通、道路交通和空中交通噪声的总响度
每种噪声的等效声级在 15mins 内均为 70 dB(A)

图 16.12 给出的心理声学数据符合在现场研究结果基础上提出的"铁路收益"和"飞机损益"的概念。对于相同 $L_{eq}[70\text{dB}(A)]$ 的噪声照射,心理声学实验给出的总响度(用线长表示)按铁路噪声、道路交通噪声、飞机噪声的顺序依次增加。

为了解释"铁路收益",至少可以提出两种假设。从工程的角度来看,道路交通噪声的低频成分更明显,而它被 A 计权低估了。因此,在 L_{Aeq} 相同的情况下,感觉道路交通比铁路交通更响亮。总的来说,带有强烈低频成分声音的 A 计权声压级问题可以认为其"铁路收益"约为 4dB。

另一种基于认知效应的假设是,铁路声可能会引起人们对"美好旧时光"的怀旧情绪,因此,在相同 L_{Aeq} 下铁路噪声会比道路交通噪声更受欢迎。为了估计这种认知效应的大小,铁路噪声和道路交通噪声都采用第 16.1.5 节中描述的方法进行处理以掩盖声源。图 16.13 所示为连续 5min 时程的相应实验结果。

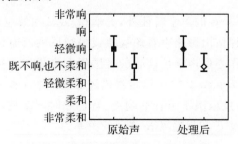

图 16.13　对于原始声(方块)和处理后的声音(菱形),
相同 L_{Aeq} 的道路交通噪声和铁路噪声的总响度

图 16.13 给出的数据显示了"铁路收益":对相同的 $L_{Aeq}=55dB(A)$,道路交通噪声的总响度被判断为"轻微响亮",而铁路噪声的总响度被判断为"既不响亮也不柔和"。由于这种差异也适用于处理过的声音,因此在这些声音中有关声源的信息被模糊了,这种情况下认知效应的作用似乎不大。

总响度问题不仅与室外噪声有关,也与室内噪声有关。例如,在有几个员工的办公室里总是存在着矛盾的问题,一方面是安静,另一方面是隐私。在员工认为"安静"的 10 个办公室里,图 16.14 说明了主观评价和客观评价结果。圆圈代表用线长法(Line Length,LL)表示的主观响度评价,十字形代表百分响度 N_5 的客观测量。

如图 16.14 所示的主观和客观评价显示了良好的一致性,即十字形通常在四分位数内。平均而言,百分响度 $N_5=$ 5sone 似乎是"安静"办公室的典型值。

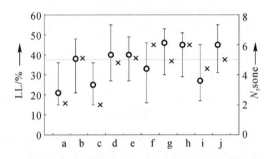

图 16.14　在员工认为"安静"的办公室里进行响度的主观和客观评价

进一步的研究表明,在被员工认为嘈杂的办公室中,超过了限值(5sone)2～4 倍,即得到的百分响度值 N_5 约为 10～20sone。

为简单起见,假设办公室的背景噪声为粉红噪声,响度 5sone 对应的 A 声级约为 $L_A=$ 44 dB(A)。

为了研究隐私问题,我们选择了一个"安静"的办公室($N_5=$ 4.7sone)和一个"嘈杂"的办公室($N_5=$ 9.6sone)。Sotscheck 押韵测试表明,在"安静"办公室里,语音级 38dB 对应的语音清晰度为 50%;在"嘈杂"办公室里,语音级为 47dB。在实际办公室里 38dB 的语音级是不可能的,在很多情况下语音级甚至会超过 47dB。因此,在"安静"办公室里不可能有隐私,即使在"嘈杂"办公室里,很多情况下预期的隐私也会受到侵犯。

16.1.4　声品质评价

关于声品质评价,除了声音的声学特征外,美学和/或认知效应也能发挥重要作用。因此,在实验室情况下并非总能评估出影响声音烦恼感或愉悦感的所有因素。然而,恼人的声音的心理声学要素可用一种叫作心理声学烦恼感的听感组合来描述。更具体地来说,心理声学烦恼度(Psychoacoustic Annoyance,PA)可以定量描述心理声学实验中获得的烦恼感等级。

基本上,心理声学烦恼度取决于声音的响度、音色和时间结构。心理声学烦恼度(PA)与响度 N、尖锐度 S、波动强度 F 和粗糙度 R 之间的关系为

$$PA \sim N\{1+\sqrt{[g_1(S)]^2+[g_2(F,R)]^2}\} \tag{16.1}$$

本质上,式(16.1)说明对于心理声学烦恼度,除了响度本身之外,必须考虑到与响度相关的尖锐度、波动强度和粗糙度(利用某种均方根平均法)。

利用谱分布不同的窄带声和宽带声(调制和未调制),其心理声学实验结果定量描述了心理声学烦恼度,则有

$$\mathrm{PA} = N_5(1+\sqrt{w_S^2+w_{FR}^2})\tag{16.2}$$

式中,N_5为百分响度(单位:sone)。

$$w_S = (S-1.75)0.25\lg(N_5+10),\quad S>1.75\tag{16.3}$$

其描述了尖锐度S的影响,同时

$$w_{FR} = \frac{2.18}{N_5^{0.4}}(0.4F+0.6R)\tag{16.4}$$

其描述了波动强度F和粗糙度R的影响。

由式(16.2)可知,可以根据心理声学实验数据描述心理声学烦恼度,它不仅适用于合成声,而且适用于技术声,如汽车噪声、空调噪声,或诸如圆锯、钻头等工具的噪声。

以图16.15为例,将心理声学实验测得的汽车噪声的心理声学烦恼度与根据式(16.2)计算的数据进行对比。实验中使用的汽车噪声见表16.2。这些声音来自于柴油或奥托发动机汽车,它们以不同速度和不同挡位行驶,在不同距离下录音。根据ISO 362,行驶状态包括恒速、空档、滑行、加速、加速通过以及赛车启动等。

表16.2 用于心理声学烦恼度实验的汽车声

噪 声	发动机	速度/(km·h^{-1})	驱动数	距离/m
1	柴油	60	3	7.5
2	奥托	30	1	7.5
3	柴油	70	2	7.5
4	奥托	0	空转	0.9
5	奥托	80	3	7.5
6	奥托	80	3	15.0
7	柴油	35	1	7.5
8	柴油	70	4	7.5
9	奥托	50	2	7.5
10	柴油	110	4	7.5
11	柴油	加速	1	7.5
12	柴油	快速启动	1	7.5
13	奥托	60	3	7.5
14	柴油	30	1	7.5
15	奥托	50	2	3.5
16	/	60	滑行	7.5

续　表

噪　声	发动机	速度/(km·h^{-1})	驱动数	距离/m
17	柴油	0	空转	7.5
18	柴油	60	4	7.5
19	奥托	ISO 360	2	7.5
20	柴油	0	空转	7.5
21	柴油	80	3	3.75
22	柴油	50	2	3.75
23	柴油	80	3	3.75
24	柴油	90	4	7.5
25	奥托	80	3	3.75

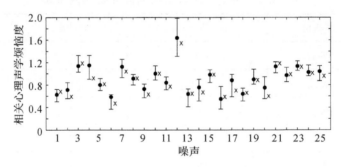

图 16.15　表 16.2 列出了汽车噪声的心理声学烦恼度
"圆点"表示心理声学实验数据。"×"表示根据式(16.2)计算出的值

图 16.15 给出了心理声学烦恼度的主观和客观评价数据。所有数据都根据声音 10 的值进行了归一化,声音 10 来自一辆以 110km/h 速度行驶的 4 驱柴油发动机,在 7.5m 处录音。心理声学实验结果(中位数和四分位数)用圆点表示,计算值用"十"字表示。

图 16.15 中圆点和十字表示的数据比较揭示了式(16.2)的心理声学烦恼度的预测潜力。对于赛车启动(声音 12)、柴油车高速和低速行驶(声音 3)或柴油车近距离行驶(声音 21 和 23),其心理声学烦恼度值较大。

综上所述,心理声学烦恼度可以评价声品质的心理声学要素。考虑到其他要素(如美学和/或认知因素、流行的声学趋势等),心理声学烦恼度为声音工程提供了巨大潜力。

16.1.5　认知效应:声源辨识

本书发展了一种方法以掌握可能的认知效应的大小,该方法尽管保持响度-时间函数不变,但在很大程度上模糊了声源辨识。图 16.16 以框图的形式介绍了该方法的原理。

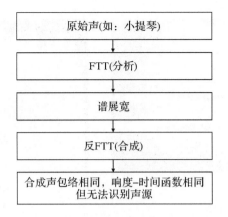

图 16.16 （用于模糊声源信息的）方法框图

在该过程中,首先用 Terhardt 提出的傅里叶时间变换 FTT 进行原始声（如小提琴声）进行分析。谱展宽后,重新合成的声音与原始声的谱包络和响度-时间函数相同,但声源信息被掩盖了。

图 16.17 为一个示例,给出了原版本[见图 16.17(a)]和处理后版本[见图 16.17(b)]中 5 种声音的响度-时间函数。

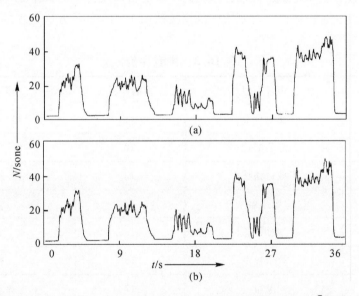

图 16.17 原始声（上图）和处理后声音响度-时间函数的比较 🎵音轨 45

正如预期的那样,所有响度-时间函数几乎相同。在处理过的版本中,很难辨识喇叭、小提琴、鸟叫、婴儿啼哭和火车声源。

图 16.18 给出了图 16.16 中引入方法的细节,左边是所使用小提琴声的 FTT 谱。可以清晰地看见小提琴声的和声结构:纵坐标上直接显示了 1Bark、3Bark、4Bark 和 6Bark 处的谐波,再次明显看出演奏的长时程音符中的音阶。

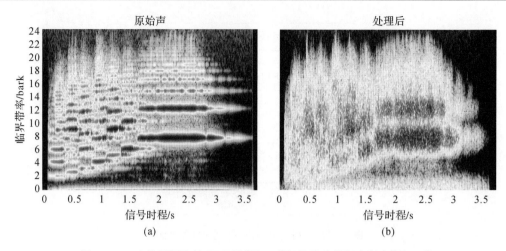

图 16.18　小提琴原声的 FTT 谱[图(a)]和处理后的相应版本[图(b)]

原则上,在图 16.18(b)中也能看到这种一般模式,即长音中音调增加。更明显的是,某些和声结构也隐藏在声音中。但是,与图 16.18(a)相比,图(b)丢失了所有细节,图像变得模糊。从感知的观点来看,这引起了一种几乎听不见频率调制的连续噪声。

为了得到响度评价是否受声源信息影响的一些信息,对表 16.3 中所列声音的响度采用带参考声的量值估计法进行评价。对原始声以及按照图 16.16 所示方法处理的声音进行评价。选择吹风机原声(声音 5)为参考声。

表 16.3　声音评价

声音序号	声音类型	声音序号	声音类型
1	儿童玩耍	11	电动剃须刀
2	电话响铃	12	门铃
3	当地道路噪声	13	钢琴
4	吸尘器	14	小提琴
5	吹风机	15	电钻
6	教堂钟声	16	喇叭
7	瀑布	17	火车经过
8	高速公路	18	摩托经过
9	火车站	19	凿岩锤
10	换乘站		

图 16.19 给出的结果显示,在所有情况下被试对参考声(声音 5)的评分都很完美(即赋予的数字为 100)。对原始声和处理过的声音都是如此。至于其他声音,原始声和处理过的声音的响度评价差异都很小。在所有情况下,除了一个声音(声音 11)外其余声音的四分位距重

叠。对数据的统计处理(Wilcoxon 秩和检验)显示,声音 2、声音 4 和声音 11 的原始声和处理过的声音的评价差异在 0.1% 等级上。

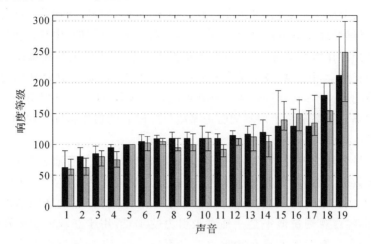

图 16.19　声音 1~19 的响度等级
原始声用深色阴影条表示,处理后的声音用浅色阴影条表示(中位数和四分位数)

图 16.19 可以看出,声源信息对响度的影响不大。考虑到中位数,在 19 个例子的 4 例子中,处理过的声音的响度比原始声更大。在其余 15 个例子中,处理过的声音比原始声的响度更小或响度相同。但是,如前所述由于四分位距间的重叠,故不应过高估计这些差异。

相反,声源辨识或极大地影响烦恼度评级。例如,与处理过的咖啡机的声音相比,尽管响度-时间函数相同,但咖啡机原始声(煮新鲜咖啡的声音)更受青睐。此外,干杯声比处理过的声音的烦恼感要少得多。而对许多其他声音而言,声源辨识对响度评级和烦恼感评级的影响都很小。

总之,在响度评价中特定声源的辨识似乎作用不大,但有时会强烈地影响烦恼感等级。

16.2　在听力学中的应用

听力系统是我们人类非常重要的一种感觉器官。它是一种声信息接收器,与语音生成系统一起,使我们能够参与声音交流。因此,听障患者的言语辨识能力是临床听力学中需要定量测量的重要方面之一。为了区分语音,必须具备 5 种基本特征:灵敏度、频率选择性、幅度辨别力、时间分辨率和信息处理能力。为了避免严重的社会障碍,这 5 种特征必须足够好才能辨别和理解言语。通常利用测量听阈的纯音听力计测量灵敏度。主要通过语音辨识测试测量信息处理能力。测试实际上包括其他 3 种特征的测量,因为没有这些,言语辨别是不可能的。然而,出于诊断的原因,将丧失这 3 种特征与丧失信息处理能力加以区分往往是很有意义的,特别是在语音辨识失败的情况下。在听力学中,人们感兴趣的是所有单一的影响,这可能在一定程度上影响到总的测量结果,即言语辨别。对于听力正常的被试来说,大多数影响言语辨别的单一因素已得到充分研究。对于听力困难的被试,得到的数据就不全面了。一个重要的原因是,用于听力正常者的方法对听障患者来说很少有用。必须用简化方法和简化仪器,下面几段试图解决这些问题。

16.2.1 耳声发射

目前对耳声发射的了解表明,耳声发射源于内耳,也就是我们处理系统的外周部分。在这种情况下,外周仍然处理交流电信息,交流电可以是听觉的、机械的(中耳)、流体机械的(内耳)或电的(毛细胞内)。在所有情况下,正负振荡都携带信息。从交流电到动作电位的变化都发生在内毛细胞的突触上,该区域被定义为外周信息处理和后耳蜗信息处理的边界。这个定义可能与听力学中的定义不同。然而,从信息处理的角度来看,此定义非常有用。我们假设耳声发射的产生和频率分辨率是位于内耳的听力系统(即外周)的典型特征。我们还假设募集现象可能主要形成于内耳中。

有关听觉信号处理的神经生理学数据几乎完全来自动物。只有通过非常罕见的手术才能从人类身上收集数据。然而,大多数心理声学数据都来自主观测量的人类数据。因此,关于听力损伤被试,其疾病类型的大多数决定都是基于心理声学数据(尽管客观结果可能更有用)。因此,耳声发射的纯客观测量似乎是一种有吸引力的工具,用于获取人类内耳的信号处理信息。然而,问题是耳声发射似乎只有在听力损失不超过 20dB 的被试中才会产生。在一所听力病患学校的 200 多名学生中,整个频率范围内的听力损失都大于 60dB,没有一个表现出最容易测量的延迟诱发耳声发射。因此,耳声发射很少作为一种获取听力损伤(导致听力损失超过 20dB)信息的工具。

然而,当无法与人类被试进行交流时可以进行客观测量。只有几个月大的婴儿就是典型的例子。尽早判断听力系统是否正常非常重要。为了作出这样的决定,测量婴儿的延迟诱发耳声发射可以得到有用信息。几乎 98% 的听力正常的被试(包括婴儿)都会产生这些发射。因此,发射缺失可以作为内耳发育不正常或中耳强烈衰减声传播的一个迹象。发射的存在表明,至少在可以测量发射的频率范围内中耳和内耳的行为都是正常的。

图 16.20(a)显示了 18 个月大儿童的典型延迟诱发耳声发射。这 2 条曲线是重复测量的,以给出再现性的概念。时间函数显示了延迟发射(2.3kHz 时延迟 7ms,1.25kHz 时延迟 13 ms,0.9kHz 时延迟 16ms)和 2.95kHz 自发发射(由脉冲系列刺激触发)。图 16.20(b)显示了测量自听障被试的时间函数。由于不能强迫婴儿保持必要的安静,用于测量诱发耳声发射的仪器需要一个排除伪假象的装置。

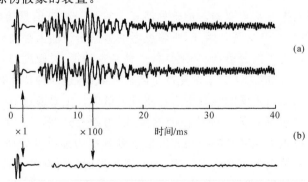

图 16.20 健康儿童和听障患者的延迟诱发耳声发射
(a)来自健康内耳的延迟诱发耳声发射的 2 条曲线(在婴儿闭合耳道中拾取)。
即使在诱发信号触发的自发发射期内的延迟时间很长,这些曲线也显示了出色的再现性。
(b)显示了相应的时间函数(录自患有某种听力损失的被试)注意,延迟大约 6 ms 后,振幅放大 100 倍

16.2.2 调谐曲线

传统掩蔽描述了一种效果,更精确地定义为纯音对纯音的同时谱掩蔽效应。这种效应已在第 4 章详细讨论过。图 4.13 显示了用追踪法测量这种效应的两种可能性:经典掩蔽曲线和心理声学调谐曲线。在图 4.14 和图 4.16 的序列中概述了这两条曲线的相关性。后者显示了一组心理声学调谐曲线,也就是掩蔽音声级 L_M 与掩蔽音频率的函数,前者是掩蔽测试音声级 L_T(参数)所需的声级。掩蔽音频率用 Δz 表示,它是掩蔽音和测试音的频率间隔,用临界带率度量。

即使对一个未经训练的被试来说,追踪法也相对容易。但对临床应用来说,相比于连续测量阶梯法测量更方便。为了实现这一点,人们开发了一种电子设备,用于测量调谐曲线上的 7 个点,其中 3 个点低于测试音频率、3 个点高于测试音频率。第 7 点来自测试音声级,通常设置为大于听阈 5~10dB。大多数临床病例中需要同时获取低频区和高频区的数据。因此,该仪器提供的测试频率为 500Hz 和 4kHz,以及在两个测试音频率附近的 6 个掩蔽音频率。选择与测试频率有关的 6 个掩蔽音频率的频率间隔,使得由 7 个测点组成的简化调谐曲线成为连续测量的调谐曲线的有用近似。

该方法首先确定测试音频率的听阈。为了使测试音听起来更清晰,每 600ms 平滑地开关一次。确定听阈后,将测试音声级设置为大于听阈 10dB 左右的固定值。尽管现在同时呈现不同频率的连续掩蔽音,但为了确定调谐曲线,被试再次听中断测试音(Interrupted Test Tone)。掩蔽音频率为 215Hz,390Hz,460Hz,540Hz,615Hz 和 740Hz,测试音频率为 500Hz。为了尽可能仅用 7 个测量值确定调谐曲线,这些频率间隔是不均匀的。在每个掩蔽音频率上确定掩蔽音声级,这样连续掩蔽音就刚好掩蔽中断测试音。因此,听障患者在听纯音时,总是听到相同的中断音和信号。这样,就获得测试音刚刚被掩蔽的 7 个掩蔽音声级数据。为了得到低频调谐曲线的"尾部"信息,使用了同样的方法,其中测试音频率为 4kHz,掩蔽音频率为 1.72kHz,3.12kHz,3.68kHz,4.32kHz,4.92kHz 和 5.92kHz。

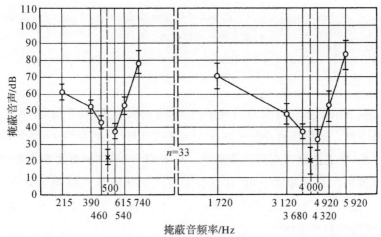

图 16.21 听力正常组在 0.5 kHz(左)和 4 kHz(右)频率范围内的简化调谐曲线
按以下方式产生数据,即带标准偏差的平均值:测试音和掩蔽音频率相等的情况下,对使用的测试音声级(x)进行平均后,将单个调谐曲线数据相对平均值归一化。竖条代表标准偏差

使用上述方法测量听力正常被试的简化心理声学调谐曲线。听力正常的被试听阈有所不同,而听障患者的变化更大,因此必须进行有意义的平均。对于 $n=33$ 名听力正常的被试,此方法得到的掩蔽音声级在图 16.21 中用圆圈表示。用直线连接的数据表示简化后的调谐曲线。选择横坐标上的频率刻度使横坐标上的等距离与基底膜上的等距离(即临界带率)对应。

病理性耳的调谐曲线可能不同于正常听力被试的调谐曲线。为了使这种比较成为可能,在病理性听力患者的数据中也给出了正常听力被试的调谐曲线。第 1 个例子是针对传导性听障患者组(见图 16.22)。将正常听力被试的调谐曲线与传导性听力损失的调谐曲线进行比较,可以清楚地看出,传导性听力患者的整个调谐曲线向上移动了约 30dB。这 30dB 相当于听力损失。这意味着,虽然存在 30dB 的听力损失,但在传导性听力损失组中,心理声学调谐曲线中列出的频率分辨率并没有改变。

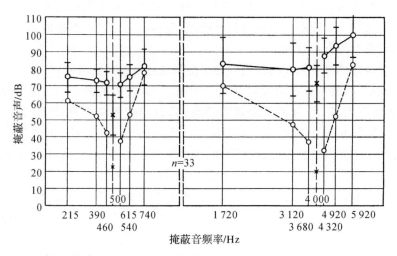

图 16.22 传导性听力损失组(—)而非耳硬化症组被试在 0.5kHz(左)和 4 kHz(右)
频率范围内的简化调谐曲线
注意,频率分辨力保持正常。——:正常听力数据;…:数据相同,但向上移动以便与测试音声级一致。
其他细节如图 16.21 所示

退行性听力损失组在 500Hz 处也出现了约 30dB 的阈值偏移(见图 16.23),然而,调谐曲线的形式却非常不同。虽然掩蔽音频率在 540Hz 和 740Hz 之间有约 10dB 的增加,但在掩蔽音低频侧非常平坦,在更高频率方向依然平坦。对于 4kHz 的高频听力损失甚至更大,调谐曲线的形式在低频侧再次变得非常平坦,在这些坐标上高频斜坡的倾角只有正常听力被试的 1/4。这意味着本组患者的频率选择性明显较差。在这种情况下,扩音助听器可能挽回灵敏度,但不能恢复受损的频率选择性。

下述介绍噪声性听力损失。图 16.24 所示的 500Hz 频率范围内的调谐曲线是正常配置,而在 4kHz 下测量的调谐曲线的形式取决于听力损失的大小。为此,我们将两组被试分开,一组听力损失小于 55dB,另一组的大于 55dB。这种分离清楚地表明,频率分辨率随听力损失的增加而变差。然而,应该指出的是,只有频率大于约 1 500 Hz 或 2 000 Hz 时噪声性听力损失才产生阈值偏移,此种情况下,可以听到 3 次差音或 2 次差音。因此,在低频范围内应该添加一个额外的掩蔽噪声以掩盖这种可能的差音,如果听到,调谐曲线的形状将改变。该组调谐曲线的形式清楚地表明,如果听者遭受噪声性听力损失,通过助听器恢复正常听力是不容易的。

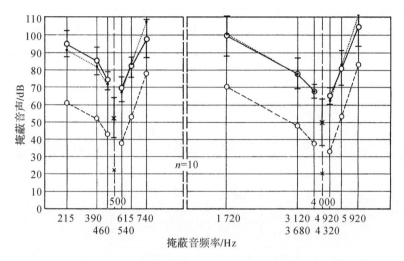

图 16.23　与图 16.22 一样,但退行性听力损失组(—)的频率分辨力大大降低

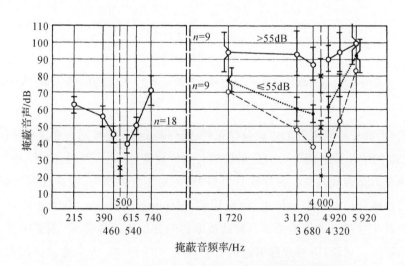

图 16.24　与图 16.22 一样,但针对的是噪声性听力损失组

在 4 kHz 频率范围内,该组分为 2 个小组,一个小组(⋯)的听力损失小于 55 dB,另一个小组(—)的听力损失大于 55 dB

　　利用针对听障患者的心理声学调谐曲线测量方法可以估计听力系统频率选择性的降低。作为听力正常被试的度量方式,好的频率分辨率是良好的语音辨别力的必要条件。我们需要理解如下现象:如果测量出的调谐曲线非常平坦,那么语音辨别通常会失败,特别是时间分辨也会失败。

16.2.3 幅值分辨率

幅值差或声级差的辨别是语音和音乐辨别的前提。在听力学中,通常利用 SISI 测试和 Luscher/Zwislocki 测试评估声压辨别。这些测试使用调制纯音或直接提高声级,两次给声之间无静默期。另一种早期检测听神经瘤的有效测试方法是使用 200ms 的脉冲音,其高斯上升/衰减时间相对较长,为 20ms。与前面提到的 2 个测试相比,要比较的纯音之间有 200ms 的静默期。在 0.25~8kHz 之间倍频程上的 6 个频率处进行测量。在大于听阈 30dB 的声级处测量数据,患者必须判断连续脉冲音的响度是否相同。交替纯音的声级差每步增加 0.25dB。

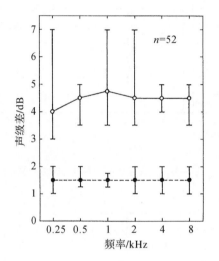

图 16.25 正常听力被试(虚线相连的实心圆)和听神经瘤患者(实线相连的空心圆)的声级差阈值
注意四分位距(竖线)不重叠　音轨 46

结果表明,大部分听障患者的声级差与正常被试相同或几乎相同。在这种情况下,最小可感知声级差 ΔL 的中位数可能与听力受损被试的中位数略有不同,但四分位距重叠,无法明确判断声级辨别能力是否被改变。传导性听力损失、突发性听力损失、噪声性听力损失、婴幼儿或毒性非进行性感觉神经性听力损失、梅尼埃病(Menière's Disease)和老年性听力损失都存在微小差异。由于这些患者和正常听力被试数据的四分位距明显重叠,因此可能无法区分听障患者的听力损失。然而,听神经瘤引起的听力损失与图 16.25 所示的差异很大。听力正常被试的声级差阈值约 1.5dB,而听神经瘤患者的约为此值的 3 倍,即 4.5dB。中位数分布在 4~4.7dB 之间,四分位距完全不重叠。由于数据集来自 52 名患者,听神经瘤患者的声级差阈值有明显增加。在 52 例已确诊的听神经瘤患者中,有 49 例表现出明显的声级差阈值增加,这一结果强调了该方法的吸引力。基于 SISI 测试和 Lüscher/Zwislocki 测试的比较测量已证明,利用中断间隔进行的声级差阈值测量优于听神经瘤检测中的其他方法。

16.2.4 时间分辨率

听障患者语音识别能力的降低不仅受频率分辨率降低的影响,还受时间分辨率降低的影响。通常用来测量时间分辨率的设备并不简单,所用方法也很耗时。这意味着这些方法在临床中是没用的。语言是在漫长的进化过程中发展起来的,所以它刚好符合正常条件下听力系统的时间分辨率,滞后掩蔽的延长对语音识别有很大影响。如图 16.26 所示。图中阐述了 2 个单词"wild"和"might"的兴奋级-时间关系以及声压-时间关系。元音 i 的兴奋级最大。在单词 mild 中,辅音 l 直接跟在 i 后面。虽然滞后掩蔽生效,但在正常听力下仍然可以听到 l。当衰减延长时,可能完全掩蔽了 l。因此,对时间分辨率低的人来说,不可能分辨出这 2 个词。

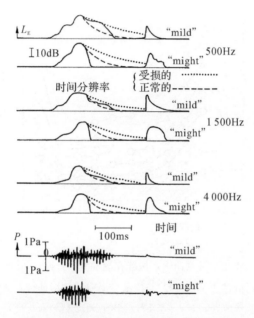

图 16.26 时间分辨率对辅音(跟随响亮元音之后)辨识的影响
实线表示正常听力中兴奋级与时间的关系,虚线表示正常听力下降,点虚线表示时间分辨率下降。
下面 2 幅图显示 2 个单词发音的声压与时间关系

第 4 章详细描述了滞后掩蔽和超前掩蔽效应(图 4.17 和图 4.25)。利用短的测试短纯音测量时间掩蔽效应。结果用时域掩蔽模式表示。为了减少这种测量所需时间,有必要将注意力集中在掩蔽模式最重要的部分。图 16.27(a)所示为一组 4kHz 处的倍频带噪声在 32ms 内周期性开关产生的时域掩蔽模式。周期 64ms 对应的重复频率为 16Hz。用时程为 5ms、频率为 4kHz 的短纯音测量时域掩蔽模式。通常由 2 个值给出时间分辨率,一个是峰值(掩蔽音发声期间获得),另一个是谷值(掩蔽音快结束时获得)。这 2 个值的差是最有用的,要测量它,使用患者熟悉的长测试音就足够了,这些纯音通常每秒中断 1 次。在时域掩蔽模式谷值中会听到这样一个 500ms 的纯音序列,重复率为 16Hz。如果消除掩蔽音间隙,用这种测试音可以很容易地测量峰值。如果还要测量听阈(也就是无掩蔽音),必须通过病人测量出 3 个测试音阈值,在此期间掩蔽噪声要么连续呈现且调制,要么根本没有。

图 16.27(b)给出了产生时域掩蔽模式的同一名听力正常被试的 3 个值。掩蔽音声级 L_M 是图中的参数,标示在右侧。所有测量均包括听阈,该被试为 2.5dB。连续噪声获得的值取决于掩蔽音声级,其形式与时域掩蔽模式类似。横坐标上绘制连续掩蔽噪声的掩蔽阈值,该点标有"cont",用虚线与 L_M 值连接。在"mod"处给出以矩形调制噪声为掩蔽音获得的阈值声级。这些值位于"cont"条件下测得的声级和听阈之间。当掩蔽音声级 L_M 大于听阈约 40dB 时,可以看到连接 3 个测量值(听阈、调制噪声和连续噪声)的线几乎为一条直线。

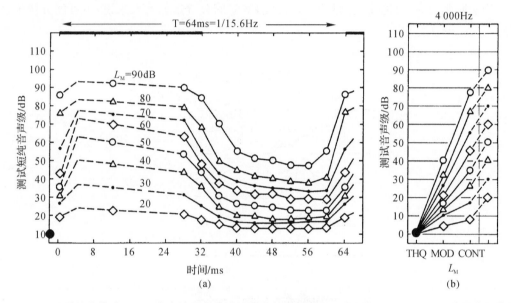

图 16.27 时域掩蔽模式(a),即由方波调制噪声掩蔽音触发测试短纯音(时程 5ms、4kHz),其掩蔽阈值级
(4kHz 处的 1 个倍频程)与掩蔽音周期 T 内时间位置的关系

声级 L_M 为参数。简化的时间分辨率(b)显示了最小可觉 4kHz 测试音(500 ms 打开,500 ms 关闭)声级:在听阈
(THQ)处,由方波调制倍频带噪声(MOD)掩蔽,并由相同但连续的掩蔽音(CONT)掩蔽参数为掩蔽音声级,用 L_M 表示。
连接相应的数据点。对于正常的时间分辨率,3 个对应点几乎位于一条直线上,MOD 位于 THQ 和 CONT 中间

图 16.28(a)显示了 1 位有噪声性听力损失的被试以类似参数形成的数据。差异显而易见,因为时域掩蔽模式中的谷值不如正常听力被试的深。图 16.28(b)给出了同一受损被试的时间分辨率模式,也表明与图 16.27(b)中的行为不同。不仅听阈增加了大约 50dB,而且数据点(与"mod"条件对应)的抬升也妨碍 3 个数据点绘制成直线。图 16.27(b)中的直线表示两个高值(一方面是"cont"和 mod",另一方面是"mod"和听阈)的声级差之比大约为 1:1。该比率称为时间分辨率因子(Temporal Resolution Factor,TRF),在听力正常的被试中,该比率等于 1,如图 16.27(b)所示。其他频率下收集到的类似值接近 1。反之,听力受损被试的时间分辨率因子明显下降:2 个高值数据点(cont 和 mod)的差远小于 2 个低值数据点(mod 和听阈)的差。当掩蔽音声级 $L_M = 100$dB 时,该比率为仅为 0.25(即 7.5:30)。这表明时间分辨率因子 TRF 大大降低了。

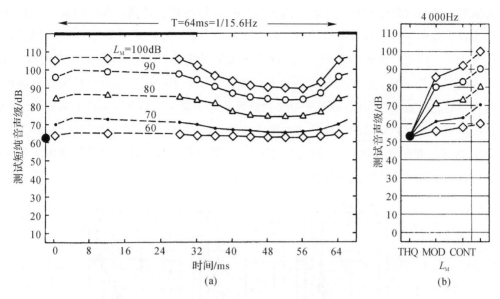

图 16.28　与图 16.27 一样的时域掩蔽模式,但听者在 4kHz 处的听力损失约 50dB

图(b)表示了时间分辨率的降低,原因在于 MOD 处的数据位于连接 THQ 和 CONT 的直线的上方

对于听力正常的被试,将掩蔽音声级设置为大于听阈约 40dB,500Hz、1 500Hz 和 4 000Hz 频率处的 3 种时间分辨率模式如图 16.29 所示。对于听力正常的被试来说,个体差异很小。直线表明,对这些被试时间分辨率因子为 1。根据疾病类型的不同,听力受损被试的分辨率因子要么接近于正常值 1,要么显著下降为接近 0.2,这与图 16.28(b)中给出的例子类似。

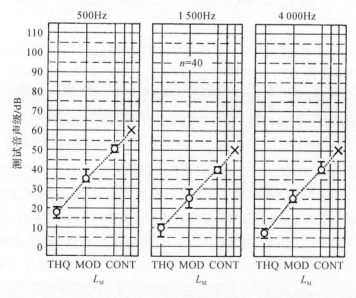

图 16.29　500Hz、1500Hz 和 4000Hz 处正常听力的简化时间分辨率图的中位数和四分位距

以 L_M 值的中位数为固定点进行归一化,掩蔽音声级选择为比听阈高约 40 dB

如果只接收到高信噪比的声音,大多数听力受损的被试在言语交流和言语辨别方面并没

有什么困难。然而,在背景噪声(如在鸡尾酒会)中,他们明显会遇到问题。因此,也用同样方法测量在背景噪声条件下听力正常被试的时间分辨率因子。噪声对时间分辨率因子的影响如图 16.30 所示。使用了两种背景噪声,一种将听阈提升到 35dB 左右,另一种将听阈提升到 55dB。在这些条件下将正常听力被试的结果与无背景噪声下的结果比较。结果令人震惊:无噪声时得到的直线被强烈扭曲,以至于"mod"值明显低于掩蔽阈值和"cont"值的连线,这表明在背景噪声中正常听力被试的时间分辨率因子 TRF 被强烈放大。TRF 值增加到 5,有时甚至接近 10。这意味着在嘈杂背景下(如在鸡尾酒会中)听力正常被试的时间分辨率因子非常高,可以进行言语交流和言语辨别并使用它。

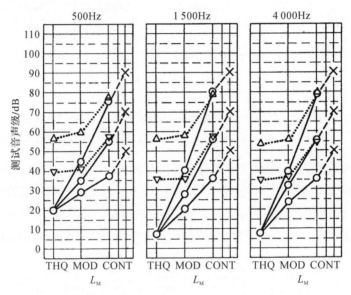

图 16.30 4 名听力正常被试的时间分辨率数据的中位数(L_M = 50 dB、70 dB 和 90 dB)为了模拟阈值偏移,呈现额外的连续掩蔽音将听阈提高到约 35 dB($\triangledown$)和约 55 dB($\triangle$)。注意,时间分辨率图的向上弯曲(虚线)与几个病理耳的发现相反(如图 16.28 所示向下弯曲)

听力受损被试表现出不同特性。这些在图 16.31 中给出。在图 16.31(a)给出了安静和背景噪声条件下的时域掩蔽模式。图 16.31(b)表示相应的时间分辨率模式。在那里,"mod"值高于"threshold"和"cont"之间的连线。这意味着当添加背景噪声时,该被试的时间分辨率不会提高。时间分辨率因子与没有背景噪声时一样低。图 16.31(c)显示了在相应条件下听力正常被试的数据。在那里,很明显如果提高对话伙伴的语音声级,则在背景噪声中听力正常被试的时间分辨率会提高。但是,在背景噪声中即使提高对话伙伴的语音声级,听力受损被试也不会获益。这意味着与正常听音环境下的因子降低相比,听力正常与听力受损被试间的 TRF 差可能会高达 10 倍甚至更多。这似乎是导致嘈杂条件下听力受损被试出现言语辨别问题的主要原因(参阅第 16.2.7 节)。

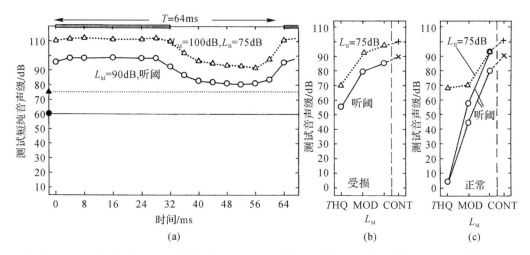

图 16.31 听力受损和听力正常被试的时域掩蔽和时间分辨率模式

时域掩蔽模式(a),即由方波调制倍频程掩蔽音(中心频率 4kHz)触发 4kHz 测试短纯音(时程 5ms)的掩蔽阈值声级与声级为 L_M 的掩蔽音周期内时间位置的关系。上图为声级 L_B 的附加背景噪声。简化的时间分辨率图(b)显示了在听阈(THQ)下,由调制掩蔽音(MOD)或连续掩蔽音(CONT)掩蔽的最小可觉 4 kHz 纯音(600 ms 开,600 ms 关)的声级。同时给出了带背景噪声的数据(点)。被试在 2kHz 以上有噪声性听力损失,导致实验中测量的时间分辨率降低。图(c)表示正常听力被试产生的相应数据

16.2.5 时间整合

当短纯音时程减少到小于 200ms 左右时,必须提高其声级以保持可听见的状态。如第 4.4.1 节所述,当声音时程降低 10 倍时,所需声级需增加约 10dB。这种听阈和掩蔽阈对声音时程的依赖关系对应于 200ms 时窗内声强的时间积分。这就是在听力系统中经常将这种效应称为时间整合的原因。与听力正常被试相比,听力受损被试的时间整合通常遵循截然不同的过程。在极端情况下,对时程为 2ms 和 200ms 的声音,听力受损被试的阈值也可能相同,即使在此范围之外要维持听力正常被试对短纯音的可听性,需将声级增加 20dB。

因此,测量不同种类听障患者的时间整合很有趣。图 16.32 所示说明了噪声性听力损失。获得的数据在 4kHz 左右频率范围内,参考阈值来自时程 300ms。使用的短纯音时程为 300ms,100ms,30ms 和 10ms,将数据与听力正常被试产生的数据比较。在图 16.32 中阈值声级差(相对于 300ms 的情况)表示为短纯音时程的函数。第 4.4.1 节中听力正常被试的数据与本节给出的数据非常接近,表明时程从 100ms 到 10ms 降低 9/10,增量约为 10 dB。但是,在相同时程范围内听力受损被试的声级仅增加大约 4 dB。这种增加远少于听力正常被试,表明时程为 3ms 时,听力正常和听力受损被试之间的差异甚至可能高达 10 dB。但是,这并不意味着听力受损被试在较短时程内会比听力正常被试听得更好。相反,这意味着听力受损被试的时间整合发展不及听力正常被试。时程非常短的 3ms 短纯音的频谱相对较宽。因为许多噪声性听力损失患者在大于约 1.5~2.5 kHz 时其阈值抬升,但在此频率以下其灵敏度相对正常,因此短时短纯音频谱的变化可能会影响其阈值。

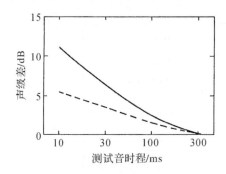

图 16.32 4kHz 短纯音阈值与时程的关系

阈值来自听力正常被试(实线)和噪声性听力损失听者(虚线,表明时间整合异常)的测量值。

注意:阈值数据被时程 300ms 的值归一化

对于时程为 10ms 的短纯音,可以用相对较大的上升时间来限制频谱变化。在这种情况下,可以对听力正常被试进行测量,其阈值会因特殊谱形状的噪声而升高,该噪声会重现将噪声性听力损失的阈值作为掩蔽阈值。在这些条件下,已经对两类被试进行了时间整合测量。数据之间的比较表明,频谱泄露既不会影响具有掩蔽阈值的听力正常被试的测量,也不会影响在安静条件下测得的等效噪声性听力损失的被试的测量。听力正常被试的时间整合与听阈发生方式相同,得出的结论是,与真正听力受损的人不同,利用掩蔽噪声模拟的听力受损听者和他们在安静状态下表现出来的时间整合是一样的。

16.2.6 响度累积与重振(Recruitment)

如第 8 章所述,声音响度来自沿临界带率轴以特性响度表示的各分量的求和。尽管总强度保持不变,但带通噪声的响度随临界带宽之外带宽的增加而增加。在中等声级下,响度的增长速度是最大的。因为这种增长源于响度分量沿临界带率累积而形成的总响度,所以它被称为响度累积(Loudness Summation)。

通过响度的比较,可以很容易地测量听力正常和听力受损被试的响度累积。窄带噪声和宽带噪声之间获得等响度所需的声级差可以作为窄带噪声声压级的函数来测量。图 16.33 给出了对噪声性听力损失被试进行的测量结果的示例。图 16.33(a) 显示中心频率为 500Hz 的结果,图 16.33(b) 显示中心频率为 4kHz 的结果。当中心频率为 500Hz 时,窄带噪声和宽带噪声的带宽分别为 85Hz 和 786Hz;当中心频率为 4kHz 时,其带宽分别为 710Hz 和 5 900Hz。在几何上,截止频率以中心频率为中心。用实线连接的点表示听力受损被试产生的数据。虚线所示结果来自使用 1/3 倍频带分析的响度计算程序(DIN 45631)。听力正常被试(折线)的结果与计算数据的一致性较好。

当中心频率为 500Hz 时,听力受损被试的结果也与计算数据非常一致。然而,在 4kHz 中心频率下,噪声性听力损失的被试不仅其阈值更高(在本例中接近 50dB),而且也没有显示出任何合理的响度累积数据。预测数据和听力正常被试的数据均显示响度累积高达 13dB。听力正常被试的值高于听阈 40~45 dB,而噪声性听力损失被试在高于阈值 40 dB 的情况下只增加了 1~2 dB,实际上声压级已接近 90 dB。这意味着在听阈升高的频率区内,噪声性听力损失被试的响度累积几乎可忽略不计。

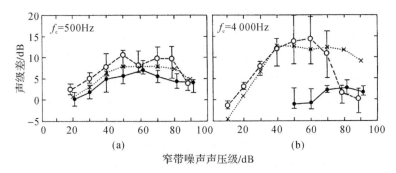

图 16.33　在窄带噪声和宽带噪声之间产生相同响度所需声级差与窄带噪声声级的关系

正常听力被试的测量数据(虚线连接的空心圈)与响度计算程序产生的数据(点虚线)相当一致。在中心频率为 500 Hz 时(a),由噪声性听力损失被试产生的数据(实线相连的点)相似,但在 4 kHz 处较低(b),这表明在该频率范围内响度累积失败

这种效应可能有两种原因:频率选择性的降低(如第 16.2.2 节中讨论的在 4kHz 处的听力损失)或重振(对此类患者,这似乎是相对重要的效应)。重振描述的是在某些区域内听阈因受损而抬升到更高的值(通常为 30~60dB),而响度的增加比声级的增加更快。例如,在高出升高后的阈值 40dB 时,听力受损者的响度感几乎与听力正常者的响度感相同。这意味着在这些被试中响度函数(即响度作为纯音声级的函数)比正常听力被试要陡峭得多。在低声级下(大于听阈 5~25dB),正常听力被试的响度函数变得陡峭。在这些低声级区内,由于特性响度-兴奋级曲线的陡峭性,响度累积不会发生在听力正常被试身上。如果指数是 1 而不是 0.25(例如在中声压级和高声压级处),那么强度和响度将以同样的方式增长,也就是不发生响度累积。因此,重振效应也可能是噪声性听力损失被试不发生响度累积的原因。

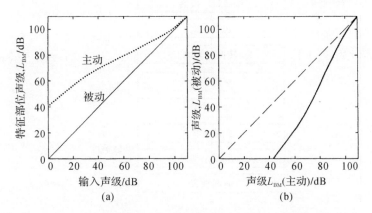

图 16.34　位于(a)所示基底膜上特征部位的兴奋级 L_{BM} 与输入声级的关系

输入声级进入主动状态(非线性主动反馈)和被动条件(反馈关闭)模型中。在(b)中,主动条件下产生的数据作为 45°参考线,由此绘制相应特性以示重振效应

利用外周信号处理的非线性主动反馈模型可以阐述重振效应。其假设是,噪声性听力损失始于外毛细胞受损,因而无法进行所谓的主动处理。此假设似乎合理,尽管我们也可能在听

力损失更严重的阶段不得不考虑内毛细胞受损。当关闭外毛细胞的活动时，即预处理模型是完全被动的，模型中引起纯音特征部位处兴奋的能级与模型输入声级的上升方式相同。图 16.34(a)中的 45°线（实线）显示了这种效应。随着外毛细胞的活跃，这种关系急剧变化，因此在低输入电压下，在特征部位会发现更高的兴奋级。在图 16.34 所示情况下，差异可达 40dB。通常我们期望有这种增强关系（如虚线所示）。必须根据该虚线来表征听障。如果我们以虚线为正常情况，将受损外毛细胞的效应绘制为图 16.34(a)中两条曲线之间的差，那么可以将活跃状态下特征部位处的声级作为横坐标，非活跃状态下特征部位处的声级作为纵坐标，如图 16.34(b)所示。现在虚线为 45°线，而外毛细胞受损情况（即被动模型）再次用实线表示。该曲线比 45°虚线要陡峭得多。此时阈值被抬升，但在高声级下接近虚线。所有这些典型效应都称为重振。

上述效应的假设为理想条件。事实上，并非所有外毛细胞都被完全破坏（只有小部分有听力损失）。在其他情况下，不仅外毛细胞，而且内毛细胞也可能部分被破坏或受损，因此除上述效应之外，还必须考虑其他效应。然而，有趣的是，仅外毛细胞的损失就会产生效应，至少可以部分地描述重振效应。

为了实用，我们建立动态响度模型（Dynamic Loudness Model，DLM）预测正常听力者和听力受损者的响度感知。

从图 16.35 可以清楚地看出，DLM 是一个典型的茨维克尔类型的响度模型，拥有临界带滤波器、滞后掩蔽、掩蔽上扩等特性。当从正常听力模型切换到听力受损模型时，只需交换"响度转换"模块。

图 16.35　适用于听力正常者和听力受损者的动态响度模型（DLM）框图

图 16.36 说明了正常听力者和听力损失 50 dB 重振者的响度变换。

图 16.36 显示的结果表明，对于听力受损者来说，在刚超过阈值时特性响度急剧增加，在超过阈值 20dB 时几乎达到正常值。

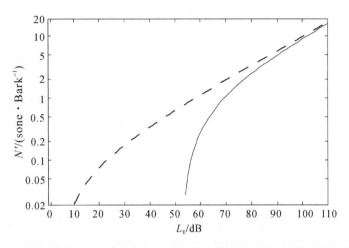

图16.36 正常听力者的响度变换(虚线)和50 dB听力损失重振者的响度变换(实线)

为了显示DLM的潜力,在图16.37中,将窄带噪声响度标度的主观数据(圆圈)与DLM预测值(虚线)进行比较。图16.37(a)显示了听力正常者的响度标度,图16.37(b)是老年性耳聋者的数据。

由图16.37所示数据可以清楚地看出,老年性耳聋者在500 Hz时听力几乎正常,但在2 000 Hz时,尤其是在4 000 Hz时表现出强烈的重振。DLM很好地预测了听力正常者和听障患者在所有频率下的响度标度。

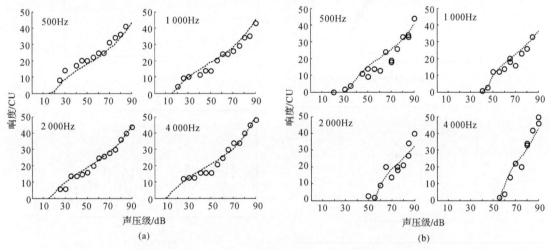

图16.37 在500 Hz、1 000 Hz、2 000 Hz和4 000 Hz处正常听力者[图(a)]和老年性耳聋者[图(b)]窄带噪声的响度标度(圆圈)

虚线显示了动态响度模型(DLM)的预测结果

16.2.7 背景噪声中的语音

在嘈杂环境中,听障者的语音清晰度会大大降低。因此,为了进行听障的早期检测,一系列听觉测试中包含了噪声中的语音测试。通常,根据CCITT Rec G.227的建议,模拟语音平均谱分布的语音噪声被用作语音测试的背景噪声。然而它缺失了人类语音的重要特征:时间结构。

因此,开发了用于语音测听的背景噪声以模拟语音的平均谱和时间包络。这种背景噪声的特征如图 16.38 所示。图 16.38(a)(b)显示了 CCITT 语音噪声的谱分布和响度-时间函数。图 16.38(a)中的实线表示谱计权,与 Tarnoczy 描述的几种不同语言的平均语音谱包络(阴影线)相比,800 Hz 左右的值最大。图 16.38(b)中显示的响度-时间函数说明 CCITT 语音噪声是连续的,在时域上几乎没有波动。

图 16.38(c)显示,流利语音的时间包络波动可用带通来表征,其最大值在 4Hz 附近。这适用于许多不同语言,如英语、法语、德语或匈牙利语、波兰语,甚至中文或日语。一般而言,在"正常"谈话中,每秒语速大约为发出 4 个语音要素[如欧洲语言中的音节或日语中的音拍(摩拉)]。如第 10 章所述,中心频率为 4Hz 处波动强度的通带(见图 10.1)和中心频率同样为 4 Hz 处流畅语音的时间包络变化说明了语音和听力系统之间良好的相关性。

将图 16.38(a)显示的 CCITT 噪声用图 16.38(c)显示的语音平均时间包络进行调制,得到了一种用于语音测听的时变背景噪声。这种背景噪声被我们的同事命名为法斯特噪声,其响度-时间函数如图 16.38(d)所示。这种噪声表现出强烈的时间变化,大约每秒钟有 4 个主极值。

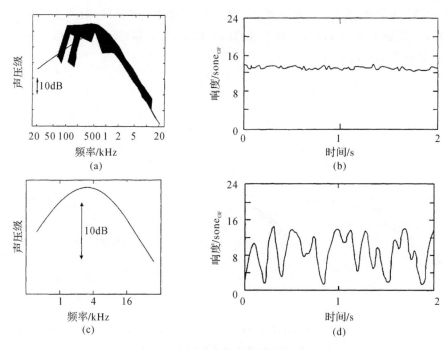

图 16.38 语音测听中的背景噪声

(a)载波信号的谱分布;(b)根据 CCITT Rec. G 227 获得的平稳背景噪声的响度-时间函数;(c)调制信号的谱分布;

(d)用于语音测听的时变背景噪声的响度-时间函数(法斯特噪声,Fastl noise)　音轨 47

以单音节为测试材料,针对不同语言的平稳和时变背景噪声测量了噪声中的语音清晰度。图 16.39 给出了德语、波兰语和匈牙利语的结果。法斯特噪声中的语音数据用圆圈表示,CCITT 噪声中的数据用方块表示。空心符代表正常听力被试的数据,实心符代表听力损失被试的数据,该类被试在 4kHz 处的听力损失为 40dB。

图 16.39 中的结果表明,在给定信噪比下,与连续噪声相比,在波动噪声中更容易正确辨识单音节。这适用于所有被研究的语言。对于听力正常的被试,从波动的法斯特噪声变为连续的 CCITT 噪声时,信噪比必须提高约 7dB 才能保证正确率为 50%。与听力正常的被试相比,对 4kHz 处听力损失 40dB 的被试,法斯特噪声和 CCITT 噪声必须提高 7dB,而 CCITT 噪声仅需提高 4 dB。

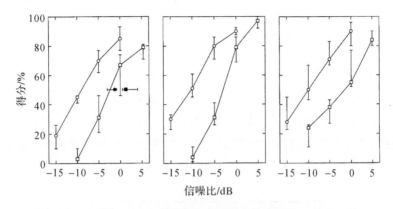

图 16.39 背景噪声中单音节的清晰度

德语、波兰语和匈牙利语的数据。圆圈:法斯特噪声。方块:CCITT 噪声。空心符:听力正常被试。
实心符:4 kHz 处听力损失 40 dB 的被试。背景噪声级:65 dB

显然,听力损失被试在理解波动噪声谷值中的单音节词时困难更多[见图 16.38(d)]。在 4kHz 处,听力正常被试的波动噪声为 7dB,而对听力损失为 40dB 的被试,其"收益"降低至 3dB。对于时变背景噪声,听力损失被试的性能下降比正常被试的更大,因此在对听力损失被试进行噪声中的语音测试时,建议使用波动的背景噪声。

还对 12 名 8 通道耳蜗植入患者进行了噪声中的语音测试。将语句选为语音材料,这可以简化测试。再次使用 CCITT 噪声和法斯特噪声作为背景。图 16.40 显示了结果:空心符表示听力正常被试的数据,实心符表示耳蜗植入患者的数据。

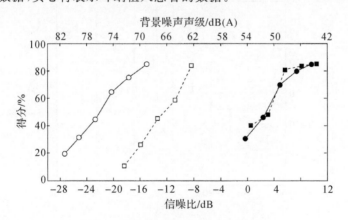

图 16.40 背景噪声中语句的清晰度

空心符:听力正常被试。实心符:8 通道人工耳蜗植入患者。圆圈:法斯特噪声。方块:CCITT 噪声语音声级 54 dB

对于听力正常的被试,与时变背景噪声(圆圈)相比,在连续背景噪声中(方块)更容易理解语句中的单词。当得分为 50% 时,信噪比的优势约为 10dB。相反,耳蜗植入患者在两种背景噪声下的信噪比几乎相同,得分均达到 50%。即使对于连续的背景噪声,耳蜗植入患者也需比听力正常被试的信噪比高约 16dB。对于波动噪声中的语音,正常听力被试与耳蜗植入患者之间的信噪比差异非常大,约为 26dB,表明这些患者尚未充分理解对声音的时间处理。

16.2.8 利用助听设备定位

为了恢复声音的定位能力,听障人士通常必须配备 2 台助听器。特别令人感兴趣的是其中一只耳朵用人工耳蜗修复而另一只耳朵用常规助听器修复的情况。如图 16.41 所示。

图 16.41(a)显示,右耳处的 CI(菱形)或左耳处的助听器(点)的定位能力严重不足。但是,如果同时使用 2 个听力系统(即 CI 和 HA),那么尽管右耳接受电刺激,左耳接受声刺激,但图 16.41(b)的数据显示它仍然具有出色的声音定位能力。

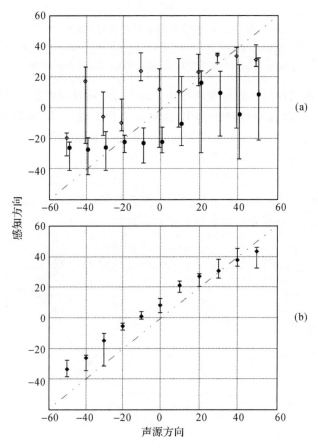

图 16.41 安装人工耳蜗 CI 或传统助听器 HA[图(a)]与安装 CI+HA[图(b)]的人相比,听力受损者的定位

16.3 助听器

通常在嘈杂环境中使用助听器。因此,利用传声器或具有强定向增益的传声器优化信噪比是很重要的。改变头部方向可以提高感兴趣声音的信噪比,常用来提高语音清晰度。

自动增益控制(Automatic Gain Control,AGC)是一种常用的助听器技术。不同类型的 AGC 电路以不同方式影响语音清晰度。响度计中的响度-时间函数足以评估单通道 AGC 助听器。图 16.42 所示为单词"but"的总响度-时间关系。这 3 幅图分别表示了 3 种情况下的响度-时间函数,其中图 16.42(a)没有助听器;图 16.42(b)为恢复时间较短的 AGC 助听器;图 16.42(c)为恢复时间较长的 AGC 助听器。很明显,在如图 16.42(c)所示的条件下,"but"尾部的 t 几乎完全恢复了。对于多通道助听器,可以利用三维响度与临界带率和时间关系评估每个通道的 AGC 设置。

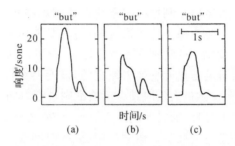

图 16.42 响度计记录的响度-时间关系,由单词"but"的发音产生
(a)没有助听器;(b)使用恢复时间短的 AGC 助听器,(c)使用恢复时间长的 AGC 助听器

在包括频率选择性丧失在内的听力损伤中,助听器应该包括一个提取最重要谱特征的设备。例如,这些特征是元音共振峰,如果听力系统的频率选择性显著降低,就不容易检测到它。这可以通过使用带有额外网络的多通道设备来实现,这些网络可以抑制较低和不重要能级的通道活动而只保留谱峰。图 16.43 显示的例子针对一个有 18 个谱峰的复音。图 16.43(a)显示了系统输入的频谱图。图 16.43(b)显示了抑制矩阵发挥作用而保留下的频谱图。线谱之间的声级差导致抑制矩阵引起 0.7 kHz 和 3 kHz 处峰值两侧低值线谱声级的降低。对正常听力被试来说,这样处理的言语听起来非常明显和尖锐。对于频率选择性下降显著、听力困难的听者来说,用这种方式预处理过的语音可能更容易理解。

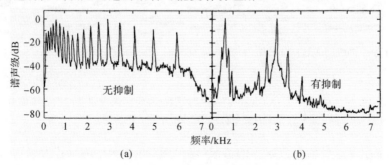

图 16.43 抑制网络的效应
其中入射声有 2 个不尖锐的谱峰,(a)被处理成有 2 个更尖锐的谱峰[图(b)]

耳聋者不能使用助听器,但是已经开发出听力假体,如人工耳蜗或通过电流或机械振动刺激皮肤的装置。所有这些装置都具有特殊的优点和缺点。但是,在这些装置中使用的声音预处理系统中的抑制策略似乎很有用。有兴趣的读者可以在附录中获取详细信息。

16.4 广播和通信系统

使用数字信号传输是广播通信系统发展的一大趋势。从这个角度看,以有意义的方式减少信息流变得非常重要。此时,"有意义"意味着信息流的减少应该让听众不能区分直接传输的音频信号和为减少信息流而处理过的音频信号。这也适用于音乐和语音。然而,对于语音来说,清晰度标准或许是最重要的,但如果只要求清晰度,信息流就可以减少很多。

为了使减少的信息流听不见,最好利用人耳作为信息接收者的特性来减少听不见的事件的信息流。掩蔽效应就是一个典型例子。它被引入处理系统中,这样被响声掩蔽的那部分就不会传送到接收机中。另一种策略是利用听力系统选择的那些重要特征。例如,谱音调在音乐和言语表征中起重要作用。乐声中有许多谱音调,有些是非常重要的,有些不那么重要,还有一些几乎可以忽略。谱音调感知的物理等效物是泛音,它可以通过听觉等效谱分析来提取。首先这种分析是通过一种改进的傅里叶变换来完成的,该变换允许根据人耳的频率和时间分辨率调整分析参数。其次,在检测最大值时结合阈值准则进行时间平滑,防止旁瓣被提取为泛音。泛音的时间模式具有如下特性:通过传输所有泛音事件、忽略那些音调强度小的事件或仅传输最重要的事件来实现信息流的减少。似乎可用泛音-时间模式中随时间变化的频率和声级很好地表示语音和音乐。如果使用的速率为 16 kb/s,则几乎无法区分重新合成的信号与原始信号。如果语音带宽为 100~5 200Hz,动态范围为 60dB,速率为 16kb/s,其清晰度可达 96%~99%,而速率 4 kb/s 会将清晰度降到 92%~95%(用韵律测量)。以这样的清晰度完全可以理解讲话。

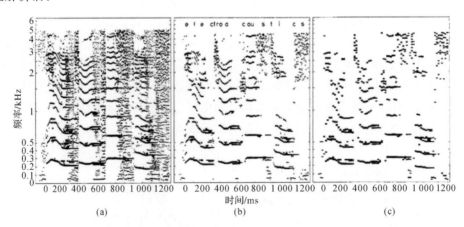

图 16.44　单词"electroacoustics"发声时泛音-时间模式中建立的信息流缩减
(a)完整信息;(b)16 kb/s;(c)4 kb/s

图 16.44 显示了 3 种信息流减少的情况,以单词"electroacoustics"为例。图 16.44(a)显示了完整信息,即泛音频率与时间(横坐标)的关系。图 16.44(b)显示了将速率减少到 16kb/s 的效果,而图 16.44(c)显示了将速率进一步减少到 4kb/s 的效果。重新合成的信号表明,尽

管减少的幅度相当大,但该词仍然可以理解。这个例子或许只是一种提示,在广播和通信系统中可以利用心理声学以大幅降低比特率从而传输音频信号。

当再次利用经典节目资料时,例如著名男高音 Caruso 的录音,Tonmeister 必须特别小心,不要将原件清洗得太完美。如果完全消除"嘶嘶"声,许多音乐发烧友会想念 Caruso 声音的"光彩"。在受到良好控制的心理声学实验中,在 8kHz 处低通过滤音乐中添加的柔和白噪声,可以证明专家(如声音工程师或专业音乐家)会"听到"音乐的明亮度提高了(尽管在有无柔和背景噪声的两种演示中音乐都只包含最高为 8kHz 的频率成分)。据推测,专家会推断音乐中不存在的高频成分被添加的柔和噪声掩蔽了。另外,专家们更喜欢无噪声版本,尽管他们认为在此版本中音乐材料失去了光彩。

16.5 语 音 识 别

迄今为止,人类听力系统在各方面仍然是最好的语音识别系统。因此,尽可能模拟该系统是合理的。这样的模拟应该基于现有的生理学和心理声学知识。此外,在识别过程中应该引入语言学和语音学规则。基于耳蜗预处理和心理声学的语音识别系统框图如图 16.45 所示。它包含带有主动反馈的非线性外周预处理,然后提取基本听感,从中可能创建复杂的听感,如虚拟音调或节奏。所有这些感觉都要检查主要的变化。语音识别方法还利用了非听觉信息,如语言学规则和语音学规则,最终形成一系列语音项。

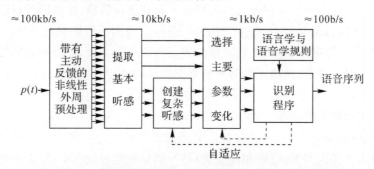

图 16.45 基于耳蜗预处理和心理声学的语音识别系统框图

我们知道,听力系统的优点是能够适应每个讲话者的特殊特性,或发射系统的特定频率响应,或一些特殊的房间声学。到目前为止,我们还不太了解这些自适应过程。然而,为了得到更精确的识别系统,有必要将这些功能引入识别系统中。图 16.45 中的虚线显示了可能实现这种自适应过程的反馈回路。图中的数字表示某些识别步骤的比特率。

已经详细讨论了外周预处理、听感和主要变化。为了构建用于分割的边界,讨论了节奏感的使用,将它作为应用心理声学的一个例子。图 13.2 清楚地表明,主观感知的节奏与响度-时间函数的峰值密切相关。这意味着响度-时间函数可用于设置单个片段之间的边界线。节奏与音节紧密对应。然而,由于不仅可以使用响度-时间函数中的极大值,而且可以使用其极小值,因此也可以将其分割成半个音节。

已针对德语、英语、法语和日语测量了再现节奏相邻事件间的时隙(Temporal Interval)。图 16.46 显示了基于 10 000 多个数据点的所有再现时隙的直方图,其中分辨宽度为 20ms。所有时隙都集中在 100~1 000ms 之间。在 200~600ms 之间发现了几乎 90% 的数据点,最常见的时隙长度约为 300ms。这意味着在连续语音中,每秒感知到的事件大约为 2~5 个。测得的波动强度的极大值是调制率的函数,上述数据与它们对应得很好。如果认为响度-时间函数是初始的基本信息,则处理的顺序是显而易见的。此函数的极大值与感知节奏相关。如果使用响度-时间函数中的极小值,则基于此策略的分段会形成音节或半音节。

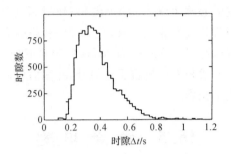

图 16.46　不同语言中相邻事件之间主观感知间隔直方图
300ms 附近的宽扩极大值表示语音适应 4Hz 调制频率附近的最大波动强度

16.6　音乐声学

显然,心理声学在音乐声学中起重要作用。乐声的许多基本面与心理声学中已经讨论过的感觉有关。例如,许多音乐人偏爱天然鼓膜而不喜欢塑料鼓膜,这是因为观察到在不同音调区域内塑料膜产生的音调强度小、响度变化大。进一步的例子可能是纯音和复音的音调量不同,将时程、响度和部分掩蔽响度、尖锐度感知为音色的一个方面,将脉冲音感知为时域模式中的一个事件,从而引发节奏、粗糙度和等效感觉间隔。因此,可以说本书的大部分内容对于音乐声学而言也很有趣。在这一点上我们可以将注意力集中在到目前为止尚未讨论的 2 个方面:音乐中的和声和格式塔原理。

虽然音乐风格的类型不同,但所有音乐家都能区分和声与非和声。音乐和声似乎来自 2 个部分:一部分来自音乐声学,与谐和性有关;另一部分来自心理声学,称为感觉和声(Sensory Consonance)。图 16.47 更详细地说明了和声的概念。谐和音以 3 种音乐成分为基础。音调相似性(Tonal Affinity)指的是声音之间具有八度、五度或四度等效关系。音乐声学的第 2 个贡献是兼容性。这个表达方式的特点是:在调性音乐作品中,音调可以被其他兼容音调取代而不会严重干扰谐和性。相容性也可称为和弦的可逆性现象。因此,相容性也可称为耐受性或互换性。音乐声学对谐和性的第 3 个贡献是音调或音调序列的"根音"关系。这意味着主音被分配给音乐和弦。许多和弦的根音都相同。这方面的例子是正常的低音符,以及字母和数字表示的和声。根音感知通常是模糊的,对和弦根音的感知具有虚拟特性,也就是说,要产生的是清晰的音调感知,它通常是虚拟音调。这 3 种成分构成和声,它可以利用这种相互关系加以清晰定义。

对音乐和声的另一个贡献是感觉和声,它是基于心理声学感觉,如粗糙度、尖锐度和音调度,这里如此定义是为了区别噪度。感觉和声代表了调性愉悦度的一般方面,即非音乐特有的方面。音乐方面的经验表明,如果期待愉悦,就应该避免粗糙感。尖锐度也表现出类似效应,并且应该保持较小以免降低愉悦感。心理声学的另一项"调性度(Tonalness)"描述了声音与噪声之间的听觉差异。因此,调性度是噪度的对立面。声音的调性度越高,听到的音调成分就越多。这意味着噪声成分应该尽可能小。调性度与谱音调关系密切,可用谱音调定量描述。

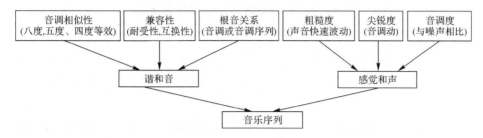

图 16.47　音乐和声的概念

响度也会影响愉悦度。然而,这种影响还不是最根本的,在此无法详细讨论。

格式塔原理在视觉中非常有名。然而,它在音乐声学中似乎也起着重要作用。类别层次加工的概念假定格式塔知觉完全依赖于受控的、分类的感觉表征。它还假定感知是分层组织的,在每一层中都建立了相同类型的加工。视觉上,对基本轮廓的感知似乎与听觉上对谱音调的感知等价。有趣的是,谱音调是在听觉加工的相对早期阶段处理的。在视觉中,轮廓导致了我们所说的格式塔。在音乐中,是音调最终导致格式塔。因此,谱音调起着更重要的作用,而虚拟音调相当于"虚幻的"视觉轮廓。

众所周知,弦乐器通常会产生轻微的非谐和谱。现在的问题是,这是无法避免的物理事实,还是因为非谐和性添加到音乐背景的音质中。为了解决该问题,完成了多个实验,严格地合成了电吉他弦的谐和谱以及轻微的非谐和谱。根据在实际吉他上的测量来选择模拟吉他声音的时间包络。

特别是对于低音吉他弦(E2,A2),非谐和谱产生可听拍音。从数字合成的材料中创作了 6 段短旋律,并成对地呈现给被试。被试必须回答在两段旋律中他们是喜欢第 1 个还是第 2 个。相应的心理声学实验结果如图 16.48 所示。

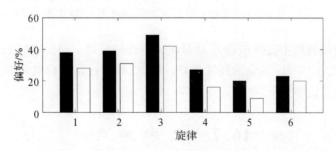

图 16.48　当用谐和谱(空心柱)与非谐和谱(实心柱)实现电吉他的弦音时,
优先选择短旋律　🔊音轨 48

图 16.48 显示的结果表明,不管演奏的旋律如何,通过非谐和谱实现电吉他声比通过严格的谐和谱实现的略好。这意味着弦的非谐和性在物理上并非是不可避免的缺陷,但轻微的非谐和谱在音乐中是首选。

另一个关于音乐声学中音质的有趣问题是由德国的一群音乐爱好者提出的,他们认为将大钢琴的 a_4 音调到 432Hz 听起来要比调到目前的标准 440Hz 要好得多。为了用德国博物馆的施坦威-韦尔特自动演奏三角钢琴(Steinway-Welte-Reproduction-Grand)解决该问题,重放音乐并用数字录音带记录两种声音。可以用该钢琴演奏如表 16.4 所列著名艺术家的作品。

表 16.4　为实验选择的音乐作品概述

声 音	标　题	作曲家	艺术家
A	Romanze Emoll	F. Chopin	Wilhelm Backhaus
B	Scenes from Tiefland	Eugen d'Albert	Eugen d'Albert
C	Partita B-Dur No. 1	J. S. Bach	Walter Gucking
D	Preludes	Claude Debussy	Claude Debussy
E	Fantasia c-moll	W. A. Mozart	Edwin Fischer
F	Silhouette D-Dur	Max Reger	Max Reger

值得注意的是,在音乐注册时,调音标准约为 432Hz。因此,在心理声学实验中,实现了检验音乐爱好者假说的最优条件。

图 16.49 为受过音乐训练的被试的听音实验结果。

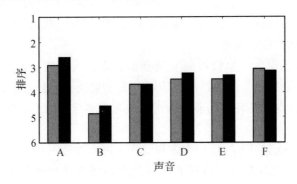

图 16.49　将施坦威-韦尔特自动演奏三角钢琴调谐到 432 Hz(灰柱)或 440 Hz(黑柱),声音 A 到 F 的排序　🎵音轨 49～音轨 54

图 16.49 所示的数据不支持调谐到 432Hz 为首选的假设。相反,如果有的话,在声音 A、B、D 和 E 中会出现对 440Hz 调音的轻微偏好。因此,仅通过调到较低的调音标准,钢琴的音质不太可能得到显著改善。

16.7　室内声学

室内声学主要使用物理值。但是,室内声学也应描述使室内产生良好听觉的条件。由于听觉特性是由心理声学数据和数值来描述的,因此将这些数值引入室内声学的描述中似乎是合理的。这通常意味着应该使用总响度与时间的关系或特性响度的三维分布与临界带率模式和时间的关系来描述时间和谱效应。除此之外,还可以使用其他心理声学值(如波动强度、部分掩蔽或尖锐度)描述室内声学对听众位置处声音特性的影响。述举例说明这些影响。

众所周知,混响时间越大,由恒定体积速度源在室内产生的声压级就越高。对听众来说,提高平均声压级并不重要,而响度的增加更为重要。图 16.50 显示了在 3 种不同条件下,当相同语音功率产生的响度-时间函数时房间的混响效果:ⓐ为自由场条件;ⓑ为混响时间为 0.6s;

ⓒ为混响时间为 2.5s。图 16.50(a)显示了 10min 语音中的短时片段。图 16.50(b)表示在 3 种室内条件下响度-时间函数形成的累积分布。利用超过时间为 10% 的响度作为感知响度的指标,可以预期,当混响时间为 0.6s 时,与露天自由场条件下的响度相比,房间中的声音约响 1.21 倍;当混响时间为 2.5s 时,房间中的声音约响 1.78 倍。只要混响时间不产生时域掩蔽,增加响度对提高语音清晰度极有帮助。

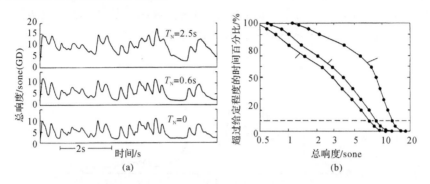

图 16.50 混响时间对响度-时间函数[图(a)]和响度分布[图(b)]的影响

语音属于谱变化和时间变化都很强的一类声音。因此,其总响度和特性响度-临界带率分布强烈地依赖于时间。变化的周期性导致了波动感。在混响时间较长的房间中,尽管声源可能相同,但波动强度会降低。在特性不同的房间中进行的语言清晰度和波动强度测量表明,利用波动强度的心理声学模型可以预测房间内的语音清晰度。图 16.51 比较了主观数据、客观数据以及混响时间。

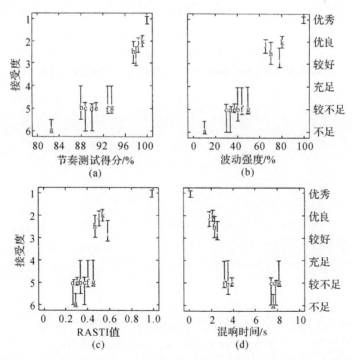

图 16.51 不同特性房间中的节奏测试得分、波动强度、RASTI 值和混响时间
主观数据接受度的得分在"优秀"与"不足"之间。不同字母表示不同房间

室内声学中应避免出现明显的回声。为了表示这些回声,通常使用所谓的"圣诞树"分布。如果在讲话者或乐队所在位置发出短时猝发噪声,它会展示房间中某个特定听众位置处产生的时间衰减。正常情况下衰减通常用回声的声级-时间函数表示。不用图 16.52(a)中给出的声压级而是用图 16.52(b)中的总响度-时间函数可能更有意义。尽管使用响度衰减曲线会更圆滑,但是在响度函数中也能看到更强的回声。如果回声响度仅为初始值的 1/10,则在语音感知中可忽略回声。图 16.52(b)中给出的响度-时间函数还表明,声级-时间函数中的初始峰值在响度-时间函数中不会产生最高峰值。回声和混响对感知响度有很大贡献。

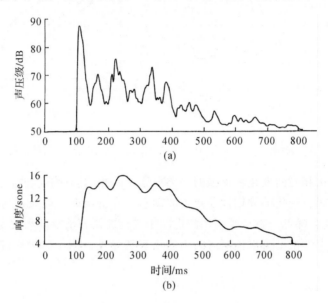

图 16.52　"圣诞树"分布中声压级和响度与时间的关系
(a)"圣诞树"分布,即在混响室中声压级与短声时间的关系;
(b)利用相应的响度-时间函数可能给出与主观声学感知更有意义的联系

音轨说明：心理声学演示

所有演示最好通过耳机播放，尽管大多数演示也可以在混响不太强的环境中通过扬声器播放。本书音频资料请登录工大书苑(http：//nwpu.jyuecloud.com/#/home)下载。

音轨 1：wav 文件

音轨 2：校准音

0：32
校准音，1kHz，70dB

音轨 3：粉红噪声

0：32
粉红噪声，60dB

音轨 4：心理声学中的常用刺激

1：02
该音轨包含以下 12 种刺激，每种刺激持续 4s，常用于基本心理声学研究：
纯音、拍音、调幅（AM）纯音、脉冲音、DC 脉冲音、调频（FM）纯音、短纯音、白噪声、带通噪声、窄带噪声、高斯 DC 脉冲音、高斯型短纯音。时间函数和相关频谱如图 1.1 所示。

音轨 5：自由场均衡器效应

0：39
本音轨演示了耳机的带通类频率响应对音乐的影响。首先，您将听到根据耳机 Beyer DT48 的频率响应滤波后的音乐，然后在不滤波的情况下播放相同的音乐。本音轨展现了不带均衡器的耳机与带均衡器耳机的声音演示，参阅图 1.5。

音轨 6：带参考声的量值估计法

0：28
本音轨演示了带参考声的量值估计法。给出了 4 对刺激。每对中的第 1 个声音为参考声，通常是 70dB 汽车声的节选。每对中的第 2 个声音分别为 60dB，75dB，70dB 和 68dB 汽车声的节选。给第 1 个声音一个与其感知响度相对应的数值（如 100）。每对中的第 2 个声音应指定一个数值，该数值表示第 1 个（参考）声音和第 2 个声音之间的感知响度关系。例如，如果第 2 对中的第 2 个声音被认为比参考声大 40%,那么应给出第 2 个声音,数值 140(参阅第 1.3 节)。

音轨 7:刺激对的比较

0:14

为了演示刺激对的比较,将 2 个 AM 纯音 A、B 的波动强度(调制频率)差与一对 AM 纯音 C、D 的响度差(声级差)进行比较。设置的问题是第 1 对刺激 A 和 B 之间的感知差是否大于第 2 对刺激 C 和 D 之间的感知差(参见第 1.3 节)。

音轨 8:耳声发射

0:11

本音轨演示了在人体上测量的耳声发射。由于耳声发射声级较低,测量系统的背景噪声清晰可闻(参阅图 3.11)。

音轨 9:白噪声掩蔽纯音

0:45

在本演示中,纯音被白噪声掩蔽,纯音声级分布如图 YG.1 所示。纯音频率为 500Hz,白噪声总声级为 63dB,对应的密度级约为 20dB。您将听到 6 个演示,每个都有 3 组纯音被白噪声掩蔽。纯音三连音(Tone Triplet)的声级(按此顺序)为 51dB,37dB,46dB,34dB,43dB,40dB。除了第二个(37dB)和第 4 个三连音(34dB)外,其他纯音都大于掩蔽阈,应该可以听到(参阅图 4.1)。

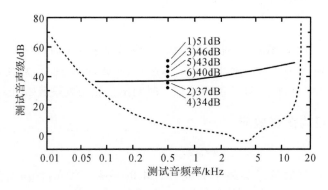

图 YG.1　不同声级的纯音被白噪声掩蔽

音轨 10:窄带噪声掩蔽纯音

0:56

在本演示中,说明了被临界带宽带噪声(1kHz,70dB)掩蔽的纯音的掩蔽阈,如图 YG.2 所示。您将听到 3 个纯音三连音序列:第 1 个序列以 75dB 的声级播放,第 2 个序列以 60dB 的声级播放,第 3 个序列以 40dB 的声级播放。每个序列包括 6 个纯音三连音,频率分别为 600Hz,800Hz,1 000Hz,1 300Hz,1 700Hz 和 2 300Hz。在第 2 个序列中,1 000Hz 处的第 3 个纯音三连音被窄带噪声掩蔽,在第3个序列中,1 000Hz和1 300Hz处的第3个和第4个纯音三连音(对某些人来说,1 700Hz处第5个纯音三连音)被窄带噪声掩蔽(参阅图4.4)。

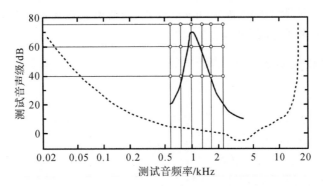

图 YG.2 不同声级的纯音被窄带噪声掩蔽

音轨11:用纯音近似窄带噪声

0:43

临界带宽带噪声可用纯音近似。此处,2kHz处的窄带噪声可用越来越多的2kHz纯音近似。临界带宽带噪声和纯音掩蔽阈的下斜坡见图4.11所示。

您将听到6种不同的声音,首先是2kHz纯音,然后添加其他纯音,直到在1.84kHz、1.92kHz、2.0kHz、2.08kHz和2.16 kHz下出现5种声音。最后一种声音是窄带噪声。所有声音的总声级都相同,为70dB(参阅图4.11)。

音轨12:掩蔽阈对测试音时程的依赖性

0:21

纯音掩蔽阈取决于测试音时程,具体关系如图 YG.3 所示。这里演示了3kHz测试音和均匀掩蔽噪声为掩蔽音的情况。在演示的第1部分,使用均匀掩蔽噪声掩蔽了短声时程为300ms,声级为45dB、35dB和25dB的3组三连音。所有三连音都应该听见。在第2部分,测试短声的时程为3ms,只有第1个三连音可以听到(参阅图4.18)。

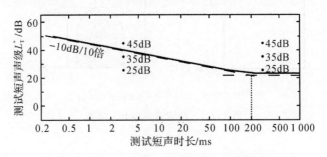

图 YG.3 不同时程的纯音被均匀掩蔽噪声掩蔽

音轨13:纯音脉冲阈值

0:19

如果 2 个声音交替呈现,可能会出现一个声音被认为是连续的现象,尽管事实上它是周期性间隔出现的。这一效应可以用下面的声音得到证明:2kHz,60dB 的选通纯音和 2kHz,63dB 的间歇性掩蔽窄带噪声,脉冲时程为 100ms。首先,您将听到选通音。当添加窄带噪声时,静止的选通音被认为是连续的,参阅图 4.35。

音轨 14:音乐脉冲阈值

0:21

本演示与上一个类似,但使用音乐作为选通信号。即使有这样一个相当复杂的信号而且即使在现实中是选通的,脉冲阈值的效应也会给人一种连续声的印象。您将听到正常播放的音乐约 5s,然后是 8s 选通音乐并静默 100ms。在最后 8s,音乐中的间隙被噪声填满,(选通)音乐再次听起来是连续的(参阅图 4.35)。

音轨 15:纯音音调偏移作为声级的函数

1:01

纯音音调也取决于纯音声级。在本演示中,分别以 50dB 和 75dB 的声级播放频率为 200Hz、1 000Hz 和 6 000Hz 的 3 个纯音。如图 5.3 所示,1 000Hz 纯音,尤其是 200Hz 纯音,在 75dB 的较高声级下播放时产生的音调较低,而 6 000Hz 纯音在播放更大声级时产生的音调较高。每对重复 3 次(参阅图 5.3)。

音轨 16:附加噪声引起的纯音音调偏移

0:16

如果出现引起部分掩蔽的附加声,纯音音调会发生偏移,如图 YG.4 所示。在演示中,2.7kHz 纯音被 2kHz 窄带噪声部分掩蔽,两者的声级均为 65dB。首先您会听到纯音[见图 YG.4(a)],然后是纯音+噪声[见图 YG.4(b)]。此序列重复 3 次。当纯音被噪声部分掩蔽时,感知音调会更高(参阅图 5.5)。

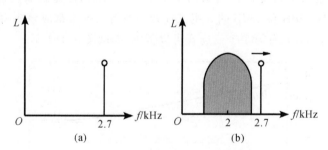

图 YG.4 纯音音调偏移示意图
(a)纯音;(b)纯音+噪声

音轨 17:复音的虚拟音调

0:24

本音轨演示了一个虚拟音调的示例。给出了一个基频为 120Hz、谐波 33 阶的复音。然后,信号的频带限制为 300～3 400 Hz,即仅限第 3 个至第 28 个。播放谐音。然而,与 120 Hz 基频相对应的音调仍可被感知。该序列重复 1 次(参阅图 5.12)。

音轨 18:带限信道上语音的虚拟音调

0:30

本音轨演示了语音信号通过带限信道(如电话)传输时的虚拟音调效应。首先给出正常语音信号,然后给出滤波后的版本,该版本的频带限制为 300～4 000 Hz。您仍然可以听到它是一个男性说话者,尽管男性声音的基频约为 100 Hz,并且不会被传输(参阅图 5.13)。

音轨 19:低通噪声的音调

0:31

低通噪声音调与其截止频率对应。为了演示这种效应,您可以听到截止频率为 350 Hz,750 Hz 和 1 800 Hz 的低通噪声。在每个低通噪声之后,播放有截止频率的纯音。每对都重复 2 次(参阅图 5.14)。

音轨 20:IIR 滤波器对语音的影响(Flanger 效应)

0:38

本音轨演示了 IIR 滤波对语音信号的影响。首先显示原始信号,然后播放延迟时间为 5 ms、3 ms、1 ms、0.5 ms 和 0.3 ms 的 IIR 滤波后的版本。反馈回路中的衰减量为 1 dB(参阅图 5.17)。

音轨 21:茨维克尔音模拟

0:45

如果关闭具有谱隙的声音,可以听到持续几秒的微弱纯音。由于这种被称为茨维克尔音的效应非常微妙,所以对茨维克尔音现象进行了模拟。您将听到 3 种带阻噪声,其间隙介于 1 000 Hz 和 3 000 Hz、1 400 Hz 和 2 600 Hz,以及 1 800 Hz 和 2 200 Hz 之间。每个噪声停止后,播放频率与相应茨维克尔音对应的微弱纯音,由此模拟"声学后像"现象(参阅图 5.21)。

音轨 22:各种信号的音调强度

2:14

本演示包含 11 个信号,其响度相同(8 sone)、音调大致相同(500 Hz),但音调强度不同。每个信号播放 3 次,并按从高到低的音调强度顺序排列(见图 5.24):纯音、低通复音、全通复音、窄带噪声、AM 纯音、带通复音、带通噪声、低通噪声、梳状滤波噪声、AM 噪声、高通噪声。最后,再次播放 500 Hz 纯音(参阅图 5.25)。

音轨 23:纯音音调强度与频率的关系

0:23

纯音音调强度取决于频率。为了证明这种效应,演示了频率为 125 Hz,250 Hz,500 Hz,1 kHz,2 kHz,4 kHz 和 8 kHz 的纯音三连音(参阅图 5.28)。

音轨 24：不同带宽和中心频率的噪声频带的音调强度

0:27

在本演示中,您将听到音调强度不同的噪声频带。首先,以 500 Hz 中心频率播放 3 个频带,带宽从 10 Hz 增加到 100 Hz 以上直至 500 Hz,导致音调强度降低。在此之后,您会听到 3 种恒定带宽为 100 Hz 的噪声,中心频率为 250 Hz、500 Hz 和 2 000 Hz,导致音调强度增加(参阅图 5.29)。

音轨 25：调制低通噪声的音调强度

0:31

本音轨演示了截止频率被调制的低通噪声的音调强度。噪声密度级为 40 dB,截止频率为 1 kHz±85 Hz。声音以 1 Hz,2 Hz,4 Hz 和 8 Hz 的调制频率播放 4 次。根据图 5.38 中绘制的数据,在 4 Hz 调制频率下可预期音调强度最大(参阅图 5.38)。

音轨 26：白噪声或纯音的最小可觉声级变化

0:33

调幅白噪声和纯音最小可觉声级变化的比较,其中声音参数分布如图 YG.5 所示。第 1 部分给出 4 个纯音,频率为 1 kHz,声级为 75 dB,调幅频率为 4 Hz。声级变化选择如下:0.2 dB,0.5 dB,1 dB 和 3 dB。第 2 部分给出 3 种 60 dB 白噪声,调幅频率为 4 Hz,声级变化为 0.5 dB,1 dB 和 3 dB(参阅图 7.1)。

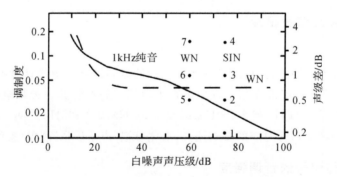

图 YG.5　最小可觉声级变化感知中的声音参数

音轨 27：白噪声与窄带噪声的最小可觉振幅调制度

0:27

给出了 2 对调幅声(调制频率为 4 Hz),其中声音参数分布如图 YG.6 所示。每对中的第 1 个声音是白噪声,第 2 个是带宽为 10 Hz 的窄带噪声。第 1 对的调制度为 50%,第 2 对仅为 7%。在第 1 对中,两种调制都清晰可听。然而,窄带噪声的有效调制频率约为 6.4 Hz,由于该噪声具有强烈的自我调制,因此在第 2 对声音中无法听到窄带噪声的振幅调制(参阅图 7.3)。

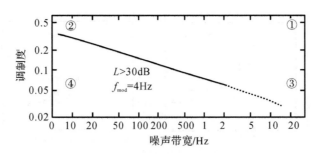

图 YG.6　最小可觉振幅调制度感知中的声音参数

音轨 28：纯音的最小可觉频率变化

1:15

本演示说明了纯音频率对最小可觉频率变化的依赖性，其频率分布如图 YG.7 所示。首先，以 100Hz,30Hz,10Hz,3Hz 和 1Hz 的频率变化播放一个频率调制的 500Hz 纯音序列。前 3 种声音的调制清晰可听。在第 2 个 5 000Hz 的调制纯音序列中，频率变化再次选择为 100Hz,30Hz,10Hz,3Hz 和 1 Hz。然而，现在只有第 1 个调制清晰可听，其余的位于或低于最小可觉频率变化的阈值。

在本演示中，为避免房间共振的影响，必须用耳机演示（参考图 7.8）。

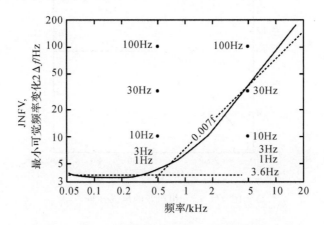

图 YG.7　最小可觉频率变化感知中的纯音频率分布

音轨 29：长时程与短时程的频率辨别

0:22

为了说明纯音频率辨别对测试音时程的依赖性，本演示中给出两个示例，其中时程分布如图 YG.8 所示。每个序列包含 4 个不同时程和频率差的纯音对：先是 500ms 和 10ms，频率差变小，然后是 10ms 和 500ms，频率差变大。使用以下频率：2 000Hz,2 010Hz,2 040Hz；500Hz,505Hz,525Hz。例如，2 000Hz 和 2 010Hz 之间 10Hz 的频率差可在 500ms(1)处被辨别，但在 10ms(2)处不能被辨别。另外，500Hz 和 525Hz 之间 25Hz 的频率差在 10ms(7)时很难辨别，但在 500ms(8)时清晰可听（参阅图 7.11）。

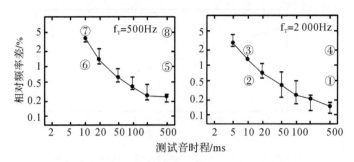

图 YG.8　频率辨别与时程的关系

音轨 30：响度减半

1:06

本演示的任务是识别那些其响度大于或小于参考声一半的声音。参考声为 2kHz 窄带噪声，声级为 65dB。共有 5 组声音序列，每组 3 对，带参考声（见图 YG.9）。声音序列的声级分别为 39dB,65dB,51dB,60dB 和 55dB（参阅图 8.3）。

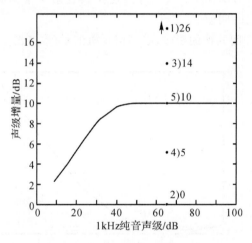

图 YG.9　5 组声音的声级分布

音轨 31：被部分掩蔽的 1kHz 纯音的响度

0:28

叠加的粉红噪声总声级约为 55dB（每 1/3 倍频带 40dB），由于纯音的声级不同，这会降低 1 kHz 纯音的响度。部分掩蔽随纯音声级的增加而降低，呈现的声级为 40dB,50dB 和 60dB（参阅图 8.10）。

音轨 32：谱部分掩蔽响度

0:31

800Hz 纯音可以单独呈现，也可以与较高频率的噪声一起呈现（见图 YG.10）。由于噪声的截止频率较低,选择的频率为1 000Hz,950Hz,900Hz,850Hz和800Hz,如图YG.10(a)所示。随着噪声截止频率的降低,与仅有800Hz纯音的响度相比,"纯音+噪声"组合中800Hz纯音的响度被降低了[见图YG.10(b),具体关系参阅图8.11]。

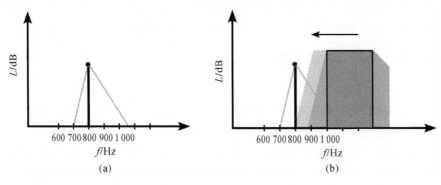

图 YG.10　谱部分掩蔽响度示意图
(a)纯音；(b)纯音+噪声

音轨33:响度与短声时程的关系

0:43

本演示说明了响度与时程的关系,如图YG.11所示。您将听到1对3kHz纯音(60dB),纯音对中第1个纯音的时程始终为1 000ms,第2个纯音的时程分别为1 000ms,300ms,100ms,30ms,10ms和3ms。每对纯音播放2次。您可以听到时程在100ms以下时,纯音对中第2个纯音的响度被降低了(参阅图8.12)。

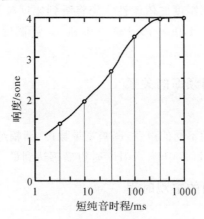

图 YG.11　响度与短纯音时程的关系

音轨34:尖锐度对谱分布的依赖性

0:28

本音轨演示了1kHz窄带噪声、均匀兴奋噪声和截止频率为3kHz的高通噪声之间的尖锐度差异。根据图9.3中显示的数据可知,尖锐度按窄带噪声、宽带噪声到高通噪声的顺序增加。该序列重复1次(参阅图9.3)。

音轨 35：调制频率与波动强度的关系

1:10

以不同调制频率播放 3 种不同声音：调幅宽带噪声、调幅纯音和调频纯音。每个声音都以 1Hz,4Hz 和 16Hz 的调制频率播放。4Hz 时波动强度达到最大（参阅图 10.1）。

音轨 36：窄带噪声的波动强度

0:21

由于窄带噪声表现为自我调制，有效调制频率为带宽的 0.64 倍，因此其波动强度也取决于噪声带宽。在本演示中，给出了 2Hz,6Hz 和 50 Hz 3 种不同带宽的窄带噪声。噪声的中心频率为 1kHz，声级为 70dB。带宽为 6Hz 的噪声的波动强度最大，形成的有效调制频率约为 4Hz（参阅图 10.6）。

音轨 37：不同声音的波动强度

0:34

本演示包含本书中表 10.1 所示的声音。对于图 10.7 所示的数据，它说明了调频纯音、调幅宽带噪声、调幅纯音、频率偏差较小的调频纯音和窄带噪声的波动强度不同（参阅图 10.7，表 10.1）。

音轨 38：调制度与纯音粗糙度的关系

0:44

本音轨演示了粗糙度对调制度的依赖性。您将听到幅度被调制的 1kHz 纯音，调制频率为 70Hz，调制度为 1.0,0.7,0.4,0.25,0.125,0.1 和 0。调制度越小，声音的粗糙度越小（参阅图 11.1）。

音轨 39：粗糙度与调制频率的关系

0:52

以不同调制频率播放 3 种不同的声音：调幅宽带噪声、调幅纯音和调频纯音。每个声音的调制频率分别为 20Hz,70Hz 和 200Hz。70Hz 时粗糙感达到最大（参阅图 11.3）。

音轨 40：短声和静默期的主观时程

0:51

比较了短声和静默期的主观时程。短纯音之后是 2 个较长的短声，间隔为时程可变的静默期。在第 1 个序列中，短纯音和静默期长度均为 150ms，但静默期似乎太短。在第 2 个序列中，短纯音和静默期长度为 40ms，而且静默期似乎也太短。在第 3 个序列中，短声长度为 40ms，静默期长度为 150ms。此时，短声和静默期的感知时程大致相等。每个序列重复 3 次（参阅图 12.2）。

音轨 41：主观时程和节奏

0:20

当实现图 12.4 中展示的节奏时,音符和静默期的客观时程是正确的,即 1/8 音符时程为 100ms,1/8 静默期时程为 100ms,1/4 音符和静默期时程为 200ms,就得分而言,它听起来并不正确。相反,音符应该类似于 1/8 音符、1/8 音符、3/16 音符。这在本音轨的第 1 部分进行了演示。为了获得正确的音乐解释,音符之间的静默期必须延长 3.8 倍,以便音符和静默期的主观时程相同。每个演示都重复了 2 次(参阅图 12.4)。

音轨 42：非线性畸变——三次差音

0:10

通过播放连续纯音(此处 $f_1=1\,620\text{Hz}$)和类似频率的短正弦扫频音(此处 $f_2=1\,700\sim3\,000\text{Hz}$)倾听耳朵产生的非线性畸变。虽然客观上只有 2 个音,但可以清晰地听到第 3 个频率为 $2f_1-f_2$ 的降调音(参阅图 14.4)。

音轨 43：不同声源的三次差音与原始音

0:21

为了证明三次差音是在耳朵中而不是在技术设备的某个地方产生的,您可以在播放频率为 f_2 的纯音的同时吹口哨发出频率为 f_1 的连续纯音。首先,只有 $f_1=1\,620\text{Hz}$ 的纯音被呈现 2 次,并作为您口哨声的参考。

然后呈现上升音($f_2=1\,700\sim3\,000\text{Hz}$)。当您伴随该上升音吹口哨时,虽然 2 种原始音是由不同声源产生的,但是您可以清楚地听到递减的三次差音(参阅图 14.4)。

音轨 44：窄带噪声的定位

0:39

当两耳接收相同类型的信号时,可以通过增加一侧的声级将声源偏移到这一侧。这种效应在 1kHz 的窄带噪声中得到了证明,该噪声以 (L,R) 的声级双耳呈现:(60dB,60dB) 中间,(58dB,70dB) 右侧,(70dB,58dB) 左侧,(70dB,70dB) 中间,(74dB,50dB) 左侧,以及 (46dB,70dB) 右侧(参阅图 15.12)。

音轨 45：响度-时间函数相同但声源识别能力不同的声音

1:12

为了说明尽管响度-时间函数相同,但在很大程度上模糊声源信息的方法,首先播放经过处理后的一些信号,然后播放原始版本(参阅图 16.17)。

音轨 46：声级差阈值

1:21

为了确定最小可觉声级差,给出一对 1kHz 纯音。第 1 个纯音为声级 60dB 的参考声。第 2 个纯音的声级分别为 60.2dB,60.5dB,61dB,62dB 和 65dB。每对都重复播放 2 次。通常,您听到的声级差为 1~2dB。如果您听不到最后一对纯音中的声级差(5dB),请立即咨询您的耳鼻喉科医生(参阅图 16.25)。

音轨 47:语音噪声(法斯特噪声)

1:25

早在 1987 年,我们就提出了一种波动的语音噪声,它模拟流畅语音的平均谱特征和时间特征。这种噪声被我们的朋友称为"法斯特噪声"。音频文件组成如下:首先,播放图 16.38(b)中显示的连续噪声(CCITT Rec.227)约 20s,然后播放法斯特噪声[见图 16.38(d)]约 60s(参阅图 16.38)。

音轨 48:吉他弦的不谐和

0:21

本演示说明通过谐波与非谐波谱实现电吉他的弦乐声时的区别。首先您听到的是和声,然后是短旋律的非和声版本(旋律 3)(参阅图 16.48)。

三角钢琴的调谐

下述演示在施坦威-韦尔特自动演奏三角钢琴上演奏的声音(从 A 到 F,见图 YG.12),这些声音分别调到 432Hz 和 440Hz(参阅图 16.49)。

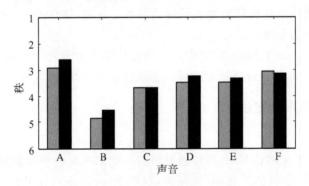

图 YG.12　三角钢琴演奏的 6 个声音

音轨 49:声音 A

0:27

音轨 50:声音 B

0:24

音轨 51:声音 C

0:26

音轨 52：声音 D

0:21

音轨 53：声音 E

0:34

音轨 54：声音 F

0:19

参考文献

专著或手册节选

Fastl H.: Beschreibung dynamischer Hörempfindungen anhand von Mithörschwellen-Mustern (Dynamic hearing sensations and masking patterns). (Hochschul, Freiburg 1982)

Feldtkeller R., E. Zwicker: Das Ohr als Nachrichtenempfänger (The ear as a receiver of information). 1. Aufl. (Hirzel, Stuttgart 1956)

Terhardt E.: Akustische Kommunikation (Acoustic communication). (Springer, Berlin, Heidelberg, New York 1998)

Zwicker E.: Scaling. In Handbook of Sensory Physiology, ed. by W. Keidel, W. Neff, Vol. V, Part 2, 401 - 448 (Springer, Berlin, Heidelberg 1975)

Zwicker E.: Psychoakustik (Psychoacoustics). (Springer, Berlin, Heidelberg 1982)

Zwicker E., R. Feldtkeller: Das Ohr als Nachrichtenempfänger (The ear as a receiver of information). 2. erw. Aufl. (Hirzel, Stuttgart 1967)

Zwicker E., M. Zollner: Elektroakustik (Electroacoustics). 2. erw. Aufl. (Springer, Berlin, Heidelberg 1987)

第1章 刺激与步骤

Bäuerle R.: Modal-, Zentral-oder Arithmetischer Mittelwert (Modalvalue, median or arithmetic mean). ATM. Blatt JO 21 - 22, 33 - 34 (1974)

Fastl H.: Comparison of DT 48, TDH 49, and TDH 39 earphones. J. Acoust. Soc. Am. 66, 702 - 703 (1979)

Fastl H.: Gibt es den Frequenzgang von Kopfhörern? (Does the frequency response of earphones exist?) In NTG-Fachberichte, Hörrundfunk 7, 274 - 281 (VDE, Berlin 1986)

Fastl H.: The presentation of stimuli in psychoacoustics. In Auditory Worlds: Sensory Analysis and Perception in Animals and Man, 246 - 247 (Wiley VCH, Weinheim 2000)

Fastl H.: Towards a New Dummy Head? In Proc. inter-noise 2004, CD-ROM (2004)

Fastl H.: Psychoacoustic Basis of Sound Quality Evaluation and Sound Engineering. In ICSV13-Vienna, The Thirteenth International Congress on Sound and Vibration (2006) ü

Fastl H., H. Fleischer: Freifeldübertragungsmaβe verschiedener elektrodynamischer und elektrostatischer Kopfhörer (Freefield response of different electrodynamic and electrostatic earphones). Acustica 39, 182 - 187 (1978)

参 考 文 献

Fastl H., E. Zwicker: A free-field equalizer for TDH 39 earphones. J. Acoust. Soc. Am. 73, 312 – 314 (1983)

Fastl H., S. Namba, S. Kuwano: Freefield response of the headphone Yamaha HP 1000 and its application in the Japanese Round Robin Test on impulsive sound. Acustica 58, 183 – 185 (1985)

Hesse A.: Optimierung einer Abfragemethode zur Bestimmung von Frequenzunterschiedsschwellen (Optimizing a method of constant stimuli for the measurement of frequency differences). Acustica 54, 181 – 183 (1984)

Hesse A.: Comparison of several psychophysical procedures with respect to threshold estimates, reproducibility and efficiency. Acustica 59, 263 – 273 (1986)

Kaiser W.: Das Békésy-Audiometer der Technischen Hochschule Stuttgart (The Békésy-audiometer of the Technical University Stuttgart). Acustica, Akust. Beihefte AB235 – AB238 (1952)

Krump G.: Linienspektren als Testsignale in der Akustik (Line-spectra as test signals in acoustics). In Fortschritte der Akustik, DAGA '96, 288 – 289 (Dt. Gesell. für Akustik e. V., Oldenburg 1996)

Patsouras C., M. Böhm, H. Fastl, D. Patsouras, K. Pfaffelhuber: Methodenvergleich zur Beurteilung der Geräuschqualität: Random Access versus Größenschätzung mit Ankerschall (Comparison of methods for noise evaluation: Random access versus magnitude estimation with anchor sound). In Fortschritte der Akustik, DAGA '03, 240 – 241 (Dt. Gesell. für Akustik e. V., Oldenburg 2003)

Pfeiffer Th.: Filter zur Umformung von Rechteckimpulsen in Gaußimpulse (Filter for transforming of rectangular impulses into Gaussian-shaped impulses). Frequenz 17, 81 – 88 (1963)

Port E.: Ein elektrostatischer Lautsprecher zur Erzeugung eines ebenen Schallfeldes (An electrostatic loudspeaker for the production of a plain soundfield). Frequenz 18, 9 – 13 (1964)

Schmid. W., G. Jung: Psychoakustische Experimente mit einem elektroakustischen Wiedergabesystem mit variierbarer Sprungantwort (Psychoacoustic experiments with a system of variable step-response). In Fortschritte der Akustik, DAGA '95, 931 – 934 (Dt. Gesell. für Akustik e. V., Oldenburg 1995)

Schorer E.: An active free-field equalizer for TDH 39 earphones [43. 66. Yw, 43. 88. Si]. J. Acoust. Soc. Am. 80, 1261 – 1262 (1986)

Schorer E.: Methodische Einflüsse bei der Bestimmung von Frequenzvariations-und Frequenzunterschiedsschwellen (Influence of different measurement methods on thresholds for frequency variations and frequency differences). In Fortschritte der Akustik, DAGA '87, 577 – 580 (DPG, Bad Honnef 1987)

Seeber B., H. Fastl, V. Koci: Ein PC-basiertes Békésy-Audiometer mit Bark-Skalierung (A PC-based Bekesy-audiometer with Bark scaling). In Fortschritte der Akustik,

DAGA '03, 614 – 615 (Dt. Gesell. für Akustik e. V., Oldenburg 2003)

Suchowerskyj W.: Beurteilung von Unterschieden zwischen aufeinanderfolgenden Schallen. Acustica 38, 131 – 139 (1977)

Terhardt E.: Fourier transformation of time signals: conceptual revision. Acustica 57, 242 – 256 (1985)

Terhardt E.: Evaluation of linear-system responses by Laplacetransformation. Critical review and revision. Acustica 64, 61 – 72 (1987)

Zollner M.: Einfluβ von Stativen und Halterungen auf den Mikrofonfrequenzgang (Influence of stands and clamps on the frequency response of microphones). Acustica 51, 268 – 272 (1982)

Zollner M.: Terzanalyse mit Normterzreihe: Eine hinreichende Meβmethode? (1/3 octave-band analyses with standardized filter sets: A sufficient measurement method?) In Fortschritte der Akustik, DAGA '84, 267 – 270 (DPG, Bad Honnef 1984)

Zwicker E., G. Gässler: Die Eignung des dynamischen Kopfhörers zur Untersuchung frequenzmodulierter Töne (The suitability of a dynamic earphone for the measurement of FM-tones). Acustica, Akust. Beihefte AB134 – AB139 (1952)

Zwicker E., E. Hojan: Einfluβ von Bedienperson und Geräteform auf den Mikrofon-Frequenzgang von Schallpegelmeβgeräten (Influence of experimenter and shape of the apparatus on the frequency response of sound level meters). Acustica 51, 263 – 267 (1982)

Zwicker E., D. Maiwald: Über das Freifeldübertragungsmaβ des Kopfhörers DT 48 (On the Freefield response of the earphone DT 48). Acustica 13, 181 – 182 (1963)

第 2 章 听觉区

Fastl H., H. Baumgartner: Ruhehörschwellen für Sinustöne bzw. Schmalbandrauschen (Threshold in quiet for pure tones vs. narrow noise bands). Acustica 34, 111 – 114 (1975)

Kerber S.: Über die Ruhehöorschwelle abgelenkter Versuchspersonen (On the threshold of hearing for distracted persons). In Fortschritte der Akustik, DAGA '06, 319 – 320 (Dt. Gesell. für Akustik e. V., Berlin 2006)

Zwicker E.: über die Schwelle des Ohrendruckes für verschiedene Schallereignisse (On the threshold of the "ear pressure" for different sounds). Frequenz 13, 238 – 242 (1959)

Zwicker E., W. Heinz: Zur Häufigkeitsverteilung der menschlichen Hörschwelle (On the statistical distribution of the human hearing threshold). Acustica 5, 75 – 80 (1955)

第 3 章 听力系统中的声音处理

Harris F. P., E. Zwicker: Characteristics of the $(2f_1 - f_2)$-difference tone in human subjects and in a hardware cochlear nonlinear preprocessing model with active feedback. J. Acoust. Soc. Am. 85, Suppl. 1, S68 (1989)

Kronester-Frei A.: Postnatale Entwicklung des Randfasernetzes der Membrana tectoria beim Kaninchen (Development of the terminal net of the tectorial membrane in the rabbit).

Laryngologie, Rhinologie, Otologie 55, 687 – 700 (1976)

Kronester-Frei A.: Ultrastructure of the different zones of the tectorial membrane. Cell Tiss. Res. 193, 11 – 23 (1978)

Kronester-Frei A.: Localization of the marginal zone of the tectorial membrane in situ, unfixed, and with in vivo-like ionic milieu. Arch. Otorhinolaryngol. 224, 3 – 9 (1979)

Kronester-Frei A.: The effect of changes in endolymphatic ion concentrations on the tectorial membrane. Hearing Res. 1, 81 – 94 (1979)

Manley G. A., A. Kronester-Frei: Organ of corti: Observation technique in the living animal. Hearing Res. 2, 87 – 91 (1980)

Manley G. A., A. Kronester-Frei: The electrophysiological profile of the organ of corti. In Psychophysical, Physiological and Behavioural Studies in Hearing, ed. by G. van den Brink, F. A. Bilsen, 24 – 33 (University Press, Delft 1980)

Oelmann J.: Die Zeitfunktionen von Cochleapotentialen, hervorgerufen durch gaußförmige Druck-und Sogimpulse am Trommelfell (Time functions of cochlear potentials evoked by Gaussian-shaped condensation and rarefaction impulses at the ear drum). Acustica 46, 39 – 50 (1980)

Oelmann J.: Microphonic potentials recorded from the ear canal in man evoked by Gaussian-shaped sound pressure impulses. Scand. Audiol. Suppl. 11, 59 – 64 (1980)

Scherer A.: Beschreibung der simultanen Verdeckung mit Effekten aus Mithörschwellen-und Suppressionsmustern (Description of simultaneous masking on the basis of effects from masking patterns and suppression patterns). In Fortschritte der Akustik, DAGA '87, 569 – 572 (DPG, Bad Honnef 1987)

Scherer A.: Erklärung der spektralen Verdeckung mit Hilfe von Mithörschwellen und Suppressionsmustern (Explanation of spectral masking on the basis of masking patterns and suppression patterns). Acustica 67, 1 – 18 (1988)

Terhardt E.: Untersuchungen über die Datenreduktion durch das menschliche Gehör (Investigations on the data reduction in the human hearing system). In Kybernetik 1968, ed. by H. Marko, G. Färber, 383 – 395 (Oldenbourg, München 1968)

Zwicker E.: Die Abmessungen des Innenohrs des Hausschweines (The dimensions of the inner ear of the domestic pig). Acustica 25, 232 – 239 (1971)

Zwicker E.: Is the frequency selectivity of the inner ear influenced by the size of the tectorial membrane? In Proc. 7th ICA Budapest, Vol. 3, 385 – 388 (1971)

Zwicker E.: Investigation of the inner ear of the domestic pig and the squirrel monkey with special regard to the hydromechanics of the cochlear duct. In Symposium on Hearing Theory, 182 – 185 (IPO, Eindhoven 1972)

Zwicker E.: Vergleich der Struktur des Innenohres bei Hausschwein und Totenkopfaffe (Comparison of the structure of the inner ear from domestic pig and squirrel monkey). In Akustik und Schwingungstechnik, 288 – 291 (VDE, Berlin 1972)

Zwicker E.: Masking period patterns and cochlear acoustical responses. Hearing Res.

4, 195 – 202 (1981)

Zwicker E.: On peripheral processing in human hearing. In Hearing-Physiological Bases and Psychophysics, ed. by R. Klinke, R. Hartmann, 104 – 110 (Springer, Berlin, Heidelberg 1983)

Zwicker E.: Das Innenohr als aktives schallverarbeitendes und schallaussendendes System (The inner ear as an active sound processing and sound emitting system). In Fortschritte der Akustik, DAGA '85, 29 – 44 (DPG, Bad Honnef 1985)

Zwicker E.: Psychophysics and physiology of peripheral processing in hearing. In Basic Issues in Hearing, ed. by H. Duifhuis, J. W. Horst, H. P. Wit, 14 – 25 (Academic, London 1988)

Zwicker E.: The inner ear, a sound processing and a sound emitting system. J. Acoust. Soc. Jpn. (E) 9, 59 – 74 (1988)

Zwicker E., F. P. Harris: Psychoacoustical and ear canal cancellation of ($2f_1 - f_2$)-distortion products. J. Acoust. Soc. Am. 87, 2583 – 2591 (1990)

Zwicker E., A. Hesse: Temporary threshold shifts after onset and offset of moderately loud low frequency maskers. J. Acoust. Soc. Am. 75, 545 – 549 (1984)

Zwicker E., G. Manley: The auditory system of mammals and man. In Biophysics, ed. by W. Hoppe, W. Lohmann, H. Markl, H. Ziegler, 671 – 682 (Springer, Berlin, Heidelberg 1983)

耳声发射

Dallmayr C.: Spontane oto-akustische Emissionen: Statistik und Reaktion auf akustische Störtöne (Spontaneous otoacoustic emissions: statistics and reactions on acoustic masking tones). Acustica 59, 67 – 75 (1985)

Dallmayr C.: Suppressions-Periodenmuster von spontanen oto-akustischen Emissionen (Suppression-period patterns of spontaneous otoacoustic emissions). In Fortschritte der Akustik, DAGA '85, 479 – 482 (DPG, Bad Honnef 1985)

Dallmayr C.: Stationary and dynamic properties of simultaneous evoked otoacoustic emissions (SEOAE). Acustica 63, 243 – 255 (1987)

Fastl H., E. Zwicker: Otoacoustic Emissions in human test subjects. In Auditory Worlds: Sensory Analysis and Perception in Animals and Man, 120 – 127 (Wiley-VCH, Weinheim 2000)

Jurzitza D.: Zusammenspiel von Quelle und Last bei der Messung von otoakustischen Emissionen (Influence of probe impedance on measured otoacoustic emissions). In Fortschritte der Akustik, DAGA '91, 613 – 616 (DPG, Bad Honnef 1991)

Jurzitza D., W. Hemmert: Quantitative measurements of simultaneous evoked otoacoustic emmissions. Acustica 77, 93 – 99 (1992)

Peisl W.: Simulation von zeitverzögerten evozierten oto-akustischen Emissionen mit Hilfe eines digitalen Innenohrmodells (Simulation of delayed evoked otoacoustic emissions in a digital model of the inner ear). In Fortschritte der Akustik, DAGA '88, 553 – 556 (DPG, Bad Honnef 1988)

Peisl W., E. Zwicker: Simulation der Eigenschaften oto-akustischer Emissionen mit Hilfe eines analogen und eines digitalen Innenohrmodells (Simulation of otoacoustic emission's behaviour by means of an analog and a digital inner-ear model). In Fortschritte der Akustik, DAGA '89, 419 – 422 (DPG, Bad Honnef 1989)

Scherer A.: Evozierte oto-akustische Emissionen bei Vor-und Nachverdeckung (Evoked otoacoustic emissions with pre-and postmasking). Acustica 56, 34 – 40 (1984)

Scherer A.: Zeitverzögerte, evozierte oto-akustische Emissionen bei der Vor-, Simultan- und Nachverdeckung (Delayed evoked otoacoustic emissions and pre-, simultaneous, and postmasking). In Fortschritte der Akustik, DAGA '84, 765 – 768 (DPG, Bad Honnef 1984)

Scherer A.: Die Amplitude evozierter oto-akustischer Emissionen als Maß für die Verdeckung (The amplitude of evoked otoacoustic emissions as tool for the description of masking). In Fortschritte der Akustik, DAGA '86, 413 – 416 (DPG, Bad Honnef 1986)

Scherer A.: Beschreibung der simultanen Verdeckung mit Effekten aus Mithörschwellen-und Suppressionsmustern (Description of simultaneous masking on the basis of effects from masking patterns and suppression patterns). In Fortschritte der Akustik, DAGA '87, 569 – 572 (DPG, Bad Honnef 1987)

Scherer A.: Erklärung der spektralen Verdeckung mit Hilfe von Mithörschwellen-und Suppressionsmustern (Explanation of spectral masking on the basis of masking patterns and suppression patterns). Acustica 67, 1 – 18 (1988)

Schloth E.: Amplitudengang der im äußeren Gehörgang gemessenen akustischen Antworten auf Schallreize (Amplitude characteristic of acoustic responses to sound stimuli as measured in the outer ear canal). Acustica 44, 239 – 241 (1980)

Schloth E.: Im äußeren Gehörgang akustisch meßbare Signale aus dem Gehör (Signals out of the ear as measured acoustically in the outer earcanal). In Fortschritte der Akustik, DAGA '80, 591 – 594 (VDE, Berlin 1980)

Schloth E.: Akustisch meßbare stationäre, tonale Signale aus dem Gehör (Acoustically measurable stationary tonal signals out of the ear). In Fortschritte der Akustik, DAGA '81, 689 – 692 (VDE, Berlin 1981)

Schloth E.: Relation between spectral composition of spontaneous otoacoustic emissions and finestructure of threshold in quiet. Acustica 53, 250 – 256 (1983)

Schloth E., E. Zwicker: Mechanical and acoustical influences on spontaneous otoacoustic emissions. Hearing Res. 11, 285 – 293 (1983)

Sutton G. J.: Suppression effects in the spectrum of evoked otoacoustic emissions. Acustica 58, 57 – 63 (1985)

Zwicker E.: Mithörschwellen-Periodenmuster und Suppressions-Periodenmuster tieffrequenter gaußförmiger Druck-und Sogimpulse (Masking period patterns and suppresion period patterns of low frequency Gaussian-shaped pressure and rarefaction impulses). In Fortschritte der Akustik, FASE/DAGA '82, 1239 – 1242 (DPG, Bad Honnef 1982)

Zwicker E.: Delayed evoked otoacoustic emissions and their suppression by Gaussian-shaped pressure impulses. Hearing Res. 11, 359 – 371 (1983)

Zwicker E.: On peripheral processing in human hearing. In Hearing-Physiological Bases and Psychophysics, ed. by R. Klinke, R. Hartmann, 104 – 110 (Springer, Berlin, Heidelberg 1983)

Zwicker E.: Das Innenohr als aktives schallverarbeitendes und schallaussendendes System (The inner ear as an active sound processing and sound emitting system). In Fortschritte der Akustik, DAGA '85, 29 – 44 (DPG, Bad Honnef 1985)

Zwicker E.: Spontaneous otoacoustic emissions, threshold in quiet, and just noticeable amplitude modulation at low levels. In Auditory Frequency Selectivity, ed. by B. C. J. Moore, R. D. Patterson, 49 – 56 (Plenum, New York 1986)

Zwicker E.: Objective otoacoustic emissions and their uncorrelation to tinitus. In Proc. III. Intern. Tinnitus Seminar, Münster 1987, ed. by H. Feldmann, 75 – 81 (Harsch, Karlsruhe 1987)

Zwicker E.: Psychophysics and physiology of peripheral processing in hearing. In Basic Issues in Hearing, ed. by H. Duifhuis, J. W. Horst, H. P. Wit, 14 – 25 (Academic, London 1988)

Zwicker E.: The inner ear, a sound processing and a sound emitting system. J. Acoust. Soc. Jpn. 9 (E), 59 – 74 (1988)

Zwicker E.: Otoacoustic emissions and cochlear travelling waves. In Cochlear Mechanisms, ed. by J. P. Wilson, D. T. Kemp, 359 – 366 (Plenum, New York 1989)

Zwicker E.: Otoacoustic emissions in research of inner ear signal processing. In 2nd Intern. Symposium on Cochlear Mechanics and Otoacoustic Emissions, In Cochlear Mechanisms and Otoacoustic Emissions, ed. by F. Grandori et al., 63 – 76 (Karger Basel 1990)

Zwicker E.: On the frequency separation of simultaneously evoked otoacoustic emissions' consecutive extrema and its relation to cochlear travelling waves. J. Acoust. Soc. Am. 88, 1639 – 1641 (1990)

Zwicker E.: On the influence of acoustical load on evoked otoacoustic emissions. Hearing Res. 47, 185 – 190 (1990)

Zwicker E., F. P. Harris: Psychoacoustical and ear canal cancellation of $(2f_1 - f_2)$-distortion products. J. Acoust. Soc. Am. 87, 2583 – 2591 (1990)

Zwicker E., G. Manley: Acoustical responses and suppressions-period patterns in guinea pigs. Hearing Res. 4, 43 – 52 (1981)

Zwicker E., A. Scherer: Correlation between time functions of sound pressure, masking, and OAE-suppression. J. Acoust. Soc. Am. 81, 1043 – 1049 (1987)

Zwicker E., E. Schloth: Interrelation of different otoacoustic emissions. J. Acoust. Soc. Am. 75, 1148 – 1154 (1984)

Zwicker E., J. Wesel: The effect of "addition" in suppression of delayed evoked otoacoustic emissions and in masking. Acustica 70, 189 – 196 (1990)

Zwicker E. , M. Stecker, J. Hind: Relations between masking, otoacoustic emissions, and evoked potentials. Acustica 64, 102 – 109 (1987)

外周处理模型

Bauch H. : Die Schwingungsform der Basilarmembran bei Erregung durch Impulse und Geräusche gemessen an einem elektronischen Model des Innenohres (Oscillations of the basilar membrane for stimulation with impulses and noises as measured on an electronic model of the inner ear). Frequenz 10, 222 – 234 (1956)

Fastl H. , E. Zwicker: Psychoacoustically-based models of the inner ear. In Auditory Worlds: Sensory Analysis and Perception in Animals and Man, 76 – 80 (Wiley-VCH, Weinheim 2000)

Helle R. : A hydromechanical cochlea model including corti-organ and tectorial membrane. In Proc. 8th ICA London, Vol. 1, 177 (1974)

Helle R. : Enlarged hydromechanical cochlea model with basilar membrane and tectorial membrane. In Facts and Models in Hearing, ed. by E. Zwicker, E. Terhardt, 77 – 85 (Springer, Berlin, Heidelberg 1974)

Helle R. : Selektivitätssteigerung in einem hydromechanischen Innenohrmodell mit Basilarund Deckmembran (Increase in selectivity in a hydromechanic model of the inner ear with basilar membrane and tectorial membrane). Acustica 30, 301 – 312 (1974)

Helle R. : Investigation of the vibrational processes in the inner ear with the aid of hydromechanical models. J. Audiol. Techn. 16, 138 – 163 (1977)

Lumer G. : Computer model of cochlear preprocessing (steady-state condition) I. Basics and results for one sinusoidal input signal. Acustica 62, 282 – 290 (1987)

Lumer G. : Computer model of cochlear preprocessing (steady-state condition) II. Two-tone suppression. Acustica 63, 17 – 25 (1987)

Oetinger R. : Die Erregung der Basilarmembran durch sehr kurze Druckimpulse (The excitation of the basilar membrane by very short pressure impulses). In Proc. 3rd ICA Stuttgart, 122 – 125 (1959)

Oetinger R. , H. Hauser: Ein elektrischer Kettenleiter zur Untersuchung der mechanischen Schwingungsvorgänge im Innenohr (An electric transmission line for evaluating the mechanical oscilllations within the inner ear). Acustica 11, 161 – 177 (1961)

Richter A. : Ein Modell zur Beschreibung der pegelabhängigen Frequenzselektivität des Gehörs (A model for the description of the level dependent frequency selectivity of the hearing system). Biol. Cybernetics 26, 225 – 230 (1977)

Richter A. : Ein Scheibenmodell zur Untersuchung der hydrodynamischen Vorgänge im Spalt zwischen Deckmembran und Cortischem Organ (A slicemodel for research of the hydrodynamic effects in the gap between tectorial membrane and organ of corti). Acustica 38, 148 – 150 (1977)

Terhardt E.: Linear model of peripheral-ear transduction (PET). In Auditory Worlds: Sensory Analysis and Perception in Animals and Man, 81 – 89 (Wiley-VCH, Weinheim 2000)

Zwicker E.: Über ein einfaches Funktionsschema des Gehörs (On a simple model of the hearing organ). Acustica 12, 22 – 28 (1962)

Zwicker E.: Funktionsmodelle bei der Erforschung des Gehörs (Hardware models and the research of the hearing system). Umschau 14, 337 – 346 (1963)

Zwicker E.: A hydrodynamic model of the scala media. In Proc. 8th ICA London, Vol. 1, 173 (1974)

Zwicker E.: A "second filter" established within the scala media. In Facts and Models in Hearing, ed. by E. Zwicker E. Terhardt, 95 – 98 (Springer, Berlin, Heidelberg 1974)

Zwicker E.: Ein hydromechanisches Ausschnittmodell des Innenohres zur Erforschung des adäquaten Reizes der Sinneszellen (A section of a hydro-mechanic model of the inner ear for research of the adequate stimulus for the sensory cells). Acustica 30, 313 – 319 (1974)

Zwicker E.: Spaltweite und Spaltströmung in einem Ausschnittmodell des Innenohres (Width of the gap and flow within the gap of a section of a model of the inner ear). Acustica 31, 47 – 49 (1974)

Zwicker E.: A model describing nonlinearities in hearing by active processes with saturation at 40 dB. Biol. Cybernetics 35, 243 – 250 (1979)

Zwicker E.: A hardware cochlear nonlinear preprocessing model with active feedback. J. Acoust. Soc. Am. 80, 146 – 153 (1986)

Zwicker E.: "Otoacoustic" emissions in a nonlinear cochlear hardware model with feedback. J. Acoust. Soc. Am. 80, 154 – 162 (1986)

Zwicker E.: Suppression and $(2f_1 - f_2)$-difference tones in a nonlinear cochlear preprocessing model with active feedback. J. Acoust. Soc. Am. 80, 163 – 176 (1986)

Zwicker E., G. Lumer: Evaluating travelling wave characteristics in man by an active nonlinear cochlea preprocessing model. In Peripheral Auditory Mechanisms, ed. by J. B. Allen et al., 250 – 257 (Springer, Berlin, Heidelberg 1985)

Zwicker E., W. Peisl: Cochlear preprocessing in analog models, in digital models and in human inner ear. Hearing Res. 44, 209 – 216 (1990)

第 4 章 掩蔽

Buus S., E. Schorer, M. Florentine, E. Zwicker: Decision rules in detection of simple and complex tones. J. Acoust. Soc. Am. 80, 1646 – 1657 (1986)

Fastl H.: Masking patterns of subcritical versus critical band-maskers at 8.5 kHz. Acustica 34, 167 – 171 (1976)

Fastl H.: Mithörschwellen-Muster und Hörempfindungen (Masking patterns and hearing sensations). In Fortschritte der Akustik, DAGA '78, 103 – 111 (VDE, Berlin 1978)

Fastl H.: Masking patterns of maskers with extremely steep spectral skirts. Acustica

48, 346 – 347 (1981)

Gralla G. : Wahrnehmungskriterien bei Mithörschwellenmessungen (Perceptual criteria when measuring masking). In Fortschritte der Akustik, DAGA'92, 861 – 864 (DPG, Bad Honnef 1992)

Lumer G. : "Addition" von Mithörschwellen ("Addition" of masked thresholds). In Fortschritte der Akustik, DAGA '84, 753 – 756 (DPG, Bad Honnef 1984)

Lumer G. : Überlagerung von Mithörschwellen an den unteren Flanken schmalbandiger Schalle (Addition of masked thresholds at the lower slopes of narrow-band maskers). Acustica 54, 154 – 160 (1984)

Schöne P. : Nichtlinearitäten im Mithörschwellen-Tonheitsmuster von Sinustönen (Nonlinearities in the masking pattern of pure tones). Acustica 37, 37 – 44 (1977)

Schöne P. : Mithörschwellen-Tonheitsmuster maskierender Sinustöne (Masking patterns for pure tone maskers). Acustica 43, 197 – 204 (1979)

Scholl H. : Über die Bildung der Hörschwellen und Mithörschwellen von Dauerschallen (On the production of absolute thresholds and masked thresholds of continuous sounds). Frequenz 15, 58 – 64 (1961)

Scholl H. : Über ein objektives Verfahren zur Ermittlung von Hörschwellen und Mithörschwellen (On an objective procedure for the determination of absolute thresholds and masked thresholds). Frequenz 17, 125 – 133 (1963)

Seeber B. : Zum Zusammenhang zwischen Mithörschwellen und Tuningkurven (On the relation of masking patterns and tuning curves). In Fortschritte der Akustik, DAGA '00, 290 – 291 (Dt. Gesell. für Akustik e. V., Oldenburg 2000)

Sonntag B. : Zur Abhängigkeit der Mithörschwellen-Tonheitsmuster maskierender Sinustöne von deren Tonheit (On the dependence of masking patterns for pure tones on their critical-band rate). Acustica 52, 95 – 97 (1983)

Zwicker E. : On a psychoacoustical equivalent of tuning curves. In Facts and Models in Hearing, ed. by E. Zwicker, E. Terhardt, 132 – 141 (Springer, Berlin, Heidelberg 1974)

Zwicker E. : Reversed behaviour of masking at low levels. Audiology 19, 330 – 334 (1980)

Zwicker E. : Masking, a peripheral effect! In Proc. 11th ICA Paris, Vol. 3, 71 – 74 (1983)

Zwicker E. : Masking in normal ears-psychoacoustical facts and physiological correlates. In Proc. III. Intern. Tinnitus Seminar, Münster 1987, ed. By H. Feldmann, 214 – 223 (Harsch, Karlsruhe 1987)

Zwicker E. , G. Bubel: Einfluß nichtlinearer Effekte auf die Frequenzselektivität des Gehörs (Influence of nonlinear effects on the frequency selectivity of the hearing system). Acustica 38, 67 – 71 (1977)

Zwicker E. , S. Herla: über die Addition von Verdeckungseffekten (On theaddition of masking effects). Acustica 34, 89 – 97 (1975)

Zwicker E., A. Jaroszewski: Inverse frequency dependence of simultaneous tone-ontone masking patterns at low levels. J. Acoust. Soc. Am. 71, 1508 – 1512 (1982)

时域掩蔽模式

Bechly M.: Kann die "Suppression" eines Maskierers generell als Dämpfung seines Schallpegels beschrieben werden? (Is it possible to describe the suppression of a masker generally as an attenuation of its sound pressure level?) Acustica 50, 288 – 290 (1982)

Bechly M.: Zur Abhängigkeit der "suppression" bei 8 kHz vom Frequenzverhältnis und den Schallpegeln der beiden Maskierer (On the dependence of suppression at 8 kHz on the frequency ratio and the sound pressure levels of the two maskers). Acustica 52, 113 – 115 (1983)

Bechly M., H. Fastl: Interaktion der Nachhörschwellen-Tonheits-Zeitmuster zweier maskierender Schalle (Interaction of the transient masking patterns of two masking sounds). Acustica 50, 70 – 74 (1982)

Fastl H.: Temporal effects in masking. In Symposium on Hearing Theory, 35 – 41 (IPO, Eindhoven 1972)

Fastl H.: Mithörschwellen von Ton-und Rauschimpulsen (Masked thresholds for tone bursts and noise bursts). In Fortschritte der Akustik, DAGA '73, 455 – 458 (VDI, Düsseldorf 1973)

Fastl H.: Temporal masking patterns. In Proc. 8th ICA London, Vol. I, 144 (1974)

Fastl H.: Transient masking pattern of narrow band maskers. In Facts and Models in Hearing, ed. by E. Zwicker, E. Terhardt, 251 – 257 (Springer, Berlin, Heidelberg 1974)

Fastl H.: Pulsation patterns of sinusoids vs. critical band noise. Perception & Psychophysics 18, 95 – 97 (1975)

Fastl H.: Influence of test-tone duration on auditory masking patterns. Audiology 15, 63 – 71 (1976)

Fastl H.: Temporal masking effects: I. Broadband noise masker. Acustica 35, 287 – 302 (1976)

Fastl H.: Simulation of a hearing loss at long versus short test tones. Audiology 16, 102 – 109 (1977)

Fastl H.: Temporal masking effects: II. Critical band noise masker. Acustica 36, 317 – 331 (1977)

Fastl H.: Transient masking patterns and hearing sensations. In Proc. 9th ICA Madrid, Contributed papers, Vol. I, 354 (1977)

Fastl H.: Mithörschwellen-Muster und Hörempfindungen (Masking patterns and hearing sensations). In Fortschritte der Akustik, DAGA '78, 103 – 111 (VDE, Berlin 1978)

Fastl H.: Temporal masking effects: III. Pure tone masker. Acustica 43, 282 – 294 (1979)

Fastl H.: Vergleich von Mithörschwellenmustern und Pulsationsschwellenmustern bei

Frequenzgruppenrauschen und Sinustönen (Comparison of masking patterns and pulsation patterns for critical band wide noise and pure tones). In Fortschritte der Akustik, FASE/DAGA '82, 1219 – 1222 (DPG, Bad Honnef 1982)

Fastl H.: Folgedrosselung von Sinustönen durch Breitbandrauschen. Messergebnisse und Modellvorstellungen (Temporal partial masking of pure tones by broad-band noise. Experimental results and models). Acustica 54, 145 – 153 (1984)

Fastl H.: Nachverdeckung von Schmalbandrauschen bzw. kubischen Differenzrauschen (Postmasking of narrowband noise vs. cubic difference noise). In Fortschritte der Akustik, DAGA '87, 565 – 568 (DPG, Bad Honnef 1987)

Fastl H.: Masking effects. In Auditory Worlds: Sensory Analysis and Perception in Animals and Man, 247 – 251 (Wiley-VCH, Weinheim 2000)

Fastl H., M. Bechly: Post-masking with two maskers: Effects of bandwidth. J. Acoust. Soc. Am. 69, 1753 – 1757 (1981)

Fastl H., M. Bechly: "Suppression" bei Simultanverdeckung ("Suppression" in simultaneous masking). Acustica 51, 242 – 244 (1982)

Fastl H., M. Bechly: Suppression in simultaneous masking. J. Acoust. Soc. Am. 74, 754 – 757 (1983)

Feldtkeller R., R. Oetinger: Die Hörbarkeitsgrenzen von Impulsen verschiedener Dauer (The limits of audibility for impulses of different duration). Acustica 6, 489 – 493 (1956)

Gralla G.: Messungen zur Abhängigkeit der Nachhörschwelle von der Dauer des Testschalles (Measurements on the dependences of postmasking on the duration of the test sound). In Fortschritte der Akustik, DAGA '89, 371 – 374 (DPG, Bad Honnef 1989)

Gralla G.: Ein Modell zur Simulation von Mithör-und AM-Schwellen (A model to simulate masking-and AM-thresholds). In Fortschritte der Akustik, DAGA '90, 727 – 730 (DPG, Bad Honnef 1990)

Gralla G.: Nachhörschwellen in Abhängigkeit von der spektralen Zusammensetzung des Maskierers (Post-masking patterns as a function of the spectral distribution of the masker). In Fortschritte der Akustik, DAGA'91, 501 – 504 (DPG, Bad Honnef 1991)

Gralla G.: Modelle zur Beschreibung von Wahrnehmungskriterien bei Mithörschwellenmessungen (Models for the description of perceptual magnitude dominant for measurements of masking). Acustica 78, 233 – 245 (1993)

Gralla G.: Wahrnehmungskriterien bei Simultan-und Nachhörschwellenmessungen (Perceptual criteria when measuring simultaneous-and post-masking). Acustica 77, 243 – 251 (1993)

Schmidt S.: Abhängigkeit des "Overshoot"-Effekts von der spektralen Zusammensetzung des Maskierers (Dependence of the "overshoot"-effect on the spectral composition of the masker). In Fortschritte der Akustik, DAGA'89, 387 – 390 (DPG, Bad Honnef 1989)

Schmidt S., E. Zwicker: The effect of masker spectral asymmetry on overshoot in simultaneous masking. J. Acoust. Soc. Am. 89, 1324 – 1330 (1991)

Scholl H.: Über die Bildung der Hörschwellen und Mithörschwellen von Impulsen (On the production of absolute thresholds and masked thresholds of impulses). Acustica 12, 91 – 101 (1962)

Scholl H.: Über ein objektives Verfahren zur Ermittlung von Hörschwellen und Mithörschwellen (On an objective procedure for the determination of absolute thresholds and masked thresholds). Frequenz 17, 125 – 133 (1963)

Stein H. J.: Das Absinken der Mithörschwelle nach dem Abschalten von weißem Rauschen (The decay of the masked threshold after switching off white noise). Acustica 10, 116 – 119 (1960)

Zwicker E., E. Wright: Temporal summation for tones in narrow-band noise. J. Acoust. Soc. Am. 35, 691 – 699 (1963)

Zwicker E.: "Negative afterimage" in hearing. J. Acoust. Soc. Am. 36, 2413 – 2415 (1964)

Zwicker E.: Temporal effects in simultaneous masking and loudness. J. Acoust. Soc. Am. 38, 132 – 141 (1965)

Zwicker E.: Temporal effects in simultaneous masking by white-noise bursts. J. Acoust. Soc. Am. 37, 653 – 663 (1965)

Zwicker E.: A model describing temporal effects in loudness and threshold. In Proc. 6th ICA Tokyo, A-3 – 4 (1968)

Zwicker E.: Time constants (characteristic durations) of hearing. J. Audiol. Technique 13, 82 – 102 (1974)

Zwicker E.: Einfluß von Zeitstrukturen des Schallreizes auf die Hörempfindungen (Influence of temporal structures of sound stimuli on hearing sensations). In Kybernetik 1977, ed. by G. Hauske, E. Butenandt, 248 – 262 (Oldenbourg, München 1978)

Zwicker E.: Masking, a peripheral effect! In Proc. 11th ICA Paris, Vol. 3, 71 – 74 (1983)

Zwicker E.: Dependence of post-masking on masker duration und its relation to temporal effects in loudness. J. Acoust. Soc. Am. 75, 219 – 223 (1984)

Zwicker E., H. Fastl: Zur Abhängigkeit der Nachverdeckung von der Störimpulsdauer (On the dependence of post-masking on masker duration). Acustica 26, 78 – 82 (1972)

Zwicker E., H. Schütte: On the time pattern of the threshold of tone impulses masked by narrow band noise. Acustica 29, 343 – 347 (1973)

掩蔽-周期模式

Kemp S.: Masking period patterns of frequency modulated tones of different frequency deviations. Acustica 50, 63 – 69 (1982)

Scherer A.: Charakteristische Eigenschaften der Mithörschwellen-Periodenmuster (Characteristic features of masking period patterns). In Fortschritte der Akustik, DAGA '85, 511 – 514 (DPG, Bad Honnef 1985)

Zwicker E.: Der Einfluβ der Zeitstruktur verdeckender Klänge auf die Mithörschwelle (On the influence of the temporal structure of masking complex tones on the masked threshold). In Fortschritte der Akustik, DAGA '75, 323–326 (Physik, Weinheim 1975)

Zwicker E.: A model for predicting masking period patterns. Biol. Cybernetics 23, 49–60 (1976)

Zwicker E.: Die Abbildung der Schalldruckzeitfunktion im Mithörschwellen-Periodenmuster (The representation of the sound pressure-time function in masking period patterns). Acustica 34, 189–199 (1976)

Zwicker E.: Influence of a complex masker's time structure on masking. Acustica 34, 138–146 (1976)

Zwicker E.: Masking period patterns of harmonic complex tones. J. Acoust. Soc. Am. 60, 429–439 (1976)

Zwicker E.: Mithörschwellen-Periodenmuster amplitudenmodulierter Töne (Masking period patterns of amplitude-modulated tones). Acustica 36, 113–120 (1976)

Zwicker E.: Psychoacoustic equivalent of period histograms. J. Acoust. Soc. Am. 59, 166–175 (1976)

Zwicker E.: Masking period patterns and hearing theories. In Psychophysics and Physiology of Hearing, ed. by E. F. Evans, J. P. Wilson, 393–402 (Academic, London 1977)

Zwicker E.: Masking period patterns produced by very-low-frequency maskers and their possible relation to basilar-membrane displacement. J. Acoust. Soc. Am. 61, 1031–1040 (1977)

Zwicker E.: Nonlinear rise of masking period patterns with masker level. In Proc. 9th ICA Madrid, Contributed papers, Vol. I, 352 (1977)

第 5 章 音调与音调强度

Fastl H.: über Tonhöhenempfindungen bei Rauschen (Pitch of noise). Acustica 25, 350–354 (1971)

Fastl H.: Basic hearing sensations. In Auditory Worlds: Sensory Analysis and Perception in Animals and Man, 251–258 (Wiley-VCH, Weinheim 2000)

Feldtkeller R.: Lautheit und Tonheit (Loudness and ratio pitch). Frequenz 17, 207–212 (1963)

Hesse A.: Beschreibung der Pegelabhängigkeit der Spektraltonhöne von Sinustönen anhand von Mithörschwellenmustern (Description of the level dependence of spectral pitch for pure tones on the basis of masking patterns). In Fortschritte der Akustik, DAGA '86, 445–448 (DPG, Bad Honnef 1986)

Hesse A.: Ein Funktionsschema der Spektraltonhöhe von Sinustönen (A model of spectral pitch for pure tones). Acustica 63, 1–16 (1987)

Schmid W.: Akzentuierende Wirkung von "Zeigertönen" auf Spektraltonhöhen Komplexer Töne (Effects of "pointers" on the spectral pitches within complextones). In

Fortschritte der Akustik DAGA '98, 468–469 (Dt. Gesell. für Akustik e. V., Oldenburg 1998)

Schmid W., W. Auer: Zur Tonhöhenempfindung bei Tiefpaßrauschen (Pitch of low-pass noise). In Fortschritte der Akustik, DAGA '96, 344–345 (Dt. Gesell. für Akustik e. V., Oldenburg 1996)

Sonntag B.: Zur Tonhöhenverschiebung gedrosselter Sinustöne (On pitch shifts of partially masked pure tones). In Fortschritte der Akustik, DAGA'81, 729–732 (VDE, Berlin 1981)

Sonntag B.: Tonhöhenverschiebungen von Sinustönen durch Terzrauschen bei unterschiedlichen Frequenzlagen (Pitch shifts of pure tones by 1/3 octave band noise in different frequency regions). Acustica 53, 218 (1983)

Terhardt E.: Pitch of pure tones: Its relation to intensity. In Facts and Models in Hearing, ed. by E. Zwicker, E. Terhardt, 353–360 (Springer, Berlin, Heidelberg 1974)

Terhardt E.: Pitch shift of monaural pure tones caused by contralateral sounds. Acustica 37, 56–57 (1977)

Terhardt E.: Absolute and relative pitch revisited on psychoacoustic grounds. In Proc. 11th ICA Paris, Vol. 4, 427–430 (1983)

Terhardt E.: Psychophysics of audio signal processing and the role of pitch in speech. In The Psychophysics of Speech Perception, ed. by M. E. H. Schouten, 271–283 (M. Nijho., Dordrecht 1987)

Terhardt E., H. Fastl: Zum Einfluß von Störtönen und Störgeräuschen auf die Tonhöhe von Sinustönen ((On the influence of masking tones and noises on the pitch of pure tones). Acustica 25, 53–61 (1971)

虚拟音调

Fastl H.: Pitch and pitch strength of peaked ripple noise. In Basic Issues in Hearing, ed. by H. Duifhuis, J. W. Horst, H. P. Wit, 370–379 (Academic, London 1988)

Grubert A.: Tonhöhen harmonischer und inharmonischer komplexer Töne (Pitch of harmonic vs. inharmonic complex tones). In Fortschritte der Akustik DAGA '87, 573–576 (DPG, Bad Honnef 1987)

Stoll G.: Psychoakustische Messungen der Spektraltonhöhenmuster von Vokalen (Psychoacoustic measurements of the spectral pitch pattern for vowels). In Fortschritte der Akustik, DAGA '80, 631–634 (VDE, Berlin 1980)

Stoll G.: Spectral-pitch pattern: A concept representing the tonal features of sounds. In Music, Mind and Brain, ed. by M. Clynes, 271–278 (Plenum, New York 1982)

Stoll G.: Pitch of vowels: Experimental and theoretical investigation of its dependence on vowel quality. Speech Communication 3, 137–150 (1984)

Stoll G.: Pitch shift of pure and complex tones induced by masking noise. J. Acoust. Soc. Am. 77, 188–192 (1985)

Terhardt E.: Frequency analysis und periodicity detection in the sensations of roughness and periodicity pitch. In Frequency Analysis and Periodicity Detection in Hearing, ed. by R. Plomp, G. F. Smoorenburg, 278 – 290 (Sijthoff, Leiden, Netherlands 1970)

Terhardt E.: Die Tonhöhe harmonischer Klänge und das Oktavintervall (The pitch of harmonic complex tones and the octave interval). Acustica 24, 126 – 136 (1971)

Terhardt E.: Pitch shifts of harmonics, an explanation of the octave enlargement phenomenon. In Proc. 7th ICA Budapest, Vol. 3, 621 – 624 (1971)

Terhardt E.: Frequency and time resolution of the ear in pitch perception of complex tones. In Symposium on Hearing Theory, 142 – 153 (IPO, Eindhoven 1972)

Terhardt E.: Zur Tonhöhenwahrnehmung von Klängen. I. Psychoakustische Grundlagen (Pitch of complex tones. I. Psychoacoustic facts). Acustica 26, 173 – 186 (1972)

Terhardt E.: Zur Tonhöhenwahrnehmung von Klängen. II. Ein Funktionsschema (Pitch of complex tones. II. A model). Acustica 26, 187 – 199 (1972)

Terhardt E.: Die Tonhöhenwahrnehmung: Ergebnis eines komplexen Verarbeitungs- und Lernprozesses (Pitch perception: Result of a complex process of learning and processing). Umschau 73, 441 – 442 (1973)

Terhardt E.: Influence of intensity on the pitch of complex tones. Acustica 33, 334 – 348 (1975)

Terhardt E.: Frequenz und Tonhöhe (Frequency and pitch). Instrumentenbau 30, 232 – 235 (1976)

Terhardt E.: Calculating virtual pitch. Hearing Res. 1, 155 – 182 (1979)

Terhardt E.: Evaluation of pitch-related attributes of complex sounds. In Proc. 27th Open Seminar on Acoustics, Warschau, Vol. 3, 141 – 144 (1980)

Terhardt E.: Toward understanding pitch perception: Problems, concepts and solutions. In Psychophysical, Physiological and Behavioural Studies in Hearing, ed. by G. van den Brink, F. A. Bilsen, 353 – 360 (University Press, Delft 1980)

Terhardt E.: Comments on "Noise-induced shifts in the pitch of pure and complex tones" (J. Acoust. Soc. Am. 70, 1661 – 1668 (1981)). J. Acoust. Soc. Am. 73, 1069 – 1070 (1983)

Terhardt E.: Pitch perception and frequency analysis. In Proc. 6th FASE, Sopron, Hungary, ed. by T. Tarnóczy, 221 – 228 (1986)

Terhardt E.: On the role of ambiguity of perceived pitch in music. In Proc. 13th ICA Belgrade, Vol. 3, 35 – 38 (1989)

Terhardt E., A. Grubert: Factors affecting pitch judgments as a function of spectral composition. Perception & Psychophysics 42, 511 – 514 (1987)

Terhardt E., G. Stoll, M. Seewann: Algorithm for extraction of pitch and pitch salience from complex tonal signals. J. Acoust. Soc. Am. 71, 679 – 688 (1982)

Terhardt E., Stoll G., M. Seewann: Pitch of complex signals according to virtualpitch theory: Tests, examples, and predictions. J. Acoust. Soc. Am. 71, 671 – 678 (1982)

Walliser K.: Über die Abhängigkeiten der Tonhöhenempfindung von Sinutönen vom Schallpegel, von überlagertem drosselndem Störschall und von der Darbietungsdauer (On the dependence of the pitch of pure tones on level, partially masking sound and duration). Acustica 21, 211-221 (1969)

Walliser K.: Über ein Funktionsschema für die Bildung der Periodentonhöhe aus dem Schallreiz (On a model for creating virtual pitch from the sound stimulus). Kybernetik 6, 65-72 (1969)

Walliser K.: Zusammenhänge zwischen dem Schallreiz und der Periodentonhöhe (Correlations between sound stimuli and virtual pitch). Acustica 21, 319-329 (1969)

茨维克尔音

Fastl H.: Auditory after-image produced by complex tones with a spectral gap. In Proc. 12th ICA Toronto, Vol. I, B 2-5 (1986)

Fastl H.: Zum Zwicker-Ton bei Linienspektren mit spektralen Lücken (On the Zwicker-tone for line spectra with spectral gaps). Acustica 67, 177-186 (1989)

Fastl H., G. Krump: Pitch of the Zwicker-tone and masking patterns. In Advances in Hearing Research, (G. A. Manley et al. eds.), 457-466 (World Scientific, Singapore 1995)

Fastl H., D. Patsouras: Pure Tone plus Bandlimited Noise as Zwicker-ToneExciter. In Fortschritte der Akustik, DAGA '00, 306-307 (Dt. Gesell. für Akustik e. V., Oldenburg 2000)

Fastl H., D. Patsouras, M. Franosch, L. van Hemmen: Zwicker-tones for pure tone plus bandlimited noise. In Physiological and Psychophysical Bases of Auditory Function, 67-74 (Shaker, Maastricht 2001)

Franosch J.-M. P., R. Kempter, H. Fastl, L. van Hemmen: Zwicker Tone Illusion and Noise Reduction in the Auditory System. Physical Review Letters 90 (17, 178103), 1-4 (2003)

Krump G.: Zum akustischen Nachton bei Linienspektren (On the Zwicker-tone of line spectra). In Fortschritte der Akustik, DAGA '90, 767-770 (DPG, Bad Honnef 1990)

Krump G.: Zum Zwicker-Ton bei unterschiedlichen Konfigurationen der spektralen Lücke (Zwicker-tones for different configurations of the spectral gap). In Fortschritte der Akustik, DAGA '91, 513-516 (DPG, Bad Honnef 1991)

Krump G.: Zum Zwicker-Ton bei Linienspektren unterschiedlicher Phasenlagen (Zwicker-tones produced by line-spectra with different phases). In Fortschritte der Akustik, DAGA '92, 825-828 (DPG, Bad Honnef 1992)

Krump G.: Zum Zwicker-Ton bei zeitlich gepulsten Erzeugerschallen (Zwicker-tones of pulsed sounds). In Fortschritte der Akustik, DAGA '92, 889-892 (DPG, Bad Honnef 1992)

Krump G.: Zum Zwicker-Ton bei unterschiedlicher Bandbreite der Anregung

(Zwicker-tones for exciters of different bandwidth). In Fortschritte der Akustik, DAGA '93, 808 – 811 (DPG, Bad Honnef 1993)

Krump G.: Zum Zwicker-Ton bei binauraler Anregung (On the Zwicker-tone for binaural stimulation). In Fortschritte der Akustik, DAGA '94, 1005 – 1008 (DPG, Bad Honnef 1994)

Krump G.: Zum Zwicker-Ton bei Linienspektren mit spektraler überh öhung (Zwicker-tones for line-spectra with spectral enhancement). In Fortschritte der Akustik, DAGA '94, 1009 – 1012 (DPG, Bad Honnef 1994)

Krump G.: Ein Funktionsschema zur Bestimmung der Tonhöhe des Zwicker Tones (A model for estimating the pitch of Zwicker-tones). In Fortschritte der Akustik, DAGA '95, 943 – 946 (Dt. Gesell. für Akustik e. V., Oldenburg 1995)

Zwicker E.: "Negative afterimage" in hearing. J. Acoust. Soc. Am. 36, 2413 – 2415 (1964)

音调强度

Chalupper J., W. Schmid: Akzentuierung und Ausgeprägtheit von Spektraltonhöhen bei harmonischen Komplexen Tönen (Enhancement and pitch strength of spectral pitches in harmonic complex tones). In Fortschritte der Akustik, DAGA '97, 357 – 358 (Dt. Gesell. für Akustik e. V., Oldenburg 1997)

Fastl H.: Pitch strength and masking patterns of low-pass noise. In Psychophysical, Physiological and Behavioural Studies in Hearing, ed. By G. van den Brink, F. A. Bilsen, 334 – 339 (University Press, Delft 1980)

Fastl H.: Ausgeprägtheit der Tonhöhe pulsmodulierter Breitbandrauschen (Pitch strength of gated broad-band noise). In Fortschritte der Akustik, DAGA '81, 725 – 728 (VDE, Berlin 1981)

Fastl H.: Pitch and pitch strength of peaked ripple noise. In Basic Issues in Hearing, ed. by H. Duifhuis, J. W. Horst, H. P. Wit, 370 – 379 (Academic, London 1988)

Fastl H.: Pitch strength of pure tones. In Proc. 13th ICA Belgrade, Vol. 3, 11 – 14 (1989)

Fastl H.: Pitch strength and frequency discrimination for noise bands or complex tones. In Psychophysical and Physiological Advances in Hearing, (A. Palmer et al. Eds.) (Wharr London 1998)

Fastl H.: Basic hearing sensations. In Auditory Worlds: Sensory Analysis and perception in Animals and Man, 251 – 258 (Wiley-VCH, Weinheim 2000)

Fastl H.: Advanced Procedures for Psychoacoustic Noise Evaluation. In Proc. Euro Noise 2006, CD-ROM (2006)

Fastl H., G. Stoll: Scaling of pitch strength. Hearing Res. 1, 293 – 301 (1979)

Fruhmann M.: On the pitch strength of bandpass noises. In 18. ICA Kyoto, 1791 – 1794 (2004)

Fruhmann M. : On the pitch strength of harmonic complex tones and comb-filter noises. In Fortschritte der Akustik, CFA/DAGA '04, 757 – 758 (Dt. Gesell. für Akustik e. V. , Oldenburg 2004)

Fruhmann M. : Introduction and practical use of an algorithm for the calculation of Pitch Strength. J. Acoust. Soc. Am. 118, 1894 (2005)

Fruhmann M. : Ein Algorithmus zur Beschreibung der Ausgeprägtheit der Tonhöhe in Theorie und Praxis (An algorithm to describe pitch strength in theory and practice). In Fortschritte der Akustik, DAGA '06, 315 – 316 (Dt. Gesell. für Akustik e. V. , Berlin 2006)

Fruhmann M. , H. Fastl: Zur Ausgeprägtheit der Tonhöhe bei Wiederholungsrauschen (On the pitch strength of repeated noise). In Fortschritte der Akustik, DAGA '02, 472 – 473 (Dt. Gesell. für Akustik e. V. , Oldenburg 2002)

Hesse A. : Zur Ausgeprägtheit der Tonhöhe gedrosselter Sinustöne (Pitch strength of partially masked pure tones). In Fortschritte der Akustik, DAGA '85, 535 – 538 (DPG, Bad Honnef 1985)

Huth Ch. , W. Schmid: Zur Ausgeprägtheit der Tonhöhe von Tönen mit und ohne Vibrato (Pitch strength of musical tones with and without vibrato). In Fortschritte der Akustik DAGA '98, 448 – 449 (Dt. Gesell. für Akustik e. V. , Oldenburg 1998)

Schmid W. : Zur Tonhöhe inharmonischer Komplexer Töne (On the pitch of inharmonic complex tones). In Fortschritte der Akustik, DAGA '94, 1025 – 1028 (DPG, Bad Honnef 1994)

Schmid W. : Zur Ausgeprägtheit der Tonhöhe gedrosselter und amplitudenmodulierter Sinustöne (On the pitch strength of partially masked amplitude modulated pure tones). In Fortschritte der Akustik, DAGA '97, 355 – 356 (Dt. Gesell. für Akustik e. V. , Oldenburg 1997)

Schmid W. : Zur Ausgeprägtheit der Tonhöhe von Rauschen mit zeitvarianter Bandbegrenzung (On the pitch strength of noise with temporally varying cut-off frequency). In Fortschritte der Akustik DAGA '98, 470 – 471 (Dt. Gesell. für Akustik e. V. , Oldenburg 1998)

Schmid W. , J. Chalupper: Spektraltonhöhen Komplexer Töne: Psychoakustische Experimente und Berechnung der Ausgeprägtheit der Tonhöhe (Spectral pitches of complex tones: Psychoacoustic experiments and calculation of pitch strength). In Fortschritte der Akustik DAGA '98, 480 – 481 (Dt. Gesell. für Akustik e. V. , Oldenburg 1998)

Schmidt M. , H. Fastl, E. Hafter: Detektion und Ausgeprägtheit der Tonhöhe bei Impulsfolgen (Detection and pitch strength of pulses). In Fortschritte der Akustik, DAGA '95, 903 – 906 (Dt. Gesell. für Akustik e. V. , Oldenburg 1995)

Wiegrebe L. , H. S. Hirsch, R. D. Patterson, H. Fastl: Temporal Dynamics of Pitch Strength in Regular Interval Noises: Effects of listening region and an auditory model. J. Acoust. Soc. Am. 107, 3343 – 3350 (2000)

Wiesmann N., H. Fastl: Ausgeprägtheit der Tonhöhe und Frequenzunter-schiedsschwellen von Bandpass-Rauschen (Pitch strength and frequency discrimination for bandpassnoise). In Fortschritte der Akustik, DAGA '91, 505 – 508 (DPG, Bad Honnef 1991)

Wiesmann N., H. Fastl: Ausgeprägtheit der virtuellen Tonhöhe und Frequenz-unterschiedsschwellen von harmonischen komplexen Tönen (Pitch strength and frequency discrimination of harmonic complex tones). In Fortschritte der Akustik, DAGA '92, 841 – 844 (DPG, Bad Honnef 1992)

第 6 章 临界带与兴奋

Bauch H.: Die Bedeutung der Frequenzgruppe für die Lautheit von Klängen (The relevance of critical bands for the loudness of complex tones). Acustica 6, 40 – 45 (1956)

Fastl H., E. Schorer: Critical bandwidth at low frequencies reconsidered. In Auditory Frequency Selectivity, ed. by B. C. J. Moore, R. D. Patterson, 311 – 318 (Plenum, New York 1986)

Feldtkeller R.: Über die Zerlegung des Schallspektrums in Frequenzgruppen durch das Gehör (Division of the sound spectrum in critical bands). Elektron. Rundschau 9, 387 – 389 (1955)

Gässler G.: Über die Hörschwelle für Schallereignisse mit verschieden breitem Frequenzspektrum (On the threshold in quiet of sounds with frequency spectra of different width). Acustica 4, 408 – 414 (1954)

Maiwald D.: Beziehungen zwischen Schallspektrum, Mithörschwelle und der Erregung des Gehörs (Relations between sound spectrum, masked threshold and excitation of the hearing system). Acustica 18, 69 – 80 (1967)

Oetinger W.: Die Erregung des Gehörs durch Dauergeräusche und durch kurze Impulse (The excitation of the hearing system by continuous sounds and short impulses). NTZ 12, 391 – 399 (1959)

Scholl H.: Das dynamische Verhalten des Gehörs bei der Unterteilung des Schallspektrums in Frequenzgruppen (The dynamic performance of the hearing system when separating the sound spectrum into critical bands). Acustica 12, 101 – 107 (1962)

Scholl H.: Verdeckung von Tönen durch pulsierende Geräusche (Masking of tones by pulsating noises). In Proc. 4th ICA Kopenhagen, H 56 (1962)

Schorer E.: Phasengrenzfrequenz und Frequenzgruppenbreite (Critical modulation frequency and bandwidth of the critical band). In Fortschritte der Akustik, DAGA '85, 507 – 510 (DPG, Bad Honnef 1985) Schorer E.: Critical modulation frequency based on detection of AM versus FM tones. J. Acoust. Soc. Am. 79, 1054 – 1057 (1986)

Schorer E.: Zum Einfluß der Kopfhörerentzerrung bei der Messung der Frequenzgruppenbreite des Gehörs (Influence of headphone equalization on measurements of the width of the critical band). In Fortschritte der Akustik, DAGA '86, 437 – 440 (DPG, Bad Honnef 1986)

Zwicker E.: Die Verdeckung von Schmalbandgeräuschen durch Sinustöne (Masking of narrow-band noise by pure tones). Acustica 4, 415-420 (1954)

Zwicker E.: Uber die Rolle der Frequenzgruppe beim Hören (On the role of the critical band in hearing). Erg. Biol. 23, 187-203 (1960)

Zwicker E.: Zur Unterteilung des hörbaren Frequenzbereichs in Frequenzgruppen (Division of the audible frequency range in critical bands). Acustica 10, 185 (1960)

Zwicker E.: Subdivision of the audible frequency range into critical bands (Frequenzgruppen). J. Acoust. Soc. Am. 33, 248 (1961)

Zwicker E.: Masking and psychological excitation as consequences of the ear's frequency analysis. In Frequency Analysis and Periodicity Detection in Hearing, ed. by R. Plomp, G. F. Smoorenburg, 376-396 (Sijthoff, Leiden, Netherlands 1970)

Zwicker E.: Introduction to round-table-discussion on "critical bands". In Proc. 7th ICA Budapest, Vol. 3, 189-192 (1971)

Zwicker E.: Zusammenhänge zwischen neueren Ergebnissen der Psychoakustik (Relations between new results in psychoacoustics). In Akustik und Schwingungstechnik, 9-21 (VDI, Düsseldorf 1971)

Zwicker E.: Temporal effects in psychoacoustical excitation. In Basic Mechanisms in Hearing, ed. by A. Möller, 809-827 (Academic, New York 1973)

Zwicker E.: Loudness and excitation patterns of strongly frequency modulated tones. In Sensation and Measurement (papers in honor of S. S. Stevens), 325-335 (Reidel, Dordrecht 1974)

Zwicker E.: Mithörschwellen und Erregungsmuster stark frequenzmodulierter Töne (Masking patterns and excitation patterns of strongly frequency modulated tones). Acustica 31, 243-256 (1974)

Zwicker E.: über die Phasenbeziehungen zwischen Schalldruck und Erre-gung (On the phaserelation between sound pressure and excitation). In Fortschritte der Akustik, DAGA '76, 605-608 (VDI, Düsseldorf 1976)

Zwicker E.: Recent developments in psychoacoustics. In Proc. 9th ICA Madrid, Invited lectures, 43-53 (1977)

Zwicker E., H. Fastl: On the development of the critical band. J. Acoust. Soc. Am. 52, 699-702 (1972)

Zwicker E., G. Flottorp, S. S. Stevens: Critical band width in loudness summation. J. Acoust. Soc. Am. 29, 548-557 (1957)

Zwicker E., A. Scherer: Zur Verdeckung von Dauertönen durch rechteckförmig moduliertes Breitbandrauschen (Masking of continuous tones by rectangularly gated broad-band noise). Acustica 52, 115-117 (1983)

Zwicker E., E. Terhardt: Analytical expressions for critical-band rate and critical bandwidth as a function of frequency. J. Acoust. Soc. Am. 68, 1523-1525 (1980)

第 7 章 最小可觉声音变化

Fastl H.: Frequency discrimination for pulsed versus modulated tones. J. Acoust. Soc. Am. 63, 275 – 277 (1978)

Fastl H., A. Hesse: Frequency discrimination for pure tones at short durations. Acustica 56, 41 – 47 (1984)

Feldtkeller R.: Welche Tonhöhenunterschiede kann unser Ohr noch wahrnehmen? (Which pitch differencies can be perceived by our hearing system?) Umschau 61, 518 – 521 (1961)

Feldtkeller R., E. Zwicker: Die Größe der Elementarstufen der Tonhöhenempfindung und der Lautstärkeempfindung (The magnitude of the steps in pitch sensation and loudness sensation). Acustica 3, 97 – 100 (1953)

Maiwald D.: Die Berechnung von Modulationsschwellen mit Hilfe eines Funktionsschemas (The calculation of modulation thresholds with a model). Acustica 18, 193 – 207 (1967)

Maiwald D.: Ein Funktionsschema des Gehörs zur Beschreibung der Erkennbarkeit kleiner Frequenz-und Amplitudenänderungen (A model for the description of the perception of small frequency and amplitude variations). Acustica 18, 81 – 92 (1967)

Oetinger R.: Die Grenzen der Hörbarkeit von Frequenz-und Tonzahländerungen bei Tonimpulsen (The limits of the audibility of frequency variations for tone bursts). Acustica 9, 430 – 434 (1959)

Schorer E.: Frequenz-Diskrimination bei Sinustönen und bandbegrenzten Rauschen (Frequency discrimination for pure tones and band limited noise). In Fortschritte der Akustik, DAGA '88, 617 – 620 (DPG, Bad Honnef 1988)

Schorer E.: Ein Funktionsschema eben wahrnehmbarer Frequenz-und Amplitudenänderungen (A model of just-noticeable frequency-and amplitude changes). Acustica 68, 268 – 287 (1989)

Schorer E.: Vergleich eben erkennbarer Unterschiede und Variationen der Frequenz und Amplitude von Schallen (Comparison of just-noticeable differences and variations in frequency and amplitude of sounds). Acustica 68, 183 – 199 (1989)

Walliser K.: Zur Unterschiedsschwelle der Periodentonhöhe (On the JND of virtual pitch). Acustica 21, 329 – 336 (1969)

Zwicker E.: Die Grenzen der Hörbarkeit der Amplitudenmodulation und der Frequenzmodulation eines Tones (The limits of audibility for amplitude modulation and frequency modulation of a pure tone). Acustica, Akust. Beihefte AB125 – AB133 (1952)

Zwicker E.: Die Veränderung der Modulationsschwellen durch verdeckende Töne und Geräusche (Change of modulation thresholds by masking tones and noises). Acustica 3, 274 – 278 (1953)

Zwicker E.: über die Hörbarkeit nicht sinusförmiger Tonhöhenschwankungen (On the detectibility of nonsinusoidal pitch variations). Funk und Ton 7, 342 – 346 (1953)

Zwicker E.: Die elementaren Grundlagen zur Bestimmung der Informationskapazität des Gehörs (The foundations for the determination of the information capacity of the hearing system). Acustica 6, 365 – 381 (1956)

Zwicker E.: Direct comparisons between the sensations produced by frequency modulation and amplitude modulation. J. Acoust. Soc. Am. 34, 1425 – 1430 (1962)

Zwicker E., L. Graf: Modulationsschwellen bei Verdeckung (Modulation thresholds for partial masking). Acustica 64, 148 – 154 (1987)

Zwicker E., W. Kaiser: Der Verlauf der Modulationsschwellen in der Hörfläche (Modulation thresholds and hearing area). Acustica, Akust. Beihefte AB 239 – 246 (1952)

最小可觉声音差

Fastl H.: Frequency discrimination for pulsed versus modulated tones. J. Acoust. Soc. Am. 63, 275 – 277 (1978)

Fastl H., A. Hesse: Frequency discrimination for pure tones at short durations. Acustica 56, 41 – 47 (1984)

Fastl H., M. Weinberger: Frequency discrimination for pure and complex tones. Acustica 49, 77 – 78 (1981)

Fleischer H.: Gerade wahrnehmbare Phasenänderungen bei Drei-Ton-Komplexen (Just audible phase variations for three-tone-complexes). Acustica 32, 44 – 50 (1975)

Fleischer H.: Hörbarkeitsgrenzen für Phasenänderungen bei Drei-Ton-Komplexen (Limits of audibility for phase variations with three-tone-complexes). In Fortschritte der Akustik, DAGA '75, 319 – 322 (Physik, Weinheim 1975)

Fleischer H.: Hörbarkeit von Phasenunterschieden bei verschiedenen Arten der Schalldarbietung (Audibility of phase differences for different kinds of sound presentation). Acustica 36, 90 – 99 (1976)

Fleischer H.: Schema zur Berechnung der Hörbarkeitsschwellen von Phasenunterschieden (Model for the calculation of the audibility of differences in phase). Biol. Cybernetics 23, 161 – 170 (1976)

Fleischer H.: Subjektive Bewertung von Unterschieden in den Phasenspektren stationärer Klänge (Subjective evaluation of differences in the phase spectra of stationary sounds). In Fortschritte der Akustik, DAGA '76, 581 – 584 (VDI, Düsseldorf 1976)

Fleischer H.: über die Wahrnehmbarkeit von Phasenänderungen (On the audibility of phase variations). Acustica 35, 202 – 209 (1976)

Fleischer H.: Über die Größe der durch Phasenänderungen hervorgerufenen Empfindungsänderungen (On the magnitude of the variation in hearing sensation produced by phase variations). Acustica 37, 83 – 93 (1977)

Schorer E.: Frequenz-Diskrimination bei Sinustönen und bandbegrenzten Rauschen (Frequency discrimination for pure tones and band limited noise). In Fortschritte der Akustik, DAGA '88, 617 – 620 (DPG, Bad Honnef 1988)

Schorer E.: Ein Funktionsschema eben wahrnehmbarer Frequenz-und Amplitudenänderungen (A model of just-noticeable frequency-and amplitude changes). Acustica 68, 268 – 287 (1989)

Suchowerskyj W.: Zur subjektiven Bewertung zeitlich variabler Schallparameter (Subjective evaluation of temporally variable sound parameters). In Fortschritte der Akustik, DAGA '75, 315 – 318 (Physik, Weinheim 1975)

Suchowerskyj W.: Beurteilung kontinuierlicher Schalländerungen (Evaluation of continuous sound variations). Acustica 38, 140 – 147 (1977)

Suchowerskyj W.: Beurteilung von Unterschieden zwischen aufeinanderfolgenden Schallen (Evaluation of differences for consecutive sounds). Acustica 38, 131 – 139 (1977)

Suchowerskyj W.: Funktionsschema zur Beschreibung der subjektiven Bewertung von Schalländerungen ((Model for the description of the subjective evaluation of sound variations). Biol. Cybernetics 26, 169 – 174 (1977)

Terhardt E.: Über ein Äquivalenzgesetz für Intervalle akustischer Empfindungsgrößen (On a law of equivalence for intervals of hearing sensations). Kybernetik 5, 127 – 133 (1968)

第8章 响度

Deuter K.: Gedrosselte Lautheit bei tiefen, mittleren und hohen Frequenzen (Partial masked loudness at low, medium and high frequencies). In Fortschritte der Akustik, DAGA '88, 577 – 580 (DPG, Bad Honnef 1988)

Fastl H.: Lautstärkeunterschiede von Schallen mit Bandbreiten innerhalb einer Frequenzgruppe (Loudness differences of sounds with bandwidths within a critical band). In Proc. F. A. S. E. 75, Koll. 1, 165 – 173 (1975)

Fastl H.: Methodenvergleich zur Lautheitsbeurteilung (Comparison of methods for evaluating loudness). In Akustik zwischen Physik und Psychologie, ed. by A. Schick, 103 – 109 (Klett-Cotta, Stuttgart 1981)

Fastl H., E. Zwicker: Lautstärkepegel bei 400 Hz: Psychoakustische Messung und Berechnung nach ISO 532 B (Loudness level at 400 Hz: psychoacoustic measurements and calculations according to ISO 532 B). In Fortschritte der Akustik, DAGA '87, 189 – 192 (DPG, Bad Honnef 1987)

Fastl H., S. Namba, S. Kuwano: Cross-cultural investigations of loudness evaluation for noises. In Contributions to Psychological Acoustics, ed. By A. Schick et al., 354 – 369 (Kohlrenken, Oldenburg 1986)

Fastl H., A. Jaroszewski, E. Schorer, E. Zwicker: Equal loudness contours between 100 and 1000 Hz for 30, 50, and 70 phon. Acustica 70, 197 – 201 (1990)

Fastl H., W. Schmid, G. Theile, E. Zwicker: Schallpegel im Gehörgang für gleichlaute Schalle aus Kopfhörern oder Lautsprechern (Sound level in the ear canal for equally loud sounds from headphones versus loudspeakers). In Fortschritte der Akustik, DAGA '85,

471 – 474 (DPG, Bad Honnef 1985)

Feldtkeller R.: Lautheit und Tonheit (Loudness and ratio pitch). Frequenz 17, 207 – 212 (1963)

Feldtkeller R., E. Zwicker, E. Port: Lautstärke, Verhältnislautheit und Summenlautheit (Loudness, ratio loudness and summating loudness). Frequenz 13, 108 – 117 (1959)

Gleiss N., E. Zwicker: Loudness function in the presence of masking noise. J. Acoust. Soc. Am. 36, 393 – 394 (1964)

Hellman R. P., E. Zwicker: Overall loudness of tone-noise complexes: measured and calculated. J. Acoust. Soc. Am. 82, S 25 (1987)

Hellman R. P., E. Zwicker: Measured and calculated loudness of complex sounds. In Proc. Inter-Noise '87, Vol. II, 973 – 976 (1987)

Hellman R. P., E. Zwicker: Loudness of two-tone-noise complexes. In Proc. Inter-Noise '89, Vol. II, 827 – 832 (1989)

Scharf B.: Partial masking. Acustica 14, 16 – 23 (1964)

Zwicker E.: Über psychologische und methodische Grundlagen der Lautheit(Psychological and methodical basis of loudness). Acustica 8, 237 – 258 (1958)

Zwicker E.: Ein graphisches Verfahren zur Bestimmung der Lautstärke und der Lautheit aus dem Terzpegeldiagramm (A graphic procedure for the determination of loudness level and loudness form 1/3 octave band spectra). Frequenz 13, 234 – 238 (1959)

Zwicker E.: Lautstärke und Lautheit (Loudness level and loudness). In Proc. 3rd ICA Stuttgart, 63 – 78 (1959)

Zwicker E.: Ein Verfahren zur Berechnung der Lautstärke (A procedure for calculating loudness). Acustica 10, 304 – 308 (1960)

Zwicker E.: Der gegenwärtige Stand der objektiven Lautstärkemessung, Teil I und Teil II (The present state of the art in objective measurements of loudness, Part I and Part II). ATM, V55 – 6, V55 – 7 (1961)

Zwicker E.: über die Lautheit von ungedrosselten und gedrosselten Schallen(On the loudness of unmasked and partially masked sounds). Acustica 13, 194 – 211 (1963)

Zwicker E., R. Feldtkeller: Über die Lautstärke von gleichförmigen Geräuschen (On the loudness of continuous noises). Acustica 5, 303 – 316 (1955)

Zwicker E., B. Scharf: A model of loudness summation. Psych. Rev. 72, 3 – 26 (1965)

Zwicker E., Y. Yamada: Lautstärke von Tonkomplexen in Abhängigkeit von der Bandbreite, vom Schallpegel und von zugefügtem Breitbandrauschen(Loudness of complex tones as a function of bandwidth, sound level, and added broad band noise). Acustica 53, 26 – 30 (1983)

响度、时间效应

Bauch H.: Über die Sonderstellung periodischer kurzer Druckimpulse bei der

Empfindung der Lautstärke (On the special features of periodic short pressure impulses with respect to the sensation of loudness). Acustica 6, 494 – 511 (1956)

Chalupper J. , H. Fastl: Dynamic loudness model (DLM) for normal and hearing impaired listeners. ACUSTICA/acta acustica 88, 378 – 386 (2002)

Fastl H. : Loudness and masking patterns of narrow noise bands. Acustica 33, 266 – 271 (1975)

Fastl H. : Schallpegel und Lautstärke von Sprache (Sound level and loudness of speech). Acustica 35, 341 – 345 (1976)

Fastl H. : Loudness of running speech. J. Audiol. Technique 16, 2 – 13 (1977)

Fastl H. : Average loudness of road traffic noise. In Proc. Inter-Noise '89, Vol. II, 815 – 820 (1989)

Fastl H. : Beurteilung und Messung der wahrgenommenen äquivalenten Dauerlautheit (Evaluation and measurement of perceived average loudness). In Contributions to Psychological Acoustics V, ed. by A. Schick et al. (BIS Uni Oldenburg 1990)

Fastl H. : Masking effects and loudness evaluation. In Recent Trends in Hearing Research (H. Fastl et al. Eds.) Bibliotheks-und Informationssystem der Carl von Ossietzky Universität Oldenburg, Oldenburg, 29 – 50 (1996)

Feldtkeller R. : Die Kurven konstanter Lautstärke für Dauertöne und für einzelne Druckimpulse (Equal loudness contours for steady-state tones and single pressure impulses). Frequenz 10, 356 – 358 (1956)

Henning G. B. , E. Zwicker: The effect of low-frequency masker on loudness. Submitted to Hearing Research

Kuwano S. , H. Fastl: Loudness evaluation of various kinds of non-steady-state sound using the method of continuous judgement by category. In Proc. 13th ICA Belgrade, Vol. 1, 365 – 368 (1989)

Namba S. , S. Kuwano, H. Fastl: On the loudness of impulsive noise and road traffic noise – a comparison between Japanese and German subjects. In Transactions of the Committee on Noise, N 85 – 01-02, The Acoust. Soc. Jpn. (1985)

Namba S. , S. Kuwano, H. Fastl: Loudness of road traffic noise using the method of continuous judgement by category. In Noise as a Public Health Problem, 241 – 246 (Swedish Council for Building Res. , Stockholm 1988)

Oetinger R. , E. Port: Ein Verfahren zur Berechnung der Lautstärke von Druckimpulsen (A procedure for calculating the loudness of pressure impulses). In Proc. 3rd ICA Stuttgart, 125 – 128 (1959)

Port E. : Die Lautstärke von Tonimpulsen verschiedener Dauer (The loudness of tone impulses of different duration). Frequenz 13, 242 – 245 (1959)

Port E. : Zur Lautstärke einzelner Rauschimpulse (On the loudness of single noise bursts). In Proc. 4th ICA Kopenhagen, H 45 (1962)

Port E. :Über die Lautstärke einzelner kurzer Schallimpulse (On the loudness of single short sound bursts). Acustica 13, 212 – 223 (1963)

Port E.: Zur Lautstärkeempfindung und Lautstärkemessung von pulsierenden Geräuschen (On the loudness perception and the loudness measurement of pulsating noises). Acustica 13, 224 – 233 (1963)

Port E.: Die Lautstärke pulsierender Geräusche im diffusen Schallfeld eines Hallraumes (The loudness of pulsating noises in the diffuse sound field of a reverberation room). Acustica 14, 167 – 173 (1964)

Vogel A.: Ein gemeinsames Funktionsschema zur Beschreibung der Lautheit und der Rauhigkeit (A common model for the description of loudness and roughness). Biol. Cybernetics 18, 31 – 40 (1975)

Zwicker E.: Temporal effects in simultaneous masking and loudness. J. Acoust. Soc. Am. 38, 132 – 141 (1965)

Zwicker E.: Über die Dynamik der Lautheit (On the dynamics of loudness). In Proc. 5th ICA Liege, B 24 (1965)

Zwicker E.: Ein Beitrag zur Lautstärkemessung impulshaltiger Schalle (A contribution to the measurement of loudness of impulsive sounds). Acustica 17, 11 – 22 (1966)

Zwicker E.: A model describing temporal effects in loudness and threshold. In Proc. 6th ICA Tokyo, A-3 – 4 (1968)

Zwicker E.: Der Einfluß der zeitlichen Struktur von Tönen auf die Addition von Teillautheiten (The influence of the time structure of sounds on the addition of partial loudnesses). Acustica 21, 16 – 25 (1969)

Zwicker E.: Procedure for calculating loudness of temporally variable sounds. J. Acoust. Soc. Am. 62, 675 – 682 (1977). Erratum: J. Acoust. Soc. Am. 63, 283 (1978)

第 9 章 尖锐度和感知愉悦度

Aures W.: Wohlklangsbeurteilung von Kirchenglocken (Evaluation of sensory pleasantness of church bells). In Fortschritte der Akustik, DAGA '81, 733 – 736 (VDE, Berlin 1981)

Aures W.: Der Wohlklang: Eine Funktion der Schärfe, Rauhigkeit und Klanghaftigkeit (Sensory pleasantness: a function of sharpness, roughness andtonality). In Fortschritte der Akustik, DAGA '84, 735 – 738 (DPG, Bad Honnef 1984)

Aures W.: Berechnungsverfahren für den sensorischen Wohlklang beliebiger Schallsignale (A procedure for calculating sensory pleasantness of various sounds). Acustica 59, 130 – 141 (1985)

Aures W.: Der sensorische Wohlklang als Funktion psychoakustischer Empfindungsgrößen (Sensory pleasantness as a function of psychoacoustic sensations). Acustica 58, 282 – 290 (1985)

Benedini K.: Vokalähnlichkeit schmalbandiger Klänge (Similarity of narrow-band sounds to vowels). In Fortschritte der Akustik, DAGA '78, 535 – 538 (VDE, Berlin 1978)

Benedini K.: Ein Funktionsschema zur Beschreibung von Klangfarbenunter-schieden (A model describing differences in timbre). Biol. Cybernetics 34, 111 – 117 (1979)

Benedini K.: Klangfarbenunterschiede zwischen tiefpaßgefilterten harmonischen Klängen (differences in timbre for low-pass filtered harmonic sounds). Acustica 44, 129 – 134 (1980)

Benedini K.: Messung der Klangfarbenunterschiede zwischen schmalbandigen harmonischen Klängen (Evaluation of timbre differences for narrow-band harmonic complex tones). Acustica 44, 188 – 193 (1980)

v. Bismarck G.: Psychometrische Untersuchungen der Klangfarbe stationärer Schalle (Psychometric investigations of timbre of steady-state sounds). In Akustik und Schwingungstechnik, 371 – 375 (VDI, Düsseldorf 1971)

v. Bismarck G.: Timbre of steady sounds: Scaling of sharpness. In Proc. 7th ICA, Budapest, Vol. 3, 637 – 640 (1971)

v. Bismarck G.: Vorschlag für ein einfaches Verfahren zur Klassifikation stationärer Sprachschalle (A proposal for a simple procedure for classification of stationary speech sounds). Acustica 28, 186 – 188 (1973)

v. Bismarck G.: Sharpness as an attribute of the timbre of steady sounds. Acustica 30, 159 – 172 (1974)

v. Bismarck G.: Timbre of steady sounds: a factorial investigation of its verbal attributes. Acustica 30, 146 – 159 (1974)

Terhardt E., G. Stoll: Bewertung des Wohlklangs verschiedener Schalle ((Evaluation of sensory pleasantness of different sounds). In Fortschritte der Akustik, DAGA '78, 583 – 586 (VDE, Berlin 1978)

Terhardt E., G. Stoll: Skalierung des Wohlklangs (der sensorischen Konsonanz) von 17 Umweltschallen und Untersuchung der beteiligten Hörparameter (Scaling the sensory pleasantness of 17 environmental sounds and investigation of correlated hearing sensations). Acustica 48, 247 – 253 (1981)

第 10 章 波动强度

Fastl H.: Fluctuation strength and temporal masking patterns of amplitude-modulated broad-band noise. Hearing Res. 8, 59 – 69 (1982)

Fastl H.: Fluctuation strength of FM-tones. In Proc. 11th ICA Paris, Vol. 3, 123 – 126 (1983)

Fastl H.: Fluctuation strength of modulated tones and broad-band noise. In Hearing – Physiological Bases and Psychophysics, ed. by R. Klinke, R. Hartmann, 282 – 288 (Springer, Berlin, Heidelberg 1983)

Fastl H.: Schwankungsstärke und zeitliche Hüllkurve von Sprache und Musik (Fluctuation strength and temporal envelope of speech and music). In Fortschritte der Akustik, DAGA '84, 739 – 742 (DPG, Bad Honnef 1984)

Fastl H. : Fluctuation strength of narrow band noise. In Auditory Physiology and Perception, Advances in the Biosciences, Pergamon Press Oxford, 83, 331 – 336 (1992)

Fastl H. : Basic hearing sensations. In Auditory Worlds: Sensory Analysis and Perception in Animals and Man, 251 – 258 (Wiley-VCH, Weinheim 2000)

Fastl H., A. Hesse, E. Schorer, J. Urbas, P. Müller-Preuss: Searching for neural correlates of the hearing sensation fluctuation strength in the auditory cortex of squirrel monkeys. Hearing Res. 23, 199 – 203 (1986)

Fastl H., U. Widmann, P. Müller-Preuss: Correlations between hearing and vocal activity in squirrel monkey. Acustica 73, 35 – 36 (1991)

Schöne P. : Vergleich dreier Funktionsschemata der akustischen Schwankungsstärke (Comparison between three different models of the fluctuation strength). Biol. Cybernetics 29, 57 – 62 (1978)

Schöne P. : Messungen zur Schwankungsstärke von amplitudenmodulierten Sinustönen (Measurement of fluctuation strength of amplitude-modulated sinusoidal tones). Acustica 41, 252 – 257 (1979)

Terhardt E. : über akustische Rauhigkeit und Schwankungsstärke (On theacoustic roughness and fluctuation strength). Acustica 20, 215 – 224 (1968)

Terhardt E. : Schallfluktuationen und Rauhigkeitsempfinden (Sound fluctuations and the sensation of roughness). In Akustik und Schwingungstechnik, 367 – 370 (VDI, Düsseldorf 1971)

第 11 章 粗糙度

Aures W. : Psychoakustische Untersuchungen der durch Rauschen verschiedener Bandbreiten hervorgerufenen Rauhigkeitswahrnehmung (Psychoacoustic investigations of the sensation of roughness produced by noises with different bandwidth). In Fortschritte der Akustik, DAGA '80, 623 – 626 (VDE, Berlin 1980)

Aures W. : Ein Berechnungsverfahren der Rauhigkeit (A procedure for calculating roughness). Acustica 58, 268 – 281 (1985)

Fastl H. : Rauhigkeit und Mithörschwellen-Zeitmuster sinusförmig amplitudenmodulierter Breitbandrauschen (Roughness and masked threshold time pattern of sinusoidally amplitude-modulated broad-band noise). In Fortschritte der Akustik, DAGA '76, 601 – 604 (VDI, Düsseldorf 1976)

Fastl H. : Roughness and temporal masking patterns of sinusoidally amplitude-modulated broad-band noise. In Psychophysics and Physiology of Hearing, ed. by E. F. Evans, J. P. Wilson, 403 – 414 (Academic, London 1977)

Fastl H. : The hearing sensation roughness and neuronal responses to AM tones. Hearing Res. 46, 293 – 295 (1990)

Kemp S. : Roughness of frequency-modulated tones. Acustica 50, 126 – 133 (1982)

Müller-Preuss P., A. Bieser, A. Preuss, H. Fastl: Neural processing of AM sounds within central auditory pathway. In Auditory pathway, ed. By J. Syka, B. Masterton, 327 – 331 (Plenum, New York 1988)

Terhardt E.: über akustische Rauhigkeit und Schwankungsstärke (On theacoustic roughness and fluctuation strength). Acustica 20, 215 – 224 (1968)

Terhardt E.: über die durch amplitudenmodulierte Sinustöne hervorgerufene Hörempfindung (On hearing sensations produced by amplitude-modulated sinusoidal tones). Acustica 20, 210 – 214 (1968)

Terhardt E.: Frequency analysis and periodicity detection in the sensations of roughness and periodicity pitch. In Frequency Analysis and Periodicity Detection in Hearing, ed. by R. Plomp, G. F. Smoorenburg, 278 – 290 (Sijthoff, Leiden 1970)

Terhardt E.: On the perception of periodic sound fluctuations (roughness). Acustica 30, 201 – 213 (1974)

Vogel A.: Roughness and its relation to the time-pattern of psychoacoustical excitation. In Facts and Models in Hearing, ed. by E. Zwicker, E. Terhardt, 241 – 250 (Springer, Berlin, Heidelberg 1974)

Vogel A.: Ein gemeinsames Funktionsschema zur Beschreibung der Lautheit und der Rauhigkeit (A common model for describing loudness and roughness). Biol. Cybernetics 18, 31 – 40 (1975)

Vogel A.: über den Zusammenhang zwischen Rauhigkeit und Modulations-grad (On the relation between roughness und degree of amplitude modulation). Acustica 32, 300 – 306 (1975)

Widmann U., H. Fastl: Calculating roughness using time-varying specific loudness spectra. In Proc. Sound Quality Symposium, Ypsilanti Michigan USA, Ed. by P. Davies, G. Ebbitt, 55 – 60 (1998)

第12章 主观时程

Burghardt H.: Subjective duration of sinusoidal tones. In Proc. 7th ICA, Budapest, Vol. 3, 353 – 356 (1971)

Burghardt H.: Einfaches Funktionsschema zur Beschreibung der subjektiven Dauer von Schallimpulsen und Schallpausen (A simple model for describing subjective duration of sound bursts and sound pauses). Kybernetik 12, 21 – 29 (1972)

Burghardt H.: Die subjektive Dauer schmalbandiger Schalle bei verschiedenen Frequenzlagen (Subjective duration of narrow-band sounds at different frequency regions). Acustica 28, 278 – 284 (1973)

Burghardt H.: über die subjektive Dauer von Schallimpulsen und Schall-pausen (On the subjective duration of sound bursts and sound pauses). Acustica 28, 284 – 290 (1973)

Fastl H.: Mithörschwelle und Subjektive Dauer (Masked threshold and subjective duration). Acustica 32, 288 – 290 (1975)

Fastl H.: Mithörschwellen-Zeitmuster und Subjektive Dauer bei Sinustönen (Masked threshold time pattern and subjective duration for sinusoidal tones). In Fortschritte der Akustik, DAGA '75, 327 – 330 (Physik, Weinheim 1975)

Fastl H.: Subjective duration and temporal masking patterns of broad-band noise impulses. J. Acoust. Soc. Am. 61, 162 – 168 (1977)

Fastl H., R. Büeler, M. Fruhmann: Different implementations of a model for subjective duration. In Fortschritte der Akustik, DAGA '02, 470 – 471 (Dt. Gesell. für Akustik e. V., Oldenburg 2002)

Zwicker E.: Subjektive und objektive Dauer von Schallimpulsen und Schallpausen (Subjective and objective duration of sound bursts and sound pauses). Acustica 22, 214 – 218 (1970)

第13章 节奏

Heinbach W.: Rhythmus von Sprache: Untersuchung methodischer Einflüsse (Rhythm in speech: Investigation of methodic influences). In Fortschritte der Akustik, DAGA '85, 567 – 570 (DPG, Bad Honnef 1985)

Köhlmann M.: Rhythmische Segmentierung von Sprach-und Musiksignalen und ihre Nachbildung mit einem Funktionsschema (Rhythmic segmentation of speech and music signals and their simulation in a model). Acustica 56, 193 – 204 (1984)

Schütte H.: Wahrnehmung von subjektiv gleichmäßigem Rhythmus bei Impulsfolgen (Perception of subjectively uniform rhythm for sequences of sound bursts). In Fortschritte der Akustik, DAGA '76, 597 – 600 (VDI, Düsseldorf 1976)

Schütte H.: Ein Funktionsschema für die Wahrnehmung eines gleichmäßigen Rhythmusses in Schallimpulsfolgen (A model for the perception of uniform rhythm procuded by sequences of sound bursts). Biol. Cybernetics 29, 49 – 55 (1978)

Schütte H.: Subjektiv gleichmäßiger Rhythmus: Ein Beitrag zur zeitlichen Wahrnehmung von Schallereignissen (Subjectively uniform rhythm: A contribution to temporal perception of sound events). Acustica 41, 197 – 206 (1978)

Terhardt E., W. Aures: Wahrnehmbarkeit der periodiscben Wiederholung von Rauschsignalen (The audibility of periodic repetitions of noise signals). In Fortschritte der Akustik, DAGA '84, 769 – 772 (DPG, Bad Honnef 1984)

Terhardt E., H. Schütte: Akustische Rhythmus-Wahrnehmung: Subjektive Gleichmäßigkeit (Hearing sensation of rhythm: Subjective uniformity). Acustica 35, 122 – 126 (1976)

第14章 耳朵自身的非线性畸变

Feldtkeller R.: Die Hörbarkeit nichtlinearer Verzerrungen bei der übertragung musikalischer Zweiklänge (The audibility of nonlinear distortions for transmitting musical two-component sounds). Acustica, Akust. Beihefte AB 117 – AB 124 (1952)

Helle R.: Amplitude und Phase des im Gehör gebildeten Differenztones dritter Ordnung

(Amplitude and phase of the third order difference tone produced in the ear). Acustica 22, 74 – 87 (1969)

Humes L. E.: An excitation-pattern algorithm for the estimation of $(2f_2-f_1)$-*and* (f_2-f_1)-cancellation level and phase. J. Acoust. Soc. Am. 78, 1252 – 1260 (1985)

Humes L. E.: Cancellation level and phase of the (f_2-f_1)-distortion product. J. Acoust. Soc. Am. 78, 1245 – 1251 (1985)

Ryffert H.: Die Grenzen der Hörbarkeit nichtlinearer Verzerrungen vierter und fünfter Ordnung für die einfache Quint (The threshold for the audibility of nonlinear distortions of fourth and fifth order for the simple fifth). Frequenz 15, 254 – 261 (1961)

Zwicker E.: Der ungewöhnliche Amplitudengang der nichtlinearen Verzerrungen des Ohres (The strange dependence of nonlinear distortions of our hearing system on amplitude). Acustica 5, 67 – 74 (1955)

Zwicker E.: Der kubische Differenzton und die Erregung des Gehörs (The cubic difference tone and the excitation of our hearing system). Acustica 20, 206 – 209 (1968)

Zwicker E.: Different behaviour of quadratic and cubic difference tones. Hearing Res. 1, 283 – 292 (1979)

Zwicker E.: Zur Nichlinearität ungerader Ordnung des Gehörs (On the odd-order nonlinearity of our hearing system). Acustica 42, 149 – 157 (1979)

Zwicker E.: Cubic difference tone level and phase dependence on frequency difference and level of primaries. In Psychophysical, Physiological and Behavioural Studies in Hearing, ed. by G. van den Brink, F. A. Bilsen, 268 – 273 (Univ. Press, Delft 1980)

Zwicker E.: Nonmonotic behaviour of $(2f_1-f_2)$ explained by a saturation feedback model. Hearing Res. 2, 513 – 518 (1980)

Zwicker E.: Dependence of level and phase of the $(2f_1-f_2)$-cancellation tone on frequency range, frequency difference, level of primaries, and subject. J. Acoust. Soc. Am. 70, 1277 – 1288 (1981)

Zwicker E.: Formulae for calculating the psychoacoustical excitation level of aural difference tones measured by the cancellation method. J. Acoust. Soc. Am. 69, 1410 – 1413 (1981)

Zwicker E.: Level and phase of the $(2f_1-f_2)$-cancellation tone expressed in vector diagrams. J. Acoust. Soc. Am. 74, 63 – 66 (1983)

Zwicker E., H. Fastl: Cubic difference sounds measured by threshold-and compensation method. Acustica 29, 336 – 343 (1973)

Zwicker E., O. Martner: On the dependence of (f_2-f_1) difference tones on subject and on additional masker. J. Acoust. Soc. Am. 88, 1351 – 1358 (1990)

第 15 章 双耳听觉

Henning G. B., S. Wartini: The effect of signal duration on frequency discrimination at low signal-to-noise ratios in different conditions of interaural phase. Hearing Research 48,

201 - 207 (1990)

Henning G. B., E. Zwicker: Effects of the bandwidth and level of noise and of the duration of the signal on binaural masking-level differences. Hearing Res. 14, 175 - 178 (1984)

Henning G. B., E. Zwicker: Binaural masking-level differences with tonal maskers. Hearing Res. 16, 279 - 290 (1985) Research 48, 201 - 207 (1990)

Keller H.: Maskierung binauraler Schwebungen (Masking of binaural beats). In Fortschritte der Akustik, DAGA '85, 531 - 534 (DPG, Bad Honnef 1985)

Schenkel K. D.: Über die Abhängigkeit der Mithörschwellen von der interauralen Phasenlage des Testschalles (On the dependence of masked thresholds on the interaural phase of the test-sounds). Acustica 14, 337 - 346 (1964)

Schenkel K. D.: Die Abhängigkeit der beidohrigen Mithörschwellen von der Frequenz des Testschalls und vom Pegel des verdeckenden Schalles (The dependence of diotic and dichotic masked thresholds as a function of frequency of test sound and as a function of level of masking sound). Acustica 17, 345 - 356 (1966)

Schenkel K. D.: Accumulation theory of binaural-masked thresholds. J. Acoust. Soc. Am. 41, 20 - 31 (1967)

Schenkel K. D.: Die beidohrigen Mithörschwellen von Impulsen (Diotic and dichotic masked thresholds of sound bursts). Acustica 18, 38 - 46 (1967)

Seeber B.: A new method for localization studies. ACUSTICA/acta Acustica 88, 446 - 450 (2002)

Wallerus H.: Richtungsauflösungsvermögen des Gehörs für Sinustöne mit interauralen Pegelunterschieden (Direction resolution of the hearing system for sinusoidal tones with interaural level differences). In Fortschritte der Akustik, DAGA '76, 589 - 592 (VDI, Düsseldorf 1976)

Zwicker E.: Warum gibt es binaurale Mithörschwellendifferenzen? (Why do binaural masking-level differences exist?) In Fortschritte der Akustik, DAGA '84, 691 - 694 (DPG, Bad Honnef 1984)

Zwicker E., G. B. Henning: Binaural masking-level differences with tones masked by noises of various bandwidths and level. Hearing Res. 14, 179 - 183 (1984)

Zwicker E., G. B. Henning: The four factors leading to binaural masking-level differences. Hearing Res. 19, 29 - 47 (1985)

Zwicker E., G. B. Henning: On the effect of interaural phase differences on loudness. Hearing Research 53, 141 - 152 (1991)

Zwicker E., U. T. Zwicker: Binaural masking-level differences in non simultaneous masking. Hearing Res. 13, 221 - 228 (1984)

Zwicker E., U. T. Zwicker: Dependency of binaural loudness summation on interaural level differences, spectral distribution, and temporal distribution. J. Acoust. Soc. Am. 89, 756 - 764 (1991)

Zwicker T.: Diotische und dichotische Wahrnehmung von Schallfluktuationen (Diotic and dichotic perception of sound fluctuations). Acustica 55, 181 – 186 (1984)

Zwicker T.: Experimente zur dichotischen Oktavtäuschung (Experiments on dichotic octave-illusions). Acustica 55, 128 – 136 (1984)

Zwicker T., E. Zwicker: "Alte" und neue Daten zur binauralen Lautheit ("Old" and new data on binaural loudness). In Fortschritte der Akustik, DAGA '90, 707 – 710 (DPG, Bad Honnef 1990)

Zwicker U. T.: Auditory recognition of diotic and dichotic vowel pairs. Speech Commun. 3, 265 – 277 (1984)

Zwicker U. T., E. Zwicker: Binaural masking-level difference as a function of masker and testsignal duration. Hearing Res. 13, 215 – 219 (1984)

Zwicker U. T., E. Zwicker: Effects of binaural loudness summation and their approximation in objective loudness measurements. In Proc. Inter-Noise '90, Vol. II, 1145 – 1150 (1990)

第 16 章 应用实例

Beckenbauer T., I. Stemplinger, A. Seiter: Basics and use of DIN 45681 "Detection of tonal components and determination of a tone adjustment for the noise assessment". In Proc. Inter-Noise '96, Vol. 6, 3271 – 3276 (1996)

Berry B., E. Zwicker: Comparison of subjective evaluations of impulsive noise with objective measurements of the loudness-time function given by loudness meter. In Proc. Inter-Noise '86, Vol. II, 821 – 824 (1986)

Fastl H.: Noise measurement procedures simulating our hearing system. In IEICE Techn. Rep., Vol. 87, No. 182, 53 – 58 (Inform. Commun. Engs., Tokyo 1987)

Fastl H.: Gehörbezogene Lärmmessverfahren (Hearing equivalent procedures for noise measurement). In Fortschritte der Akustik, DAGA '88, 111 – 124 (DPG, Bad Honnef 1988)

Fastl H.: Noise measurement procedures simulating our hearing system. J. Acoust. Soc. Jpn. (E) 9, 75 – 80 (1988)

Fastl H.: Loudness of running speech measured by a loudness meter. Acustica 71, 156 – 158(1990)

Fastl H.: Calibration signals for meters of loudness, sharpness, fluctuation strength, and roughness. In Proc. Inter-Noise '93, Vol. III, 1257 – 1260 (1993)

Fastl H.: Analysis Systems for Psychoacoustic Magnitudes. In Contributions to Psychological Acoustics (A. Schick et al., eds.), BIS, Oldenburg, 85 – 101 (1999)

Fastl H.: Loudness and noise evaluation. In Auditory Worlds: Sensory Analysis and Perception in Animals and Man, 258 – 267 (Wiley-VCH, Weinheim 2000)

Fastl H.: Noise Evaluation Based on Hearing Sensations. In Proceedings WESTPRAC VII, Vol. 1, 33 – 41 (2000)

Fastl H.: Sound Measurement Based on Features of the Human Hearing System. J.

Acoust. Soc. Japan E(21), 333 – 336 (2000)

Fastl H.: Sound Measurements Based on Features of the Human Hearing System. In Fortschritte der Akustik, DAGA '00, 90 – 91 (Dt. Gesell. für Akustik e. V., Oldenburg 2000)

Fastl H.: Advanced Procedures for Psychoacoustic Noise Evaluation. In Proc. Euro Noise 2006, CD-ROM (2006)

Fastl H.: Psychoacoustic Basis of Sound Quality Evaluation and Sound Engineering. In ICSV13-Vienna, The Thirteenth International Congress on Sound and Vibration (2006)

Fastl H., D. Menzel, M. Krause: Loudness-thermometer: evidence for cognitive effects? In Proc. inter-noise 2006, CD-ROM (2006)

Fastl H., D. Menzel, W. Maier: Entwicklung und Verifikation eines Lautheits Thermometers (Development and verification of a loudness-thermometer). In Fortschritte der Akustik, DAGA '06, 669 – 670 (Dt. Gesell. für Akustik e. V., Berlin 2006)

Fastl H., W. Schmid: Comparison of loudness analysis systems. In Proc. Inter-Noise '97, Vol. II, 981 – 986 (1997)

Fastl H., W. Schmid: Vergleich von Lautheits-Zeitmustern verschiedener Lautheits-Analysesysteme (Comparison of loudness-time patterns produced by different loudness-analysis-systems). In Fortschritte der Akustik DAGA '98, 466 – 467 (Dt. Gesell. für Akustik e. V., Oldenburg 1998)

Fastl H., U. Widmann: Subjective and physical evaluation of aircraft noise. Noise Contr. Engng. J. 35, 61 – 63 (1990)

Fastl H., U. Widmann: Kalibriersignale für Meβsysteme zur Nachbildung von Lautheit, Schärfe, Schwankungsstärke und Rauhigkeit (Calibration signals for measurement systems to simulate loudness, sharpness, fluctuation strength, and roughness). In Fortschritte der Akustik, DAGA '93, 640 – 643 (DPG, Bad Honnef 1993)

Lübcke E., G. Mittag, E. Port: Subjektive und objektive Bewertung von Maschinengeräuschen (Subjective and objective evaluation of industry noises). Acustica 14, 105 – 114 (1964)

Nitsche V., H. Fastl: Objective measurements of aircraft noise by sound level meter versus loudness meter. In Proc. Inter-Noise '85, Vol. II, 1247 – 1250 (1985)

Nitsche V., H. Fastl: Loudness calculation of aircraft noise compared with loudness meter measurements. In Proc. Inter-Noise '87, Vol. II, 1013 – 1016 (1987)

Paulus E., E. Zwicker: Programme zur automatischen Bestimmung der Lautheit aus Terzpegeln oder Frequenzgruppenpegeln (Programs for the automatic determination of loudness using thirdoctave-band or critical-band levels). Acustica 27, 253 – 266 (1972)

Pfeiffer Th.: Ein neuer Lautstärkemesser (A new loudness meter). Acustica 14, 162 – 167 (1964)

Pfeiffer Th.: Ein Lautstärke-Meβgerät für breitbandige und impulshaltige Schalle (A loudness meter for broad-band noises and impulsive sounds). Acustica 17, 322 – 334 (1966)

Stemplinger I., H. Fastl: Accuracy of loudness percentile versus measurement time. In Proc. Inter-Noise'97, Vol. III, 1347−1350 (1997)

Widmann U., R. Lippold, H. Fastl: Ein Computerprogramm zur Simulation der Nachverdeckung für Anwendungen in akustischen Meβsystemen (A computer programm for simulation of post-masking). In Fortschritte der Akustik DAGA '98, 96−97 (Dt. Gesell. für Akustik e. V., Oldenburg 1998)

Widmann U., R. Lippold, H. Fastl: Decay of postmasking: Applications in Sound Analysis Systems. In Proc. NOISE-CON '98, Ypsilanti Michigan USA, Ed. by P. Davies, G. Ebbit, 451−456 (1998)

Zwicker E.: Lautstärkeberechnungsverfahren im Vergleich (A comparison of loudness calculating procedures). Acustica 17, 278−284 (1966)

Zwicker E.: Funktionsmodelle des Gehörs als Instrumente zur Lautstärkemessung und zur automatischen Spracherkennung (Electronically realized models of the hearing system as instruments for measuring loudness and for automatic recognition of speech). In Kybernetik, Brücke zwischen den Wissenschaften, ed. by H. Frank, 7. Aufl., 165−176 (Umschau, Frankfurt 1970)

Zwicker E.: Advantages of a precise loudness meter. In Proc. Inter-Noise '79, Vol. I, 223−226 (1979)

Zwicker E.: Procedure for calculating partially masked loudness based on ISO 532 B. In Proc. Inter-Noise '87, Vol. II, 1021−1024 (1987)

Zwicker E., W. Daxer: A portable loudness meter based on psychoacoustical models. In Proc. Inter-Noise '81, Vol. II, 869−872 (1981)

Zwicker E., H. Fastl: Kontrolle von Lärmminderungsmaβnahmen mit dem Lautheitsmesser (Evaluation of noise reduction using a loudness meter). In Fortschritte der Akustik, FASE/DAGA '82, 1141−1144 (DPG, Bad Honnef 1982)

Zwicker E., H. Fastl: A portable loudness meter based on ISO 532 B. In Proc. 11th ICA Paris, 8, 135−137 (1983)

Zwicker E., K. Deuter, W. Peisl: Loudness meters based on ISO 532 B with large dynamic range. In Proc. Inter-Noise '85, Vol. II, 1119−1122 (1985)

Zwicker E., H. Fastl, C. Dallmayr: BASIC-Program for calculating the loudness of sounds from their 1/3-oct. band spectra according to ISO 532 B. Acustica 55, 63−67 (1984)

Zwicker E., H. Fastl, U. Widmann, K. Kurakata, S. Kuwano, S. Namba: Program for calculating loudness according to DIN 45631 (ISO 532 B). J. Acoust. Soc. Jpn. (E) 12, 39−42 (1991)

噪声排放

Fastl H.: Loudness and annoyance of sounds: Subjective evaluation and data from ISO 532 B. In Proc. Inter-Noise '85, Vol. II, 1403−1406 (1985)

Fastl H.: How loud is a passing vehicle? In Proc. Inter-Noise '87, Vol. II, 993−996

(1987)

　　Fastl H.: Loudness versus level of aircraft noise. In Proc. Inter-Noise '91, Vol. I, 33 – 36(1991)

　　Fastl H.: On the reduction of road traffic noise by "whispering asphalt". In Proc. Congress, Acoust. Soc. of Japan, Nagano, 681 – 682 (1991)

　　Fastl H.: Loudness evaluation by subjects and by a loudness meter. In Sensory Research, Multimodal Perspectives, (R. T. Verrillo eds.), 199 – 210 (Lawrence Erlbaum Ass., Hillsdale, New Jersey 1993)

　　Fastl H.: Psychoacoustics and noise evaluation. In Contr. to Psychological Acoustics, (A. Schick ed.), 505 – 520 (Oldenburg, Bibliotheks-und Informationssystem der Carl von Ossietzky Univ. 1993)

　　Fastl H.: Psychoacoustics and noise evaluation. In NAM '94, (H. S. Olesen, ed.), 1 – 12 (Aarhus, Denmark, Danish Technol. Institute 1994)

　　Fastl H.: Applications of psychoacoustics in noise control. Acustica 82, 77 (1996)

　　Fastl H.: Gehörgerechte Geräuschbeurteilung (Noise evaluation based on features of the human hearing system). In Fortschritte der Akustik, DAGA '97, 57 – 64 (Dt. Gesell. für Akustik e. V., Oldenburg 1997)

　　Fastl H.: Psychoacoustic noise evaluation. In Proceedings of the 31st International Acoustical Conference, Acoustics – High Tatras '97, 21 – 26 (1997)

　　Fastl H., U. Widmann: Subjective and physical evaluation of aircraft noise. Noise Contr. Engng. J. 35, 61 – 63 (1990)

　　Fastl H., S. Namba, S. Kuwano: Cross-cultural study on loudness evaluation of road traffic noise and impulsive noise: Actual sounds and simulations. In Proc. Inter-Noise '86, Vol. II, 825 – 830 (1986)

　　Fastl H., S. Namba, S. Kuwano: On the reduction of road traffic noise by speed limits using the method of continuous judgment by category. In Proc. TC Noise, Acoust. Soc. of Japan N-91-45 (1991)

　　Fastl H., U. Widmann, S. Kuwano, S. Namba: Zur Lärmminderung durch Geschwindigkeitsbeschränkungen (On the noise reduction by speed limits). In Fortschritte der Akustik, DAGA '91, 449 – 452 (DPG, Bad Honnef 1991)

　　Gottschling G., H. Fastl: Akustische Simulation von 6-Sektionen-Fahrzeugen des Transrapid (Acoustic simulation of 6-car-trains of Transrapid). In Fortschritte der Akustik, DAGA '97, 254 – 255 (Dt. Gesell. für Akustik e. V., Oldenburg 1997)

　　Hellman R., E. Zwicker: Why can a decrease in dB(A) produce an increase in loudness? J. Acoust. Soc. Am. 82, 1700 – 1705 (1987)

　　Jäger K., H. Fastl, G. Gottschling, F. Schöpf, U. Möhler: Wahrnehmung von Pegeldifferenzen bei Vorbeifahrten von Güterzügen (Perceptibility of level differences for passing freight trains). In Fortschritte der Akustik, DAGA '97, 228 – 229 (Dt. Gesell. für Akustik e. V., Oldenburg 1997)

Kuwano S., H. Fastl: Loudness evaluation of various kinds of non-steady state sound using the method of continous judgment by category. In Proc. 13th ICA, Belgrade, Vol. I, 365 – 368 (1989)

Kuwano S., S. Namba, H. Fastl: Loudness evaluation of various sounds by Japanese and German subjects. In Proc. Inter-Noise '86, Vol. II, 835 – 840 (1986)

Kuwano S., S. Namba, H. Fastl, A. Schick: Evaluation of the impression of danger signals – comparison between Japanese and German subjects. In 7. Oldenburger Symposium (A. Schick, M. Klatte, Eds.), 115 – 128 (BIS, Oldenburg 1997)

Seiter A., I. Stemplinger, T. Beckenbauer: Untersuchungen zur Tonhaltigkeit von Geräuschen (Experiments on the tonality of noises). In Fortschritte der Akustik, DAGA '96, 238 – 239 (Dt. Gesell. für Akustik e. V., Oldenburg 1996)

Spatzl M., U. Widmann, H. Fastl: Subjektive und meβtechnische Beurteilung von Pkw-Emissions-und Immissionsgeräuschen (Subjective and physical evaluation of noise emissions and noise immissions from cars). In Fortschritte der Akustik, DAGA '93, 604 – 607 (DPG, Bad Honnef 1993)

Widmann U.: Beschreibung der Geräuschemission von Kraftfahrzeugen anhand der Lautheit (Noise emission of vehicles described by loudness). In Fortschritte der Akustik, DAGA '90, 401 – 404 (DPG, Bad Honnef 1990)

Widmann U.: Optimierung von akustisch wirksamen Fahrbahnrandmarkierungen anhand psychoakustischer Kriterien (Improvement of acoustically effective bankets by means of psychoacoustic criteria). In Fortschritte der Akustik, DAGA '93, 888 – 891 (DPG, Bad Honnef 1993)

Zwicker E.: Weniger L_A = Gröβere Lautstärke? (Less A-weighted sound pressure level equal to larger loudness?) In Fortschritte der Akustik, DAGA '80, 159 – 162 (VDE, Berlin 1980)

Zwicker E.: What is a meaningful value for quantifying noise reduction? In Proc. Inter-Noise '85, Vol. I, 47 – 56 (1985)

Zwicker E.: Psychophysics of hearing. In Noise Pollution, ed. by A. L. Saénz et al., Chap. 4, SCOPE, 147 – 167 (Wiley, New York 1986)

Zwicker E.: Berechnung partiell maskierter Lautheiten auf der Grundlage von ISO 532 B. (Calculation of partial masked loudness using ISO 532 B). In Fortschritte der Akustik, DAGA '87, 181 – 184 (DPG, Bad Honnef 1987)

Zwicker E.: Meaningful noise measurement and effective noise reduction. Noise Contr. Eng. J. 29, 66 – 76 (1987)

Zwicker E.: Loudness patterns (ISO 532 B), an excellent guide to noise reduced design and to expected public reaction. In Proc. of NOISE-CON 88, ed. by J. S. Bolton, Noise Contr. Found., New York, 15 – 26 (1988)

Zwicker E., H. Fastl: Die Reduzierung von Lärm durch Schallschutzfenster (The reduction of noise by sound isolating windows). Arcus 2, 80 – 82 (1984), 1. Nachtrag: Arcus

3, 100 (1984), 2. Nachtrag: Arcus 4, 148 (1984)

Zwicker E., H. Fastl: Examples for the use of loudness: Transmission loss and addition of noise sources. In Proc. Inter-Noise '86, Vol. II 861 – 866 (1986)

Zwicker E., H. Fastl: Sinnvolle Lärmmessung und Lärmgrenzwerte (Meaningful noise measurement and noise limits). Z. für Lärmbekämpfung 33, 61 – 67 (1986)

Zwicker U. T., E. Zwicker: Effects of binaural loudness summation and their approximation in objective loudness measurements. In Proc. Inter-Noise '90, Vol. II, 1145 – 1150 (1990)

噪声照射

Fastl H.: Average loudness of road traffic noise. In Proc. Inter-Noise '89, Vol. II, 815 – 820 (1989)

Fastl H.: Trading number of operations versus loudness of aircraft. In Proc. Inter-Noise '90, Vol. II, 1133 – 1136 (1990)

Fastl H.: Evaluation and measurement of perceived average loudness. In Contributions to Psychological Acoustics, (A. Schick et al. eds.), 205 – 216 (Bibliotheks-und Informationssystem der Univ. Oldenburg 1991)

Fastl H.: Basic hearing sensations. In Auditory Worlds: Sensory Analysis and Perception in Animals and Man, 251 – 258 (Wiley-VCH, Weinheim 2000)

Fastl H.: Noise Evaluation Based on Hearing Sensations. In Proceedings WESTPRAC VII, Vol. 1, 33 – 41 (2000)

Fastl H.: Railway Bonus and Aircraft Malus: Subjective and Physical Evaluation. In Proceedings of the 5th Int. Symposium Transport Noise and Vibration, CD-ROM (EAAA, St. Petersburg 2000)

Fastl H.: Environmental noise assessment: Psychophysical background. In Proc. internoise 2002, CD-ROM (2002)

Fastl H., G. Gottschling: Subjective evaluation of noise immissions from Transrapid. In Proc. Inter-Noise '96, 4, 2109 – 2114 (1996)

Fastl H., G. Gottschling: Beurteilung von Geräuschimmissionen beim TRANSRAPID (Evaluation of Noise Immissions from Transrapid). In Fortschritte der Akustik, DAGA '96, 216 – 217 (Dt. Gesell. für Akustik e. V., Oldenburg 1996)

Fastl H., J. Hunecke: Psychoakustische Experimente zum Fluglärmmalus (Psychoacoustic experiments on the aircraft-malus). In Fortschritte der Akustik, DAGA '95, 407 – 410 (Dt. Gesell. für Akustik e. V., Oldenburg 1995)

Fastl H., E. Zwicker: Beurteilung lärmarmer Fahrbahnbeläge mit einem Lautheitsmesser (Evaluation of noise reducing street carpets using a loudness meter). In Fortschritte der Akustik, DAGA '86, 223 – 226 (DPG, Bad Honnef 1986)

Fastl H., M. Fruhmann, S. Ache: Railway bonus for sounds without meaning? In WESPAC8, Melbourne (2003)

参考文献

Fastl H., M. Fruhmann, S. Ache: Railway bonus for sounds without meaning? In Acoustics Australia 31 (3), 99–101 (2003)

Fastl H., M. Fruhmann, S. Ache: Is the Railway Bonus influenced by the Directions of the Sound Sources? In Fortschritte der Akustik, CFA/DAGA '04, 747–748 (Dt. Gesell. für Akustik e. V., Oldenburg 2004)

Fastl H., S. Kuwano, S. Namba: Psychoakustische Experimente zum Schienenbonus (Psychoacoustic experiments on the railway-bonus). In Fortschritte der Akustik, DAGA '94, 1113–1116 (DPG, Bad Honnef 1994)

Fastl H., S. Kuwano, S. Namba: Psychoacoustics and rail bonus. In Inter-Noise '94, Vol. II, 821–826 (1994)

Fastl H., S. Kuwano, S. Namba: Assessing in the railway bonus in laboratory studies. J. Acoust. Soc. Jpn. (E) 17, 139–148 (1996)

Fastl H., S. Kuwano, S. Namba: Railway bonus and aircraft malus for different directions of the sound source? In Proc. inter-noise 2005, CD-ROM (2005)

Fastl H., D. Markus, V. Nitsche: Zur Lautheit und Lästigkeit von Fluglärm (On the loudness and the annoyance of aircraft-noise). In Fortschritte der Akustik, DAGA '85, 227–230 (DPG, Bad Honnef 1985)

Fastl H., W. Schmid, S. Kuwano, S. Namba: Untersuchungen zum Schienenbonus in Gebäuden (Experiments on the "railway-bonus" within buildings). In Fortschritte der Akustik, DAGA '96, 208–209 (Dt. Gesell. für Akustik e. V., Oldenburg 1996)

Fastl H., E. Zwicker, S. Kuwano, S. Namba: Beschreibung von Lärmimmissionen anhand der Lautheit (Describing noise immission by loudness). In Fortschritte der Akustik, DAGA '89, 751–754 (DPG, Bad Honnef 1989)

Fastl H., E. Zwicker, S. Kuwano, S. Namba: Mittlere Lautheit von Lärmereignissen unterschiedlicher Anzahl und Art (Average loudness of noise events of different number and type). In Fortschritte der Akustik, DAGA '90, 393–396 (DPG, Bad Honnef 1990)

Fastl H., Th. Filippou, W. Schmid, S. Kuwano, S. Namba: Psychoakustische Beurteilung der Lautheit von Geräuschimmissionen verschiedener Verkehrsträger (Psychoacoustic evaluation of noise immissions from rail-noise, road-noise, and aircraft-noise). In Fortschritte der Akustik DAGA '98, 70–71 (Dt. Gesell. für Akustik e. V., Oldenburg 1998)

Filippou T.: Comparison of Subjective and Physical Evaluation of Tennis-Noise. In Proc. inter-noise '99. Vol. 3, 1881–1886 (1999)

Gottschling G., H. Fastl: Prognose der globalen Lautheit von Geräuschimmisionen anhand der Lautheit von Einzelereignissen (Prediction of global loudness of noise immissions on the basis of the loudness of single events). In Fortschritte der Akustik DAGA '98, 478–479 (Dt. Gesell. für Akustik e. V., Oldenburg 1998)

Peschel U., H. Fastl: Subjektive Beurteilung der Lärmimmission landender Flugzeuge ((Subjective evaluation of noise Immissions from approaching aircraft). In Fortschritte der

Akustik, DAGA '92, 441 – 444 (DPG, Bad Honnef 1992)

Stemplinger I. : Globale Lautheit von gleichförmigen Industriegeräuschen (Global loudness of continuous industrial noise). In Fortschritte der Akustik, DAGA '96, 240 – 241 (Dt. Gesell. für Akustik e. V. , Oldenburg 1996)

Stemplinger I. : Beurteilung der Globalen Lautheit bei Kombination von Verkehrsgeräuschen mit simulierten Industriegeräuschen (Evaluation of global loudness for the combination of traffic noise plus simulated industrial noise). In Fortschritte der Akustik, DAGA '97, 353 – 354 (Dt. Gesell. für Akustik e. V. , Oldenburg 1997)

Stemplinger I. , Th. Filippou: Psychoakustische Untersuchungen zur Lautheit und zur Lästigkeit von Tennislärm (Psychoacoustic investigations of the loudness and annoyance of noise from tennis courts). In Fortschritte der Akustik DAGA '98, 66 – 67 (Dt. Gesell. für Akustik e. V. , Oldenburg 1998)

Stemplinger I. , G. Gottschling: Auswirkungen der Bündelung von Verkehrswegen auf die Beurteilung der Globalen Lautheit (Effects of the combination of road and rail tracks on the evaluation of global loudness). In Fortschritte der Akustik, DAGA '97, 401 – 402 (Dt. Gesell. für Akustik e. V. , Oldenburg 1997)

Stemplinger I. , A. Seiter: Beurteilung von Lärm am Arbeitsplatz (Evaluation of noise on the workplace). In Fortschritte der Akustik, DAGA '95, 867 – 870 (Dt. Gesell. für Akustik e. V. , Oldenburg 1995)

Widmann U. : Meßtechnische Beurteilung und Umfrageergebnisse bei Straßenverkehrslärm (Correlations of physical measurements and results from questionnaires for road-traffic noise). In Fortschritte der Akustik, DAGA '92, 369 – 372 (DPG, Bad Honnef 1992)

声品质

Fastl H. : Hearing sensations and noise quality evaluation. J. Acoust. Soc. Am. 87, 134 (1990)

Fastl H. : Psychoakustik und Geräuschbeurteilung (Psychoacoustics and noise evaluation). In Soundengineering, (Q. Vo u. a. eds.) expert-verl. , Renningen, 10 – 33 (1994)

Fastl H. : The Psychoacoustics of Sound-Quality Evaluation. In Proc. EAATutorium, Antwerpen, 1 – 20 (1996)

Fastl H. : The Psychoacoustics of Sound-Quality Evaluation. ACUSTICA/acta acustica 83, 754 – 764 (1997)

Fastl H. : Psychoacoustics and Sound Quality Metrics. In Proc. Sound Quality Symposium, Ypsilanti Michigan USA. , ed. by P. Davies, G. Ebbit, 3 – 10 (1998)

Fastl H. : Sound Quality of Electric Razors – Effects of Loudness. In Proc. inter-noise 2000, CD-ROM (2000)

Fastl H. : Features of neutralized sounds for long term evaluation. In Proc. Forum Acusticum Sevilla 2002, NOI – 04 – 003 – IP, CD-ROM (2002)

Fastl H.: Psychoacoustics and sound quality. In Fortschritte der Akustik, DAGA '02, 765-766 (Dt. Gesell. für Akustik e. V., Oldenburg 2002)

Fastl H.: Sound design of machines from a musical perspective. In Proc. SQS 2002, Dearborn, Michigan, USA, (Ebbit G., P. Davies, eds.) (2002)

Fastl H.: Form Psychoacoustics to Sound Quality Engineering. In Proceedings of the Institute of Acoustics, Coventry, 143-156 (2003)

Fastl H.: Sound design of machines from a musical perspective. In Noise/News International 12, 54-61 (2004)

Fastl H.: Sound quality in offices - quietness versus privacy. In 18. ICA Kyoto, 1363-1364 (2004)

Fastl H.: Psychoacoustics and Sound Quality. In Communication Acoustics, 139-162 (Springer, Berlin, Heidelberg 2005)

Fastl H.: Recent developments in sound quality evaluation. In Proc. Forum Acusticum 2005, CD-ROM, 1647-1653 (2005)

Fastl H.: Psychoacoustic Basis of Sound Quality Evaluation and Sound Engineering. In ICSV13-Vienna, The Thirteenth International Congress on Sound and Vibration (2006)

Fastl H., Y. Yamada: Cross-cultural study on loudness and annoyance of broadband noise with a tonal component. In Contributions to Psychological Acoustics, ed. by A. Schick et al., 341-353 (Kohlrenken, Oldenburg 1986)

Fastl H., C. Patsouras, S. Kuwano, S. Namba: Loudness, Noisiness and Annoyance of Printer Sounds. In Fortschritte der Akustik, DAGA '01, 388-389 (Dt. Gesell. für Akustik e. V., Oldenburg 2001)

Filippou T., H. Fastl, S. Kuwano, S. Namba, S. Nakamura, H. Uchida: Door sound and image of cars. In Fortschritte der Akustik, DAGA '03, 306-307 (Dt. Gesell. für Akustik e. V., Oldenburg 2003)

Hellman R., E. Zwicker: Magnitude scaling: a meaningful method for measuring loudness and annoyance? In Fechner Day 90, Proc. of the 6th Annual Meeting of the Intern. Soc. for Psychophysics, (F. Müller, ed.), 123-128 (Inst. f. Psychologie, Univ. Würzburg 1990)

Kuwano S., S. Namba, H. Fastl: On the judgement of loudness, noisiness, and annoyance with actual and artifical noises. J. Sound and Vibration 127, 457-465 (1988)

Kuwano S., H. Fastl, S. Namba, S. Nakamura, H. Uchida: Subjective evaluation of car door sound. In Proc. SQS 2002, Dearborn, Michigan, USA (Ebbit G., P. Davies, eds.) (2002)

Kuwano S., H. Fastl, S. Namba, S. Nakamura, H. Uchida: Quality of Door Sounds of Passenger Cars. In 18. ICA Kyoto, 1365-1368 (2004)

Namba S., S. Kuwano, H. Fastl: Cross-cultural study on the loudness, noisiness, and annoyance of various sounds. In Proc. Inter-Noise '87, Vol. II 1009-1012 (1987)

Namba S., S. Kuwano, H. Fastl: The definition of loudness, noisiness and annoyance in laboratory situations. In Proc. 14. ICA Beijing, 3, H1 - 1 (1992)

Patsouras C.: Geräuschqualität von Fahrzeugen -Beurteilung, Gestaltung und multimodale Einflüsse (Sound quality of vehicles - evaluation, design, and multimodal influences). (Shaker-Verlag, Aachen 2003)

Patsouras C., H. Fastl, D. Patsouras, K. Pfaffelbuber: Psychoacoustic sensation magnitudes and sound quality ratings of upper middle class cars' idling noise. In Proc. 17. ICA Rome, CD-ROM (2001)

Patsouras C., H. Fastl, D. Patsouras, K. Pfaffelbuber: Subjective Evaluation of Loudness Reduction and Sound Quality Ratings obtained with Simualtions of Acoustic Materials for Noise Control. In Proc. Euro Noise 2001, CD-ROM (EAA 2001)

Patsouras C., H. Fastl, D. Patsouras, K. Pfaffelbuber: How far is the sound quality of a diesel-powered car away from that of a gasoline powered one? In Proc. Forum Acusticum Sevilla 2002, NOI - 07 - 018, CD-ROM (2002)

Patsouras C., H. Fastl, D. Patsouras, K. Pfaffelhuber: Berechnung der Geräuschqualität des Außenstandgeräusches Diesel angetriebener Fahrzeuge (Calculation of the sound quality for idling noises of Diesel powered cars). In Fortschritte der Akustik, DAGA '03, 228 - 229 (Dt. Gesell. für Akustik e. V., Oldenburg 2003)

Patsouras C., H. Fastl, U. Widmann, G. Hölzl: Privacy versus Sound Quality in High Speed Trains. In Proc. inter-noise 2000, CD-ROM (2000)

Patsouras C., H. Fastl, U. Widmann, G. Hölzl: Psychoacoustic evaluation of tona components in view of sound quality design for high speed train indoor noise. Acoustical Science and Technology 23, 113 - 116 (2002)

Patsouras C., M. Böhm, H. Fastl, D. Patsouras, K. Pfaffelhuber: Methodenvergleich zur Beurteilung der Geräuschqualität: Random Access versus Größenschätzung mit Ankerschall (Comparison of methods for sound quality evaluation: Random access versus magnitude estimation with anchor sound). In Fortschritte der Akustik, DAGA '03, 240 - 241 (Dt. Gesell. für Akustik e. V., Oldenburg 2003)

Patsouras C., T. Filippou, H. Fastl, D. Patsouras, K. Pfaffelhuber: Semantisches Differential versus psychoakustische Empfindungsgrößen bei Außenstandgeräuschen von Fahrzeugen der oberen Mittelklasse (Semantic differential versus psychoacoustic magnitudes for evaluation of idling noises of cars in upper middleclass). In Fortschritte der Akustik, DAGA '02, 154 - 155 (Dt. Gesell. für Akustik e. V., Oldenburg 2002)

Preis A., E. Terhardt: Annoyance of distortions of speech: Experiments on the influence of interruptions and random-noise impulses. Acustica 68, 263 - 267 (1989)

Spannheimer H., R. Freymann, H. Fastl: An Active Absorber to Improve the Sound Quality in the Passenger Compartment of Vehicles. In Proc. inter-noise 2000, CD-ROM (2000)

Terhardt E.: Wohlklang und Lärm aus psycho-physikalischer Sicht (Sensory consonance and noise from a psycho-physical point of view). In Ergebnisse des 3. Oldenburger

Symposion zur Psychologischen Akustik, ed. by A. Schick, K. P. Walcher, 403 – 409 (Lang, Bern 1984)

Valenzuela M. N.: Perceived differences and quality judgement of piano sounds. In Auditory Worlds: Sensory Analysis and Perception in Animals and Man, 268 – 278 (Wiley-VCH, Weinheim 2000)

Widmann U.: Minderung der Sprachverständlichkeit als Maβ für die Belästigung (Reduction of speech intelligibility as a measure of annoyance). In Fortschritte der Akustik, DAGA '91, 973 – 976 (DPG, Bad Honnef 1991)

Widmann U.: Zur Lautheit und Lästigkeit von Breitbandrauschen mit einer tonalen Komponente (On the loudness and annoyance of broadband noise with a tonal component). In Fortschritte der Akustik, DAGA '93, 632 – 635 (DPG, Bad Honnef 1993)

Widmann U.: Untersuchungen zur Schärfe und zur Lästigkeit von Rauschen unterschiedlicher Spektralverteilung (Sharpness and annoyance of noises with different spectral envelopes). In Fortschritte der Akustik, DAGA '93, 644 – 647 (DPG, Bad Honnef 1993)

Widmann U.: Zur Lästigkeit von amplitudenmodulierten Breitbandrauschen (On the annoyance of amplitude modulated broadband noise). In Fortschritte der Akustik, DAGA '94, 1121 – 1124 (DPG, Bad Honnef 1994)

Widmann U.: Subjektive Beurteilung der Lautheit und der Psychoakustischen Lästigkeit von PKW-Geräuschen (Subjective evaluation of loudness and psychoacoustic annoyance of car-sounds). In Fortschritte der Akustik, DAGA '95, 875 – 878 (Dt. Gesell. für Akustik e. V., Oldenburg 1995)

Widmann U., S. Goossens: Zur Lästigkeit tieffrequenter Schalle: Einflüsse von Lautheit und Zeitstruktur (On the annoyance of low-frequency sounds: influence of loudness and time-structure). Acustica 77, 290 – 292 (1993)

Zwicker E.: Ein Beitrag zur Unterscheidung von Lautstärke und Lästigkeit (A contribution for differentiating loudness and annoyance). Acustica 17, 22 – 25 (1966)

Zwicker E.: On the dependence of unbiased annoyance on loudness. In Proc. Inter-Noise '89, Vol. II, 809 – 814 (1989)

Zwicker E.: A proposal for defining and calculating the unbiased annoyance. In Contributions to Psychological Acoustics, (A. Schick et al. eds.), 187 – 202 (Bibliotheks-und Informationssystem der Univ. Oldenburg 1991)

Zwicker E., E. Terhardt: Über die Störwirkung von Impulsfolgen beim Telefonieren (On the disturbing effect of noise bursts during acoustical communication through phones). NTZ 18, 80 – 90 (1965)

认知效应

Ellermeier W., A. Zeitler, H. Fastl: Impact of source identifiability on perceived loudness. In 18. ICA Kyoto, 1491 – 1494 (2004)

Ellermeier W., A. Zeitler, H. Fastl: Predicting annoyance judgments form psychoacoustic metrics: Identifiable versus neutralized sounds. In Proc. inter-noise 2004, CD-ROM (2004)

Fastl H. : Neutralizing the meaning of sound for sound quality evaluations. In Proc. 17. ICA Rome, CD-ROM (2001)

Fastl H. : Features of neutralized sounds for long term evaluation. In Proc. Forum Acusticum Sevilla 2002, NOI – 04 – 003 – IP, CD-ROM (2002)

Fastl H. : Advanced Procedures for Psychoacoustic Noise Evaluation. In Proc. Euro Noise 2006, CD-ROM (2006)

Fastl H. : Psychoacoustic Basis of Sound Quality Evaluation and Sound Engineering. In ICSV13-Vienna, The Thirteenth International Congress on Sound and Vibration (2006)

Fastl H., M. Fruhmann, S. Ache: Railway bonus for sounds without meaning? Acoustics Australia 31 (3), 99 – 101 (2003)

Fastl H., D. Menzel, M. Krause: Loudness-thermometer: evidence for cognitive effects? In Proc. inter-noise 2006, CD-ROM (2006)

Hellbrück J., H. Fastl, B. Keller: Effects of meaning of sound on loudness judgements. In Proc. Forum Acusticum Sevilla 2002, NOI – 04 – 002 – IP, CD-ROM (2002)

Hellbrück J., H. Fastl, B. Keller: Does Meaning of Sound influence Loudness Judgements? In 18. ICA Kyoto, 1097 – 1100 (2004)

Zeitler A., W. Ellermeier, H. Fastl: Significance of Meaning in Sound Quality Evaluation. In Fortschritte der Akustik, CFA/DAGA '04, 781 – 782 (Dt. Gesell. für Akustik e. V., Oldenburg 2004)

Zeitler A., H. Fastl, J. Hellbrück: Einfluss der Bedeutung auf die Lautstärkebeurteilung von Umweltgeräuschen (Influence of the meaning of sounds on loudness evaluation for noise immissions). In Fortschritte der Akustik, DAGA '03, 602 – 603 (Dt. Gesell. für Akustik e. V., Oldenburg 2003)

听力学应用

Arnold B., U. Baumann, I. Stemplinger, K. Schorn: Bezugskurven für die kategorale Lautstärkeskalierung (Reference curve for loudness scaling in categories). Arch. of Otorhinolaryngology, Suppl. 1996, Teil 2 Sitzungsbericht (Springer, 1996)

Baumann U., I. Stemplinger, B. Arnold, K. Schorn: Kategoriale Lautstärkeskalierung in der klinischen Anwendung (Category scaling of loudness in clinical applications). In Fortschritte der Akustik, DAGA '96, 128 – 129 (Dt. Gesell. für Akustik e. V., Oldenburg 1996)

Baumann U., I. Stemplinger, B. Arnold, K. Schorn: Kategoriale Lautstärkeskalierung in der klinischen Anwendung (Category scaling of loudness in clinical applications). Laryngo-Rhino-Otologie, 8, 458 – 465 (1997)

Chalupper J. : Modellierung der Lautstärkeschwankung für Normal-und Schwerhörige (Modeling loudness fluctuations for normal hearing and hearing impaired persons). In

Fortschritte der Akustik, DAGA '00, 254 – 255 (Dt. Gesell. für Akustik e. V., Oldenburg 2000)

Chalupper J., H. Fastl: Simulation of Hearing Impairment Based on the Fourier Time Transformation. In Proceedings ICASSP 2000, Vol. 2, 857 – 860 (2000)

Chalupper J., H. Fastl: Dynamic loudness model (DLM) for normal and hearing impaired listeners. ACUSTICA/acta acustica, 88, 378 – 386 (2002)

Chalupper J., K. Spasokukotskij, I. Stemplinger, H. Fastl: Ein ZweisilberSprachtest für Ukrainisch (A speech test for Ukrainian language). In Fortschritte der Akustik DAGA '98, 310 – 311 (Dt. Gesell. für Akustik e. V., Oldenburg 1998)

Fastl H.: Measuring hearing thresholds with audiometer headphones. J. Audiol. Techn., 18, 92 – 98 (1979)

Fastl H.: An instrument for measuring temporal integration in hearing. Audiol. Acoustics 23, 164 – 170 (1984)

Fastl H.: Auditory adaptation, post masking and temporal resolution. Audiol. Acoustics 24, 144 – 154; 168 – 177 (1985)

Fastl H.: A background noise for speech audiometry. Audiol. Acoustics 26, 2 – 13 (1987)

Fastl H.: The influence of different measuring methods and background noises on the temporal integration in noise-induced hearing loss. Audiol. Acoustics 26, 66 – 82 (1987)

Fastl H.: A masking noise for speech intelligibility tests. In Proc. TC Hearing, Acoust. Soc. of Japan, H-93-70 (1993)

Fastl H.: Advanced Procedures for Psychoacoustic Noise Evaluation. In Proc. Euro Noise 2006, CD-ROM (2006)

Fastl H., K. Schorn: Discrimination of level differences by hearing-impaired patients. Audiology 20, 488 – 502 (1981)

Fastl H., K. Schorn: On the diagnostic relevance of level discrimination. Audiology 23, 140 – 142 (1984)

Fastl H., E. Zwicker: A device for measuring level and frequency difference limens. J. Audiol. Technique 18, 26 – 34 (1979)

Florentine M., E. Zwicker: A model of loudness summation applied to noise induced hearing loss. Hearing Res. 1, 121 – 132 (1979)

Florentine M., H. Fastl, S. Buus: Temporal integration in normal hearing, cochlear impairment, and impairment simulated by masking. J. Acoust. Soc. Am. 84, 195 – 203 (1988)

Florentine M., S. Buus, B. Scharf, E. Zwicker: Frequency selectivity in normally hearing and hearing-impaired observers. J. Speech Hearing Res. 23, 646 – 669 (1980)

Fruhmann M., J. Chalupper, H. Fastl: Zum Einfluss von Innenohrschwerhörigkeit auf die Lautheitssummation (On the influence of inner ear deficits on loudness summation). In Fortschritte der Akustik, DAGA '03, 102 – 103 (Dt. Gesell. für Akustik e. V., Oldenburg

2003)

Gottschling G., W. Schmid, H. Fastl: Vergleich psychoakustischer Methoden zur Skalierung der Lautstärke: I. Grundlagen (Comparison of psychoacoustic methods for the scaling of loudness. I. Basics). In Fortschritte der Akustik DAGA '98, 476 – 477 (Dt. Gesell. für Akustik e. V., Oldenburg 1998)

Hautmann I., H. Fastl: Zur Verständlichkeit von Einsilbern und Dreinsilbern im Störgeräusch (Intelligibility of monosyllables and 3-time repeated monosyllables in background noise). In Fortschritte der Akustik, DAGA '93, 784 – 787 (DPG, Bad Honnef 1993)

Hojan E., H. Fastl: Zur Verständlichkeit deutscher Sprache im Fastl-Störgeräusch durch polnische Hörer mit verschiedenen Deutschkenntnissen (Intelligibility of German speech in background-noise by Polish listeners with different degrees of proficiency in German). In Fortschritte der Akustik, DAGA '95, 831 – 834 (Dt. Gesell. für Akustik e. V., Oldenburg 1995)

Hojan E., H. Fastl: Intelligibility of speech in noisy environment. In VI Sympos. on Tonmeistering and Sound Eng. Warszawa, 62 – 67 (1995)

Hojan E., H. Fastl: Intelligibility of Polish and German speech for the Polish audience in the presence of noise. Archives of Acoustics 21, 2, 123 – 130 (1996)

Schorn K., H. Fastl: The measurement of level difference thresholds and its importance for the early detection of the acoustic neurinoma. Audiol. Acoustics 23, 22 – 27; 60 – 62 (1984)

Schorn K., H. Fastl: Hearing Impairement: Evaluation and Rehabilitation. In Auditory Worlds: Sensory Analysis and Perception in Animals and Man, 286 – 311 (Wiley-VCH, Weinheim 2000)

Schorn K., E. Zwicker: Clinical investigation on temporal resolution capacity of hearing for various types of hearing loss. Audiol. Acoustics 25, 170 – 184 (1986)

Schorn K., E. Zwicker: Zusammenhänge zwischen gestörtem Frequenz-und gestörtem Zeitauflösungsvermögen bei Innenohrschwerhörigkeiten (Correlations of impaired frequency- and time-resolution for inner ear hearing loss) Arch. of Laryngologie, Rhinologie, Otologie, Suppl. II, 116 – 118 (1989)

Schorn K., E. Zwicker: Frequency selectivity and temporal resolution in patients with various inner ear disorders. Audiology 29, 8 – 20 (1990)

Schorn K., G. Wurzer, M. Zollner, E. Zwicker: Die Bestimmung des Frequenzselektionsvermögens des funktionsgestörten Gehörs mit Hilfe psychoakustischer Tuningkurven (Evaluation of the impaired ears' frequency selectivity using psychoacoustical tuning curves). Laryngologie, Rhinologie, Otologie 56, 121 – 127 (1977)

Stemplinger I., H. Fastl, K. Schorn, F. Bruegel: Zur Verständlichkeit von Einsilbern in unterschiedlichen Störgeräuschen (Intelligibility of monosyllables in different background noises). In Fortschritte der Akustik, DAGA '94, 1469 – 1472 (DPG, Bad Honnef 1994)

参考文献

Stemplinger I., M. Schiele, B. Meglic, H. Fastl: Einsilberverständlichkeit in unterschiedlichen Störgeräuschen für Deutsch, Ungarisch und Slowenisch (Speech intelligibility in different background noises for German, Hungarian, and Slovenian). In Fortschritte der Akustik, DAGA '97, 77 – 78 (Dt. Gesell. für Akustik e. V., Oldenburg 1997)

Terhardt E.: On the perception of spectral information in speech. In Hearing Mechanisms and Speech, ed. by O. Creutzfeld, H. Scheich, Chr. Schreiner, 281 – 291 (Springer, Berlin, Heidelberg 1979)

Tschopp K., H. Fastl: On the loudness of German speech material used in audiology. Acustica 73, 33 – 34 (1991)

Zwicker E.: Klassifizierung von Hörschäden nach dem Frequenzselektionsvermögen (Classification of hearing impairments by the ear's frequency selectivity). In Kybernetik 1977, ed. by G. Hauske, E. Butenandt, 413 – 415 (Oldenbourg, München 1978)

Zwicker E.: A device for measuring the temporal resolution of the ear. Audiol. Acoustics 19, 94 – 108 (1980)

Zwicker E.: Temporal resolution in background noise. Brit. J. of Audiol. 19, 9 – 12 (1985)

Zwicker E.: The temporal resolution of hearing – An expedient measuring method for speech intelligibility. Audiol. Acoustics 25, 156 – 168 (1986)

Zwicker E.: Otoacoustic emissions in research of inner ear signal processing. 2nd Intern. Symposium on Cochlear Mechanics and Otoacoustic Emissions.
In Cochlear Mechanisms and Otoacoustic Emissions, ed. by F. Grandori et al., 63 – 76 (Karger Basel 1990)

Zwicker E., K. Schorn: Das Frequenzselektionsvermögen des funktionsgestörten Gehörs (Frequency selectivity of the impaired hearing system). Z. Hörger. Akustik, Sonderheft 1977, 44 – 47 (1977)

Zwicker E., K. Schorn: Psychoacoustical tuning curves in audiology. Audiology 17, 120 – 140 (1978)

Zwicker E., K. Schorn: Temporal resolution in hard-of-hearing patients. Audiology 21, 474 – 492 (1982)

Zwicker E., K. Schorn: Delayed evoked otoacoustic emissions – an ideal screening test for excluding hearing impairment in infants. Audiology 29, 241 – 251 (1990)

助听器

Baumann U., B. Seeber: Bimodale Versorgung mit Cochlea Implantat und Hörgerät: Verbesserung von Sprachverständnis und Lokalisation (Bimodal rehabilitation with cochlea implant and hearing aid: Improvement of speech intelligibility and localization). Zeitschrift f. Audiologie, Supplementum IV, DGA 2001, 36 – 39 (2001)

Beckenbauer T.: Möglichkeiten zur Verbesserung des Signal/Störverhältnisses durch gerichtete Schallaufnahmen (Possibilities for improving the signal-to-noise ratio by sound recordings with special directivity). In Fortschritte der Akustik, DAGA '87, 449 – 452 (DPG, Bad Honnef 1987)

Beckenbauer T.: Einfluß vielkanaliger Inhibitionen auf die Sprache (The influence of multichannel inhibition on speech). In Fortschritte der Akustik, DAGA '88, 713 – 716 (DPG, Bad Honnef 1988)

Beckenbauer T.: Technisch realisierte laterale Inhibition und ihre Wirkung auf störbehaftete Sprache (Effects of lateral inhibition on speech in noise). Acustica 75, 1 – 16 (1991)

Chalupper J., H. Wimmer, W. Schmid: Speech Transmission by Induction Loops: Physical and Psychoacoustic Measurements. In Tagungsband der 21. Tonmeistertagung – Intern. Convention Sound Design, Hannover (2000)

Fastl H.: On the influence of AGC hearing aids of different types on the loudness-time pattern of speech. Audiol. Acoustics 26, 42 – 48 (1987)

Fastl H.: Psychoakustik und Hörgeräteanpassung (Psychoacoustics and fitting of hearing aids). In Zukunft der Hörgeräte, Schriftenreihe der GEERS-Stiftung, Band 11, 133 – 146 (1996)

Fastl H., H. Oberdanner, W. Schmid, I. Stemplinger, I. Hochmair-Desoyer, E. Hochmair: Zum Sprachverständnis von Cochlea-Implantat-Patienten bei Störgeräuschen (Speech intelligibility in noise for cochlea-implant patients). In Fortschritte der Akustik DAGA '98, 358 – 359 (Dt. Gesell. für Akustik e. V., Oldenburg 1998)

Hoffmann C.: Elektrokutane Reize als Träger von Sprachschallinformation (Electrocutaneous stimulation of the skin as carrier for speech information). In Fortschritte der Akustik, DAGA '80, 771 – 774 (VDE, Berlin 1980)

Hoffmann C.: Transmission of speech information for the deaf through electric excitation of the skin. Audiol. Acoustics 23, 4 – 21 (1984)

Leysieffer H.: Polyvinylidenfluorid als elektromechanische Wandler für taktile Reizgeber (Polyvinylidenfluoride as an electromechanic transducer for tactile stimulation). Acustica 58, 196 – 206 (1985)

Leysieffer H.: Vibrotaktile Reizgeber mit PVDF (Polyvinylidenfluorid) als elektromechanischem Wandler (Vibrotactile stimulator using PVDF as electromechanic transducer). In Fortschritte der Akustik, DAGA '85, 863 – 866 (DPG Bad Honnef 1985)

Leysiefier H.: A wearable multi-channel auditory prosthesis with vibrotactile skin stimulation. Audiol. Acoustics 25, 230 – 251 (1986)

Leysieffer H.: Eine mehrkanalige, vibrotaktile Hörprothese (A vibrotactile hearing-prosthesis using several channels). In Fortschritte der Akustik, DAGA '86, 477 – 480 (DPG, Bad Honnef 1986)

Leysieffer H.: Mehrkanalige Sprachübertragung mit einer vibrotaktilen Sinnesprothese für Gehörlose (Speech transmission using a vibrotactile prosthesis with several channels for totally deaf). In Workshop Elektronische Kommunikationshilfen, BIG-Tech Berlin '86, ed.

by K. -R. Fellbaum, 287 - 298 (Weidler, Berlin 1987)

Leysieffer H. : Sprachverständlichkeitsmessungen mit einer vibrotaktilen Hörprothese (Measurements of speech intelligibility using a vibrotactile hearing prosthesis). In Fortschritte der Akustik, DAGA '87, 613 - 616 (DPG, Bad Honnef 1987)

Naumann H. H. , E. Zwicker, H. Scherer, K. Schorn, J. Seifert, M. Stecker, H. Leysieffer, M. Zollner: Erfahrungen mit der Implantation einer Mehrka-nalelektrode in den Nervus Acusticus (Experience using a several-channel electrode for implantation in the nervus acousticus). Laryngologie, Rhinologie, Otologie 65, 118 - 122 (1986)

Schorn K. , H. Fastl: Hearing Impairement: Evaluation and Rehabilitation. In Auditory Worlds: Sensory Analysis and Perception in Animals and Man, 286 - 311 (Wiley-VCH, Weinheim 2000)

Schorn K. , M. Stecker, M. Zollner: Voruntersuchungen gehörloser Patienten zur Cochlea-Implantation (Preexploration of deaf patients before cochlear implantation). Laryngologie, Rhinologie, Otologie 65, 114 - 117 (1986)

Seeber B. : Eine neue Meßmethode für Lokalisationsuntersuchungen (A new method for localization measurements). In Fortschritte der Akustik, DAGA '01, 102 - 103 (Dt. Gesell. für Akustik e. V. , Oldenburg 2001)

Seeber B. : Untersuchungen der Lokalisation in reflexionsarmer Umgebung und bei virtueller akustischer Richtungsdarbietung mit einer Laser-PointerMethode (Investigations of localization with a laser-pointing method in the unechoic chamber and by virtual acoustics) In Fortschritte der Akustik, DAGA '02, 482 - 483 (Dt. Gesell. für Akustik e. V. , Oldenburg 2002)

Seeber B. , H. Fastl: Effiziente Auswahl der individuell-optimalen aus fremdenAußenohrübertragungsfunktionen (Efficient selection of individually optimal HRTFs from HRTFs of other persons). In Fortschritte der Akustik, DAGA '01, 484 - 485 (Dt. Gesell. für Akustik e. V. , Oldenburg 2001)

Seeber B. , H. Fastl: Localization cues with bilateral chochlear implants investigated in virtual space - a case study. In Fortschritte der Akustik, CFA/DAGA '04, 213 - 214 (Dt. Gesell. für Akustik e. V. , Oldenburg 2004)

Seeber B. , H. Fastl: On auditory-visual interaction in real and virtual environments. In 18. ICA Kyoto, 2293 - 2296 (2004)

Seeber B. , H. Fastl, U. Baumann: Akustische Lokalisation mit Cochlea Implantat und Richtmikrofon-Hörgerät (Acoustic localization with cochlea implant and hearing aid with beamforming). In Fortschritte der Akustik, DAGA '01, 167 - 168 (Dt. Gesell. für Akustik e. V. , Oldenburg 2001)

Seeber B. , H. Fastl, U. Baumann: Mechanismen der Lokalisation mit bilateralem Cochlea Implantat (Mechanisms of localization with bilateral cochlea implant). In Fortschritte der Akustik, DAGA '03, 110 - 111 (Dt. Gesell. für Akustik e. V. , Oldenburg 2003)

Seeber B. , H. Fastl, U. Baumann: Grundlagen der Lokalisation mit bilateralem

Cochlea Implantat (Basics of localization with bilateral cochlea implant). Zeitschrift für Audiologie, Supplementum VI (2003/2004)

Seeber B., U. Baumann, H. Fastl: Bimodal hearing aids vs. bilateral cochlear implants: Localitzaition ability. J. Acoust. Soc. Am. 116, 1698 – 1709 (2004)

Simmons F. B., J. M. Epley, R. C. Lummis, N. Guttmann, L. S. Frishkopf, L. S. Harmon, E. Zwicker: Auditory nerve: electrical stimulation in man. Science 148, 104 – 106 (1965)

Theopold H. M., M. Zollner, K. Schorn, J. Spahmann, H. Scherer: Untersuchungen zur Gewebeverträglichkeit lackisolierter Platin-Iridium-Elektroden (Investigations of the sociability of varnish-isolated platiniridium-electrodes on tissue). Laryngologie, Rhinologie, Otologie 60, 534 – 537 (1981)

Zollner M.: Ein implantierbarer Empfänger zur elektrischen Reizung der Hörnerven (A implantible receiver for electrical stimulation of the eighth nerve). In Fortschritte der Akustik, DAGA '80, 775 – 778 (VDE, Berlin 1980)

Zwicker E.: Möglichkeiten zur Spracherkennung über den Tastsinn mit Hilfe eines Funktionsmodells des Gehörs (Possibilities for recognizing speech by the sense of vibration using models of the hearing system). Elektron. Rechenanl. 7, 239 – 244 (1963)

Zwicker E., M. Zollner: Criteria for VIIIth nerve implants and for feasible coding. Scand. Audiol. Suppl. 11, 179 – 181 (1980)

Zwicker E., H. Leysieffer, K. Dinter: Ein Implantat zur Reizung des Nervus akustikus mit zwölf Kanälen (An implant for stimulation the nervus acousticus using twelve channels). Laryngologie, Rhinologie, Otologie 65, 109 – 113 (1986)

Zwicker E., H. Scherer, H. Leysieffer, K. Dinter: Elektrische Reizung eines sensiblen Nerven mit 70-Mikrometer-Elektroden (Electrical stimulation of a sensoric nerve using 70 micrometer-electrodes). Laryngologie, Rhinologie, Otologie 65, 105 – 108 (1986)

广播与通信系统

Beckenbauer T.: Ein vielkanaliges Inhibitionsnetzwerk für Sprachübertragung (A multichannel inhibition network for speech transmission). In Fortschritte der Akustik, DAGA '89, 191 – 194 (DPG, Bad Honnef 1989)

Chalupper J.: Aural Exciter and Loudness Maximizer: What's psychoacoustic about "psychoacoustic processors"? In Proc. 109th AES Convention, Preprint 5208 (2000)

Deuter K.: Zweckmäßige Audiosignalübertragung bei gleichzeitig vorhandenem Störgeräusch (Expedient transmission of audio signals in case of simultaneous noise). Acustica 69, 133 – 150 (1989)

Feldtkeller R.: Hörbarkeit nichtlinearer Verzerrungen bei der übertragung von Instrumentenklängen (Audibility of nonlinear distortions when transmitting sounds of musical instruments). Acustica 4, 70 – 72 (1954)

Fastl H.: Subjektive Rauschverminderung durch ein DNL-System (Subjective reduction of noise by DNL-systems). In Fortschritte der Akustik, DAGA '78, 641 – 644 (VDE, Berlin 1978)

Fastl H.: Subjektive Beurteilung eines Dolby-B-Rauschverminderungs-Systems (Subjective evaluation of Dolby-B-noise reduction systems). In Fortschritte der Akustik, DAGA '80, 747 – 750 (VDE, Berlin 1980)

Fastl H.: Loudness of running speech measured by a loudness meter. Acustica 71, 156 – 158 (1990)

Fastl H., S. Goossens: Psychoakustische Effekte bei der Rauschbefreiung von Archivmaterial (Psychoacoustic effects to be considered when de-noising archival program material). In Fortschritte der Akustik, DAGA '93, 868 – 871 (Bad Honnef, 1993)

Gäßler G.: Die Grenzen der Hörbarkeit nichtlinearer Verzerrungen bei der übertragung von Instrumentenklängen (The limits of audibility of nonlinear distortions when transmitting sounds of instruments). Frequenz 9, 15 – 25 (1955)

Goossens S., H. Fastl: Zur Höhenwahrnehmung beim Hören von Musikaufnahmen (On the perception of "brilliance" in remastered music). In 17. Tonmeistertagung, Karlsruhe 1992, 394 – 403 (K. G. Saur, München 1993)

Heinbach W.: Untersuchung einer gehörbezogenen Spektralanalyse mittels Resynthese (Investigations of hearing equivalent spectral analysis via resynthesis). In Fortschritte der Akustik, DAGA '86, 453 – 456 (DPG, Bad Honnef 1986)

Heinbach W.: Datenreduktion von Sprache unter Berücksichtigung von Gehöreigenschaften (Bit-rate reduction of speech in consideration of characteristics of the hearing system). NTZ-Archiv 9, 327 – 333 (1987)

Heinbach W.: Verständlichkeitsmessungen mit datenreduzierten natürlichen Einzelvokalen (Intelligibility measurements using bit-rate reduced natural single vowels). In Fortschritte der Akustik, DAGA '87, 665 – 668 (DPG, Bad Honnef 1987)

Heinbach W.: Aurally adequate signal representation: the Part-Tone-Time-Pattern. Acustica 67, 113 – 121 (1988)

Terhardt E.: Verfahren zur gehörbezogenen Frequenzanalyse (Procedures for hearing equivalent frequency analysis). In Fortschritte der Akustik, DAGA '85, 811 – 814 (DPG, Bad Honnef 1985)

Zwicker E.: The acoustic input impedance of the external ear. NTZ-CJ 1, 53 – 60 (1962)

Zwicker E.: Die akustischen Eingangswiderstände neuer künstlicher Ohren (The acoustical input impedance of new artificial ears). NTZ 19, 368 (1966)

Zwicker E., U. T. Zwicker: Audio engineering and psychoacoustics: Matching signals to the final receiver, the human hearing system. J. Audio Eng. Soc. 39, 115 – 126 (1991)

语音识别

Anke D., P. Hoeschele: Einfache Erkennungsgeräte für die gesprochenen Zahlen Null bis Neun (Simple equipment for recognition of spoken numbers between zero and nine). Kybernetik 4, 228 – 234 (1968)

Burghardt H., H. Heβ: Statistische Untersuchungen der Nulldurchgangs-und Extremwertintervalle zur Unterscheidung von Vokalen (Statistical investigation of the intervals of zero-crossings or extrema for differentiating vowels). NTZ 24, 389 – 393 (1971)

Daxer W.: Zweckmäβige Dimensionierung der Vorverarbeitung bei mikroprozessorgesteuerten Erkennungssystemen für isolierte Worte (Meaningful implementation of the preprocessing for recognition systems of isolated words using microprocessors). In Fortschritte der Akustik DAGA '81, 641 – 644 (VDE, Berlin 1981)

Daxer W., E. Zwicker: On-line isolated word recognition using a microprocessor system. Speech Communication 1, 21 – 27 (1982)

Fastl H.: Speech intelligibility tests with a vocoder based on the hearing sensation sharpness. Acustica 51, 99 – 102 (1982)

Knebel H.: Extraktion sprachbeschreibender Parameter aus Lautheits-Tonheits-Mustern (Extraction of speech relevant parameters form the loudness criticalband rate patterns). In Fortschritte der Akustik, DAGA '80, 671 – 674 (VDE, Berlin 1980)

Knebel H.: Ein schärfeorientiertes Vocodersystem (A sharpness-oriented vocodersystem). In Fortschritte der Akustik, DAGA '81, 645 – 648 (VDE, Berlin 1981)

Köhlmann M.: Sprachsegmentierung mit Hilfe der Rhythmuswahrnehmung (Segmentation of speech using the perception of rhythm). In Fortschritte der Akustik, FASE/DAGA '82, 903 – 906 (DPG, Bad Honnef 1982)

Köhlmann M.: Bestimmung der Silbenstruktur von flieβender Sprache mit Hilfe der Rhythmuswahrnehmung (Determination of the syllable-structure of running speech using the percept of rhythm). Acustica 56, 120 – 125 (1984)

Kunert F.: Messungen zur intra-und interindividuellen Vokalvarianz und ihre Repräsentation in Lautheitsmustern (Representation of the variance of vowels in loudness patterns). In Fortschritte der Akustik, DAGA '90, 1103 – 1106 (DPG, Bad Honnef 1990)

Mummert M.: Trennung von tonalen und geräuschhaften Anteilen im Sprachsignal (Dividing tone and noise-quality in speech signals). In Fortschritte der Akustik, DAGA '90, 1047 – 1050 (DPG, Bad Honnef 1990)

Schlang M. F., M. Mummert: Die Bedeutung der Fensterfunktion für die Fourier-t-Transformation als gehörgerechte Spektralanalyse (Search for an optimal window for the Fourier-t-Transformation). In Fortschritte der Akustik, DAGA '90 (DPG, Bad Honnef 1990)

Terhardt E.: Beitrag zur automatischen Erkennung gesprochener Ziffern (A contribution to automatic recognition of spoken numbers). Kybernetik 3, 136 – 143 (1966)

Terhardt E.: Was ist automatische Spracherkennung? (What is automatic speech recognition?) Elektron. Rechenanl. 20, 178 – 186 (1978)

Terhardt E.: Sprachgrundfrequenzextraktion nach Prinzipien der Tonhöhenwahrnehmung

(Extraction of fundamental frequency of speech using the principles of pitch perception). In Fortschritte der Akustik, DAGA '80, 667 – 670 (VDE, Berlin 1980)

Terhardt E.: Sprachparameter in der Hörwahrnehmung (Parameters of speech sounds in hearing percepts). In Interaktion zwischen Artikulation und akustischer Perzeption, ed. by M. Spreng, 79 – 86 (Thieme, Stuttgart 1980)

Terhardt E.: Aspekte und Möglichkeiten der gehörbezogenen Schallanalyse und-bewertung (Aspects and possibilities of the hearing equivalent sound analysis und evaluation). In Fortschritte der Akustik, DAGA '81, 99 – 110 (VDE, Berlin 1981)

Zollner M.: Verständlichkeit der Sprache eines einfachen Vocoders (Intelligibility of speech produced by a simple vocoder). Acustica 43, 271 – 272 (1979)

Zwicker E.: Funktionsmodelle des Gehörs als Instrumente zur Lautstärkemessung und zur automatischen Spracherkennung (Models of the hearing system as instruments for measurement of loudness and for automatic speech recognition). In Kybernetik, Brücke zwischen den Wissenschaften, ed. by H. Frank, 7. Aufl., 165 – 176 (Umschau, Frankfurt 1970)

Zwicker E.: A program for automatic speech recognition. In Pattern Recognition in Biological and Technical Systems, 350 – 356 (Springer, Berlin, Heidelberg 1971)

Zwicker E.: Nachbildung des Gehörs – Nützliches Hilfsmittel bei der automatischen Spracherkennung (Modelling the hearing system – useful aid for automatic speech recognition). In Kybernetik und Bionik, 316 – 323 (Oldenbourg, München 1974)

Zwicker E.: Peripheral preprocessing in hearing and psychoacoustics as guidelines for speech recognition. In Units and their Representation in Speech Recognition, In Proc. Montreal Symposium on Speech Recognition (Canadian Acoustical Association 1986)

Zwicker E., W. Daxer: Automatische Echtzeit-Erkennung von 14 isoliert gesprochenen Worten in einem kompakten Gerät mit Mikroprozessor (Automatic online-recognition of 14 isolated spoken words in a compact unit using microprocessors). In Fortschritte der Akustik, DAGA '80, 731 – 734 (VDE, Berlin, Heidelberg 1980)

Zwicker E., W. Hess, E. Terhardt: Erkennung gesprochener Zahlworte mit Funktionsmodell und elektronischer Rechenanlage (Recognition of spoken numbers using a model of hearing and an electronic computer). Kybernetik 3, 267 – 272 (1967)

Zwicker E., W. Hess, E. Terhardt: Automatische Erkennung gesprochener Zahlwörter (Automatic recognition of spoken numbers). Umschau 68, 182 (1968)

Zwicker E., E. Terhardt, E. Paulus: Automatic speech recognition using psychoacoustic models. J. Acoust. Soc. Am. 65, 487 – 498 (1979)

音乐声学中的应用

Baumann U.: Akustische Untersuchungen an einer Kirchenorgel (Acoustic investigations of a pipe organ). In Fortschritte der Akustik, DAGA '90, 541 – 544 (DPG, Bad Honnef 1990)

Baumann U.: Identification and segregation of multiple auditory objects. In Auditory

Worlds: Sensory Analysis and Perception in Animals and Man, 274 – 278 (Wiley-VCH, Weinheim 2000)

Fastl H.: Schwankungsstärke, Rhythmus und zeitliche Hüllkurve von Musikausschnitten (Fluctuation strength, rhythm, and temporal envelope of pieces of music). In 13. Tonmeistertagung München '84, 337 – 345 (Bildungswerk Verband Deutscher Tonmeister, Berlin 1984)

Fastl H.: Gehörbezogene Lautstärkemeßverfahren in der Musik (Hearing equivalent procedures of loudness measurements in music). Das Orchester 38, 1 – 6 (1990)

Fastl H., H. Fleischer: Über die Ausgeprägtheit der Tonhöhe von Paukenklängen (On the pitch strength of timpani). In Fortschritte der Akustik, DAGA '92, 237 – 240 (DPG, Bad Honnef 1992)

Fastl H., C. Patsouras, T. Rader: Klingt ein Flügel bei 432 Hz-Stimmung besser als bei 440 Hz-Stimmung? (Does a grand piano sound better for tuning to 432 Hz than to 440 Hz?) In Fortschritte der Akustik, DAGA '03, 528 – 529 (Dt. Gesell. für Akustik e. V., Oldenburg 2003)

Fleischer H., H. Fastl: Untersuchungen an Konzertpauken (Investigations of timpani). In Fortschritte der Akustik, DAGA '91, 885 – 888 (DPG, Bad Honnef 1991)

Pfaffelhuber K.: Messung des dynamischen Verhaltens einer Saite (Measurement of the dynamic behaviour of a string). In Fortschritte der Akustik, DAGA '90, 563 – 566 (DPG, Bad Honnef 1990)

Patsouras C.: Zur Unterscheidbarkeit und Bevorzugung der Werckmeisterschen Temperatur gegenüber der Gleichschwebung (On the perception and preference of Werckmeister's tuning compared to equal temperament). In Fortschritte der Akustik, DAGA '00, 224 – 225 (Dt. Gesell. für Akustik e. V., Oldenburg 2000)

Seewann M., E. Terhardt: Messungen der wahrgenommenen Tonhöhe von Glocken (Measurements of the perceived pitch of bells). In Fortschritte der Akustik, DAGA '80, 635 – 638 (VDE, Berlin 1980)

Stoll G., R. Parncutt: Harmonic relationship in similarity judgements of nonsimultaneous complex tones. Acustica 63, 111 – 119 (1987)

Terhardt E.: Oktavspreizung und Tonhöhenverschiebung bei Sinustönen (Octave spread and pitch shift using sinusoidal tones). Acustica 22, 345 – 351 (1970)

Terhardt E.: Tonhöhenwahrnehmung und harmonisches Empfinden (Pitch perception and the sensation of harmony). In Akustik und Schwingungstechnik, 59 – 68 (VDE, Berlin 1972)

Terhardt E.: Pitch, consonance, and harmony. J. Acoust. Soc. Am. 55, 1061 – 1069 (1974)

Terhardt E.: Die Stimmung von Tasteninstrumenten (On the tuning of keyboard instruments). Instrumentenbau 29, 361 – 362 (1975)

Terhardt E.: Die Helmholtz'sche Theorie der musikalischen Konsonanz:

Mißverständnisse, Ergänzungen, Korrekturen (Helmholtz' theory of musical consonance: misunderstandings, supplements, and corrections). In Fortschritte der Akustik, DAGA '76, 593 – 596 (VDI, Düsseldorf 1976)

Terhardt E.: Ein psychoakustisch begründetes Konzept der musikalischen Konsonanz (A psycho acoustically based concept of musical consonance). Acustica 36, 121 – 137 (1976)

Terhardt E.: The two-component theory of musical consonance. In Psychophysics and Physiology of Hearing, ed. by E. F. Evans, J. P. Wilson (Academic, London 1977) 381 – 390

Terhardt E.: Psychoacoustic evaluation of musical sounds. Perception & Psychophysics 23, 483 – 492 (1978)

Terhardt E.: Conceptual aspects of musical tones. The Human. Assoc. Review 30, 46 – 57 (1979)

Terhardt E.: Die psychoakustischen Grundlagen der musikalischen Akkordgrundtöne und deren algorithmische Bestimmung (The psychoacoustical fundaments of the musical root of chords and its determination by algorithms). Tiefenstruktur der Musik, ed. by C. Dahlhaus, M. Krause, 23 – 50 (TU Berlin 1982)

Terhardt E.: Music perception and elementary auditory sensations. Audiol. Acoustics 22, 52 – 56; 86 – 96 (1983)

Terhardt E.: The concept of musical consonance: A link between music and psychoacoustics. Music Perception 1, 276 – 295 (1984)

Terhardt E.: Some psycho-physical analogies between speech and music. In Music in Medicine, ed. by R. Spintge, R. Droh, 89 – 102 (Mayr, Miesbach 1985)

Terhardt E.: Gestalt principles and music perception. In Auditory Processing of Complex Sounds, ed. by W. A. Yost et al., 157 – 166 (Erlbaum, Hillsdale 1986)

Terhardt E.: Methodische Grundlagen der Musiktheorie (Methodic basis of music theory). Musicologica Austriaca 6, 107 – 126 (1986)

Terhardt E.: Psychophysikalische Grundlagen der Beurteilung musikalischer Klänge (Psychophysical basis of the judgements of musical sounds). In Qualitätsaspekte bei Musikinstrumenten, ed. by J. Meyer, 9 – 22 (Ed. Moeck, Celle, No. 4044, 1988)

Terhardt E.: Physiophysical principles of musical sound evaluation. In 28th Acoust. Conference, Strbske Pleso-High Tatras, ed. by C. Goralikova, 42 – 50 (Dom techniky, Bratislava 1989)

Terhardt E.: Characteristics of musical tones in relation to auditory acquisition of information. In Proc. of 1st Int'l Conf. on Music Perception and Cognition, ed. by T. Umemoto, 191 – 196 (Dept. of Music, Kyoto Univ., Kyoto 1989)

Terhardt E.: A system theory approach to musical stringed instruments: Dynamic behaviour of a string at point of excitation. Acustica 70, 179 – 188 (1990)

Terhardt E., A. Grubert: Zur Erklärung des "Tritonus-Paradoxons" (An explanation of the "Tritonusparadoxon"). In Fortschritte der Akustik, DAGA '88, 717 – 720 (DPG,

Bad Honnef 1988)

Terhardt E., M. Seewann: Tonartenidentifikation kurzer Musikdarbietungen (Determination of musical key of short pieces of music). In Fortschritte der Akustik, FASE/DAGA '82, 879 - 882 (DPG, Bad Honnef 1982)

Terhardt E., M. Seewann: Aural key identification and its relationship to absolute pitch. Music Perception 1, 63 - 83 (1983)

Terhardt E., M. Seewann: Auditive und objektive Bestimmung der Schlagtonhöhe von historischen Kirchenglocken (Auditive and objective determination of the pitch of historic church bells). Acustica 54, 129 - 144 (1984)

Terhardt E., M. Seewann: Der "akustische Bass" von Orgeln (The "acoustic bass" of organs). In Fortschritte der Akustik, DAGA '84, 885 - 888 (DPG, Bad Honnef 1984)

Terhardt E., W. D. Ward: Recognition of musical key: Exploratory study. J. Acoust. Soc. Am. 72, 26 - 33 (1982)

Terhardt E., M. Zick: Evaluation of the tempered tone scale in normal, stretched, and contracted intonation. Acustica 32, 268 - 274 (1975)

Terhardt E., T. Horn, K. Pfaffelhuber: Untersuchungen zum Anstreichvorgang von Saiten (Investigations on bowing of strings). In Fortschritte der Akustik, DAGA '90, 567 - 570 (DPG, Bad Honnef 1990)

Terhardt E., G. Stoll, R. Schermbach, R. Parncutt: Tonhöhenmehrdeutigkeit, Tonverwandtschaft und Identifikation von Sukzessivintervallen (Pitchambiguity, pitch relationship, and identification of successive intervals). Acustica 61, 57 - 66 (1986)

Terhardt E., H. Fastl, H. P. Haller, J. Meyer, K. Wogram: Stand und Entwicklung der musikalischen Akustik (Review and development of musical acoustics). Umschau 81, 71 - 76 (1981)

Walliser K: über die Spreizung von empfundenen Intervallen gegenüber mathematisch harmonischen Intervallen bei Sinustönen (On the spread of perceived intervals compared with the mathematically harmonic intervals using sinusoidal tones). Frequenz 23, 139 - 143 (1969)

Valenzuela M. N. : Perceived differences and quality judgement of piano sounds. In Auditory Worlds: Sensory Analysis and Perception in Animals and Man, 268 - 278 (Wiley-VCH, Weinheim 2000)

Völk F., H. Fastl, M. Fruhmann, S. Kerber: Psychoakustische Untersuchungen zu Inharmonizitäten von Gitarrensaiten (Psychoacoustic investigations on inharmonicities of guitar strings). In Fortschritte der Akustik, DAGA '06, 743 - 744 (Dt. Gesell. für Akustik e. V., Berlin 2006)

von Rücker C. : The role of accentuation of spectral pitch in auditory information processing. In Auditory Worlds: Sensory Analysis and Perception in Animals and Man, 278 - 285 (Wiley-VCH, Weinheim 2000)

Zwicker E. : Unmasked and partially masked loudness in musical dynamics. J. Acoust.

Soc. Am. 85, Suppl. 1, 140 (1989)

Zwicker E., W. Spindler: über den Einfluβ nichtlinearer Verzerrungen auf die Hörbarkeit des Frequenzvibrators (On the influence of nonlinear distortions on the audibility of frequency modulation). Acustica 3, 100 – 104 (1953)

室内声学中的应用

Fastl H.: Reverberation and post-masking. In Proc. FASE '78, Vol. III, 37 – 40 (1978)

Fastl H., H. Frisch, E. Zwicker: Schwankungsstärke und Sprachverständlichkeit in Räumen (Fluctuation strength and speech intelligibility in rooms). In Fortschritte der Akustik, DAGA '88, 693 – 696 (DPG, Bad Honnef 1988)

Fastl H., E. Zwicker, R. Fleischer: Beurteilung der Verbesserung der Sprachverständlichkeit in einem Hörsaal (Evaluation of the improvement in speech intelligibility in a lecture hall). Acustica 71, 287 – 292 (1990)

Terhardt E.: Physiologische Aspekte des Hörens in Räumen (Physiological aspects of listening in rooms). In Räume zum Hören, arcus 6, ed. By R. Müller, 16 – 23 (R. Müller, Köln 1989)